DIANWANG QIYE YINGJI JIUYUAN

# 电网企业应急救援

田迎祥　主编

李洪战　张　斌　关　猛　副主编

中国电力出版社
CHINA ELECTRIC POWER PRESS

## 内 容 提 要

本书立足于电网企业，面向社会公众，根据突发事件应急救援工作的基本规律，结合电网企业应急救援和应急技能培训工作的要求和实际需要，对电网企业应急救援实施过程中，应急救援专业人员必备的应急救援基础知识、电网应急救援技术、电网常见突发事件应急处置与救援等内容进行了详细阐述。

本书适用于电网企业应急救援专业人员进行应急知识学习和应急技能培训，也可作为相关行业、企业应急救援人员及其他人员学习参考。

**图书在版编目（CIP）数据**

电网企业应急救援 / 田迎祥主编. —北京：中国电力出版社，2020.11（2022.3重印）
ISBN 978-7-5198-4861-3

Ⅰ. ①电… Ⅱ. ①田… Ⅲ. ①电力工业–突发事件–救援 Ⅳ. ①TM08

中国版本图书馆 CIP 数据核字（2020）第 146214 号

出版发行：中国电力出版社
地　　址：北京市东城区北京站西街 19 号（邮政编码 100005）
网　　址：http://www.cepp.sgcc.com.cn
责任编辑：周秋慧（010-63412627，qiuhui-zhou@sgcc.com.cn）
责任校对：黄　蓓　朱丽芳
装帧设计：赵姗姗
责任印制：石　雷

印　　刷：北京天宇星印刷厂
版　　次：2020 年 11 月第一版
印　　次：2022 年 3 月北京第二次印刷
开　　本：710 毫米×980 毫米　16 开本
印　　张：24.75
字　　数：440 千字
印　　数：2001—3000 册
定　　价：99.00 元

# 编 委 会

# 前言

2018 年 3 月，第十三届全国人民代表大会第一次会议批准成立应急管理部，推动形成“统一指挥、专常兼备、反应灵敏、上下联动、平战结合”的中国特色应急管理体制，我国应急管理工作进入新阶段。当前，我国电网发展已进入大机组、高电压、高自动化、高智能化等高度互联阶段，随着大容量、特高压、交直流混合、长距离输电工程的投入运行，给电网控制技术、应急救援和应急处置等工作带来更大压力，提出了更高要求。

电网企业作为国家基础性能源产业，在国民经济、社会稳定和人民生活中起着举足轻重的作用。随着电网企业的快速发展、改革的深化和自动化水平的不断提高，特别是特高压输变电线路规模的日益增加，电力供需形势产生了新的变化，电网安全及电网系统结构新常态下日趋复杂，电网控制和管理难度不断加大，自然灾害和外力破坏对电网系统的安全经济运行的影响日益严重，且波及面广，事故后果影响大。如 2003 年，美加“8.14”大停电，造成美国东北部和加拿大东部地区约 5000 万人受影响，停电区域停工停产、交通瘫痪、信息传输中断；2005 年，莫斯科“5.25”大停电造成莫斯科南部、西南和东南市区停电，莫斯科约有一半地区的工业生产、商业活动和交通运输陷入严重瘫痪；2008 年 2 月，我国南方部分地区 50 年一遇的低温雨雪冰冻灾害让湖南地区 450 万人在没有电的情况下生活了两个星期之久；2009 年 11 月 10 日，大型水电工程伊泰普坝供电系统突然瘫痪，停电事件波及巴西 18 个州，停电范围约占巴西国土面积的一半，巴拉圭全境电力供应几乎完全中断；2011 年，日本“3.11”北部海域发生的里氏 9.0 级特大地震及其引发的严重海啸造成重大人员伤亡和财产损失，福岛第一核电站发生严重的核泄漏事故；2012 年，印度“7.30”大停电造成印度北部和东部地区大面积停电，覆盖了近一半的国土，直接影响 6 亿多人的生活；2018 年，巴西“3.21”停电事故造成巴西北部和东北部至少 14 个州发生大停电，全国约 1/4 的用户断电。这些突发事件的发生不仅凸显了电网安全稳定、可靠供应对于经济社会发展和保障的重要作用，同时也对我国电网企业具有较强的警示作用，给我国电网企业的安全经济运行和发展提出了严峻的课题。因此，加强电网安全管理和风险控制，强化电网应急管理工作，提高电网事故的应急处置能力和救援水平，最大限度地减少人身伤害和事故损失，都十分重要和迫切。

本书紧紧围绕国家应急管理部和国家电网有限公司的各项工作要求，以开展一般从业人员的应急知识教育和应急专业人员的应急技能培训为目的，牢牢坚守“发展决不能以牺牲人的生命为代价”这条红线，突出知识宣贯，强化技能操作，不断提升岗位从业人员应急能力，以适应突发事件所处地域自然环境、社会环境、产业结构等实际情况。本书图文并茂，对应急救援基础知识、电网应急救援技术、电网常见突发事件应急处置与救援进行了阐述。相信本书的出版，必将对电网企业专业应急救援队伍建设和应急培训工作的开展以及增强各级应急人员水平和应急处置能力起到积极的促进作用。

本书由国网技术学院（国家电网公司泰安应急培训基地）田迎祥主编并统稿，李洪战、张斌、关猛为副主编。田迎祥编写前言、单元一之课题一、课题三，单元二之课题六，单元三之课题四；李洪战编写单元一之课题二，单元三之课题一、课题三第一～三部分；张斌编写单元二之课题一；关猛编写单元二之课题七。聂洪涛、田迎祥、关猛共同编写单元二之课题二；张斌、田迎祥共同编写单元二之课题三；杜彬、田迎祥共同编写单元二之课题四；李洪战、陶苏东共同编写单元二之课题五；关猛、田迎祥共同编写单元三之课题二；李洪战、关猛、田迎祥共同编写单元三之课题三第四部分；田迎祥、田静、武同宝、李文进共同编写单元三之课题三第五、六部分。全书由王学军主审，李涛、刘超、赵义术、刘庆刚、王志宏、许永刚、魏峰、杜祖坤、王丽娜、曹洪江参与审稿，钟贵森、怀亮、宋晓东、沈冰、高原、杨忠华对本书提出了许多宝贵意见和建议。

本书的编写，得到了国网安监部应急处、国网山东电力、国网湖北电力、国网辽宁电力、国网河南电力等相关单位领导和专家的大力支持和帮助。本书参考了众多法律法规、行业和企业标准及规章制度，借鉴了众多国内外应急救援专家的应急救援技术专著及相关论述，并借鉴和引用了一些法律法规、标准、规章制度及应急救援专家和网络的资料和数据。谨此一并表示感谢！

由于编者学识水平有限，本书错误及疏漏之处在所难免。在此，恳请应急救援专业人员及广大读者海涵，并赐教指正。

编　者

2020 年 8 月

# 目 录

## 单元三 电网常见突发事件应急处置与救援

# 单元一

# 应急救援基础知识

随着科技的不断进步和生产规模的日益扩大，人们在日常生活和现代工业生产过程中的安全意识、风险辨识、防控能力等不断提升，但仍有一些违背人们良好意愿的情况突然发生，迫使这种正常的生产秩序暂时中断或永久性停止，甚至造成重大的人员伤亡、财产损失、环境破坏和社会影响。随着全球气候变暖和环境污染的加剧，各种自然灾害和极端恶劣天气呈现多发、频发趋势，给人民的生活生产和生命财产造成重大损失。随着全球科技发展水平和工业制造技术的快速发展，规模化、集团化、集中式的工业生产为全球制造更加精密、实用的设备设施和创造大量财富的同时，各种原因引发的事故灾难也给人民的生命造成严重威胁，给人们的财产造成重大损失。另外，公共卫生事件和社会安全事件也可能随时介入人们的生活和生产，诱发不安全因素，引发各种社会问题。因此，建立和完善突发事件应急救援体系，组织规范有序、快捷高效的救援行动，已经成为抵御事故风险、控制灾害蔓延、降低危害后果、维护社会稳定、实现安全发展的关键环节和重要保障。

通过学习借鉴国外的先进经验，积极编制应急预案，开展应急演练和培训，不断提高应急队伍的实战水平，我国在一系列应急救援实践过程中取得了良好效果。如 2010 年“3.28”山西王家岭煤矿透水事故，造成 153 人被困井下。此次救援面临的灾情严重（26min 淹没 18387$m^3$ 巷道，排水 31.5 万 $m^3$），救援技术战术充分有效（8 天 8 夜成功解救 115 人，28 天 38 名遇难者全部找到），过程清晰透明（客观权威主导舆论），堪称现代应急救援的“经典”，就连美联社评论都说“创造了救援奇迹”。一系列成功救援案例表明，建立一套反应迅速、运行有效的应急救援体系，可以将事故局部化或将事故损失降至最低。

健全省、市、县及行业、企业的应急救援体系，加大经费投入，完善应急预案并经常开展演练，更新应急救援技术装备，积极组织开展应急管理及应急技能培训和演练，积极组织开展救援战术训练、技术练兵和交流活动，加快应急指挥平台建设，健全应急救援协调联动机制，建立健全分类管理、分级负责、条块结合、属地为主的应急管理和救援体制，形成统一指挥、反应灵敏、协调有序、运转高效的应急管理和应急救援机构，是我国当前和今后一段时间的重要工作。随着我国应急管理部的成立和资源整合，我国各级政府部门与地方、行业、企业各类应急救援队伍之间协调联动，资源与信息共享，社会预警、社会动员、快速反应，应急处置整体联动的应急救援体系将进一步形成和完善。

作为电网企业从事应急管理和应急救援工作的各级各类人员，尤其是应急技能人员，必须掌握必要的应急管理知识，熟悉我国和电网企业的应急救援体系，掌握应急救援现场安全管理和安全标识有关知识，掌握灾害现场卫生防疫知识和要求，以便在应急管理和突发事件应急处置与救援过程中，利用所掌握的知识和技能，从容处理、及时应对、正确处置。

# 课题一

# 应急救援体系

## 一、突发事件

### （一）突发事件的涵义

突发事件即突发公共事件，是指突然发生，造成或者可能造成严重社会危害，需要采取应急处置措施予以应对的自然灾害、事故灾难、公共卫生事件和社会安全事件。其构成要素包括突然爆发、难以预料、必然原因、严重后果、需紧急处理等。

### （二）突发事件的分类

我国根据突发事件的发生过程、性质和机理，将突发事件主要分为自然灾害、事故灾难、公共卫生事件和社会安全事件四类。按照突发事件的社会危害程度、影响范围等因素划分为一般（Ⅳ级）、较大（Ⅲ级）、重大（Ⅱ级）、特大（Ⅰ级）四级，分别用蓝色、黄色、橙色、红色表示。

1. 自然灾害

（1）自然灾害的涵义。自然灾害是指由于自然界发生异常变化造成的人员伤亡、财产损失、社会失稳、资源破坏等现象或一系列事件。它的形成必须具备两个条件：① 要有自然界的异常变化作为诱因；② 要有受到损害的人、财产、资源作为承受灾害的客体。

自然灾害是人与自然矛盾的一种表现形式，具有自然和社会两重属性，是人类过去、现在和将来所面对的最严峻的挑战之一，已经成为制约国民经济和社会又好又快发展的重要因素。

（2）自然灾害的种类。自然灾害是给人类生存带来危害或损害人类生活环境的自然现象。常见的自然灾害种类繁多，主要包括洪涝、干旱、台风、冰雹、暴雪、沙尘暴等气象灾害，火山爆发、地震、山体崩塌、滑坡、泥石流等地质灾害，风暴潮、海啸等海洋灾害，森林草原火灾和重大生物灾害等。

自然灾害形成的过程有长有短，有缓有急。有些自然灾害，当致灾因素的变化超过一定强度时，就会在几天、几小时甚至几分钟、几秒钟内表现为灾害行为，像火山爆发、地震、洪涝、风暴潮、冰雹、暴雪、暴雨等，这类灾害称为突发性自然灾害。旱灾及农作物和森林的病、虫、草害等，虽然一般要在几个月的时间内成灾，但灾害的形成和结束仍然比较快速、明显，所以也把它们列入突发性自然灾害。另外，还有一些自然灾害是在致灾因素长期发展的情况下，逐渐显现成灾的，如土地沙漠化、水土流失、环境恶化等，这类灾害通常需要几年或更长时间的发展，称之为缓发性自然灾害。

许多自然灾害，特别是等级高、强度大的自然灾害发生以后，常常诱发出一连串的其他灾害接连发生，这种现象叫灾害链。灾害链中最早发生的起作用的灾害称为原生灾害；而由原生灾害所诱导出来的灾害则称为次生灾害。如洪水致使房屋、桥梁及山体等长时间受水体冲刷、浸泡，待洪水退去后，引发的房屋和桥梁坍塌、山体滑坡、泥石流等属于次生灾难。自然灾害发生之后，破坏了人类生存的和谐条件，由此还可以导生出一系列其他灾害，这些灾害泛称为衍生灾害。如大地震后发生社会秩序混乱，出现烧、杀、抢等犯罪行为，造成人民生命财产再次受到损失，再如大旱之后，地表与浅部淡水极为匮乏，迫使人们饮用深层含氟量较高的地下水，从而导致了氟病，这些都称为衍生灾害。

当然，灾害的过程往往是很复杂的，有时候一种灾害可由几种灾因引起，或者一种灾害同时引起好几种不同的灾害。这时，灾害类型的确定就要根据起主导作用的灾因和其主要表现形式而定。

（3）自然灾害的特点。

1）广泛性与区域性。一方面，自然灾害的分布范围很广。不管是海洋还是陆地、地上还是地下、城市还是农村、平原丘陵还是山地高原，自然灾害都有可能发生。另一方面，自然地理环境的区域性又决定了自然灾害的区域性。如我国冬季季风活动强烈，易带来寒潮等灾害性天气，春季多有沙尘暴、扬沙和浮尘等天气；我国长江中下游地区易发生洪涝灾害等。

2）频繁性和不确定性。全世界每年发生的大大小小的自然灾害非常多。近几十年来，自然灾害的发生次数还呈现出增加的趋势，而自然灾害的发生时间、地点和规模等的不确定性，又在很大程度上增加了人们抵御自然灾害的难度。

3）一定的周期性和不重复性。主要自然灾害中，无论是地震还是干旱、洪水，它们的发生都呈现出一定的周期性。人们常说的某种自然灾害“十年一遇、百年一遇”，实际上就是对自然灾害周期性的一种通俗描述。自然灾害的不重复性主要是指灾害过程、损害结果的不可重复性。

4）联系性。自然灾害的联系性表现在两个方面：一方面是区域之间具有联系性。比如，南美洲西海岸发生“厄尔尼诺”现象，有可能导致全球气象紊乱；美国排放的工业废气，常常在加拿大境内形成酸雨。另一方面是灾害之间具有联系性。也就是说，某些自然灾害可以互为条件，形成灾害群或灾害链。例如，火山活动就是一个灾害群或灾害链，火山活动可以导致火山爆发、冰雪融化、泥石流、大气污染等一系列灾害。

5）严重性。例如，全球每年发生可记录的地震约 500 万次，其中有感地震约 5 万次，造成破坏的近千次，而里氏 7 级以上足以造成惨重损失的强烈地震，每年约发生 15 次；干旱、洪涝两种灾害造成的经济损失也十分严重，全球每年可达数百亿美元。

6）不可避免性和可减轻性。由于人与自然之间始终充满着矛盾，只要地球在运动、物质在变化，只要有人类存在，自然灾害就不可能消失，从这一点看，自然灾害是不可避免的。然而，充满智慧的人类，可以在越来越广阔的范围内进行防灾减灾，通过采取避害趋利、除害兴利、化害为利、害中求利等措施，最大限度地减轻灾害损失，从这一点看，自然灾害又是可以减轻的。

2. 事故灾难

事故灾难的发生是人类在征服自然和改造自然的过程中人与自然相互作用的结果。我国是世界上灾难事故发生较多的国家之一，火灾、爆炸、倒塌、交通事故等多发性事故频频发生，造成的经济损失难以估计。这些事故灾难不仅给国家和人民的生命财产造成巨大损失，而且阻碍经济、社会、文化建设事业的正常发展。

（1）事故灾难的涵义。事故是指造成死亡、疾病、伤害、损坏或者其他损失的意外情况，也就是直接由人们的生产、生活活动引发的、违反人的意志的、迫使活动暂时或永久停止的意外事件。事故灾难是指造成大量人员伤亡、经济损失或环境污染的，具有灾难性后果的事故。

事故和事故后果是互为因果关系的。当事故带来的后果非常轻微，没有引起人们注意的时候，事故往往就被忽略，从而不能构成事故灾难。事故是一种动态事件，它开始于危险的激化，并以一系列原因事件按一定的逻辑顺序造成损失，当事故的发生导致某种程度的灾难性后果时，事故就变成了事故灾难。

（2）事故灾难的分类。

1）按损失程度分类。《生产安全事故报告和调查处理条例》（国务院 493 号令）规定，按损失程度将事故分为四个等级：

a）一般事故。是指造成 3 人以下死亡，或者 10 人以下重伤，或者 1000 万元以下直接经济损失的事故。

b）较大事故。是指造成 3 人以上 10 人以下死亡，或者 10 人以上 50 人以下重伤，或者 1000 万元以上 5000 万元以下直接经济损失的事故。

c）重大事故。是指造成 10 人以上 30 人以下死亡，或者 50 人以上 100 人以下重伤，或者 5000 万元以上 1 亿元以下直接经济损失的事故。

d）特别重大事故。是指造成 30 人以上死亡，或者 100 人以上重伤（包括急性工业中毒），或者 1 亿元以上直接经济损失的事故。

2）按照发生场所和领域分类。按照发生场所，事故可分为工矿商贸企业事故（如矿山行业事故、建筑行业事故、化工行业事故、电力行业事故、石油行业事故等）、交通运输事故（如道路交通事故、水上交通事故、铁路交通事故、地铁交通事故、民用航空事故等）、消防事故（如家庭失火、高楼失火、人员密集场所失火、汽车失火等）、危化品事故（如危化品着火、危化品爆炸、危化品泄漏、危化品中毒等）、公共设施和设备事故、核辐射事故、环境污染与生态破坏事故（如水污染事故、大气污染事故、危险废物污染事故、农药与有毒化学品污染事故、放射线污染事故等）。

（3）事故灾难的主要原因。从我国目前事故灾难发生的情况来看，造成事故而引发事故灾难的主要原因是人的不安全行为、物的不安全状态、环境的不安全因素和管理缺陷。

1）人的不安全行为。人的不安全行为是指在职业活动中，员工违反劳动纪律、操作程序和方法等具有危险性的做法。常见的人的不安全行为主要有：不正确佩戴或使用安全防护用品；机器在运转时进行检修、调整、清扫、加油等作业；在有可能发生坠落物、吊装物的下方冒险通过、停留；在作业和危险场所随意走、攀、坐、靠的不规范行为；违反安全规章制度和安全操作规程、未制订相应的安全防护措施；违规擅自进入消防重地；违规使用非专用工具、设备或用手代替工具作业；精神疲惫、酒后上班、睡岗、擅自离岗、干与本职工作无关的事；工作时注意力不集中、思想麻痹等。

2）物的不安全状态。物的不安全状态是指事故发生的物质条件。常见的物的不安全状态主要有：机械、电气等设备带“病”作业；机械、电气等设备在设计上不科学，形成安全隐患；防护、保险、警示等装置缺乏或有缺陷；物体的固有性质和建造设计使其存在不安全状态；设备安装不规范、维修保养不当、使用超期、老化；个人防护用品缺乏或不符合安全要求；操作工序设计存在缺陷或配置不安全等。

3）环境的不安全因素。环境的不安全因素是指作业现场的周围环境不符合安全要求的情况。常见的环境的不安全因素主要有：生产（施工）场地照明光线不良；作业现场通风不良；作业场所狭窄；作业场地杂乱，物品乱摆乱放；作业场地地面有油污、积水、冰雪等湿滑物；环境温度、湿度不符合要求等。

4）管理缺陷。管理缺陷是指组织在组织机构、管理制度、教育培训等方面的不足。常见的管理缺陷主要有：组织结构不合理，组织机构不健全，机构职责不明晰；管理者在思想上对安全工作的重要性认识不足，安全法律责任意识极为淡薄；安全规章制度、操作规程、安全技术措施、岗位责任制等制度未建立健全或不完善，贯彻学习不到位；员工安全教育、培训不到位等。

（4）事故灾难的主要特点。

1）必然性。人类的生产、生活过程总是伴随着危险，所以，发生事故灾难的可能性也就普遍存在。人们在生产、生活过程中必然会发生事故，只不过事故发生的概率大小、人员伤亡的多少和财产损失的严重程度不同而已，其中造成伤亡和财产损失较严重的就是事故灾难，采取措施预防事故，只能延长事故发生的时间间隔，降低事故发生的概率，而不能完全杜绝事故。

2）随机性。事故发生的时间、地点、形式、规模和事故后果的严重程度都是不确定的，这种不确定性给事故的预防带来一定困难。但在一定的范围内，事故的随机性遵循数理统计规律，也就是说在大量事故统计资料的基础上，可以找出事故发生的规律，预测事故发生概率的大小。因此，事故统计分析对制订正确的预防措施具有重要作用。

3）因果性。事故是由系统中相互联系、相互制约的多种因素共同作用的结果。从逻辑上可分为直接原因和间接原因，这些原因在系统中相互作用、相互影响，在一定的条件下发生突变并酿成事故。通过对事故进行调查分析，探求事故发生的因果关系，搞清事故发生的直接原因和间接原因，找出事故发生的主要原因，对预防事故发生具有积极的作用。

4）潜伏性。事故往往造成一定的财产损失或人员伤亡，严重者会给社会发展和人们生活带来重大的不良影响。事故发生前存在一个量变过程，即系统内部相关参数的渐变过程，所以事故具有潜伏性。一个系统，可能长时间没有发生事故，但这并不意味着该系统是安全的，因为它可能潜伏着事故隐患。这种系统在事故发生前所处的状态是不稳定的，为了达到系统的稳定状态，系统要素在不断地发生变化，当某一触发因素出现时，就可能导致事故。事故的潜伏性往往会引起人们的麻痹思想，从而酿成重大恶性事故，造成事故灾难。

3. 公共卫生事件

（1）公共卫生事件的涵义。公共卫生事件是指突然发生，造成或者可能造成社会公众健康严重损害的重大传染病疫情、群体性不明原因疾病、重大食物和职业中毒及其他严重影响公众健康的事件。引起公共卫生事件的因素很多，如生物因素、食品药品安全事件、自然灾害、事故灾难等。重大的公共卫生事件不但对人的健康有影响，还影响社会的稳定和经济的发展。

（2）公共卫生事件的种类。根据公共卫生事件的性质、危害程度、涉及范围，公共卫生事件划分为特别重大（Ⅰ级）、重大（Ⅱ级）、较大（Ⅲ级）和一般（Ⅳ级）四级。其中，特别重大公共卫生事件主要包括：

1）肺鼠疫、肺炭疽在大、中城市发生并有扩散趋势，或肺鼠疫、肺炭疽疫情波及 2 个以上的省份，并有进一步扩散趋势。

2）发生传染性非典型肺炎、人感染高致病性禽流感病例，并有扩散趋势。

3）涉及多个省份的群体性不明原因疾病，并有扩散趋势。

4）发生新传染病或我国尚未发现的传染病发生或传入，并有扩散趋势，或发现我国已消灭的传染病重新流行。

5）发生烈性病菌株、毒株、致病因子等丢失事件。

6）周边及与我国通航的国家和地区发生特大传染病疫情，并出现输入性病例，严重危及我国公共卫生安全的事件。

7）国务院卫生行政部门认定的其他特别重大突发公共卫生事件。

（3）公共卫生事件的特点。

1）成因的多样性。许多传染病类公共卫生事件与自然灾害有关，如地震、水灾、火灾等，往往会引起重大传染病疫情。公共卫生事件与事故灾难也密切相关，如环境污染、生态破坏、交通事故等。社会安全事件也是形成公共卫生事件的一个重要原因，如恐怖袭击等。

2）分布的差异性。在时间分布的差异上，不同的季节，传染病的发病率也会不同，如 SARS 往往发生在冬、春季节，肠道传染病则多发生在夏季。在空间分布的差异上，传染病的区域分布不一样，此外还有人群的分布差异等。

3）传播的广泛性。当前我们正处在全球化的时代，某一种疾病可以通过现代交通工具快速跨国流动，而一旦造成传播，就会成为全球性的传播。另外，传染病一旦具备了传染源、传播途径及易感人群三个基本的传播环节，它就可能毫无国界的广泛传播。

4）危害的复杂性和严重性。公共卫生事件不但对人的健康有影响，而且对环境、经济乃至政治都有很大的影响。如2003年的SARS流行，尽管患病的人数不是很多，但对我们国家造成的经济损失确实很大。

5）致因的多样性。引起公共卫生事件的因素多种多样，如生物因素、自然灾害、食品药品安全事件、各种事故灾难等。

6）不断有新型疾病产生。如2003年，SARS疫情引起人们的恐慌；近年来，人感染禽流感疫情使人们谈禽色变；2020年，新型冠状病毒（COVID－19）疫情肆虐全球，都严重威胁着人类的生命健康和经济社会发展。

7）食源性疾病和食物中毒引发的问题比较严重。如2001年苏皖地区肠出血性大肠杆菌食物中毒、2002年南京毒鼠强中毒品、2004年劣质奶粉事件等，这些事件都属于食源性疾病和食物中毒引起的公共卫生事件。

8）公共卫生事件频繁发生。这与公共卫生设施的建设及公共卫生的投入有关系，公共卫生事业经费投入不足、忽视生态保护及有毒有害物质滥用和管理不善，都会使公共卫生事件频繁发生。

4. 社会安全事件

（1）社会安全事件的涵义。社会安全事件是指突然发生，造成或者可能造成重大人员伤亡、重大财产损失和对经济社会稳定、政治安定构成重大威胁或损害，有重大社会影响的涉及社会安全的紧急事件。社会安全事件一旦发生，可能会造成重大人员伤亡、重大财产损失和对部分地区的经济社会稳定、政治安定构成重大威胁，并有重大社会影响。

（2）社会安全事件的种类。社会安全事件主要包括重大刑事案件、重特大火灾事件、恐怖袭击事件、涉外突发事件、金融安全事件、规模较大的群体性事件、民族宗教突发群体事件、学校安全事件及其他对社会影响严重的突发事件。

根据社会安全事件性质、危害程度、涉及范围，社会安全事件划分为特别重大（Ⅰ级）、重大（Ⅱ级）、较大（Ⅲ级）和一般（Ⅳ级）四级。其中，特别重大社会安全事件主要包括：

1）重特大火灾事件。大型石油化工企业、工矿企业火灾，大型公众聚集场所、集贸市场火灾，高层建筑、地下建筑火灾，飞机、船舶火灾，大型棚户区火灾，爆炸、有毒有害物质泄漏等。燃烧面积 1000$m^2$ 以上，有大量人员（100 人以上）被困、中毒，可能造成大量人员伤亡和财产损失等情况。

2）恐怖袭击事件。大规模恐怖袭击事件已经发生，并导致了大量人员伤亡，需立即采取解决恐怖活动的措施，并开展相关技术支持工作。

3）涉外突发事件。是指一次性造成 30 人以上死亡或 100 人以上伤亡的涉外事件。

4）金融安全事件。风险极大，已发生上市公司集中退市、较多人次集中退保、金融机构倒闭等问题，严重削弱公众信心，波及整个行业，并已涉及其他金融行业，需在政府统一领导下，由应急领导小组负责协调处置。

5）特大规模群体性事件。参与人数在 500 人以上，出现堵路堵桥、冲击党政机关及在单位内部聚众闹事，在社会上打砸抢、持械骚乱闹事、有暴力行为等重大影响社会稳定的群体性事件。

5. 各类突发事件的关系

以上四种突发事件的分类只是相对的，各类突发事件之间又会相互影响、相互交叉，有些突发事件很难分清是自然灾害还是人为事故，而且不同类型的突发事件是可以相互转化的。如洪涝灾害、重大事故都可能衍生传染病疫情问题，自然灾害、事故灾难、公共卫生事件都可能诱发社会稳定问题等。

## 二、应急管理

### （一）应急管理的涵义

应急管理是和突发事件紧密相连的一个概念。有了突发事件，也就有了应急管理。

“应急”一词本意为“应付紧急情况”。但应急管理作为一门学科，从 20 世纪 60、70 年代新西兰建立现代民防体制开始，也仅仅是几十年的历史。目前，国内包括国际上都未形成统一的应急管理定义。可以从不同的角度、采用不同方式定义“应急管理”。

我国的应急管理定义为：政府及其他公共机构在突发事件的预防与应急准备、监测与预警、应急处置与救援、事后恢复与重建等应对活动中，通过建立必要的应对机制，采取一系列必要措施，保障公众生命财产安全，促进社会和谐健康发展的有关活动。从上述定义可以看出，我国应急管理强调的是“公共管理活动”。

应急管理的内涵和外延主要包括以下几点：

（1）应急管理的主体（执行者）：政府或其他公共机构（单位、企业）。

（2）应急管理的客体（对象）：突发事件。

（3）应急管理的目标：降低或减少突发事件带来的影响和损失。

（4）应急管理的过程：预防、准备、响应、恢复。

（二）应急管理的特点

应急管理既具有一般管理的属性，又具有其特殊性。

（1）应急处置的时效性。应急处置的时效性就是要求应急处置要“急”“快”“迅速反应”，这是应急管理的首要特征。

（2）应急救援的人本性。应急救援的人本性就是应急救援要“以人为本”，把保障公众生命安全和健康作为首要任务。

（3）应急主体的政府主导性。应急管理是政府的职责，政府主导才能依靠公权力使应急管理有力、有序、高效进行，真正实现“统一领导、分工协作”的应急管理机制。

（4）应急技术的专业性。面对错综复杂的突发事件，应急处置时必须强调运用专家的力量，以科学的知识和专门技术为武器，讲求应急技术的专业性和科学性，在最短的时间内将突发事件的危害程度降到最低限度。

（5）应急力量的社会参与性。面对重大的自然和社会危机，没有全社会的积极参与和大力支持，仅仅依靠政府的力量，想圆满地解决危机是不可能的。因此，能否充分调动全社会的力量，齐心协力地参与是决定应急管理成败的一个重要因素。

（三）我国的应急管理体系及其特点

应急管理是一项复杂的系统工程，需要一个科学合理、协调有力的运行体系——应急管理体系，以保证应急管理高效、有序开展。应急管理体系是应急管理有效运行的一系列制度安排和条件的保障，是应急管理的基础和核心。

应急管理体系是有关突发事件应急管理工作的组织指挥体系与职责和突发事件的预防与预警机制、处置程序、应急保障措施、事后恢复与重建措施以及应对突发事件的有关法律、制度的总称。

我国突发事件应急管理体系的核心是“一案三制”。“一案三制”是指应急预案、应急管理体制、应急管理机制和应急管理法制。

应急管理体制是应急管理机制的组织载体；应急管理机制作为应急管理体系的“龙头”和起点，是应急管理体制的运行过程；应急管理法制在本质上是应急管理机制及作为其组织载体的应急管理体制的法律表现形式；应急预案是将法律上的应急策略和方法转化为可供操作的具体方案，因此，应急预案本身不是法律，而是法律的执行方案；应急预案本身也不是机制，而是机制的具体化。

“一案三制”是基于四个维度的综合体系，共同作用于应急管理的各个层面，它们具有不同的内涵属性和功能特征。其中，体制是基础，机制是关键，法制是保障，预案是前提，它们共同构成了应急管理体系不可分割的核心要素。

1. 应急管理体制

我国的应急管理体制是国家机关、企事业单位、社会团体、公众等各利益相关方在处置突发事件时在机构设置、领导隶属关系和管理权限划分等方面的体系、制度、方法、形式等的总称。我国的应急管理体制按照“统一指挥、专常兼备、反应灵敏、上下联动、平战结合”的原则建立，已初步形成了中央政府领导、有关部门和地方各级政府各司其职、社会组织和人民群众广泛参与的政府应急管理体制。

2. 应急管理机制

我国的应急管理机制指突发事件预防与应急准备、监测与预警、应急处置与救援及恢复与重建等全过程中各种系统化、制度化、程序化、规范化和理论化的应急管理方法与措施。其实质内涵是一组建立在相关法律、法规和部门规章之上的政府应急工作流程体系，能展现出突发事件管理系统中组织之间及其内部相互作用关系，而外在形式则体现为政府管理突发事件的职责与能力。从运作流程来看，以应急管理全过程为主线，涵盖事前、事发、事中和事后各个阶段，包括预防与应急准备、监测与预警、应急处置与救援、恢复与重建等多个环节。

我国在长期的实践中，逐步形成了在国务院统一领导下，“二级四层，中央总揽，部门依托，省级分担”的应急管理的模式。应急救援力量相对较为分散，主要以行业应急救援队伍的形式体现，包括消防救援力量、地震救援力量、矿山救援力量、交通救援力量、医疗救援力量、企业专职救援力量、解放军救援力量、城市燃气救援力量、电力行业救援力量、核事故救援力量等。

3. 应急管理法制

狭义的应急管理法制，指应急管理法律、法规和规章，即在突发事件引起的公共紧急情况下处理国家权力之间、国家权力与公民权利之间、公民权利之间各种社会关系的法律规范和原则的总和。广义的应急管理法制，还包括各种具体制度。应急管理制度建设内容十分丰富，包括日常工作制度、会议制度、民主决策制度、学习制度、廉政监督制度等。经过多年的法制改革和发展，我国在突发事件应对的立法上取得了明显的进展，除了在宪法中对紧急状态制度作了原则性规定外，我国现行的一些法律、行政法规和部门规章中也有一些涉及突发事件应对的法律规范。各地方根据这些法律、规范又制定了适用于本行政区域的地方立法，从而初步建立了从中央到地方的突发事件应急法制体系。2007 年 8 月 30 日由全国人大常委会通过、2007 年 11 月 1 日起正式实施的《中华人民共和国突发事件应对法》，是我国应急管理领域的一部基本法。《中华人民共和国突发事件应对法》的制定和实施成为应急管理法治化的重要标志。2008 年以后，又相继颁布了《中华人民共和国消防法》《中华人民共和国防震减灾法》《生产安全事故应急条例》《电力安全事故应急处置和调查处理条例》等应急相关的法律法规，我国的应急管理法制建设日趋完善。

4. 应急预案

应急预案是应对突发事件的原则性方案，是在辨识和评估潜在的风险因素、事故类型、发生的可能性、事件后果的严重程度及影响范围的基础上，对应急机构职责、人员、技术、装备、设施、物资、救援行动及其指挥协调等方面预先做出的具体安排。应急预案是成功处置各类突发事件的基础，是体现应急管理“预防为主”最有力的技术保证措施之一。按照适用对象，应急预案分为总体应急预案、专项应急预案和现场处置应急预案。《中华人民共和国突发事件应对法》规定，“应急预案应当根据本法和其他有关法律、法规的规定，针对突发事件的性质、特点和可能造成的社会危害，具体规定突发事件应急管理工作的组织指挥体系与职责和突发事件的预防与预警机制、处置程序、应急保障措施以及事后恢复与重建措施等内容”“国务院制定国家突发事件总体应急预案，组织制定国家突发事件专项应急预案；国务院有关部门根据各自的职责和国务院相关应急预案，制定国家突发事件部门应急预案”“地方各级人民政府和县级以上地方各级人民政府有关部门根据有关法律、法规、规章、上级人民政府及其有关部门的应急预案以及本地区的实际情况，制定相应的突发事件应急预案”。

（四）我国应急管理体制机制的改革

为防范化解重特大安全风险，健全公共安全体系，整合优化应急力量和资源，推动形成“统一指挥、专常兼备、反应灵敏、上下联动、平战结合”的中国特色应急管理体制，提高防灾减灾救灾能力，确保人民群众生命财产安全和社会稳定，2018 年 3 月，根据第十三届全国人民代表大会第一次会议批准的国务院机构改革方案，设立中华人民共和国应急管理部，作为国务院组成部门。应急管理部将国家安全生产监督管理总局的职责，国务院办公厅的应急管理职责，公安部的消防管理职责，民政部的救灾职责，国土资源部的地质灾害防治、水利部的水旱灾害防治、农业部的草原防火、国家林业局的森林防火相关职责，中国地震局的震灾应急救援职责及国家防汛抗旱总指挥部、国家减灾委员会、国务院抗震救灾指挥部、国家森林防火指挥部的职责整合；公安消防部队、武警森林部队转制后，与安全生产等应急救援队伍一并作为综合性常备应急骨干力量，由应急管理部管理；考虑到中国地震局、国家煤矿安全监察局与防灾救灾联系紧密，划由应急管理部管理。

应急管理部的职责是：组织编制国家应急总体预案和规划，指导各地区各部门应对突发事件工作，推动应急预案体系建设和预案演练。建立灾情报告系统并统一发布灾情，统筹应急力量建设和物资储备并在救灾时统一调度，组织灾害救助体系建设，指导安全生产类、自然灾害类应急救援，承担国家应对特别重大灾害指挥部工作。指导火灾、水旱灾害、地质灾害等防治。负责安全生产综合监督管理和工矿商贸行业安全生产监督管理等。

按照分级负责的原则，一般性灾害由地方各级政府负责，应急管理部代表中央统一响应支援；发生特别重大灾害时，应急管理部作为指挥部，协助中央指定的负责同志组织应急处置工作，保证政令畅通、指挥有效。应急管理部要处理好防灾和救灾的关系，明确与相关部门和地方各自职责分工，建立协调配合机制。

通过上述机构、人员和资源的整合，我国的应急管理体系更趋完善，管理过程将更加顺畅，中国特色的应急管理体系正在逐步形成。

## 三、我国突发事件应急救援体系

### （一）应急救援体系的涵义

应急救援是针对突发事件采取预防、预备、响应和恢复的计划与行动，是各级应急救援运行管理机构针对突发事件的性质、特点和危害程度，立即组织有关部门，调动应急救援队伍和社会力量，依照有关法律、法规、规章规定采取的应急处置措施。应急救援的基本任务是立即组织营救受害人员，组织撤离或者采取有效措施保护危险危害区域的其他人员；迅速控制事态，并对事件造成的危险、危害进行监测和检测，测定事件的危害区域、危害性质和危害程度；消除危害后果，做好现场恢复；查明事件原因，评估危害程度。

应急救援体系既是突发事件应急处理的基础，又是迅速控制突发事件的关键。它包括应急救援组织机构、应急预案、应急保障、应急培训和演练、应急救援体系的运行制度等。

（1）应急救援组织机构。应急救援组织机构包括应急救援决策指挥机构、应急救援运行管理机构和应急救援队伍。各机构和人员职责权限必须明确，有日常和事故两种状态。如各级政府的应急办为应急救援常设组织机构，因某种突发事件而成立的应急指挥部则为事故状态下的应急救援临时机构。

（2）应急预案。应急预案是应对突发事件的原则性方案，是成功处置各类突发事件的基础，是体现应急管理“预防为主”最有力的技术保证措施之一。应急预案是一个系统文件，内容丰富，编制严谨。它具体规定了突发事件应急管理工作的组织指挥体系与职责，突发事件的预防与预警机制、处置程序、应急保障措施及事后恢复与重建措施等内容，是突发事件应急响应的操作指南，是对突发事件防控体系及其运作机制的描述文件。

（3）应急保障。应急保障是应急救援体系运转的物质条件和手段，是应急救援工作赖以展开的资源基础。它包括应急救援通信保障、应急救援物资保障、技术支持保障、应急后勤服务保障、人力资源保障、应急经费保障等。

（4）应急培训和演练。应急培训和演练可以提高人员安全意识、安全技能、应急素质，能够发现不足并不断完善应急救援预案，促进应急救援的高效运行。

（5）应急救援体系的运行制度。应急救援体系的运行制度是应急救援体系运行的规范要求，包括业务管理、信息管理、预案管理、队伍管理、应急响应机制等。应急救援体系要求应急救援工作必须遵照“统一指挥、分级响应、属地为主、公众动员”的原则开展。

以上 5 个方面必须有机结合，高效、流畅、动态地运转，才能形成行之有效的应急救援体系，才能够在应急状态下迅速、有效控制突发事件的发展，将损失降到最低。

### （二）我国应急救援体系建设的有关法律规定

#### 1.《中华人民共和国安全生产法》的有关规定

《中华人民共和国安全生产法》规定：“国家加强生产安全事故应急能力建设，在重点行业、领域建立应急救援基地和应急救援队伍，鼓励生产经营单位和其他社会力量建立应急救援队伍，配备相应的应急救援装备和物资，提高应急救援的专业化水平”。要求“县级以上地方各级人民政府应当组织有关部门制定本行政区域内特大生产安全事故应急救援预案，建立应急救援体系”“生产经营单位应当制定本单位生产安全事故应急救援预案，与所在地县级以上地方人民政府组织制定的生产安全事故应急救援预案相衔接，并定期组织演练”。同时，要求“参与事故抢救的部门和单位应当服从统一指挥，加强协同联动，采取有效的应急救援措施，并根据事故救援的需要采取警戒、疏散等措施，防止事故扩大和次生灾害的发生，减少人员伤亡和财产损失”。

2.《中华人民共和国突发事件应对法》的有关规定

《中华人民共和国突发事件应对法》规定：“突发事件发生后，履行统一领导职责或者组织处置突发事件的人民政府应当针对其性质、特点和危害程度，立即组织有关部门，调动应急救援队伍和社会力量，依照本章的规定和有关法律、法规、规章的规定采取应急处置措施”。要求“自然灾害、事故灾难或者公共卫生事件发生后，履行统一领导职责的人民政府可以采取下列一项或者多项应急处置措施：① 组织营救和救治受害人员，疏散、撤离并妥善安置受到威胁的人员以及采取其他救助措施；② 迅速控制危险源，标明危险区域，封锁危险场所，划定警戒区，实行交通管制以及其他控制措施；③ 立即抢修被损坏的交通、通信、供水、排水、供电、供气、供热等公共设施，向受到危害的人员提供避难场所和生活必需品，实施医疗救护和卫生防疫以及其他保障措施；④ 禁止或者限制使用有关设备、设施，关闭或者限制使用有关场所，中止人员密集的活动或者可能导致危害扩大的生产经营活动以及采取其他保护措施；⑤ 启用本级人民政府设置的财政预备费和储备的应急救援物资，必要时调用其他急需物资、设备、设施、工具；⑥ 组织公民参加应急救援和处置工作，要求具有特定专长的人员提供服务；⑦ 保障食品、饮用水、燃料等基本生活必需品的供应；⑧ 依法从严惩处囤积居奇、哄抬物价、制假售假等扰乱市场秩序的行为，稳定市场价格，维护市场秩序；⑨ 依法从严惩处哄抢财物、干扰破坏应急处置工作等扰乱社会秩序的行为，维护社会治安；⑩ 采取防止发生次生、衍生事件的必要措施”。

《中华人民共和国突发事件应对法》要求：“受到自然灾害危害或者发生事故灾难、公共卫生事件的单位，应当立即组织本单位应急救援队伍和工作人员营救受害人员，疏散、撤离、安置受到威胁的人员，控制危险源，标明危险区域，封锁危险场所，并采取其他防止危害扩大的必要措施，同时向所在地县级人民政府报告；对因本单位的问题引发的或者主体是本单位人员的社会安全事件，有关单位应当按照规定上报情况，并迅速派出负责人赶赴现场开展劝解、疏导工作。突发事件发生地的其他单位应当服从人民政府发布的决定、命令，配合人民政府采取的应急处置措施，做好本单位的应急救援工作，并积极组织人员参加所在地的应急救援和处置工作”。

3.《生产安全事故应急条例》有关规定

《生产安全事故应急条例》规定：“应急救援队伍的应急救援人员应当具备必

要的专业知识、技能、身体素质和心理素质。应急救援队伍建立单位或者兼职应急救援人员所在单位应当按照国家有关规定对应急救援人员进行培训；应急救援人员经培训合格后，方可参加应急救援工作”“应急救援队伍应当配备必要的应急救援装备和物资，并定期组织训练”“发生生产安全事故后，生产经营单位应当立即启动生产安全事故应急救援预案，采取下列一项或者多项应急救援措施并按照国家有关规定报告事故情况：① 迅速控制危险源，组织抢救遇险人员；② 根据事故危害程度，组织现场人员撤离或者采取可能的应急措施后撤离；③ 及时通知可能受到事故影响的单位和人员；④ 采取必要措施，防止事故危害扩大和次生、衍生灾害发生；⑤ 根据需要请求邻近的应急救援队伍参加救援，并向参加救援的应急救援队伍提供相关技术资料、信息和处置方法；⑥ 维护事故现场秩序，保护事故现场和相关证据；⑦ 法律、法规规定的其他应急救援措施”。

《生产安全事故应急条例》还规定：“有关地方人民政府及其部门接到生产安全事故报告后，应当按照国家有关规定上报事故情况，启动相应的生产安全事故应急救援预案，并按照应急救援预案的规定采取下列一项或者多项应急救援措施：① 组织抢救遇险人员，救治受伤人员，研判事故发展趋势以及可能造成的危害；② 通知可能受到事故影响的单位和人员，隔离事故现场，划定警戒区域，疏散受到威胁的人员，实施交通管制；③ 采取必要措施，防止事故危害扩大和次生、衍生灾害发生，避免或者减少事故对环境造成的危害；④ 依法发布调用和征用应急资源的决定；⑤ 依法向应急救援队伍下达救援命令；⑥ 维护事故现场秩序，组织安抚遇险人员和遇险遇难人员亲属；⑦ 依法发布有关事故情况和应急救援工作的信息；⑧ 法律、法规规定的其他应急救援措施”“有关地方人民政府不能有效控制生产安全事故的，应当及时向上级人民政府报告。上级人民政府应当及时采取措施，统一指挥应急救援。应急救援队伍接到有关人民政府及其部门的救援命令或者签有应急救援协议的生产经营单位的救援请求后，应当立即参加生产安全事故应急救援”。

《生产安全事故应急条例》要求：“发生生产安全事故后，有关人民政府认为有必要的，可以设立由本级人民政府及其有关部门负责人、应急救援专家、应急救援队伍负责人、事故发生单位负责人等人员组成的应急救援现场指挥部，并指定现场指挥部总指挥。现场指挥部实行总指挥负责制，按照本级人民政府的授权组织制定并实施生产安全事故现场应急救援方案，协调、指挥有关单位和个人参加现场应急救援。参加生产安全事故现场应急救援的单位和个人应当服从现场指挥部的统一指挥”“在生产安全事故应急救援过程中，发现可能直接危及应急救援人员生命安全的紧急情况时，现场指挥部或者统一指挥应急救援的人民政府应当立即采取相应措施消除隐患，降低或者化解风险，必要时可以暂时撤离应急救援人员”“生产安全事故发生地人民政府应当为应急救援人员提供必需的后勤保障，并组织通信、交通运输、医疗卫生、气象、水文、地质、电力、供水等单位协助应急救援”“现场指挥部或者统一指挥生产安全事故应急救援的人民政府及其有关部门应当完整、准确地记录应急救援的重要事项，妥善保存相关原始资料和证据。生产安全事故的威胁和危害得到控制或者消除后，有关人民政府应当决定停止执行依照本条例和有关法律、法规采取的全部或者部分应急救援措施”。

（三）我国应急处置与救援的基本流程

突发事件的应急处置与救援是指突发事件发生后，为尽快控制和减缓其造成的危害和影响，应急管理主体根据事先制订的应急预案，采取有效措施和应急行动，控制或者消除正在发生的突发事件，最大限度地减少突发事件造成的损失，保护公众的生命和财产安全。应急处置与救援是应急管理的核心，也是应急管理过程中最困难、最复杂、最关键的环节。当突发事件发生后，能否快速有效地控制和处理，尽快化解危机，把突发事件造成的损失控制在最小范围，确保社会秩序正常运行和社会稳定，关键取决于能否按照科学、高效的流程来对突发事件进行应急处置和救援。应急救援体系的应急处置与救援过程可分为接警与响应级别确定、应急启动、应急疏散、应急救援、应急控制、应急恢复和应急结束几个过程。

1. 接警与响应级别确定

接到突发事件预警后，按照工作程序分析研判，初步确定应急响应级别。若突发事件不足以启动应急救援体系的最低响应级别，则响应关闭。

2. 应急启动

应急响应级别确定后，相应的应急组织机构按所确定的响应级别启动相应的应急应对系统，如通知应急中心有关人员到位、开通信息与通信网络、通知调配救援所需的应急资源（包括应急队伍和物资、装备等）、成立现场指挥部等。在突发事件超出自身管辖权范围时，应迅速向上级机关报告。在突发事件处置过程中，应根据事件的发展情况及时调整应急响应级别。

3. 应急疏散

根据应急预案要求，制订不同突发事件的应急疏散方案，确定疏散路线、疏散方式、安置地点、后勤保障等，明确应急疏散的职责分工并经常组织疏散培训和演练。当发生突发事件时，应急管理人员应按照“先疏散，再抢险”的原则，按照疏散方案要求组织安全受到威胁的人员紧急疏散到安全区域，在确保公众安全的前提下，再开展相应的抢险与救援。

4. 应急救援

有关应急队伍进入突发事件现场后，迅速开展现场勘测、警戒、人员救助、工程抢险等应急救援工作，专家组为应急救援决策提供建议和技术支持。当事态超出响应级别，无法得到有效控制时，应向上级应急指挥机构请求实施更高级别的应急响应。

5. 应急控制

应急指挥人员或现场处置人员第一时间在突发事件现场采取一系列紧急措施，争取在最短的时间内，用最少的资源，花最小的代价，有效控制事态发展。

6. 应急恢复

救援行动结束后，进入应急恢复阶段。该阶段主要包括现场清理、人员清点和撤离、受灾区域的持续监测、警戒解除、善后处理和事故调查等。

7. 应急结束

当突发事件的威胁和危害得到控制或消除后，执行应急关闭程序，由应急救援指挥部门宣布应急救援结束。

## 四、电网应急救援体系

电力工业是国民经济和社会发展的重要基础能源产业，电网企业是关系国计民生的公共事业，是电力工业的重要组成部分，在国民经济和人民生活中扮演着举足轻重的角色。在现代社会尤其是在大城市中，没有电力供应是不可想象的。

电网是在电力系统中联系发电和用电的设施和设备的统称，是属于输送和分配电能的中间环节。电网企业是以建设和运营电网为核心业务的企业，承担着提供安全、可靠、经济、清洁、可持续的电力供应的使命。我国主要有国家电网有限公司和南方电网有限责任公司两大电网企业。

国家电网有限公司是我国最大的电网企业，是世界最大的电力公共事业公司，公司经营区域覆盖26个省（直辖市、自治区），覆盖国土面积的88%以上，供电服务人口超过11亿人。南方电网有限责任公司经营范围为广东、广西、云南、贵州和海南五省（区），供电面积100万$km^2$，供电总人口2.3亿人，占全国总人口的17.8%。

随着经济社会的快速发展与技术的不断进步，电网规模日益扩大、网络结构日趋复杂，输电电压等级越来越高、输电距离越来越远，电网存在于自然环境和社会环境中，难免受到极端自然条件的挑战和来自社会环境的有意或无意的损坏或破坏，电网事故风险不断加大，一旦发生突发事件就可能造成重大损失甚至严重影响经济发展和社会稳定。因此，健全和完善电网企业应急管理体系，提高防灾减灾救灾水平，服务经济社会发展至关重要。作为承担我国电网建设和运营业务的各级电网企业，担负着为国民经济和社会发展提供更安全、更经济、更清洁、可持续的电力供应的基本使命，切实保障电网运行安全，提高电网防御能力，提高突发事件应对能力，提高电网应急管理水平，提升应急救援处置能力，积极履行社会责任，义不容辞、任重道远。

电网企业要建立健全和完善有效的电网应急机制和体系，统筹做好电网应急实践中的应急常态化管理，坚持“以人为本、减少危害，居安思危、预防为主，统一指挥、分级负责，把握全局、突出重点，快速反应、协同应对，依靠科技、提高能力”的原则，以“快速反应”建设为主线，结合应急管理工作实际，从应急领导机构、应急物资装备、应急预案流程、应急装备使用培训、专项应急技能培训、应急演练、应急实战演习、持续改进等方面，构建“统一指挥、结构合理、功能实用、运转高效、反应灵敏、资源共享、保障有力”的应急体系，形成快速响应机制，提升综合应急能力。

就电网企业应急救援体系而言，主要包括以下四个方面：

1. 搭建电网企业应急救援组织机构

在上级部门指导下，根据突发事件性质、级别，按照“分级响应”要求，成立应急救援领导小组或专项事件应急处置领导小组，搭建电网应急救援体系第一层；组建现场救援指挥部及实施机构，搭建电网应急救援体系第二层；建立主网、配电网等各类应急救援队伍，搭建电网应急救援体系第三层，如出动应急救援基干分队，分别设立变电、线路、配电和电缆应急救援分队等。通过落实相关制度和方案，实现应急管理专岗专责，建立应急信息系统指挥平台，保证突发事件信息的及时有效传递，确保应急指挥的科学、高效。

2. 制订电网企业应急救援工作流程

制订电网企业应急救援工作流程，明确突发事件发生时，应急救援工作流程中各个环节的工作职责和应急信息的处理与流向，确保从组织、技术、人员、物资等方面，提供充足的应急保障。应急救援工作流程主要内容包括：

（1）信息报告。突发事件发生后，事发单位应及时向上级单位行政值班机构和专业部门报告，情况紧急时可越级上报。根据突发事件的影响程度，依据应急预案的规定报告当地政府有关部门。事发单位各专业部门或单位将突发事件及应急处置工作信息汇总后，报上级应急领导小组或专项事件应急处置领导机构，由其决策后再进行相关信息处置。

（2）响应启动。根据应急领导小组或专项事件应急处置领导机构发布的突发事件应急响应命令，按照本单位应急预案的规定，及时启动或调整应急响应。

（3）先期处置。发生突发事件后，事发单位首先要在事发单位应急领导小组或现场应急救援指挥部的统一指挥、协调下，按照本单位应急预案的规定，派出应急救援基干分队，开展现场勘查、险情排除、信息收集、应急照明、人员救助等先期处置工作，采取必要措施防止危害扩大，并根据相关规定，及时向上级和所在地人民政府及有关部门报告。对因本单位问题引发的或主体是本单位人员的社会安全事件，要迅速派出负责人赶赴现场开展劝解、疏导工作。

（4）应急救援。事发单位应急救援基干分队和应急抢修队伍根据应急救援指挥部的统一安排和各自的职责分工，开展应急处置和救援工作。事发单位不能消除或有效控制突发事件引起的严重危害，应在采取处置和救援措施的同时，启动应急救援协调联动机制，及时报告上级单位协调支援，根据需要，请求国家和地方政府启动社会应急机制，组织开展应急救援与处置工作。在应急救援和抢险过程中，发现可能直接危及应急救援人员生命安全的紧急情况时，应当立即采取相应措施消除隐患，降低或者化解安全风险，必要时可以暂时撤离应急救援人员。电网企业各单位应服从政府统一指挥，积极参加国家各类突发事件的应急救援，提供抢险和应急救援所需的电力支持，第一时间为突发事件应急救援现场提供应急照明，优先为政府抢险救援及指挥、灾民安置、医疗救助等重要场所提供电力保障。应急救援基干分队应及时向应急领导小组或专项事件应急处置领导机构汇报先期处置情况，为其指挥、协调应急抢修队伍进行抢修提供决策依据。应急领导小组专项事件应急处置领导机构需要及时深入现场，提供有关救援方案、抢修方案、原因分析等现场技术支持。事发单位应积极开展突发事件舆情分析和引导工作，按照有关要求，及时披露突发事件事态发展、应急处置和救援工作的信息，引导社会舆论，维护电网企业的品牌形象。

（5）应急恢复。应急救援行动结束后，进入应急恢复阶段，包括现场清理、人员清点和撤离、设备清理和回收、受灾区域的持续监测等。

（6）应急结束。应急救援工作完成后，应急领导小组或专项事件应急处置领导机构根据事态发展变化情况调整突发事件响应级别。突发事件得到有效控制，危害消除后，解除应急指令，宣布结束应急状态。解除应急响应后，汇总相关信息后向各级单位通报。突发事件应急处置工作结束后，各单位要积极组织受损设施、场所和生产经营秩序的恢复重建工作。对于重点部位和特殊区域，要认真分析研究，提出解决建议和意见，按有关规定报批实施。各相关单位要对突发事件的起因、性质、影响、经验教训和恢复重建等问题进行调查评估，同时，要及时收集各类数据，按照国家有关规定成立的生产安全事故调查组应当对应急救援工作进行评估，并在事故调查报告中作出评估结论，提出防范和改进措施。

3. 建立电网企业应急物资及资金保障机制

为提升应急响应工作能力，为应急救援工作提供强有力的物资保障，保证应急救援工作的快速反应和高效运作，各级电网企业应遵循“统筹管理、科学分布、合理储备、统一调配、实时信息”的原则，配备充足的电网抢修设备、电网抢修材料、应急抢修工器具、应急救灾物资和应急救灾装备等应急物资，以满足自然灾害或严重事故造成电网大面积停电、变电站停运时短时间恢复临时供电和应急救援的需要。应急救援基干分队必须配备运输、通信、电源及照明、安全防护、单兵、生活等各类装备，如应急指挥车、移动泵车、照明车、挖掘机、应急发电车、应急餐车、现场单兵设备、车载可视终端、卫星便携站，以及应急照明工具、帐篷、冲锋舟、急救包等。建立相应资金保障机制，保障应急物资储备和应急救援基干分队建设、培训、日常训练、运行和应急救援经费落实到位。

4. 组建电网企业应急救援基干分队

为了更好地应对各类突发事件，提升电网企业的快速反应和有效处置能力，更好地发挥专业优势，协助各级政府和社会开展应急处置与救援，践行企业宗旨、社会责任和用心服务，电网企业应结合电网运行管理模式和地域分布特点，组建“平战结合、一专多能、装备精良、训练有素、快速反应、战斗力强”的电网企业应急救援基干分队。

各省级公司均应设置一支省级基干分队，并应结合实际，在所辖偏远地区和突发事件多发地区，设置地市级供电公司或县级供电公司层面的基干分队，作为省级基干分队的有效补充。省级基干分队由省级公司安全监察部门负责组建和归口管理，地市和县级供电公司基干分队由所在单位安全监察部门负责组建和归口管理，上级安全监察部门负责监督。基干分队属非全脱产性质，省级公司基干分队挂靠在省级送变电公司、检修公司、重点城市供电公司或应急主管机构；地市和县级供电公司基干分队一般挂靠在灾害易发、多发地区供电单位、运行检修单位或工程施工单位。人员主要从挂靠单位选取，如确有需要也可从其他基层单位选取少量人员，但需满足队伍快速集结出发的要求。省级公司、地市级供电公司基干分队内部一般分为综合救援、应急供电、信息通信、后勤保障四个专业小组，各小组根据人员数量设组长1～2人。

电网企业应急救援基干分队的主要特点是：

（1）快速反应，送去光明。当经营区域内发生重特大灾害或电网突发事件时，应急救援基干分队能够携带应急装备快速到达灾区，为受灾群众和其他应急救援队伍点亮“第一盏灯”。

（2）先期处置，战斗力强。应急救援基干分队到达灾害现场后，能够有效地对突发事件开展以搭建应急救援指挥部、现场勘察、应急照明、人员救护、应急供电、特殊环境抢修和通信保障为主的先期处置工作，为后续应急队伍的大规模进驻做好前期准备。

（3）训练有素，一专多能。要求应急救援基干分队队员熟练掌握应急供电、应急电源与照明、应急通信、消防、灾害灾难救援、紧急救护、营地搭建、现场测绘、信息采集、高处作业、野外生存、安全防护、团队管理与现场指挥等专业技能，熟练掌握所配车辆、舟艇、机具、绳索等应急装备和工器具的使用方法，并结合所处地域自然环境、社会环境、产业结构等实际情况，根据应急救援基干分队内部的专业分工，按照“分工协作、一专多能”的要求，各有所侧重。

（4）装备精良，分工协作。应急救援基干分队配备有运输、通信、电源及照明、安全防护、单兵、生活等各类专业化装备，能够利用这些装备，分工协作、相互配合，及时收集、掌握并反馈受灾地区电网受损情况及社会损失、地理环境、道路交通、天气气候、灾害预报等信息，收集影像资料；能够根据灾害现场的实际情况提出应急抢险救援的建议及措施，为应急指挥和决策提供可靠依据。

电网企业应急救援基干分队一般采用“平战结合”的工作模式。应急救援基干分队队员平时参加所在单位的日常生产经营活动，战时接受调遣，参加应急处置与救援。日常管理主要内容包括：

（1）队员24h保持待命状态。为保证应急救援工作的及时性和有效性，要求应急救援基干分队队员保持24h通信畅通。通过建立队员个人身份信息卡，定期报告队员状况，确保任何时段均有2/3以上队员在辖区内工作，并随时接受调遣参加应急救援。

（2）建立应急救援基干分队评估机制。针对综合性应急救援的实战要求，建立应急救援基干分队队员评估机制，每年对队员的体能、技能、年龄结构、专业分布等是否符合队伍要求，进行一次客观评价，及时调整人员结构，充实队伍力量。每个队员服役时间一般不少于 3 年。

（3）建立队员常态化培训和训练机制。应急救援基干分队队员按要求按时参加本单位或上级单位组织的专项应急技能培训、应急演练和拉练。通过开展形式多样的应急理论学习、专项应急技能培训、演练和拉练，使应急救援基干分队队员在培训演练中不断提高技艺和能力，具备在恶劣气候和复杂地理环境下的工作、生存能力，达到较高的应急处置与救援水平，以满足各种突发事件情况下应急处置和救援工作要求，为电网企业开展科学、快速、有效的应急处置与救援提供有力保障。

# 课 题 二

# 应急救援现场安全管理

## 一、应急救援现场的特点

1. 应急救援现场混乱

由于突发事件往往毫无征兆、事发突然，现场一般都很混乱，给应急救援和抢险救灾造成严重困难和不便。2004 年 12 月 26 日，因印度洋大地震引发的印度洋海啸造成近 30 万人死亡，主要是因为自然灾害事发突然，人们毫无准备，加上受灾地区人们缺乏应急自救与互救意识，预警、防范措施极不得力，救援行动迟缓，现场居民、游客惊慌失措、无序逃生，生态环境、公共实施毁坏严重，从而造成大量人员伤亡的惨剧发生。另外，突发事件造成的建筑、桥梁倒塌，废墟、垃圾堆积，公共、生产设施损毁等使现场一片狼藉，混乱不堪。

2. 应急救援力量严重不足

突发事件现场尤其是重大自然灾害事件现场往往信息不畅、交通阻塞、供电中断，公共设施无法运转，水和食物紧缺。同时，现场还存在烟火、毒气、污水、余震、泥石流等危险因素，随时可能发生次生、衍生灾害。这些原因造成医疗救助和应急救援抢险人员、抢救药品、救灾物资等难以及时到达灾害现场，应急救援力量严重不足。

3. 应急救援现场复杂

突发事件发生后，往往造成大量伤病人员或受灾民众，这些人群可能会大批涌入非灾地区或附近的地区或医疗机构，给伤病救治带来严重困难和混乱。由于突发事件的类型不同，造成的人员伤害情况也不同。如地震、泥石流、建筑物坍塌造成的外伤多属多发伤；传染病、食物中毒则取决于易感人群的免疫水平或致毒物质的种类和剂量；化学品爆炸除对事件现场人员造成伤害外，也可能造成救援人员或附近区域人员中毒等。伤者或因救援不及时造成伤口感染，导致伤情变得更加复杂。突发事件往往造成通信设施破坏，道路、桥梁损毁，电力设施受损，基础设施严重破坏，自然环境严重恶化，使现场变得更加复杂和不可控。突发事件发生后，幸存者短时间内失去衣、食、住、行等基本的物质生活条件，水井、厨房、澡塘、厕所及垃圾箱等生活卫生设施遭到严重破坏，极易发生传染病疫情。

4. 应急救援刻不容缓

突发事件现场瞬间可能造成或出现大量伤病人员，当出现大量危重伤病人员时，需要根据伤病情况，在现场进行急救，并对伤病人员紧急进行初步鉴别分类、分级救援、医疗运送，并迅速疏散撤离灾区，为伤病人员创造“多一点”的生存机会。对严重破坏的公共设施和生活生产设施，如道路、通信、电力、煤气、自来水等，必须在最短的时间内抢修恢复，以保障灾区人们的生活和后续救援工作的开展。

## 二、应急救援现场安全监督管理

### （一）概述

突发事件应急救援期间的现场安全监督管理是应急救援工作有序、有效进行的基础和重要保障。突发事件发生后，各应急救援单位的安全监督人员应及时赶赴现场，组织开展应急救援现场全过程安全监督工作，迅速建立现场安全监督网络，监督和通报现场安全情况，做好救援抢险安全教育宣传，协调救援现场的交通管理，认真分析辨识现场危险源，排查现场隐患，制止现场违章作业行为，把控应急救援关键环节和重点部位风险，防范抢修和应急处置过程中发生人身、设备、交通等安全事件，确保应急救援现场全员、全面、全方位、全过程安全及救援工作平稳、有序。同时，在应急救援过程中，注意引导舆论、控制事态，维护企业的品牌形象。

### （二）应急救援现场安全监督人员应具备的基本条件

应急救援现场安全监督人员应具备以下基本个人素质和物质条件：

（1）熟悉现场、设备及作业流程。

（2）熟悉现场安全监督相关法律法规及标准，熟悉重大危险源管理、重大事故防范、应急管理和救援组织及事故调查处理的有关规定。

（3）掌握现场急救知识、安全生产管理和安全生产技术。

（4）具备常规通信工具（手机、对讲机等），携带有关通讯录。

（5）配齐安全帽、防冻（滑）靴、单兵装备等个人防护用品。

（6）备有安全监察设备（相机、执法记录仪等）、应急照明、急救包及药品等。

（7）根据需要配备充足的保暖物品（或防暑降温物品）及食物等。

（三）应急救援现场安全监督工作的主要内容

（1）组建安全监督机构。组建现场安全监督组织机构，明确安全监督组成员、现场安全员及其联系方式。

（2）明确安全监督方案。要求安全监督人员与现场安全员保持信息畅通，每个应急救援作业点均设安全员进行安全监督，现场安全员与抢险救援作业人员必须同进同出。安全监督人员应重点巡查复杂和重要的作业面。

（3）明确现场应急救援安全要点及注意事项并及时发布。

（4）根据现场情况组织开展全员安全教育和培训，使所有现场应急处置和救援人员熟知现场应急救援安全要点及注意事项。

（5）根据突发事件的具体情况携带安全、防护、急救物品。现场安全员、安全监督人员按要求开展现场安全监督。

（6）落实安全监督方案，提出风险防控建议，消除隐患并制止违章。

（7）及时汇总反馈现场安全监督信息，做好安全信息的上报工作。

（8）通报应急救援现场发生的安全事故（事件）、违章信息，形成安全监督意见，提出整改措施并督促落实。

（9）监督整改措施在各相关救援施工作业面的落实情况。

（四）应急救援现场突发安全事故及违章事件的处置措施

（1）迅速确定事故（事件）发生的准确位置、可能波及的范围及危害程度，并设立危险警戒区域，禁止与应急处置无关的人员进入。

（2）现场负责人发现有人员受伤或施救困难时，及时拨打 120、110、119、122 等报警电话，详细说明事发地点、灾害程度、人员伤亡情况、联系电话，并派人到路口接应。

（3）现场安全员及时将事故（事件）信息上报应急指挥中心安全监督组负责人。汇报信息包括：事故（事件）发生时间、地点，事故（事件）发生简要经过、伤亡人数、直接经济损失的初步估计，设备损坏初步情况，事故（事件）发生原因的初步判断等。报告后，若事故（事件）出现新情况，应当及时补报。

（4）发现方案、措施不落实，安全履责不到位，作业工艺不规范，违章指挥、违章作业等，应立即指正，并监督落实整改。

（5）发现工作班组成员违章及时向现场负责人汇报，发现现场负责人违章及时向安全监督人员汇报。

（6）安全风险较大时，可根据风险的实际情况停止工作，采取紧急措施并要求人员暂时撤离；将重大风险情况及时上报救援现场总指挥，由其决定是否临时中断工作；经采取可靠措施后方可恢复救援工作。

（7）对违章且拒不改正的现场工作人员应立即终止其工作。

## 三、电网企业应急救援现场风险管控

电网突发事件的应急抢险或救援过程，其实是一种有组织、有计划、有目的的生产活动，可通过人的行为使电网、设备、环境的状态或结构从故障、损毁状态恢复至正常，但可能存在组织不善、行为违章、管理缺失等可能引起安全生产事故的风险，且应急抢险或救援过程伴随着抢修战线长、抢修力量分散、抢修工期紧、工作人员疲劳等问题，救援作业现场往往存在极大事故风险和安全隐患。为了防范衍生灾害或因工作人员对应急救援作业现场风险管控不到位而造成人身伤害或人员责任事故，必须加强应急救援作业安全风险的辨识和现场安全管理标准化的执行力度，夯实安全风险管理基础，针对抢险或生产作业活动的全过程落实安全风险管控措施。

### （一）风险的分类

根据救援作业现场风险形成的主要原因，风险可分为管理类风险和作业行为风险两类。

#### 1. 管理类风险

管理类风险主要指计划编制、作业组织、现场实施阶段相关领导和管理人员由于管理不到位，致使关键环节、关键节点失控而造成安全事故的风险。

#### 2. 作业行为风险

作业行为风险主要指现场实施阶段由于管理人员、关键岗位人员、具体作业人员违反《电力安全工作规程》规定和现场应急救援安全要点及注意事项要求，行为不规范而造成安全事故的风险。

### （二）风险管控标准化流程

风险管控标准化流程包括风险管控流程、计划检修流程、临时检修流程和现场实施流程。

（1）风险管控流程。包括风险描述（识别）、风险预警、风险控制（计划、组织、实施）、检查与改进等环节。

（2）计划检修流程。包括计划提出、评估确认、计划下达、工作组织、现场实施等环节。

（3）临时检修流程。包括现场勘察、审核批准、工作组织、现场实施等环节。

（4）现场实施流程。包括倒闸操作、安全措施设置与许可、检修（施工）作业、验收、工作终结等环节。

（三）风险管控要素

风险管控要素主要有风险识别、风险预警、风险控制，应建立动态风险管控机制。

1. 风险识别

（1）以防控人身触电、高处坠落、物体打击、机械伤害、误操作等典型事故风险为重点，从管理类风险和作业行为风险两方面分析和识别生产作业活动动态风险。

（2）在电网运行方式为临时方式、过渡方式、检修方式等特殊方式下，由于控制措施不合理或外力破坏而造成电网停电的风险。

（3）风险识别和分析应包含影响电网、设备及人身的安全因素，危险源和其他可能影响安全的薄弱环节，需提醒有关部门（单位）注意和重视的事项。

2. 风险预警

（1）对于可能发生人身伤害事故、电网和设备事故的作业安全风险，建立安全预警机制，加强对生产过程的风险预控。

（2）风险预警实行分类、分级管理，形成以企业、车间、班组为主体的风险预警管理体系。

（3）风险预警内容由主题、事由、时段、风险分析、控制建议措施、各部门（单位）响应措施等组成。

（4）建立风险预警跟踪机制，加强风险预警执行情况的检查和指导。

3. 风险控制

（1）相关部门和单位按照工作职责和流程管理，针对生产作业风险，从计划、组织、实施阶段拟定指导性预防措施。指导性预防措施包括工作方案、措施制订、人员组织、资源调配等情况。

（2）组织学习工作方案，开展安全交底，组织现场勘察，制订并落实具体控制措施。

（3）严格执行操作票、工作票、抢修单制度，明确工作内容、工作范围、安全措施、主要风险、防范措施等。

（4）强化现场组织协调，工作负责人、专责监护人切实履行职责，有序开展工作。

（5）领导干部和管理人员到岗到位，指导现场工作，及时协调和解决现场工作出现的情况和问题。

（6）加强现场监督，及时指出和制止违章现象，严格执行违章考核制度。

（四）应急救援现场常见风险

1. 计划编制风险

计划编制风险主要包括计划遗漏风险、重复停电风险、不均衡风险、时期不当风险、电网运行风险等。

（1）计划遗漏风险。计划遗漏风险主要是计划编制考虑不周全，造成非计划工作等。

（2）重复停电风险。重复停电风险主要是计划安排不合理，重复操作和检修导致风险增加，造成现场作业量过大等。

（3）不均衡风险。不均衡风险主要是计划停电过于集中，造成操作、抢修和电网运行方式安排压力过大等。

（4）时期不当风险。时期不当风险主要是在重要节日、保电、特殊气候、迎峰度夏（冬）、高峰时段安排抢修，导致电网运行方式薄弱或作业环境恶劣等。

（5）电网运行风险。电网运行风险主要是计划安排不合理造成电网运行方式存在薄弱环节、在运设备运行环境差、发输供电能力不足、系统稳定性大幅降低等。

2. 作业组织风险

作业组织风险主要包括任务安排不合理、人员安排不合适、组织协调不力、方案措施不全面、安全教育培训不充分等。

3. 现场实施风险

抢修或生产作业现场实施风险主要包括电气误操作、触电、高处坠落、物体打击、机械伤害等。

（五）应急救援现场常见风险管控措施

1. 计划编制风险管控

（1）风险管控的基本要求：① 生产计划编制应贯彻状态检修、综合检修的基本要求，严格计划管理，避免重复停电，减少操作次数，保证抢险检修质量，提高安全可靠水平；② 分管生产或抢修工作的领导应牵头组织召开运行方式分析会、检修计划协调会和停电计划平衡会，保证工作安排合理有序；③ 下达的计划中应注明主要风险，并制订相应的防范措施和预案。

（2）风险管控的基本原则：① 生产抢修与基建、技改、用户工程相结合；② 线路抢修与变电检修相结合；③ 一次系统与二次系统相结合；④ 主设备与辅助设备相结合；⑤ 两个及以上单位维护的线路抢修相结合；⑥ 同一停电范围内有关设备抢修相结合；⑦ 低电压等级设备与高电压等级设备抢修相结合；⑧ 输变电设备与发电设备抢修相结合；⑨ 用户与电网抢修相结合。

（3）风险管控的措施。

1）年度、季度停电检修计划。年度、季度停电检修计划应根据设备损毁状态、电网需求、反事故措施、基建技改及用户工程、重大活动保电要求、季节特点等因素，综合考虑生产检修计划，并按照年度计划组织滚动修改季度计划，优化停电方案，确定实施月份，做到必要、全面、可行、合理。

2）月度停电检修计划。月度停电检修计划根据年度、季度综合检修计划、设备损毁状态、电网需求、反事故措施、基建技改及用户工程、保供电、气候特点、承载力、物资供应等因素，组织现场勘察，根据勘察结果，编制月度停电检修计划。

3）周停电检修计划。周停电检修计划应根据月度停电检修计划、保供电、气候条件、临时缺陷进行编制，并落实到班组和人员。

4）日停电检修计划。日停电检修计划应根据周停电检修计划、紧急缺陷处理合理安排工作任务，严格执行操作票、工作票、开工会制度，强化现场监督和相关人员到岗到位。

2. 作业组织风险管控

（1）要严格执行落实月、周停电检修计划，系统考虑人、财、物的合理调配，综合分析时间与进度、质量、安全的关系，合理安排日工作任务，保证工作顺利完成。

（2）人员安排要开展班组承载力分析，合理安排作业力量。要做到工作负责人胜任工作任务，作业人员技能符合工作需要，管理人员到岗到位。

（3）组织协调停电手续办理，落实动态风险预警措施，做好外协单位或其他需要配合单位的联系工作。

（4）资源调配满足现场工作需要，提供必要的设备材料、备品备件、车辆、机械、作业机具及安全工器具等。

（5）开展现场勘察，填写现场勘察单，明确需要停电的范围、保留的带电部位、作业现场的条件、环境及其他作业风险。

（6）方案制订应科学严谨。根据现场勘察情况组织制订有针对性和可操作性的施工措施、作业指导书。危险性、复杂性和困难程度较大的作业项目工作方案，应经本单位分管生产领导（总工程师）批准后结合现场实际执行。

（7）组织方案交底。组织工作负责人等关键人、作业人员（含外协人员）、相关管理人员进行交底，明确工作任务、作业范围、安全措施、技术措施、组织措施、作业风险及管控措施。

3. 现场实施风险管控

（1）作业人员作业前经过交底并掌握方案。

（2）危险性、复杂性和困难程度较大的作业项目，作业前必须开展现场勘察，填写现场勘察单，明确工作内容、工作条件和注意事项。

（3）严格执行操作票制度。解锁操作应严格履行审批手续，并实行专人监护。接地线编号与操作票、工作票一致。

（4）工作许可人应根据工作票的要求在工作地点或带电设备四周设置遮栏（围栏），将停电设备与带电设备隔开，并悬挂安全标示牌。

（5）严格执行工作票制度，正确使用工作票、动火工作票、二次安全措施票和事故应急抢修单。

（6）组织召开开工会，交代工作内容、人员分工、带电部位和现场安全措施，告知危险点及防控措施。

（7）安全工器具、作业机具、施工机械检测合格，特种作业人员及特种设备操作人员必须持证上岗。

（8）对多专业配合工作要明确总工作协调人，负责多班组各专业工作协调；复杂作业、交叉作业、危险地段、有触电危险等风险较大的工作要设立专责监护人员。

（9）严格执行安全规程，严格现场安全监督，不走错间隔，不误登杆塔，不擅自扩大工作范围。

（10）全部工作完毕后，拆除临时接地线、个人保安接地线，恢复工作许可前设备状态。

（11）根据具体工作任务和风险度高低，相关生产现场领导干部和管理人员到岗到位。

（12）针对现场具体作业项目编制风险失控现场处置方案，并组织作业人员学习并掌握现场处置方案。

（13）现场工作人员应定期接受培训，学会紧急救护法，会正确摆脱电源，会心肺复苏法，会转移搬运伤员等。

## 四、应急救援现场安全标志与管理

### （一）安全标志

#### 1. 安全标志的涵义

安全标志是指用以表达特定安全信息的标志，由图形符号、安全色、几何形状（边框）和文字构成。安全标志是向工作人员警示工作场所或周围环境的危险状况，指导人们采取合理行为的标志。安全标志能够提醒工作人员预防危险，从而避免事故发生；当危险发生时，能够指示人们尽快逃离，或者指示人们采取正确、有效、得力的措施，对危害加以遏制。安全标志不仅类型要与所警示的内容相吻合，而且设置位置要正确合理，否则就难以真正充分发挥其警示作用。安全标志所用的颜色、图形符号、几何形状、文字，标志牌的材质、表面质量、衬边及型号选用、设置高度、使用要求应符合 GB 2893.5—2020《图形符号安全色和安全标志　第 5 部分：安全标志使用原则与要求》的规定。

#### 2. 安全标志的种类

安全标志分为禁止标志、警告标志、指令标志、提示标志四大基本类型，还有常见的消防安全标志、道路交通标志等特定类型。

（1）禁止标志。禁止标志是不准或制止人们的某些行动。禁止标志牌的基本型式是一块长方形衬底牌，上方是禁止标志（带斜杠的圆边框），下方是文字辅助标志（矩形边框）。图形上、中、下间隙相等，左、右间隙相等。禁止标志牌长方形衬底色为白色，带斜杠的圆边框为红色，标志符号为黑色，辅助标志为红底白字、黑体字，字号根据标志牌尺寸、字数调整。禁止通行标志如图 1－2－1（a）所示。

（2）警告标志。警告标志是警告人们可能发生的危险，提醒人们对周围环境引起注意，以避免可能发生危险的图形标志。警告标志牌的基本型式是一块长方形衬底牌，上方是警告标志（正三角形边框），下方是文字辅助标志（矩形边框）。图形上、中、下间隙相等，左、右间隙相等。警告标志牌长方形衬底色为白色，正三角形边框底色为黄色，边框及标志符号为黑色，辅助标志为白底黑字、黑体字，字号根据标志牌尺寸、字数调整。注意安全标志如图 1－2－1（b）所示。

（3）指令标志。指令标志是强制人们必须做出某种动作或采用防范措施的图形标志。指令标志牌的基本型式是一块长方形衬底牌，上方是指令标志（圆形边框），下方是文字辅助标志（矩形边框）。图形上、中、下间隙相等，左、右间隙相等。指令标志牌长方形衬底色为白色，圆形边框底色为蓝色，标志符号为白色，辅助标志为蓝底白字、黑体字，字号根据标志牌尺寸、字数调整。必须戴防护眼镜标志如图 1－2－1（c）所示。

（4）提示标志。提示标志是向人们提供某种信息（如标明安全设施或场所等）的图形标志。提示标志牌的基本型式是一块正方形衬底牌和相应文字，四周间隙相等。提示标志牌衬底色为绿色，标志符号为白色，文字为黑色（白色）黑体字，字号根据标志牌尺寸、字数调整。紧急出口标志如图 1－2－1（d）所示。

图 1－2－1　安全标志示例

（a）禁止标志；（b）警告标志；（c）指令标志；（d）提示标志

（5）消防安全标志。消防安全标志是用以表达与消防有关的安全信息，由安全色、边框、以图像为主要特征的图形符号或文字构成的标志。变电站常用消防安全标志如图 1－2－2 所示。消防安全标志的设置、位置、型式、尺寸、图案和颜色等应符合 GB 13495.1—2015《消防安全标志　第 1 部分：标志》的规定。

（6）道路交通标志。道路交通标志是指用图形符号、颜色和文字向交通参与者传递特定信息、用于管理交通的设施。变电站常用道路交通标志如图 1－2－3 所示。变电站设置限制高度、速度等禁止标志，基本型式一般为圆形、白底、红圈、黑图案。道路交通标志的设置、位置、型式、尺寸、图案和颜色等应符合 GB 5768.2—2009《道路交通标志和标线　第 2 部分：道路交通标志》和 GB 4387—2008《工业企业厂内铁路、道路运输安全规程》的规定。

图 1-2-2 变电站常用消防安全标志

（a）消防手动启动器；（b）火警电话；（c）消防栓箱；（d）地上消防栓；（e）地下消防栓；（f）灭火器；（g）消防水带；（h）灭火设备或报警装置方向

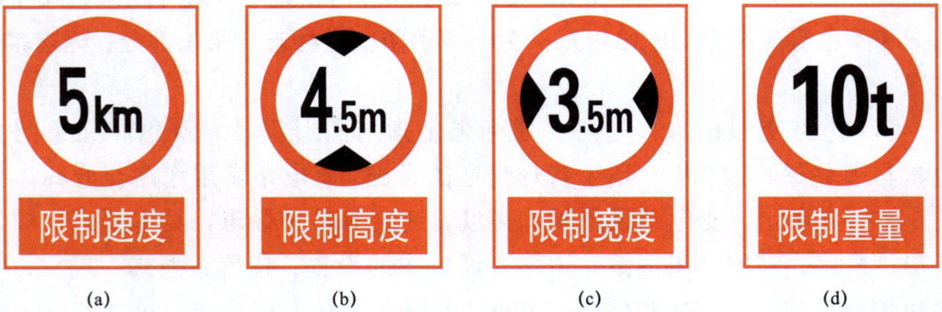


图 1-2-3 变电站常用道路交通标志

（a）限速标志；（b）限高标志；（c）限宽标志；（d）限重标志

3. 安全标志的设置

（1）安全标志应设置在与安全有关的明显地方，并保证人们有足够的时间注意其所表示的内容。

（2）设立于某一特定位置的安全标志应被牢固地安装，保证其自身不会产生危险，所有的标志均应具有坚实的结构。

（3）当安全标志被置于墙壁或其他现存的结构上时，背景色应与标志上的主色形成对比色。

（4）对于那些所显示的信息已经无用的安全标志，应立即由设置处卸下，这对于警示特殊的临时性危险的标志尤其重要，否则会导致观察者对其他有用标志的忽视与干扰。

（5）安全标志应设在与安全有关场所的醒目位置，便于观察。安全标志不宜设在可移动的物体上，以免移动影响认读。多个安全标志在一起设置时，应按照警告、禁止、指令、提示类型的顺序，先左后右、先上后下地排列，且应避免出现相互矛盾、重复的现象。

4. 安全标志的安装要求

（1）防止危害性事故的发生。首先要考虑所有安全标志的安装位置都不可存在对人的危害。

（2）可视性。安全标志安装位置的选择很重要，安全标志上显示的信息不仅要正确，而且对所有的观察者要清晰易读。

（3）安装高度。通常安全标志应安装于观察者水平视线稍高一点的位置，但有些情况置于其他水平位置则是适当的。

（4）安装位置。安全标志的固定方式分附着式、悬挂式和柱式。附着式和悬挂式的固定应稳固不倾斜，柱式的标志牌和支架应连接牢固。临时标志牌应采取防止脱落、移位措施。安全标志牌设置的高度尽量与人眼的视线高度相一致，悬挂式和柱式的环境信息标志牌的下缘距地面的高度不宜小于 2m，局部信息标志的设置高度应视具体情况确定。安全标志牌的平面与视线夹角（如图 1－2－4 中 $\alpha$ 角所示）应接近 90°，观察者位于最大观察距离时，最小夹角不低于 75°，如图 1－2－4 所示。安全标志不应设置于移动物体上，如门、因为物体位置的任何变化都会造成对标志观察变得模糊不清。

（5）已安装好的标志不应被任意移动，除非位置的变化有益于标志的警示作用。

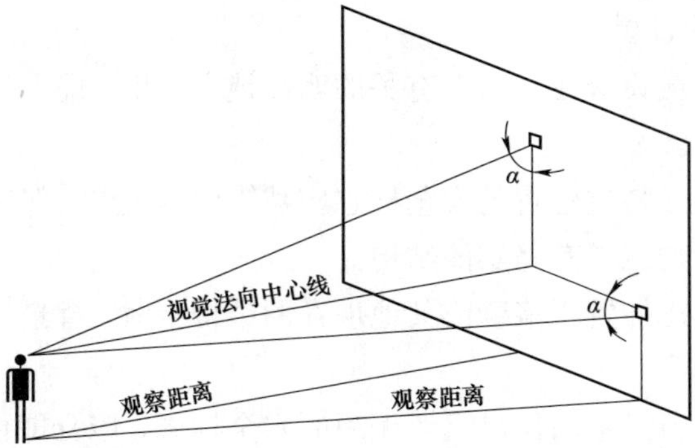

图 1－2－4 安全标志牌的平面与视线夹角

（6）安全标志应定期检查，如发现破损、变形、褪色等不符合要求的情况，应及时修整或更换。修整或更换时，应有临时的标志替换，以避免发生意外伤害。

（7）危险警告标志应设置在危险源前方足够远处，以保证观察者在首次看到标志及注意到此危险时有充足的时间，这一距离随不同情况而变化。例如，警告不要接触开关或其他电气设备的标志，应设置在它们近旁，而大厂区或运输道路上的标志，应设置于危险区域前方足够远的位置，以保证在到达危险区之前就可观察到此种警告，从而有所准备。

5. 电网企业常用安全标志

变电站入口，应根据站内通道、设备、电压等级等具体情况，在醒目位置按配置规范设置相应的安全标志牌，如“当心触电”“未经许可不得入内”“禁止吸烟”“必须戴安全帽”等，并应设立限速的标识（装置）。设备区入口，应根据通道、设备、电压等级等具体情况，在醒目位置按配置规范设置相应的安全标志牌，安全标志牌平面与视线夹角不低于 75°，如“当心触电”“未经许可不得入内”“禁吸烟”“必须戴安全帽”及安全距离标志牌等，并应设立限速、限高的标识（装置）。各设备间入口，应根据内部设备、电压等级等具体情况，在醒目位置按配置规范设置相应的安全标志牌，如主控制室、继电器室、通信室、自动装置室应配置“未经许可不得入内”“禁止烟火”，继电器室、自动装置室应配置“禁止使用无线通信”，高压配电室应配置“未经许可不得入内”“禁止烟火”；GIS 组合电器室、$SF_6$ 设备室、电缆夹层应配置“禁止烟火”“注意通风”“必须戴安全帽”等。

（1）电网企业常用禁止标志如图 1－2－5 所示。

图 1－2－5　电网企业常用禁止标志

电网企业常用禁止标志主要设置地点如下：

1）禁止吸烟。设置于设备区入口、主控制室、继电器室、通信室、自动装置室、变压器室、配电室电缆夹层、隧道入口、危险品存放点等处。

2）禁止烟火。设置于主控制室、继电器室、蓄电池室、通信室、自动装置室、变压器室、配电室、检修、试验工作场所、电缆夹层、隧道入口、危险品存放点等处。

3）禁止用水灭火。设置于变压器室、配电室、继电器室、通信室、自动装置室等处（有隔离油源设施的室内油浸设备除外）。

4）禁止跨越。设置于不允许跨越的深坑（沟）等危险场所、安全遮栏等处。

5）禁止攀登。设置于不允许攀爬的危险地点，如有坍塌危险的建筑物、构筑物等处。

6）禁止停留。设置于对人员有直接危害的场所，如高处作业现场、吊装作业现场等处。

7）未经许可禁止入内。设置于易造成事故或对人员有伤害的场所的入口处，如高压设备室入口、消防泵室、雨淋阀室等处。

8）禁止通行。设置于有危险的作业区域，如起重、爆破现场，道路施工工地的入口等处。

9）禁止堆放。设置于消防器材存放处、消防通道、逃生通道及变电站主通道、安全通道等处。

10）禁止穿化纤衣服。设置于设备区入口、电气检修试验、焊接及有易燃易爆物质的场所等处。

11）禁止使用无线通信。设置于继电器室、自动装置室等处。

12）禁止合闸，有人工作。设置于一经合闸即可送电到施工设备的断路器（开关）和隔离开关（刀闸）操作把手上等处。

13）禁止合闸，线路有人工作。设置于线路断路器（开关）和隔离开关（刀闸）把手上。

14）禁止分闸。设置于接地开关与检修设备之间的断路器（开关）操作把手上。

15）禁止攀登，高压危险。设置于高压配电装置构架的爬梯上，变压器、电抗器等设备的爬梯上，线路杆塔下部，距地面约3m处。

16）禁止开挖，下有电缆。设置于禁止开挖的地下电缆线路保护区内。

17）禁止在高压线下钓鱼。设置于跨越鱼塘线路下方的适宜位置。

18）禁止开挖取土。设置于线路保护区内杆塔、拉线附近适宜位置。

19）禁止在高压线附近放风筝。设置于经常有人放风筝的线路附近适宜位置。

20）禁止在保护区内建房。设置于线路下方及保护区内。

（2）电网企业常用警告标志如图1－2－6所示。

电网企业常用警告标志主要设置地点如下：

1）注意安全。设置于易造成人员伤害的场所及设备等处。

2）注意通风。设置于 $SF_6$ 装置室、蓄电池室、电缆夹层、电缆隧道入口等处。

3）当心火灾。设置于易发生火灾的危险场所，如电气检修试验、焊接及有易燃易爆物质的场所。

4）当心爆炸。设置于易发生爆炸危险的场所，如易燃易爆物质的使用或受压容器等地点。

5）当心中毒。设置于在装有 $SF_6$ 断路器、GIS 组合电器的配电室入口，生产、储运、使用剧毒品及有毒物质的场所。

6）当心触电。设置于有可能发生触电危险的电气设备和线路，如配电装置室、开关等处。

7）当心电缆。设置于暴露的电缆或地面下有电缆处施工的地点。

图 1－2－6 电网企业常用警告标志

8）当心机械伤人。设置于易发生机械卷入、轧压、碾压、剪切等机械伤害的作业地点。

9）当心伤手。设置于易造成手部伤害的作业地点，如机械加工工作场所等处。

10）当心扎脚。设置于易造成脚部伤害的作业地点，如施工工地及有尖角散料等处。

11）当心吊物。设置于有吊装设备作业的场所，如施工工地等处。

12）当心坠落。设置于易发生坠落事故的作业地点，如脚手架、高处平台、地面的深沟（池、槽）等处。

13）当心落物。设置于易发生落物危险的地点，如高处作业、立体交叉作业的下方等处。

14）当心腐蚀。设置于蓄电池室内墙壁等处。

15）当心坑洞。设置于生产现场和通道临时开启或挖掘的孔洞四周的围栏等处。

16）当心弧光。设置于易发生由于弧光造成眼部伤害的焊接作业场所等处。

17）当心塌方。设置于有塌方危险的区域，如堤坝及土方作业的深坑、深槽等处。

18）当心车辆。设置于生产场所内车、人混合行走的路段，道路的拐角处、平交路口，车辆出入较多的生产场所出入口处。

19）当心滑跌。设置于地面有易造成伤害的滑跌地点，如地面有油、冰、水等物质及滑坡处。

20）止步，高压危险。设置于带电设备固定遮栏上，室外带电设备构架上，高压试验地点安全围栏上，因高压危险禁止通行的过道上，工作地点临近室外带电设备的安全围栏上，工作地点临近带电设备的横梁上等处。

（3）电网企业常用指令标志如图 1－2－7 所示。

图 1－2－7　电网企业常用指令标志

电网企业常用指令标志主要设置地点如下：

1）必须穿防护服。设置于具有放射、微波、高温及其他需穿防护服的作业场所。

2）必须戴安全帽。设置于生产现场（办公室、主控制室、值班室和检修班组室除外）。

3）必须戴防毒面具。设置于具有对人体有害的气体、气溶胶、烟尘等作业场所，如有毒物散发的地点或处理有毒物造成的事故现场等处。

4）必须穿防护鞋。设置于易伤害脚部的作业场所，如具有腐蚀、灼烫、触电、砸（刺）伤等危险的作业地点。

5）必须戴防护眼镜。设置于对眼睛有伤害的作业场所，如机械加工、各种焊接等处。

6）必须戴防护手套。设置于易伤害手部的作业场所，如具有腐蚀、污染、灼烫、冰冻及触电危险的作业等处。

7）必须系安全带。设置于易发生坠落危险的作业场所，如高处建筑、检修、安装等处。

（4）电网企业常用提示标志如图 1－2－8 所示。

图 1－2－8　电网企业常用提示标志

电网企业常用提示标志主要设置地点如下：

1）在此工作。设置于工作地点或检修设备上。

2）从此上下。设置于工作人员可以上下的铁（构）架、爬梯上。

3）从此进出。设置于工作地点遮栏的出入口处。

4）紧急洗眼水。设置于悬挂在从事酸、碱工作的蓄电池室、化验室等洗眼水喷头旁。

（5）电网企业常用道路交通标志见图 1－2－3 所示。

1）限制速度标志。表示该标志至前方解除限制速度标志的路段内，机动车行驶速度（单位为 km/h）不准超过标志所示数值。变电站入口处、变电站主干道及转角处等需要限制车辆速度的路段的起点应设置限制速度标志牌。图 1－2－3（a）表示限制速度为 5km/h。

2）限制高度标志。表示禁止装载高度超过标志所示数值的车辆通行。变电站入口处、不同电压等级设备区入口处等最大容许高度受限制的地方应设置限制高度标志牌（装置）。图 1－2－3（b）表示装载高度超过 4.5m 的车辆禁止进入。图 1－2－3（c）和图 1－2－3（d）所示的标志分别为限制宽度 3.5m、限制质量 10t。

（6）电网企业常用消防安全标志见图 1－2－2。

1）消防手动启动器。如图 1－2－2（a）所示，依据现场环境，设置在适宜、醒目的位置。

2）火警电话。如图 1－2－2（b）所示，依据现场环境，设置在适宜、醒目的位置。

3）消防栓箱。如图 1－2－2（c）所示，设置于生产场所构筑物内的消防栓处。

4）地上消防栓。如图 1－2－2（d）所示，固定在距离消防栓 lm 的范围内，不得影响消防栓的使用。

5）地下消防栓。如图 1－2－2（e）所示，固定在距离消防栓 lm 的范围内，不得影响消防栓的使用。

6）灭火器。如图 1－2－2（f）所示，设置于灭火器、灭火器箱的上方或存放灭火器、灭火器箱的通道上，泡沫灭火器器身上应标注“不适用于电火”字样。

7）消防水带。如图 1－2－2（g）所示。设置于指示消防水带、软管卷盘或消防栓箱的位置。

8）灭火设备或报警装置方向。如图 1－2－2（h）所示，设置于指示灭火设备或报警装置的方向处。

9）紧急出口与避险处。紧急出口设置于便于安全疏散的紧急出口处，与方向箭头结合设在通向紧急出的通道、楼梯口等处。避险处设置于指示避险地点的方向。

10）从此跨越。设置于横跨桥栏杆上，面向人行横道。

11）疏散通道方向。指示到紧急出口的方向，用于电缆隧道指向最近出口处。

12）消防沙池。设置于消防沙池（箱）附近醒目位置，并应编号。

13）消防水池。设置于消防水池附近醒目位置，并应编号。

14）防火墙。在变电站的电缆沟（槽）进入主控制室、继电器室处和分接处、电缆沟每间隔约 60m 处应设防火墙，将盖板涂成红色，标明“防火墙”字样，并应编号。

（二）设备标志

设备标志是指用以标明设备名称、编号等特定信息的标志，由文字和（或）图形构成。

1. 变电站设备标志

常见变电站设备标志及图例如图 1－2－9 所示。

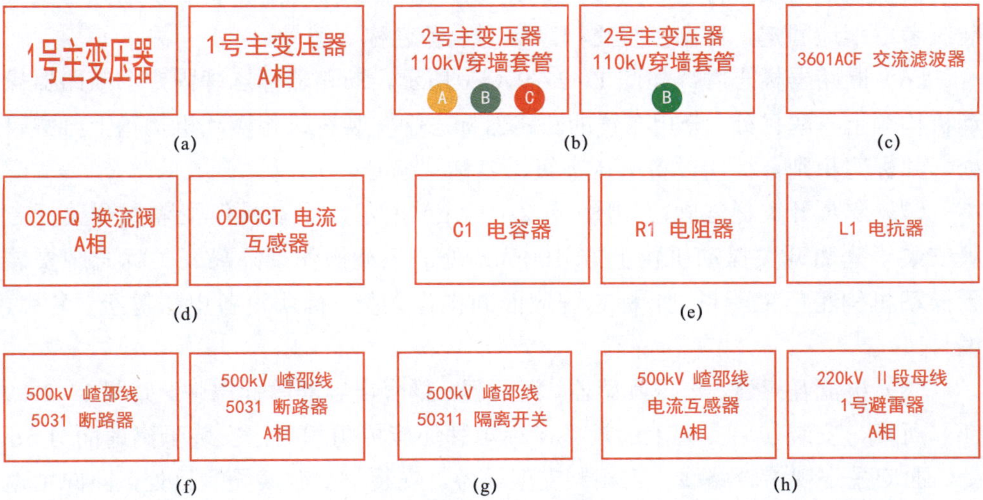


图 1－2－9 常见变电设备标志及图例

（a）变压器（电抗器）标志牌；（b）主变压器（线路）穿墙套管标志牌；（c）滤波器组、电容器组标志牌；（d）阀厅内直流设备标志牌；（e）滤波器、电容器组围栏内设备标志牌；（f）断路器标志牌；（g）隔离开关标志牌；（h）电流互感器、电压互感器、避雷器、耦合电容器等标志牌

（1）变压器（电抗器）标志牌。如图 1－2－9（a）所示，变压器（电抗器）标志牌安装固定于变压器（电抗器）器身中部，面向主巡视检查路线，并标明名称、编号。单相变压器每相均应安装标志牌，并标明名称、编号及相别。线路电抗器每相应安装标志牌，并标明线路电压等级、名称及相别。

（2）主变压器（线路）穿墙套管标志牌。如图 1－2－9（b）所示，主变压器（线路）穿墙套管标志牌安装于主变压器（线路）穿墙套管内、外墙处，标明主变压器（线路）编号、电压等级、名称，分相布置的还应标明相别。

（3）滤波器组、电容器组标志牌。如图 1－2－9（c）所示，滤波器组、电容器组标志牌在滤波器组（包括交、直流滤波器，PLC 噪声滤波器、RI 噪声滤波器）、电容器组的围栏门上分别装设，安装于离地面 1.5m 处，面向主巡视检查路线。标明设备名称、编号。

（4）阀厅内直流设备标志牌。如图 1－2－9（d）所示，阀厅内直流设备标志牌在阀厅顶部巡视走道遮栏上固定，正对设备，面向走道，安装于离地面 1.5m 处。标明设备名称、编号。

（5）滤波器、电容器组围栏内设备标志牌。如图 1－2－9（e）所示，滤波器、电容器组围栏内设备标志牌安装固定于设备本体上醒目处，设备本体上无位置安装时考虑落地固定，面向围栏正门。标明设备名称、编号。

（6）断路器标志牌。如图 1－2－9（f）所示，断路器标志牌固定于断路器操动机构箱上方醒目处。分相布置的断路器标志牌安装在每相操动机构箱上方醒目处，并标明相别。标明设备电压等级、名称、编号。

（7）隔离开关标志牌。如图 1－2－9（g）所示，手动操作型隔离开关标志牌安装于隔离开关操动机构上方 100mm 处，电动操作型隔离开关标志牌安装于操动机构箱门上醒目处，标志牌应面向操作人员。标明设备电压等级、名称、编号。

（8）电流互感器、电压互感器、避雷器、耦合电容器等标志牌。如图 1－2－9（h）所示，安装在单支架上的设备，标志牌还应标明相别，安装于离地面 1.5m 处，面向主巡视检查路线。三相共支架设备，安装于支架横梁醒目处，面向主巡视检查线路。落地安装加独立遮栏的设备（如避雷器、电抗器、电容器、站用变压器、专用变压器等），标志牌安装在设备围栏中部，面向主巡视检查线路。标明设备电压等级、名称、编号及相别。

2. 输配电设备标志

常见输配电设备标志及图例如图 1－2－10 所示。

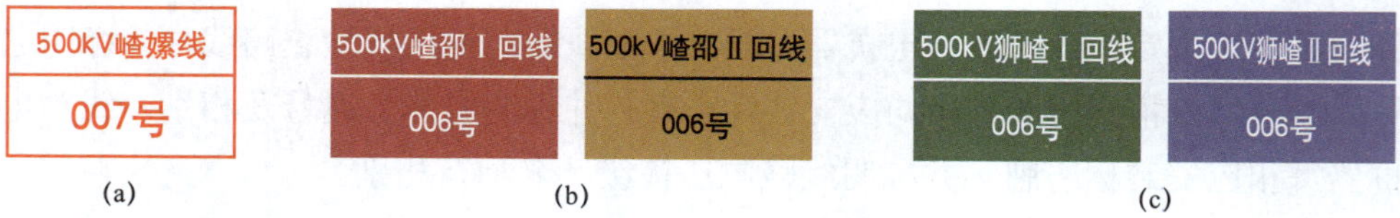


图 1－2－10 常见输配电设备标志及图例

（a）单回路杆号标志牌；（b）双回路杆号标志牌；（c）多回路杆号标志牌

（1）单回路杆号标志牌。如图 1－2－10（a）所示，单回路杆号标志牌安装在杆塔的小号侧。特殊地形的杆塔，标志牌可悬挂在其他的醒目方位上。

（2）双回路杆号标志牌。如图 1－2－10（b）所示，双回路杆号标志牌安装在杆塔的小号侧的杆塔水平材上。标志牌底色应与本回路色标一致，字体为白色黑体字（黄底时为黑色黑体字）。

（3）多回路杆号标志牌。如图 1－2－10（c）所示，多回路杆号标志牌安装在杆塔的小号侧的杆塔水平材上。标志牌底色应与本回路标一致，字体为白色黑体（黄底时为黑色黑体字）。色标颜色按照红、黄、绿、蓝、白、紫排列使用。

（三）安全警示线

安全警示线是指界定危险区域、防止人身伤害及影响设备（设施）正常运行或使用的标识线。向人们传递某种注意或警告的信息，以避免人身伤害。

安全警示线包括禁止阻塞线、减速提示线、安全警戒线、防止碰头线、防止绊跤线、防止踏空线、生产通道边缘警戒线和设备区巡视路线等。一般采用黄色或与对比色（黑色）同时使用，如图 1－2－11 所示。

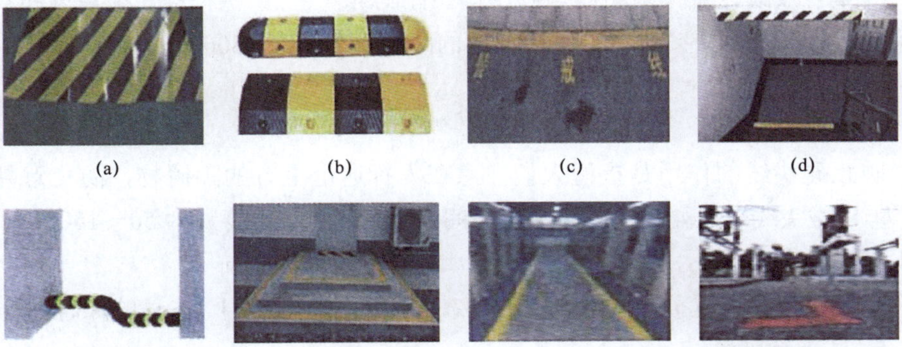

(a) (b) (c) (d)

(e) (f) (g) (h)

图 1－2－11　常用安全警示线及图例

（a）禁止阻塞线；（b）减速提示线；（c）安全警戒线；（d）防止碰头线；（e）防止绊跤线；（f）防止踏空线；（g）生产通道边缘警戒线；（h）设备区巡视路线

1. 禁止阻塞线

禁止阻塞线的作用是禁止在相应的设备前（上）停放物体，以免意外发生。禁止阻塞线采用 45° 黄色与黑色相间的等宽条纹，宽度宜为 50～150mm；长度不小于禁止阻塞物的 1.1 倍，宽度不小于禁止阻塞物的 1.5 倍，如图 1－2－11（a）所示。

禁止阻塞线设置范围和地点：标注在地下设施入口盖板上；标注在主控制室、继电器室门内外，消防器材存放处，防火重点部位进出通道；标注在通道旁边的配电柜前和其他禁止阻塞的物体前。

2. 减速提示线

减速提示线的作用是提醒在变电站内的驾驶人员减速行驶，以保证变电站设备和人员的安全。减速提示线一般采用 45° 黄色与黑色相间的等宽条纹，宽度宜为 100～200mm，如图 1－2－11（b）所示。可采取减速带代替减速提示线。

减速提示线设置范围和地点：标注在变电站站内道路的弯道、交叉路口和变电站进站入口等限速区域的入口处。

3. 安全警戒线

安全警戒线的作用是为了提醒在变电站内的人员，避免误碰、误触运行中的控制屏（台）、保护屏、配电屏和高压开关柜等。安全警戒线采用黄色，宽度宜为50～150mm，如图1－2－11（c）所示。

安全警戒线设置范围和地点：设置在控制屏（台）、保护屏、配电屏和高压开关柜等设备周围。安全警戒线至屏面的距离宜为300～800mm，可根据实际情况进行调整。

4. 防止碰头线

防止碰头线的作用是提醒人们注意在人行通道上方的障碍物，防止意外发生。防止碰头线采用45°黄色与黑色相间的等宽条纹，宽度宜为50～150mm，如图1－2－11（d）所示。

防止碰头线设置范围和地点：标注在人行通道高度小于1.8m的障碍物上。

5. 防止绊跤线

防止绊跤线的作用是提醒工作人员注意地面上的障碍物，防止意外发生。防止绊跤线采用45°黄色与黑色相间的等宽条纹，宽度宜为50～150mm，如图1－2－11（e）所示。

防止绊跤线设置范围和地点：标注在人行横道地面上高差300mm以上的管线或其他障碍物上。采用45°间隔斜线（黄/黑）排列进行标注。

6. 防止踏空线

防止踏空线的作用是提醒工作人员注意通道上的高度落差，避免发生意外。防止踏空线采用黄色线，宽度为宜为100～150mm，如图1－2－11（f）所示。

防止踏空线设置范围和地点：标注在上下楼梯第一级台阶上；标注在人行通道高差300mm以上的边缘处。

7. 生产通道边缘警戒线

在变电站生产道路运用的安全警戒线的作用是提醒变电站工作人员和机动车驾驶人员避免误入设备区。生产通道边缘警戒线采用黄色线，宽度宜为100～150mm，如图1－2－11（g）所示。

生产通道边缘警戒线设置范围和地点：标注在生产通道两侧。为保证夜间可见性，宜采用道路反光漆或强力荧光油漆进行涂刷。

8. 设备区巡视路线

设备区巡视路线的作用是提醒变电站工作人员按标准路线进行巡视检查。设备区巡视路线采用白色实线标注，其线宽宜为100～150mm，在弯道或交叉路口处采取白色箭头标注；也可采取巡视路线指示牌方法进行标注，如图1－2－11（h）所示。

设备区巡视路线设置范围和地点：标注在变电站室内外设备区道路或电缆沟盖板上。

（四）安全防护设施

安全防护设施是指防止外因引发的人身伤害、设备损坏而配置的防护装置和用具。主要用于防止外因引发的人身伤害，包括安全帽、安全工器具柜（室）、安全工器具试验合格证标志牌、固定防护遮栏、区域隔离遮栏、临时遮栏（围栏）、红布幔、孔洞盖板、爬梯遮栏门、防小动物挡板、杆塔防撞警示线等设施和用具。常用安全防护设施及图例如图1－2－12所示。

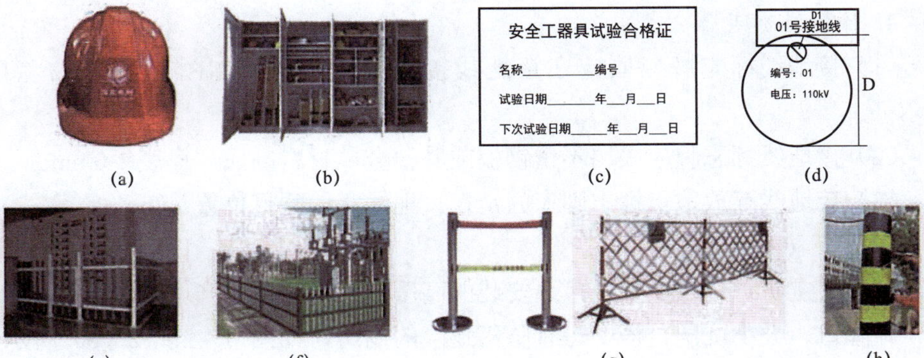


(a) (b) (c) (d) (e) (f) (g) (h)

图1－2－12 常用安全防护设施及图例

（a）安全帽；（b）安全工器具柜；（c）安全工器具试验合格证标志牌；（d）接地线标志牌；（e）固定防护遮栏；（f）区域隔离遮栏；（g）临时遮栏（围栏）；（h）杆塔防撞警示线

1. 安全帽

（1）安全帽是用来保护使用者头部或减缓外来物体冲击伤害的个人防护用品，如图1－2－12（a）所示。任何人进入生产现场（办公室、主控制室、值班室和检修班组室除外），均应正确佩戴安全帽。

（2）安全帽前面有国家电网标志，后面为单位名称及编号，并按编号定置存放。

（3）安全帽实行分色管理。安全帽用不同的颜色来区分使用者的身份。其中，红色安全帽为管理人员使用，黄色安全帽为运行人员使用，蓝色安全帽为检修（施工、试验等）人员使用，白色安全帽为外来参观人员使用。

2. 安全工器具柜（室）

（1）变电站应配备足量的专用安全工器具柜，如图 1－2－12（b）所示。

（2）安全工器具柜应满足相关国家标准、行业标准及产品说明书关于保管和存放的要求。

（3）安全工器具室（柜）应具有温度、湿度监控功能，满足温度为－15～35℃、相对湿度为 80%以下，保持干燥通风的基本要求。

3. 安全工器具试验合格证标志牌

（1）安全工器具试验合格证标志牌如图 1－2－12（c）所示，应贴在经试验合格的安全工器具的醒目位置。

（2）安全工器具试验合格证标志牌可采用粘贴力强的不干胶制作，规格为 60mm×40mm。

4. 接地线标志牌

（1）接地线标志牌应固定在接地线接地端线夹上，如图 1－2－12（d）所示。

（2）接地线标志牌应采用不锈钢板或其他金属材料制成，厚度 1.0mm。

（3）接地线存放地点标志牌应固定在接地线存放醒目位置。

5. 固定防护遮栏

（1）固定防护遮栏适用于落地安装的高压设备周围及生产现场平台、人行通道、升降口、大小坑洞、楼梯等有坠落危险的场所，如图 1－2－12（e）所示。根据实际需要，固定防护遮栏可选用绝缘材料制成。

（2）用于设备周围的防护遮栏高度不低于 1700mm，设置供工作人员出入的门并上锁；防坠落遮栏高度不低于 1050mm，并装设不低于 100mm 高的护板。

（3）固定遮栏上应悬挂安全标志，位置根据实际情况而定。

（4）检修期间需将栏杆拆除时，应装设临时遮栏，并在检修工作结束后将栏杆立即恢复。

6. 区域隔离遮栏

（1）区域隔离遮栏适用于设备区与生活区的隔离、设备区间的隔离、改

（扩）建施工现场与运行区域的隔离，也可装设在人员活动密集场所周围，如图 1－2－12（f）所示。

（2）区域隔离遮栏应采用不锈钢或塑钢等材料制作。根据实际需要，区域隔离遮栏可选用绝缘材料制成。区域隔离遮栏高度应不低于 1050mm，其强度和间隙满足防护要求。

7. 临时遮栏（围栏）

（1）临时遮栏（围栏）如图 1－2－12（g）所示。其适用场所包括：① 可能有高处落物的场所；② 检修、试验工作现场与运行设备的隔离；③ 检修、试验工作现场规范工作人员活动范围；④ 检修现场安全通道；⑤ 检修现场临时起吊场地；⑥ 防止其他人员靠近的高压试验场所；⑦ 安全通道或沿平台等边缘部位，因检修拆除常设栏杆的场所；⑧ 事故现场保护；⑨ 需临时打开的平台、地沟、孔洞盖板周围等；⑩ 直流换流站单极停电工作，应在双极公共区域设备与停电区域之间设置围栏。

（2）临时遮栏（围栏）的设置要求：① 临时遮栏（围栏）应采用满足安全、防护要求的材料制作，有绝缘要求的临时遮栏（围栏）应采用干燥木材、橡胶或其他坚韧绝缘材料制成；② 临时遮栏（围栏）高度为 1050～1200mm，防坠落遮栏应在下部装设不低于 180mm 高的挡脚板；③ 临时遮栏（围栏）强度和间隙应满足防护要求，装设应牢固可靠；④ 临时遮栏（围栏）应悬挂安全标志，位置根据实际情况而定。

8. 孔洞盖板

（1）孔洞盖板适用于生产现场需打开的孔洞。

（2）孔洞盖板的设置要求：① 孔洞盖板均应为防滑板，且应覆以与地面齐平的坚固的有限位的盖板，盖板边缘应大于孔洞边缘 100mm，限位块与孔洞边缘距离不得大于 25～30mm，网络板孔眼不应大于 50mm × 50mm；② 在检修工作中如需将盖板取下，应设临时围栏，临时打开的孔洞，施工结束后应立即恢复原状，夜间不能恢复的，应加装警示红灯；③ 孔洞盖板可制成与现场孔洞互相配合的矩形、正方形、圆形等形状，选用镶嵌式、覆盖式，并在其表面涂刷 45° 黄黑相间的等宽条纹，宽度应为 50～100mm；④ 盖板拉手可做成活动式，便于钩起。

9. 爬梯遮栏门

（1）应在禁止攀登的设备、构架爬梯上安装爬梯遮栏门，并予编号。

（2）爬梯遮栏门的设置要求：① 爬梯遮栏门为整体不锈钢或铝合金板

门，其高度应大于工作人员的跨步长度，应设置为800mm左右，宽度应与爬梯保持一致；② 在爬梯遮栏门正门应装设“禁止攀登，高压危险”的标志牌。

10. 防小动物挡板

（1）在各配电装置室、电缆室、通信室、蓄电池室、主控制室和继电器室等出入口处，应装设防小动物挡板，以防止小动物短路故障引发的电气事故。

（2）防小动物挡板的设置要求：防小动物挡板应采用不锈钢、铝合金等不易生锈、变形的材料制作，高度应不低于400mm，其上部应设有45°黑黄相间色斜条防止绊跤线标志，标志线宽宜为50～100mm。

11. 杆塔防撞警示线

（1）在道路中央和马路沿外1m内的杆塔下部，应涂刷防撞警示线，如图1－2－12（g）所示。

（2）杆塔防撞警示线采用道路标线涂料涂刷，带荧光，其高度不小于1200mm，黄黑相间，间距为200mm。

（五）公共安全标志

公共安全标志一般指设置在公共场所的安全标志，用于向公众或工作人员警示工作场所或周围环境的危险状况，指导人们采取合理的行为。因此，公共场所的安全标志应首先能明确提醒工作人员预防危险，从而避免事故发生；而后当危险发生时，能够指示人们尽快逃离，或者指示人们采取正确、有效、得力的措施，对危害加以遏制。安全标志不仅类型要与所警示的内容相吻合，而且设置位置要正确合理，否则就难以真正充分发挥其警示作用。部分公共场所禁止安全标志及图例如图1－2－13所示。

## 五、应急救援现场危机公关与品牌维护

（一）基本概念

1. 公共关系

公共关系的概念并没有一个公认的统一说法。常见的是指组织机构与公众环境之间的沟通与传播关系。它由组织、公众、传播三个要素构成。组织是公共关系的主体，包括政治组织、经济组织、军事组织、文化团体及民间组织等；公众是公共关系的客体，是公共关系的工作对象；传播是公共关系的中介，是连接组织和公众的桥梁，也是实现公共关系目标的唯一手段。

图 1－2－13　部分公共场所禁止安全标志及图例

2. 危机

危机是有危险又有机会的时刻。危机经常被描述为突发事件，其实危机不是突发的，危机是矛盾的积累并最终爆发的结果，危机未爆发前的矛盾状态被称为风险。德国人帕布斯·海恩经过大量的调查研究提出：“每一起严重事故的背后，都有 29 次轻微事故和 300 起未遂先兆以及 1000 起事故隐患”，这就是著名的“海恩法则”。这一法则所揭示的“事故背后有征兆，征兆背后有苗头”，表明危机是可能被预防的，对各领域的危机管理具有同样的警示意义。

3. 危机公关

危机公关即危机管理，是指应对危机的有关机制，具体指的是组织为避免或者减轻危机所带来的严重损害和威胁，采取各种可能或可行的方法和方式，预防、限制和消除危机及因危机产生的消极影响，从而使潜在的或现存的危机得以解决，使危机造成的损失最小化的动态过程。

危机公关的基本目标就是最大限度地降低危机造成的损失。从管理学的角度，危机公关有两种基本策略：① 防守型策略，即采取措施保护遭到威胁的有形和无形资产；② 进攻型策略，即通过积极地建设性的行动减少或避免资产损失，并在可能的情况下化危为机，甚至创造新的财富。无论采取何种策略，都要尽可能科学利用组织内外部资源，包括人力资源和物质资源。在危机涉及组织以外的公共利益时，要充分发挥社会和政府资源的作用，如在人力资源方面，可以发挥社会普遍认可的专家和政府权威部门的专家的作用，保证决策的科学性和对外沟通的有效性。

危机爆发后，管理者要抓好两个工程：①“护身”工程，即全力保障利益相关者生命和财产，尽最大努力减少损害；②“暖心”工程，即采取各种措施，温暖人心，重建信任，修复被危机破坏了的价值契约。危机应对决策要考虑以上两个方面的要求，在“无形”和“有形”两个层面上做好部署。

4. 危机应对

危机应对是组织对于已经发生的突发事件，根据事先制订的应急预案，采取应急行动，控制或解决正在发生的突发事件，最大限度地减轻灾害损害。组织建立起完整的应急指挥系统，能够整合所有应急资源、制订正确应急策略、采取快速有效的措施，是应对危机的关键所在。

5. 危机沟通

危机沟通是指以沟通为手段、以解决危机为目的所进行的与利益相关者之间的信息交流活动。有效的沟通交流可以降低危机对组织的冲击，并存在化危机为转机甚至商机的可能；沟通不畅或无效则可能使小危机变成大危机，对组织造成重大伤害，甚至危及组织生存。

（二）电网企业应急救援现场危机公关的处理程序

电网企业除建设、经营坚强的电网外，其服务时间之长、服务面之广，是一般企业不能比拟的。电网企业作为直接面对千千万万电力用户的电力企业，必然会受到社会各界的密切关注。人们对电能供应的质量要求越来越高，对电网企业的关注度也越来越高。再好的危机防范也难免会出现企业所不能预知和控制的突发事件，如各种原因造成的停电事故都会引起电力用户的埋怨或不满。一旦突发事件发生，电网企业应当采取有效的策略应对危机，才能将危机带来的损失减少到尽可能小。

电网企业应急救援现场危机公关的一般处理程序如下：

1. 迅速反应，隔离危机

危机一旦爆发，一定要沉着、冷静，不能慌乱。要迅速启动应急预案，采取紧急措施，控制危机蔓延，防止事态扩大。这一阶段，速度是关键。最初的 24h 对于企业来说非常重要，往往很多时候成败就在这一阶段。

由于我们生活在 24h 新闻滚动播出的时代，信息不断更新，快速传播，电网企业必须对危机做出即刻的反应。一项由美国著名公关公司负责开展的调查显示，超过 65%的美国公众听到“无可奉告”这句话时，会将这句话视为是默认有罪。

危机发生后，电网企业应该快速反应，争取在危机处理过程中的主动权。快速反应包括对危机事态的迅速反应和对利益相关者的迅速反应。对危机事态的迅速反应就是第一时间启动应急预案，组织有关人员迅速到达危机现场，迅速了解危机状况，并根据现场情况进行应急处置。对利益相关者的迅速反应是指在危机爆发后通过官方渠道对利益相关者立即进行必要的告知和回应，主要内容应包括：① 承认危机的发生，树立坦诚、负责的组织形象；② 警示利益相关者做好危机防范，尽可能减少危机损害；③ 在可能的条件下，以事实为依据对危机诱因和真相做出必要的解释，以避免混乱、消除疑虑，赢得利益相关者的理解和支持。

在危机爆发时，迅速隔离危机，以免危机蔓延、扩大，为下一步调查、处理和解决危机奠定基础。

2. 全面调查，收集信息

应急指挥体系在做出快速反应，危机得到初步控制之后，应急指挥者应尽快到达危机现场，一边进行紧急处理，同时要组织专家对危机的范围、原因、后果等进行全面现场调查，掌握危机发生、发展的准确信息，以便对后续的资源调配和制订消灭危机的策略提供技术支持。危机调查是采取适宜公关措施的基础，也是成功处理危机的关键。以电网企业为例，危机调查的主要内容包括以下几个方面：

（1）本次危机发生的时间、地点、原因。

（2）本次危机的现状、损失情况。

（3）本次危机可能的发展趋势。

（4）本次危机与电网企业的关系，电网企业应负的责任，是责任事故还是意外事件。

（5）本次危机要应对的公众。

3. 科学决策，调配资源

在对危机进行充分调查、分析的基础上，针对危机类型的不同、对象的不同、危害程度的不同，采取有针对性的危机处理方案，并组织调配人力、物力、财力，合理分工，明确责任，落实任务。

（三）电网企业应急救援现场危机公关与品牌维护的沟通策略

危机发生了，谁也无法改变。但要改变媒体、公众、受害者的看法，引导危机向有利于当事组织的方向发展，关键在于是否有效地进行真诚沟通。危机沟通要坚持主动沟通、全部沟通、及时沟通的原则，与所有利益相关者进行多方沟通。主要利益相关者包括组织内部公众、受害者、新闻媒体、上级领导（主管部门）等。电网企业也应坚持上述原则，面对危机，积极开展危机公关，真诚沟通，维护电网企业品牌形象。

1. 与组织内部公众的沟通

（1）在危机初期，及时向组织内部公众宣布应急指挥小组成立，表明组织对待危机的态度，并对组织内部公众提出应对此次危机的要求。

（2）在危机稳定期，及时向组织内部公众通报危机事件发生的时间、地点、伤亡情况，以及组织处理此次危机的基本原则和方针，将制订的危机处理方案通告给各部门和员工，要求全体员工统一思想、统一口径、统一行动。

（3）在危机处理期，及时向组织内部公众通报造成危机的原因，协调内部力量对危机进行处理。

（4）在危机处理后期，及时向组织内部公众通报危机处理结果，对危机进行及时评估，总结经验教训，处理危机事件的责任人，奖励处理危机事件的有功人员。

2. 与受害者的沟通

（1）如果危机造成内部或外部公众伤亡，一方面要立即组织抢救或进行善后处理，另一方面应立即通知家属前来善后处理。

（2）对家属及时进行心理抚慰。危机事件中的家属往往比较激动，甚至过激，此时，及时、有效的心理抚慰对危机处理很有必要。

（3）要积极倾听各方面公众的意见和建议，并合理赔偿经济损失。

（4）对家属提出的经济赔偿方面的要求，必要时要做出有分寸的让步，这样有利于防止事态的进一步扩大。

（5）与家属沟通的工作人员尽量保持相对稳定，避免无故换人，以免引起受害人家属的焦虑和不安。

3. 与媒体的沟通

信息社会，媒体在危机事件处理过程中扮演着特殊的重要角色，当其传播虚假信息或有害信息时，会加速危机恶化、扩大危机范围、加重危机影响；相反，当其传播真实的有益信息时，可以减缓危机恶化、缩小危机范围、降低危机影响。因此，组织在危机管理过程中要时刻关注媒体的反应，加以正确影响和引导，使其发挥积极作用，意义重大。

只要企业出现危机，媒体必然介入。对于媒体来说，他们想要的是新闻，好事情、坏事情都可以，而往往坏事情更加有新闻价值。媒体在企业和公众之间充当着桥梁的作用，没有媒体的存在，公众也就无法了解信息。企业如何应对媒体，对每个企业来说都是危机公关中非常重要的一部分。

危机传播是由信息流、影响流和噪声流三部分构成，危机传播的一个突出特点是噪声泛滥。媒体管理要围绕把握危机信息流、引导危机影响流、消解危机噪声流这三条主线展开。做好议题管理、信息疏导、信息加工工作，在合适的时间、合适的地点，由合适的人发布合适的信息是媒体管理的根本途径。除官方媒体外，在信息时代，尤其要重视对网络媒体的关注和引导。

危机发生后，电网企业应对媒体的策略主要包括：

（1）快速做出反应，不要沉默不语。危机发生后，企业要在第一时间做出反应，以引导舆论走向，避免出项谣言满天飞。由于危机发生后，社会公众对危机情况一时不明，出现信息真空，这时，谁先说话就会填补这一信息真空，给人以先入为主的第一印象。因此，当危机发生后，在媒体应对上，时间往往是争取胜利的决定性因素，时效是新闻发布的第一要素。

坦诚面对媒体和公众，尊重媒体和公众。媒体是舆论的传播者，要想影响受众，必先争取传播者的理解。真诚的姿态更容易使媒体感觉到尊重，沟通也会更加有效。危机的发生，常常源于媒体、受众对事实的误解和企业的不透明。

（2）不要试图去掩盖事实。企业无论犯错与否，都需要一个正确的心态，增加透明，向公众做坦诚的解释。人们会为“敢于认错，知错就改，勇于负责”叫好，却不能原谅不负责任的遮掩和逃避。在公共关系史上出现的美国强生公司面对泰诺胶囊的做法，以及 2000 年出现的中美史克公司面对“PPA 事件”的做法，值得很多公司借鉴。

（3）不要站在媒体对立面。不管媒体所报道的东西是对是错，一定要争个我是你非并非是好的方式。在 2003 年媒体报道的富士走私丑闻中，在被曝光之后，富士一纸声明函发给北京某著名财经媒体，表示要诉诸法律来解决被曝光事宜。事与愿违的是，就在富士发出声明后的两个星期后，北京这家报纸仍然利用较大的篇幅对富士走私事件做了追踪报道，并配有社评性的评论，大有将曝光富士走私事件进行到底的决心。而如果富士能够尊重媒体，坦诚向媒体告知事情的原委，承担自己应该承担的责任，那么媒体对待富士恐怕就要好得多。

企业要传达信息，内容应当以向公众传播信心为主，把企业同公众联系在一起，成为利益相关的共同体。只有这样，信息才会同公众产生共鸣而非为公众所排斥和抵制，信息的传播也才能够顺利进行。

有的时候即便媒体所报道的内容是错误的，也不能得理不饶人。企业永远都需要与媒体建立良好关系，而媒体则不必求着和企业建立良好关系。企业需要的向外界传递它好的一面，而媒体所需要的只是新闻。

（4）企业对外发布的信息必须一致。当危机发生时，企业就应当成立专门的危机管理小组，必须统一企业对外信息发布的渠道和内容，避免不同声音的出现，造成外界更大的猜疑和混乱。企业不要因为某一个局部的环境发生变化，而随意更改自己的声音。只有声音持续不断地统一宣传，才能产生足够的强度，才不会为噪声所干扰，并在保证信息传播过程中不失真。在2003年11月的格力内讧事件，就是由于格力集团内部的各个子公司言论不一致，自己给自己制造事端。子公司谈论集团发展战略，中高层管理者随意接受采访，与公关部门不协商。要知道，对于外界来说，企业任何人员的发言都可能被媒体和公众视为是企业的发言。

（5）不要妄自推测。在真相未明之前，企业应更多从公众的角度考虑事情。公众只对涉及自身利益相关的事情感兴趣，企业需要同公众形成一种共识，并与之成为利益相关体。也就是说，企业要向公众传达“我要和你站在一起！”的信息，当公众感觉到企业是在为他们考虑时，他们就比较容易相信企业所说的话。日后企业查明真相，他们也就会仍旧相信。美国强生公司在泰诺胶囊出现问题时，就向消费者提出警告在未查明真相之前不要使用泰诺，此后查明是有人故意破坏，公众也恢复了对强生公司的信任，强生公司在半年之内就夺回了95%的市场。在买方市场时代，企业是一个看似强大但却脆弱的组织，它面对着各种各样的可预见的不可预见的危机。作为企业，永远都不要忘了自己的最终目的，要在市场上生存发展，就必须去忍受一些委屈，去承担一些没有强制规定的义务。努力去处理好与相关组织的关系，因为对任何一个组织的忽视都可能导致意想不到的灾难。

面对危机，企业只有临危不惧，积极勇敢面对，坦诚地与媒体和公众沟通，努力争取公众的信任，才能够顺利走出危机。

4. 与上级单位（主管部门）的沟通

（1）危机发生后，应及时、主动向上级单位（主管部门）进行实事求是的报告，不要文过饰非，更不要歪曲事实真相。

（2）在危机处理过程中，要定期向上级单位（主管部门）汇报处理进度，求得上级单位（主管部门）的指导和帮助。需要外部力量支援时，还需要上级单位（主管部门）的协调。

（3）危机处理结束后，要向上级单位（主管部门）详细汇报危机发生的原因、处理经过、解决办法，并提出今后的预防措施。

5. 与相关社区公众的沟通

（1）向相关社区公众道歉。发生危机后，因停电、抢修施工造成社区公众生活不便时，应与相关社区沟通协调，制作致歉公告等。

（2）若涉及经济补偿或赔偿，应委派专人代表企业与社区公众沟通协调。

## 课题三

# 灾害现场卫生防疫

当发生地震、洪涝、台风、滑坡等严重自然灾害时，自然环境严重破坏，水源、食品污染，媒介生物滋生，如不注意个人卫生和饮食卫生，受灾地区极易发生食物中毒和霍乱、痢疾、伤寒等肠道传染病的暴发或流行，因此，在自然灾害期间及灾后，卫生防疫工作的首要任务是采取有效措施，积极做好各类传染病的预防与控制工作。

“防”就是防止、控制。“疫”的字面意思是瘟疫，也就是传染病，而广义上的“疫”就是疾病。卫生防疫就是防止、控制、消灭传染病措施的统称，包括控制传染源、切断传播途径和保护易感人群。卫生防疫工作的目的是预防疾病。

### 一、自然灾害后灾区常见的卫生问题

自然灾害发生后，常常会出现以下卫生问题：

1. 生态环境破坏

（1）由于城市供电、供水系统中断，道路阻断，受灾群众不得不喝坑水、沟水、游泳池水等不洁饮用水。

（2）由于垃圾清运和污水排放系统及城市各项卫生设施遭到破坏，造成粪便、垃圾堆积，蚊蝇大量滋生。

（3）由于受灾后条件限制，许多动物尸体只能临时就地处置，在气温高、雨量多的情况下，尸体会迅速腐败，产生恶臭，严重污染空气和环境。

（4）受灾群众安置点人员密集、居住拥挤，感染机会多，对传染病患者又缺乏必要的隔离条件。

（5）当地各级卫生机构和群众防病组织因灾遭到破坏，不能开展正常的爱国卫生运动。

2. 水源污染

（1）供水条件变化。自然灾害发生后，城市集中式供水设施往往遭受严重破坏，泵房倒塌、管道断裂、供电与供水中断。分散式供水和农村给水可能有水井

淤沙、井管错裂等现象，一般破坏程度相对较轻。

（2）供水水质恶化。自然灾害发生后，粪便、垃圾、淤泥等污物大量堆积，下水道堵塞，尸体腐败等都可能污染水源，导致饮用水水质恶化。污水处理厂、排污管道、化学原料库等因灾损毁，致使大量污染物质进入水体，污染水源。灾害产生的污水（如洪水等）冲刷地表或厕所将大量人畜粪便、垃圾、动物尸体冲入水中，造成水源致病性微生物污染。

3. 食品污染

（1）灾民居住、生活环境严重污染，容易造成食品污染。

（2）缺乏清洁水、食品、炊具和餐具，食品、食品容器和餐具没有条件充分洗净、消毒，容易引起食品污染；多人共用餐具和食品容器，容易引起食源性疾患及经生活接触传播疾病的发生和流行。

（3）运输和分发救援熟食品的车辆往往不是运输食品专用车，容易造成食品的污染。

（4）灾民家庭缺乏食品防护设施，食品易受苍蝇、尘土等污染；灾民家庭剩余食品再加热条件差，饮用开水困难。

（5）受灾初期的安置型建筑物多为简易棚，建筑材料和构筑物基本不具备防鼠作用，使鼠患严重，对食品造成污染和损害。

（6）受灾初期，会出现临时性食品短缺，一些不法分子会乘机将超期、变质和伪劣食品销往灾区。

（7）受灾初期，由于食品供应暂时紧张，还会出现以下食品卫生问题：① 灾区因砸死或其他原因致死的畜禽被灾民食用，引发中毒或致病；② 灾区甩出、抛洒、丢弃的食品较多，这些食品被有毒有害物质污染的可能性较大，在灾区有被食用的情况发生；③ 灾区食品缺乏，加之有些地区人们有采食野菜、野菇的习惯，野菜中毒和毒菇中毒也是灾区必须警惕的问题。

4. 媒介生物滋生

（1）蝇类滋生。灾后死亡的人和动物的尸体被掩埋在废墟下，含有大量的有机物质。在温暖的气候条件下，这些有机成分会很快腐败，提供了易于蝇类滋生的条件。

（2）蚊类滋生。灾害造成建筑物（包括贮水建筑与输水管道）大量破坏，自来水浸溢，特别是生活污水在地面上的滞留，会成为蚊类大量滋生的环境。

（3）鼠类增殖。由于灾害造成大量的房屋破坏，一些原来鼠类不易侵入的房屋被损坏，废墟中遗留下的大量食物使得家栖的鼠类获得了大量增殖的条件。

5. 传染病流行

（1）自然状态发生改变，环境十分恶劣。

（2）住房被严重破坏，居住环境不佳，极易受老鼠、蚊蝇等侵扰。

（3）人们居住相对集中，极易产生交叉感染。

（4）饮用水供应系统破坏、食物短缺，饮水、食物的安全无法保障，人们的抵抗力普遍下降，极易导致肠道传染病和食物中毒的发生和流行。

（5）由于人口迁移、流动，干扰了一些正常免疫工作的开展，造成无免疫人群某些疾病的发生和流行。

## 二、灾害现场卫生防疫工作要点及主要措施

### （一）保护水源，保障灾区饮水供应

水源是自然灾害现场的重要防疫安全渠道，也是保证灾害现场人员生命安全的源头所在，因此，防疫队伍到达灾害现场后，应立即对可饮用水源和不可饮用水源进行排查，以保障灾害现场的整体供水安全。采取的主要措施有：

（1）选择临时性供水水源并加以防护。选择临时性水源的总原则是：先选用深层地下水，如有困难，依次选择泉水、浅层地下水、地面水。饮用水水源取水点要划出一定范围，严禁在此区域内排放粪便、污水与垃圾等。集中式的饮用水水源取水点应有专用的取水桶并设专人看管。

（2）加强对临时性供水措施的卫生监督。在自然灾害条件下，除修复的部分自来水外，临时供水措施主要有3种方式，即使用消防水龙带输水、用水车送水及用自备的取水工具分散取水。对这些临时供水措施的卫生监督也是保证饮用水卫生的必要手段。

（3）预防尸碱中毒。在自然灾害期间，大量动物尸体经腐生菌腐化分解后（特别是夏季气温高时）产生多胺类化合物，称为尸碱。尸碱污染环境和水源，可致人体中毒，称为尸碱中毒。为防止由于饮用被腐烂尸体污染的水而致中毒，水源周围必须彻底清除掩埋的尸体，并进行消毒处理。如果难以找到未污染地下水源的适宜地点，需要对尸体及局部土壤环境进行消毒处理后再掩埋，可采用一层漂白粉一层尸体的掩埋方法，避免造成对地下水的污染。

（4）对水源水进行严格的净化消毒。饮用水消毒目前仍以化学含氯消毒剂为主。

### （二）迅速开展爱国卫生运动，防止传染病暴发

防疫队伍到达灾害现场后，要组织一切可用力量对灾害现场的污染物进行清理和清运，尽快运走灾后堆积的淤泥和垃圾，彻底清理倒塌的建筑，切

断一切可能的污染源，组织力量集中开展消毒杀虫，并注意消除灾后防疫死角，动员社会力量迅速开展以灾后防病为重点的爱国卫生运动。采取的主要措施有：

1. 尽快建立临时卫生设施

卫生防疫人员要指导居民选择合适地点，利用就便材料，建设应急公共厕所，要求做到坑深（1.5m 深）、窄口（0.5m 宽）、加盖，四周挖排水沟，外围草帘。建设临时垃圾坑及污水坑，并定期喷洒杀虫剂。炎热夏季要指导居民在临时住房上遮荫，加强室内空气对流；中午要在临时住房周围洒水降温等，预防中暑。

2. 管好厕所和垃圾

灾后因厕所倒塌，人们大小便无固定地点；垃圾与废墟分不清，蚊蝇滋生严重。所以灾后应有计划地修建简易防蝇厕所，固定地点堆放垃圾，并组织清洁队按时清掏，运到指定地点统一处理。

3. 消灭蚊蝇

蚊蝇是乙型脑炎、痢疾等传染病的传播者。消灭蚊蝇，不仅要大范围喷洒药物，还要利用汽车在街道喷药，用喷雾器在室内喷药，不给蚊蝇留下滋生的场所。在有疟疾发生的地区，要特别注意防蚊。晚上睡觉要防止蚊子叮咬。如果发现患者突然发高热、头痛、呕吐、脖子发硬等，可能是患了脑炎，应尽快就医。

对面积较大的居民点、坍塌的建筑物、厕所、粪堆、污水坑、垃圾堆及挖掘、掩埋尸体现场等处进行喷雾，居民简易临时住房内、外都可喷到。对分散的居民点室内和面积较小道路窄狭的地点，以及山坡、滩头等机动车辆难以到达的地方，可用手动压缩式喷雾器、静电喷雾器及小型手提喷雾器进行喷洒。

4. 做好尸体挖掘、搬运和掩埋中的卫生防护

灾后暴露散在室外的动物尸体很快腐烂，散发尸臭，污染环境，对灾区人民的身心健康是一种严重威胁。处理尸体是救灾救援的当务之急。为保障处理尸体工作的安全，必须做好卫生防护工作。

5. 保持良好的卫生习惯

在救灾期间，灾区的每一位人员都应力求保持乐观向上的情绪，注意身体健康，加强身体锻炼。应根据气候的变化随时增减衣服，注意防寒保暖，预防感冒、气管炎、流行性感冒等呼吸道传染病。老人和儿童要特别注意防止肺炎。要准备些凉开水，吃一些咸菜，补充体内因大量出汗而损失盐分和水分，预防中暑。

6. 做好自然灾害后期的环境清理

自然灾害后期，要大力开展群众性的爱国卫生运动，对室内外环境进行彻底的清理消毒，做到先清理、后消毒、再回迁，尽最大可能消除导致疫病发生的各种隐患。要组织群众清理室外环境、整修道路、清理废墟、排除积水、填平坑洼、清除垃圾杂物、铲除杂草、疏通沟渠、掏除水井内污泥、修复厕所和其他卫生基础设施、掩埋动物尸体、进行环境消毒、严格控制疫病发生的危险因素，使灾区的环境卫生面貌在短期内恢复到灾前水平。

（三）严格食品卫生防疫

灾害现场的食品卫生安全是防疫安全的重要保障之一，对灾害现场的饮食必须进行防疫检疫，保障入口食品的安全性；对灾害现场人员的排泄区域要进行隔离并经常清理，要远离居住区并经常调换区域。采取的主要措施有：

（1）加强食品的安全卫生，既是防范与食品相关的突发事件的重要措施，也是突发事件发生后保障食品及时、安全供给，预防和控制传染病发生的重要内容。要严把“病从口入”关。一是要注意加强集体食堂的食品卫生、临时饮食供应点和街头食品的卫生、外援食品的卫生和食品生产经营单位管理，严防食品受到细菌、霉菌及霉菌毒素、寄生虫及其他昆虫、化学品的污染。二是食品生产经营单位在灾害过后恢复生产经营前，必须进行彻底的清洗、消毒和修复，并报请卫生监督机构重新进行卫生审验，经许可后方可恢复生产经营。三是在灾害袭击的非常时期，在不引起急性中毒和食源性疾病的基础上，要保证灾民吃到基本安全的食物。四是对于被污染食品要掌握其一般处理原则，即把未污染和受到污染的食品分开，未污染部分可供食用，污染部分待查明污染原因后按情况分别处理。

（2）痢疾、肠炎、肝炎、伤寒等传染病在夏季很容易发生和流行。预防肠道传染病的最主要措施，就是搞好水源卫生、食品卫生，管理好垃圾、粪便。

（3）派专人对救灾食品的储存、运输和分发进行监督；救灾食品、挖掘出的食品应检验合格后再食用。对机关食堂、营业性饮食店要加强检查和监督，督促做好防蝇、餐具消毒等工作。

（四）建立疫情报告制度，作好疫情预测

1. 加强调查研究，建立疫情报告制度，作好疫情预测

卫生防疫人员要经常深入现场进行调查研究，要经常了解近期气候特点、蚊蝇等医学昆虫消长情况，群众卫生状况和本地区及附近地区流行病情况等，并进行综合分析，对本地区近期可能出现的对人体不利因素及可能发生的疫情进行预测，提出防治对策，并发动群众有病自报互报，以便及早发现传染患者，及时隔

离治疗。

2. 重建群众性卫生组织，积极开展爱国卫生运动

在抢救伤员基本结束、人民生活得到临时安排后，必须重建各级爱国卫生运动组织，建立健全工作制度。对临时居民点要建立划区负责、分片包干、门前三包及卫生检查等制度。要组建卫生防疫工作队，大力开展以除害灭病为中心的爱国卫生运动，搞好评比竞赛，及时总结交流经验。在爱国卫生运动中，要重点搞好水源卫生、厨房卫生、环境卫生和个人卫生，清除废墟，改造环境。发动群众采用多种方法消灭蚊蝇和老鼠。检查群众染虱情况，发现生虱者应进行全家同时灭虱。灭虱方法可采用蒸煮衣服、被褥等，也可用敌敌畏乳剂或倍硫磷粉剂喷洒、浸泡。在开展爱国卫生运动取得成绩的基础上，逐步建立和恢复各项生活卫生制度，使人人养成良好的卫生习惯。

3. 开展当地卫生防疫工作人员和群众卫生骨干培训

做好当地卫生防疫工作人员和群众卫生骨干的培训工作，使他们掌握必要的卫生防疫基本知识和技术，了解灾区卫生和流行病学情况，学习搞好饮食卫生、环境卫生和个人卫生的要点与消灭蚊蝇、老鼠的技术，以及灾后多发病的预防方法，使他们在群众中起带头和骨干作用。

4. 持续开展卫生防疫

灾后一段时间内，应持续观察灾区的有关疫情和环境污染情况，特别是垃圾和污物的清除、集中大面积及高浓度消毒所致的后续卫生情况、灾区重建的预防性卫生监督等，以便真正做到持续的卫生防疫。

## 三、各类传染病暴发控制要点

### （一）概述

1. 传染病的概念

传染病是由病原微生物（病毒、细菌、螺旋体等）感染人体后产生的具有传染性的疾病。按照《中华人民共和国传染病法》的相关规定，我国目前的法定传染病有 39 种。

2. 传染病传播的基本条件

传染病传播必须具备以下三个基本条件：

（1）传染源。传染源是指体内有病原体生长、繁殖并且能排出病原体的人或动物。传染源包括患者、隐性感染者（感染了病原微生物却没有任何临床表现，只能通过免疫学检查才能发现）、病原携带者（感染了病原微生物却没有症状，但能排出病原体）、受感染的动物。

（2）传播途径。传播途径是指病原体排出体外，经过一定的传播方式侵入新的易感宿主前在外界环境中所经历的全过程，即病原体传染他人的途径。传播途径主要包括：

1）空气传播。空气传播指一些漂浮在空气中的直径小于 5μm 的病原体（如结核、麻疹和水痘等）被易感者吸入时发生了感染；病原体（如 SARS、支原菌类、链球菌等）也可通过飞沫、尘埃溅到易感者的结膜、鼻腔黏膜或口腔黏膜而发生感染，如流行性感冒、肺结核、腮腺炎、麻疹等。飞沫直径通常大于 5μm，一般不会溅出 1m 以外。

2）粪口传播。粪口传播是指细菌、病毒通过大便排出体外污染环境，然后又经人的呼吸道及消化道感染人。粪口传播通常经水、食物和苍蝇进行传播。如细菌性痢疾、甲型肝炎、伤寒、手足口病、霍乱等。

3）接触传播。接触传播包括直接接触与间接接触传播两种。直接接触是指与被感染者或者带菌者的身体部位有直接接触，如为患者测量体温、查体等。间接接触是指身体接触到被污染的物件，这些物件常常是无生命的，如床单、衣物、器械和敷料等。通过接触传播的病原体的有单纯疱疹、疥疮、链球菌类及已产生耐药性的肠道菌群等。

4）虫媒传播。虫媒传播是指病原体通过昆虫或其他节肢动物引起的易感人群的感染。虫媒传播分为机械传播（如苍蝇传播痢疾、伤寒等）和生物性（吸血）传播（如蚊子传播疟疾、丝虫病等）两种。在常见虫媒生物中，对现场工作人员威胁较大的是蚊类、蚤类、白蛉类、蠓类等吸血昆虫，蜱类、螨类等吸血节肢动物及啮齿类动物，这些生物可以传播多种疾病，如鼠疫、肾综合征出血热、疟疾、流行性乙型脑炎、登革热/登革出血热等。此外，被某些生物叮刺吸血还可引起过敏性皮炎。

5）血液、体液传播。血液传播是指经血液或血液制品传播病毒。较为常见的血液传播是通过吸毒传播。体液传播一般是指通过亲密接触、接吻、性行为等传播。体液包括唾液、精液、汗液、泪液、痰液等。血液、体液传播的疾病如乙型肝炎、艾滋病等。

6）医源性传播。医源性传播属于水平传播，是指在医疗或防疫工作中，由于未能严格按照规章制度和操作规程而人为造成某些传染病的传播。它可分为两类：一类是由于生物、血液制品等受污染或器官移植而引起的传染病传播，如艾滋病、乙型病毒性肝炎等；另一类是易感人群在接受治疗、检查或预防措施时，由于使用受污染或消毒不严的针管、针头、采血器、导尿管等器械而导致的传染病传播。

7）土壤传播。土壤传播是指病原体从传染源排出后污染了土壤，通过土壤侵入新的易感宿主的过程。如赤脚下地劳动感染钩虫病，皮肤破损引起破伤风等。

8）母婴传播。母婴传播属于垂直传播，是指病原体通过胎盘、产道或哺乳由母亲传染给婴儿的传播方式。母婴传播的病原体主要是病毒，如风疹病毒、乙型肝炎病毒、艾滋病病毒、疱疹病毒、梅毒等。

（3）易感人群。对某种传染病缺乏免疫力而易受感染的人群。

（二）传染病的控制措施

1. 控制传染源

（1）对患者。对患者要做到“五早”，即早发现、早诊断、早报告、早隔离、早治疗。根据《中华人民共和国传染病防治法》第三十一条规定，“任何单位和个人发现传染病患者或者疑似传染病患者时，应当及时向附近的疾病预防控制机构或者医疗机构报告”。发现传染病应立即向属地区县疾病预防控制中心报告。

（2）对病原携带者。对病原携带者要进行登记、管理（医学观察和治疗）。

（3）对密切接触者。对密切接触者要留验、医学观察、药物预防和应急预防接种等。

（4）对动物传染源。对动物传染源要彻底消灭或隔离。

2. 切断传播途径

（1）消毒。包括预防性消毒和疫源地消毒。

（2）加强灭蚊、灭蝇、灭鼠工作。

3. 保护易感人群

（1）免疫预防。对易感人群进行疫苗接种，形成抗体。

（2）药物预防。

（3）加强个人防护。与病毒感染者近距离接触时要穿戴防护衣；注意养成公共场合佩戴手套和戴口罩的好习惯；平时要养成勤洗手的好习惯，饭前便后要规范洗手。这里介绍医务人员常用的规范洗手法的操作步骤，即六步洗手法。

1）在流水中使双手充分淋湿。

2）取适量的肥皂或皂液，均匀涂抹至整个手掌、手背、手指和指缝。

3）认真揉搓双手至少 15min。应注意搓洗双手所有皮肤，包括指背、指尖和指缝，具体揉搓步骤包括以下六步：① 洗手掌：掌心相对，手指并拢，相互揉搓；② 洗背侧指缝：手心对手背沿指缝相互揉搓，双手交换进行；③ 洗掌侧指缝：掌心对掌心，双手交叉指缝相互揉搓；④ 洗指背：弯曲手指使关节半握拳把指背放在另一手掌心旋转揉搓，双手交换进行；⑤ 洗拇指：一手握住另一手大拇指旋转揉搓，双手交换进行；⑥ 洗指尖：弯曲手指关节，将五指指尖并拢放在另一手掌心旋转揉搓，双手交换进行。

4）在流水中彻底冲净双手，擦干用适量护手液护肤。

六步洗手法是世界卫生组织推荐的，也是国家卫健委规范里规定的。现在流行的七步洗手法增加了“洗手腕、手臂”环节，主要是针对外科医生和医务人员夏季穿短袖工作服时要求的，日常洗手可省略此环节。为方便记忆，六步洗手法可归纳为“一搓手掌，二洗手背，三擦指缝，四扭指背，五转大弯，六揉指尖”的口诀。七步洗手法也可归纳为“内（手掌）、外（手背）、夹（指缝）、弓（指背）、大（拇指）、立（指尖）、腕（手腕）”的口诀。

### （三）各类传染病的控制要点

#### 1. 肠道传染病

（1）根据患者活动及排泄物污染情况划定疫点、疫区。

（2）早期发现患者，迅速就地隔离治疗和抢救，转送患者时要注意防止途中污染。

（3）疫点内应做好随时消毒和终末消毒，特别注意患者粪便、呕吐物及所有污染场所的消毒，消毒剂一般用漂白粉。

（4）对疫点内密切接触者进行医学观察，必要时可预防性服药（四环素、强力霉素等）。

（5）加强饮水卫生处理和粪便管理，搞好饮食卫生和灭蝇。主要是加强水源保护，维持饮用水中高游离性余氯水平（0.4～0.5mg/L），防止排泄物污染水源和食物，鼓励肥皂洗手，及时掩埋或焚烧动物尸体。

（6）疫点和疫区管理期间停止大型集会，禁止为婚、丧等举办各种聚餐活动。

#### 2. 呼吸道传染病

（1）隔离治疗患者。尤其是在灾民收治点，如果发生呼吸道暴发疫情，则主张将患者独立隔离。

（2）追踪密切接触者。根据监测信息，确定暴发流行的影响范围和人群，对密切接触者进行有效观察，及时发现新病例。

（3）带菌者服药。对于细菌性呼吸道传染病的带菌者，在发生疫情时可考虑选择服用其敏感的预防性抗生素。

（4）保护易感人群。灾害发生后，首先要保护小孩和老人等易感者，尽量让他们少受寒、少挨饿，提高抵抗力。

（5）健康教育。开展和加强预防呼吸道传染病的宣传，养成良好的个人卫生习惯。要注意手的卫生；咳嗽或打喷嚏时用纸巾遮挡口鼻；保持室内空气的流通；远离患者或可能染疫动物。

（6）医务人员分级防护原则。医务人员的防护采取标准预防的原则，根据危险程度采取分级防护，防护措施应当适宜。

3. 自然疫源性疾病

（1）确定疫点、疫区及媒介控制区，对疫点进行随时消毒和终末消毒处理。

（2）控制传染源。疑似、临床诊断或实验室确诊病例应到定点医院进行隔离治疗；出现暴发疫情，患者较多时，应就地设置临时隔离治疗点。对可疑的动物进行扑杀、消毒、处理。

（3）媒介控制。开展灭鼠、灭螨、灭蜱、灭蚊等工作。县（区）疾控中心负责组织专业人员在疫区监测媒介密度，并及时把监测及控制结果上报上级部门。

（4）个人防护。重点搞好牧民、屠宰、医护人员等高危人群的个人防护。

（5）宣传教育与爱国卫生运动。加强预防控制卫生知识宣传，通过印制宣传册、宣传海报及报纸、电视、电台、互联网等媒体向群众宣传，提高群众对自然疫源性疾病的自我防治能力。灾区要广泛发动群众，大力开展爱国卫生运动，搞好环境卫生，及时清除灾区垃圾及淤泥，对动物尸体进行无害化处理，清除“四害”（苍蝇、蚊子、臭虫和蟑螂）滋生环境，预防疾病的传播。

（6）开展应急接种工作。对疫区范围内人群进行流行性出血热、乙型脑炎、狂犬病等疫苗的应急接种。

## 四、灾害现场消毒方法

### （一）概述

消毒是指清除或杀灭外环境中的病原体，使其无害化。消毒是切断传播途径，防止传染病扩散或蔓延的重要措施之一，是灾害现场卫生防疫尤其是传染病防治的核心。

自然灾害改变了人们的生活环境，粪便、垃圾不能及时处理，致使多种致病微生物对生活环境、饮水、食物广泛污染，且受灾群众长时间处于疲劳状态，抗病能力下降，因此，消毒工作显得特别重要。自然灾害后及时合理消毒是一项极为紧迫的工作，要特别重视食物、饮水、居住环境和手的消毒。在消毒方法和消毒剂的选择方面，要求简便易行、价格便宜、供应充足。

### （二）消毒方法

根据是否存在明显的传染源，消毒可分为疫源地消毒和预防性消毒两大类，电网应急救援和抢修等应急工作采取的多为预防性消毒，常用的消毒方法有物理消毒法和化学消毒法。

1. 物理消毒法

物理消毒法是利用物理因子作用于病原微生物，将其杀灭或清除。多利用加热、过滤和各种辐射等方法处理。其优点是作用较快速，且不留下残留的有害物质。

加热消毒法是物理消毒法的一种，既经济又方便，既简单易行，消毒效果又好。具体方法有：

（1）干热消毒法。金属等耐热物品的消毒可直接用火烧；废弃物消毒可直接进行焚烧处理。

（2）湿热消毒法。加热 65℃，30min，可杀灭细菌繁殖体，常用于牛奶消毒；煮沸 100℃，10min，可杀灭细菌繁殖体和病毒，常用于食具、奶瓶消毒；流动蒸汽 100℃，10min，常用于食具、食品消毒。

2. 化学消毒法

（1）化学消毒法的概念。化学消毒法就是使用化学消毒剂进行消毒。根据化学消毒剂对病原体蛋白质的作用可以分为 6 类：

1）凝固蛋白质消毒剂。如酚类、酸类、醇类。

2）溶解蛋白质消毒剂。主要为碱性药物。

3）氧化蛋白质消毒剂。包括含氯消毒剂和过氧化物类消毒剂，因其消毒力强，故目前在医疗、防疫工作中应用最广。

4）阳离子表面活性剂。主要有季铵盐类，如新洁尔。

5）醛类消毒剂。如福尔马林、戊二醛。

6）其他。如碘、洗必泰等。

（2）常用的消毒剂。

1）漂白粉（又称含氯石灰）。漂白粉的主要成分为次氯酸钙，白色粉末，有刺激气味，能溶于水，但有大量沉渣，漂白粉含有效氯为 25%～28%（一般按 25%计），当含量低于 15%时不能用于消毒。漂白粉不稳定，易吸湿，遇光或热易分解，容易失效。漂白粉应存放在阴凉处，严防受潮，最长保存期为 6 个月，使用前应检验有效氯含量。漂白粉对物品有漂白作用，对金属有腐蚀作用。

2）漂白粉精。漂白粉精是较纯的次氯酸钙，白色粉末，溶于水混浊并有少量沉淀，易吸水潮解，一般压成片剂，使用方便。漂白粉精有效氯含量可达 60%～70%（一般按 65%计），保存时间不超过两年。漂白粉精应保存在密封的容器中，严防受潮分解。使用前应检验有效氯含量。

3）次氯酸钠溶液。工业次氯酸钠溶液一般含有效氯 10%～13%。电解食盐产生的次氯酸钠一般含有效氯浓度低于 1%。

4）三合二。主要成分为三份次氯酸钙、二份氢氧化钙，性质与漂白粉相似，有效氯含量为 56%～60%（一般按 56%计），较漂白粉稳定。

5）二氯异氰尿酸钠（又称优氯净、杀藻铵）。白色晶粉，易溶于水，呈弱酸性，溶于水中产生次氯酸，水溶液稳定性较差，含有效氯 60%～65%（一般按 60%计）。

6）过氧乙酸（又称过氧醋酸）。无色透明弱酸性液体，不稳定。国产市售过氧乙酸消毒剂浓度为 20%，如原液浓度低于 12%时，不宜再使用。一般采用二元包装，当两包装混合后，应在两日内使用。过氧乙酸属高效广谱消毒剂，可杀灭细菌繁殖体、病毒、真菌和细菌芽孢。

7）二氧化氯。可用化学法或电解食盐法制取，其水溶液不稳定，应在制得后一周内使用，可用于环境、物品、饮水和污水消毒。

8）高锰酸钾（又称过锰酸钾）。强氧化剂，可溶于水，0.1%水溶液，30min 可杀灭细菌繁殖体。可用于浸泡水果、蔬菜、餐具。在消毒浓度下，对人无毒害作用。

9）碘伏。碘和某些表面活性剂的络合物，属中低效消毒剂，有一定的去油污作用，有效碘浓度为 50mg/L 时，作用 5min 可杀灭细菌繁殖体。可用于手和一般物品清洁卫生消毒。

10）新洁尔灭。新洁尔灭属低效消毒剂，是一种阳离子表面活性剂，对各种细菌均有抑制其生长作用，但不能杀灭结核菌和和细菌芽孢，也不能灭活肝炎病毒。新洁尔灭性质稳定，耐光耐热，无挥发性，可长期存放。新洁尔灭主要用于皮肤、黏膜、伤口、物体表面和室内环境的消毒。

11）洗必泰（又称氯已定）。属低效消毒剂，性质稳定，杀菌作用与新洁尔灭相似。醇类可加强其杀菌作用。肥皂、有机物可减弱其杀菌作用。洗必泰仅可杀灭细菌繁殖体，不能杀灭结核杆菌、病毒和细菌芽孢。

12）戊二醛。属高效消毒剂，可杀灭各种微生物，被世界卫生组织推荐作为肝炎病毒污染物的消毒剂。2%戊二醛，作用 4～6h，可用于手术器械灭菌（必须用灭菌水冲洗后方可应用），0.5%～1%戊二醛复方消毒剂可破坏肝炎病毒和杀灭细菌繁殖体及真菌，可用于各种物品擦拭消毒，但不得用于伤口、黏膜消毒。

（3）消毒剂使用方法。消毒剂应用可参阅说明书进行。如使用漂白粉、漂白粉精片时，根据待消毒的水量、消毒剂的有效氯含量计算出定量消毒剂，直接加入或加于少量水中，倒入待消毒水中，搅匀，放置30min，检验水中余氯应为0.7mg/L。如未达到此值，说明投加量不足。但也不能过量加入，以免产生强烈刺激性气味。

（4）灾区常用的消毒剂。灾区最常用的消毒剂是含氯消毒剂（如灭菌片、消洗灵、漂白粉精片等），含氯消毒剂是指溶于水时产生次氯酸的消毒剂，其有效成分以有效氯表示，有效氯是指与含氯消毒剂氧化能力相当的氯量（非指消毒剂所含的氯量）。使用含氯消毒剂应注意：① 对织物有腐蚀和漂白作用，不应作有色织物的消毒，一般对金属有一定腐蚀性，要慎用；② 物体表面消毒后，应用清水擦拭干净，以防止腐蚀和去除残留；③ 有效氯挥发快，稀释后的消毒液应尽快使用，所需溶液现用现配，配制溶液时应戴口罩、手套；④ 产品有效期限很短，粉剂应于阴凉处避光、防潮、密封保存。

（三）常用的自然灾害现场消毒方法

1. 饮用水消毒

饮用水的主要安全问题是微生物污染，可采取含氯消毒剂进行消毒。集中式饮用水应严格按水净化、消毒、监测程序进行。分散式饮用水，即井水、河水、泉水等用缸或桶盛装的饮用水，水混浊度大时，应将水静置澄清或用明矾等混凝剂（100mg/L，10min）预处理后取上清液进行消毒。每50kg水加入1片漂白粉精片，先将漂白粉精片放在陶瓷或搪瓷碗（杯）中捣碎，然后倒入水中搅动几下，30min后水可用；或者每100kg水直接投入1片泡腾片，泡腾片完全溶解后搅拌几下，30min后水即可用。灾区饮用水的消毒方法见表1–3–1。

**表1–3–1　　　　灾区饮用水的消毒方法**

| 消毒剂 | 用量（消毒剂:水） | 作用时间（min） |
| --- | --- | --- |
| 漂白粉精片 | 1片:50kg | 30 |
| 泡腾片 | 1片:100kg | 30 |

此外，煮沸消毒是十分有效的灭菌方法，简便易行、有效，在有燃料的地方仍可采用。

2. 饮食餐具消毒

饮食餐具必须洗净，必须煮沸消毒或用消毒液浸泡消毒。灾区饮食餐具的消毒方法见表1–3–2。

表 1-3-2 灾区饮食餐具的消毒方法

| 消毒剂 | 消毒方式 | 作用时间（min） |
|---|---|---|
| 0.1%漂白粉 | 洗净后浸泡 | 30～60 |
| 2 片漂白粉精片加入 1kg 水中 | 洗净后浸泡 | 30～60 |
| 1 片泡腾片加入 1kg 水中 | 洗净后浸泡 | 30～60 |
| 10%碘伏（200mg/L） | 洗净后浸泡 | 10～20 |
| 0.5%过氧乙酸 | 洗净后浸泡 | 30～60 |

3. 尸体的消毒处理

（1）正常死亡者尸体的处理。自然灾害引起的死亡，一般死于外伤，该类属正常死亡者，尸体应尽可能安排火葬或埋葬，特大灾害造成巨大死亡，可采用深埋处理，但必须按规定选择地点并进行消毒。在埋葬或火化之前，尸体必须鉴定并有记录，尸体运送应用塑料袋装后才能进行。

（2）甲、乙类传染病死亡者尸体的处理。对甲、乙类传染病死亡者，应按相关要求做好卫生消毒，以最快速度运出火化。

（3）家畜家禽和其他动物尸体的处理。家畜家禽和其他动物尸体应用漂白粉或生石灰处理后进行深埋。

（4）尸体的消毒、防腐、防臭方法。人、畜尸体应尽早处理。现场应急处理可用 0.2%过氧乙酸或用 0.1kg 漂白粉加入 25kg 水中配成溶液将动物尸体喷洒湿润，30min 后填埋。尸体运送应用塑料袋装后才能进行。尸体需保存者送殡仪馆。

4. 粪便、排泄物消毒

（1）尽量使用商品化的移动性厕所；设立应急临时厕所时，粪池不得渗漏，或用陶缸、塑料桶等作为粪池。

（2）尽量利用原有的储粪设施储存粪便，如无储粪设施，可将粪便与泥土混合后用泥封堆存，或用塑料膜覆盖，四周挖排水沟以防雨水浸泡、冲刷。应急情况下，在稍高的地点挖一圆形土坑，用防水塑料膜作为土地的衬里，把薄膜向坑沿延伸 20cm，用土压住，粪便倒入池内储存，加盖密封，发酵处理。

（3）在特殊困难情况下，为保护饮用水源，可采用较大容量的塑料桶、木桶等容器收集粪便，装满后加盖，送至指定地点暂存，待灾后运出处理，有条件时用机动粪车及时运走。船上居民的粪便应使用容器收集后送上岸集中处理，禁止倒入水中，以防止疾病传播。传染病患者的粪便必须用专用容器收集，并作消毒处理。

（4）对于散居传染病患者的粪便，应与漂白粉按 5:1 的比例，充分搅拌后，集中掩埋。对于粪便和排泄物，特别是传染病患者的粪便和排泄物，应做好消毒后才能运送或集中掩埋。

灾区粪便、排泄物可选用表 1－3－3 的消毒方法进行消毒。

**表 1－3－3　　灾区粪便、排泄物的消毒方法**

| 消毒剂 | 用量 | 作用时间（h） |
| --- | --- | --- |
| 20%漂白粉澄清液 | 消毒液:粪便＝1:2 | 2 |
| 6%漂白粉精溶液 | 消毒液:粪便＝1:2 | 2 |
| 用漂白粉干粉 | 干粉:粪便＝1:5 | 2 |

5. 垃圾的收集和消毒处理

（1）合理设置垃圾收集点，可用砖砌垃圾池、金属垃圾桶（箱）或塑料垃圾袋收集生活垃圾。

（2）专人负责垃圾清扫、运输，并做到日产日清。

（3）选择地势较高的地方进行垃圾堆肥处理，用塑料薄膜覆盖。四周挖排水沟，同时用药物消毒杀虫，控制苍蝇滋生。

（4）传染病污染的垃圾要按相关的卫生消毒要求处理或直接采用焚烧法处理。

（5）垃圾可喷洒 10000mg/L 有效氯含氯消毒剂溶液，作用 60min 以上后深埋处理。对可燃垃圾应尽量焚烧处理。

6. 环境与一般物品的消毒

（1）空气消毒。房屋经密闭后，用 15%过氧乙酸溶液 7mL/$m^3$（即每 $m^3$ 房屋空间用 15%过氧乙酸 7mL），使用过氧乙酸熏蒸器进行消毒，也可把过氧乙酸溶液放置陶瓷或玻璃器皿中，底部用装有适量酒精的酒精灯加热蒸发，熏蒸 2h，即可开门窗通风。熏蒸消毒时要注意防火，还要注意过氧乙酸有较强的腐蚀性。对于体积较大的房屋，密闭后应用 2%过氧乙酸溶液 8mL/$m^3$ 进行气溶胶喷雾消毒，作用 1h 后即可开门窗通风。应确保公共场所的空调系统安全，防止疾病暴发流行。

市售过氧乙酸分为 A、B 液，两者混合后反应生成过氧乙酸溶液。混合时将 B 液倒入 A 液中，搅拌并静置 12～24h 后即可制得浓度约为 15%的过氧乙酸溶液。过氧乙酸具有强腐蚀性，注意做好防护，戴手套配制。日常消毒往往需要用水稀释，如将 15%过氧乙酸溶液稀释配成 2%过氧乙酸溶液 1000mL，其计算公式为

1000×2%/15%≈133.3mL，即取134mL 15%过氧乙酸溶液加水至1000mL即可配成2%过氧乙酸溶液。

（2）环境、物体表面消毒。将1g漂白粉加入500g水中，搅拌均匀后进行喷洒至湿润，30min后可达到要求。按照先上后下，先左后右的方法，依次进行喷雾消毒。喷雾消毒可用0.2%～0.5%过氧乙酸溶液或有效氯为1000～2000mg/L的含氯消毒剂溶液。泥土墙吸液量为150～300mL/$m^2$，水泥墙、木板墙、石灰墙吸液量为100mL/$m^2$。对上述各种墙壁的喷洒消毒剂溶液不宜超过其吸液量。地面消毒先由外向内喷雾一次，喷药量为200～300mL/$m^2$，待室内消毒完毕后，再由内向外重复喷雾一次。以上消毒处理，作用时间应不少于60min。

（3）衣服、被褥、书报、纸张消毒。耐热、耐湿的纺织品可煮沸消毒30min，或用流动蒸汽消毒30min，或用有效氯为250～500mg/L的含氯消毒剂浸泡30min。不耐热的毛衣、毛毯、被褥、化纤尼龙制品和书报、纸张等，可采取过氧乙酸熏蒸消毒。熏蒸消毒时，将欲消毒衣物悬挂室内（勿堆集一处），密闭门窗，糊好缝隙，1$m^3$用15%过氧乙酸7mL（7mL/$m^3$），放置瓷或玻璃容器中，加热熏蒸1～2h；或将被消毒物品置环氧乙烷消毒柜中，在温度为54℃，相对湿度为80%条件下，用环氧乙烷气体（800mg/L）消毒4～6h；或用高压灭菌蒸汽进行消毒。

（4）家用物品和家具消毒。家用物品和家具可用0.3%～0.5%过氧乙酸溶液或有效氯为1000～2000mg/L的含氯消毒剂进行浸泡、喷洒或擦洗消毒。

（5）运输工具消毒。车、船内空间，可用0.5%过氧乙酸溶液或有效氯为10000mg/L的含氯消毒剂溶液喷洒至表面湿润，作用60min。密封空间，可用过氧乙酸溶液熏蒸消毒，1$m^3$用15%过氧乙酸7mL（7mL/$m^3$），还可用2%过氧乙酸进行气溶胶喷雾，用量为8mL/$m^3$，作用60min。

（6）生活污水消毒。应尽量集中在缸、桶中进行消毒。每10L污水加入含氯消毒溶液10mL或漂白粉4g，混匀后作用1.5～2h，余氯为4～6mg/L时即可排放。

（7）畜舍消毒。用10%漂白粉上清液喷雾（200mL/$m^2$）或喷洒1000mL/$m^2$，作用2h进行消毒。如疑有炭疽菌污染则可用20%漂白粉上清液喷雾消毒，作用4h。

（8）手的一般卫生消毒。有效氯250mg/L作用3min，或0.2%洗必泰，0.5%新洁尔灭作用3min。红眼病流行时，手的消毒可用0.5%过氧乙酸擦洗3min。

（9）手巾、毛巾、脸盆、门把手消毒。分别用煮沸 15min，或含氯消毒剂 500mg/L 作用 10min，或 0.5%过氧乙酸浸泡或擦拭作用 10min 进行消毒。

（10）瓜果、蔬菜消毒。用 0.1%高锰酸钾浸泡 30min，或含氯消毒剂 100mg/L 作用 30min 进行消毒。

（11）确认受肝炎病毒污染的物品、手消毒。用 0.5%戊二醛消毒剂擦拭，作用 10min，然后用清洁水冲洗。

## 五、卫生防疫人员自我防护

卫生防疫人员在开展具体的现场调查、组织实施防控措施时，要按照有关防护技术与规范的要求，根据不同病原体的性质来决定采用的具体防护措施和方法，以保证自身健康安全，避免在现场工作过程中发生感染。

### （一）卫生防疫人员标准防护措施

（1）洗手。当可能接触感染源时，为避免病原菌的散播，照顾患者及准备患者所用物品前后、检查患者后、处理患者所用物品后均需洗手。

（2）戴手套。在灾害现场进行传染病调查和进行卫生防疫工作时，如果卫生防疫人员要接触到血液、体液、分泌物和排泄物等，需戴手套，处理完毕立即脱掉手套并洗手。

（3）穿隔离衣。有被感染源污染工作服的可能时，需穿隔离衣。使用后，应立即脱掉隔离衣并洗手。

（4）戴护目镜或者防护面罩。有被感染源溅污脸部的可能时，需戴护目镜或者防护面罩。

（5）用具及设备。受患者血液、体液等感染源污染的仪器设备应用消毒剂彻底消毒。如使用一次性用品（如注射器、输液器等），使用后应丢弃并按医用垃圾处理规定和要求处理。

（6）环境清洁。定期且彻底做好以患者单位及接触过的表面为主的环境清洁、消毒工作。

### （二）不同传播途径的基准防护措施

#### 1. 空气传播的防护措施

针对空气传播感染的防护措施主要有：

（1）将患者安置在负压隔离病房或隔离区。

（2）与患者保持 1m 以上的距离，需近距离（1m 之内）接触患者时，必须佩戴口罩，必要时，先让患者佩戴好口罩。

（3）接触患者前后或处理污染物后要洗手。

2. 接触传播的防护措施

针对接触传播感染的防护措施主要有：

（1）将患者安置在隔离病房或隔离区。

（2）当有被感染源喷到的可能时需戴口罩及护目镜。

（3）当接触感染源时需戴手套，处理完后必须立即脱去手套，并用抗菌肥皂洗手。

（4）手上有伤口时应尽量避免接触患者。

（5）脱去手套后不要再接触任何可能带有病原体的物件的表面。

（6）如遇以下的情况，要加穿隔离衣，且隔离衣在使用后应立即脱掉并洗手：① 与患者或者可能被污染的物件有大面积接触时；② 与大便失禁、腹泻、有造瘘口、有辅料不能控制的引流或伤口有渗出的患者接触时。

3. 虫媒传播的预防措施

（1）蚊类、蝇类的个人防护。驱避剂是最常用的个人防护用品，目前市场上常见的是含有避蚊胺的驱避剂，如蚊不叮、蚊障等，外出时使用驱避剂可以避免蚊蝇、蠓、蚤、白蛉等的叮咬。因动物的血腥味对蚊类、蝇类等多种昆虫有引诱性，在现场采集动物样品，应使用蚊香、电热蚊香片（液）等驱灭蚊蝇，或使用杀虫剂，如含有拟除虫菊酯的气雾剂、悬浮剂、可湿性粉剂、微乳剂等进行空间喷洒或滞留喷洒，以减少有害生物对现场工作人员的攻击机会。工作人员应穿较宽松的长衫、长裤，避免穿凉鞋，以减少皮肤外露。

（2）蚤类、蜱螨类的个人防护。在与啮齿类、家养或野生哺乳动物、鸟类接触时，或样品采集时，应把捕获的小型动物放置在鼠布袋中，用乙醚麻醉，使体外寄生虫致死后，再进行操作，并在操作现场地面使用含有高效氯氰菊酯、氟氯氰菊酯或溴氰菊酯等致死作用的杀虫气雾剂或滞留喷洒剂，以杀死病媒生物。在滋生地及活动场所附近开展工作，将驱避剂涂抹于皮肤的暴露部位或外衣上。工作人员应穿防护服、防蚤袜，以有效防止爬虫类媒介生物的攻击。在处理鼠疫等疫情时，工作人员应避开蚤、蜱、螨的活动区，不能在獭洞、鼠洞等鼠类活动频繁的区域坐、卧或长期停留，不能在没有防护时接近自毙鼠，以免受到感染病原的蚤类攻击。

4. 暴露于血液或体液后的紧急措施

现场工作人员因针刺、割伤、咬伤、血液（体液）溅到黏膜或者通过破损的皮肤而暴露于血液（体液）后，应立即采取以下紧急措施：

（1）马上用肥皂液和流动的清水冲洗污染的皮肤 15min，如果喷溅到眼睛或黏膜，要用生理盐水水冲 15min。

（2）如有伤口，应当在伤口周围轻轻挤压，尽可能挤出伤口处的血液，再用肥皂液和流动的清水清洗。

（3）受伤部位的伤口冲洗后，应用消毒液进行消毒并包扎。

（4）立即报告相关管理部门，并寻求进一步的治疗。相应治疗应该在 1～2h 内开始。

# 单 元 二

# 电网应急救援技术

突发事件往往突然发生、迅速扩散、危害性大、涉及范围广，这就决定了应急救援行动必须迅速、准确和有效。因此，应急救援工作的总体目标是通过迅速、准确和有效的应急救援行动，尽可能地降低突发事件的后果，包括人身伤亡、财产损失和环境破坏等。要以保证人民生命财产为根本，坚持“统一领导、分级负责，属地为主、协调联动，快速反应、科学处置，资源共享、保障有力”的原则，实行统一指挥下的分级负责。救援过程中，应以区域为主，根据事故发展情况，采取单位自救和社会救援相结合的形式，充分发挥事故单位及地区的优势和作用。突发事件应急救援的基本任务是：

（1）立即组织营救被困受害人员，采取措施保护和疏散灾害区域内的其他人员。在应急救援行动中，首要任务是抢救受伤人员，快速、有序、有效地实现现场急救与伤员的安全转送，以降低伤亡率和减少事件的损失。由于突发事件可能造成多人受伤或被困，因此还应及时指导和组织现场采取各种措施进行自救与互救，必要时迅速撤离危险区域或可能受到危害的区域。

（2）迅速控制事态，对突发事件危害区域、危害性质及危害程度进行检测和监测。无论面对何种性质、何种类型、何种起因的突发事件，都要按照预先制订好的应急预案做出响应，采取行动并有效控制。同时，迅速成立专家组，开展对突发事件危害区域、危害性质及危害程度的检测和监测，防止事件的影响进一步扩展。在应对事故灾难类突发事件时，有效控制事故危险源是应急救援工作的重要任务，只有控制住危险源，防止事故继续扩展，才能及时有效地进行救援。可尽快组织应急救援队伍与事故单位技术人员协同控制事故继续扩展。

（3）消除危害后果，做好现场恢复。针对突发事件对人体、动植物、土壤、空气等造成的现实危害和可能危害，迅速采取封闭、隔离、洗消、监测等措施，防止突发事件对人的继续危害和对环境的进一步污染，及时清理废墟、恢复基本设施、抢修生产设备，将突发事件现场恢复至相对稳定的基本状态。

（4）查清突发事件原因，评估危害程度。突发事件发生后应及时调查事件发生的原因和性质，评估事件的危害范围和危害程度，查明人员伤亡情况，总结经验教训，并对响应的应急预案进行评审改进，为今后的应急救援工作提供更科学、有效、可操作的应急预案，以进一步提供应急救援水平。

为顺利完成上述基本任务，各级应急救援组织在完善各类应急救援管理规章和制度，提升应急管理水平和能力的基础上，必须加强对各类应急人员的教育培训和技能训练，尤其是加强应急救援基干分队等应急骨干人员的操作技能培训和训练，提升应急救援水平和能力，培养一支“召之即来，来之能战，战之必胜，首战用我，用我必胜”的专业化应急救援队伍。

本单元主要对与电网有关的突发事件应急救援行动中所涉及的应急救援人员个人装备与安全防护、灾害现场应急避险与生存、应急物资管理与物资转运、应急现场交通管理与应急驾驶、应急电源与应急供电、应急通信保障、废墟搜救与狭小空间救援等应急救援技术和技能进行详细阐述。

# 课题一

## 应急救援人员个人装备与安全防护

在有些特殊情况下，应急救援人员必须在第一时间冒险抢救遇险人员，这时，个人装备成为保护应急救援人员生命安全与健康的最后一道防线。如果缺少与应急救援环境相适应的个人装备，应急救援工作将无法开展，必将造成大量人员伤亡和经济损失。因此个人装备必须引起相关部门的高度重视，制定相关标准，保障产品质量。

### 一、概述

在突发事件应急处置过程中，应急救援人员往往需要在气候恶劣、环境复杂、保障缺失的情况下开展救援任务。个人装备是保护应急救援人员的安全与健康、保证任务顺利完成的必要条件。

个人装备主要是个体防护装备。个体防护装备是从业人员为防御物理、化学、生物等外界因素伤害所穿戴、配备和使用的各种护品的总称。在生产作业场所穿戴、配备和使用的劳动防护用品也称个体防护装备。

为正确选用个体防护装备，我国颁布了 GB/T 11651—2008《个体防护装备选用规范》。该标准制定时仅仅考虑了生产过程中的职业危害，没有考虑应急救援这种非正常情况。为此，在应急救援工作中，必须根据应急救援工作的危害程度、任务要求和环境等特殊条件，正确选择适当的个体防护装备，并正确佩戴。在选择和佩戴个体防护装备时应注意以下几点：

（1）必须根据应急救援工作环境、条件和时限选择个体防护装备。

（2）必须选择具有生产许可证和安全鉴定证的个体防护装备。

（3）必须按照使用说明书正确存放和维护个体防护装备。

（4）必须按照使用说明书正确佩戴个体防护装备。

只有严格按照有关规定和要求正确选择和佩戴个体防护装备，并经常对应急救援人员进行培训和演练，才能有效发挥个体防护装备在应急救援工作中的作用，才能保护应急救援人员的安全与健康，并有效开展应急救援工作，减少突发事件造成的人员伤亡和经济损失。

## 二、个体防护装备的分类及适用范围

个体防护装备是保护人体不受外来有害因素伤害，保证人体安全与健康的重要装备。目前，我国个体防护装备按照人体防护部位大体划分为9类，包括头部防护装备、眼面防护装备、听力防护装备、呼吸防护装备、躯干防护装备、手部防护装备、足部防护装备、皮肤防护装备、坠落防护装备。

### 1. 头部防护装备

头部受到撞击受伤和死亡的危险性最大，头部受到冲击很容易引起脑震荡、颅内出血、脑膜挫伤、颅骨损伤等伤害，轻则致伤，重则致死。因此，应急救援人员必须严格按要求佩戴安全帽，以免头部受到意外伤害。

头部防护装备是为防御头部不受外来物体打击和其他因素危害而配备的个人防护装备。头部防护装备一般包括普通安全帽、阻燃安全帽、防静电安全帽、电绝缘安全帽、抗压安全帽、防寒安全帽及耐高温安全帽。

阻燃安全帽是在普通安全帽的基础上增加阻燃功能，抵御明火燎烧造成的伤害，适用于存在坠物危险或对头部可能产生碰撞及有明火或具有易燃物质的场所；抗压安全帽在普通型安全帽的基础上，具有侧向刚性性能，防止头部受到挤压伤害，适用于存在坠物危险或对头部可能产生碰撞及挤压的作业场所，如坑道、矿井等；电绝缘安全帽是在普通型安全帽的基础上阻止电流通过，防止人员意外触电，适用于存在坠物危险或对头部可能产生碰撞及带电作业场所。

### 2. 眼面防护装备

眼面防护装备一般包括防冲击眼护具、焊接眼护具、激光护目镜、炉窑护目镜、微波护目镜、X射线防护眼镜、化学安全防护镜、防尘眼镜等。应急救援人员使用较多的是防冲击眼护具（防冲击眼镜，也称护目镜）。

防冲击眼镜是用来防止高速粒子对眼部的冲击伤害的，适用于切削加工、金属切割、碎石等作业场所。地震应急救援现场的破拆作业需佩戴防冲击眼镜。

### 3. 听力防护装备

听力防护装备是指能够防止过量的声能侵入外耳道，使人耳避免噪声的过度刺激，减少听力损失，预防由噪声对人身引起的不良影响的个体防护用品。

听力防护装备主要包括耳塞、耳罩和防噪声头盔。

### 4. 呼吸防护装备

呼吸防护装备分为过滤式呼吸防护装备和隔绝式呼吸防护装备。

（1）过滤式呼吸防护装备。过滤式呼吸防护装备主要包括自吸过滤式防颗粒物呼吸器、自吸过滤式防毒面罩、送风过滤式防护装备。

自吸过滤式防颗粒物呼吸器靠佩戴者呼吸克服部件气流阻力防御颗粒物的伤害，适用于存在颗粒物空气污染物的环境，不适用于防护有害气体或蒸汽，其中，KN 级适用于非油性颗粒物，KP 级适用于油性颗粒物和非油性颗粒物。自吸过滤式防毒面罩靠佩戴者呼吸克服部件阻力，防御有毒、有害气体或蒸汽、颗粒物等对呼吸系统或眼面部的伤害，1～4 级适合有毒气体或蒸汽的防护，P1～P3 级适合毒性颗粒物的防护。送风过滤式防护装备靠动力（如电动风机或手动风机）克服部件阻力，防御有毒、有害气体或蒸汽、颗粒物等对呼吸系统或眼面部的伤害。

（2）隔绝式呼吸防护装备。隔绝式呼吸防护装备适用于各类颗粒物和有毒有害气体环境，主要包括正压式空气呼吸防护装备、负压式空气呼吸防护装备、自吸式长管呼吸器、送风式长管呼吸器、氧气呼吸器。

正压式空气呼吸防护装备使用者任一呼吸循环过程中面罩内压力均大于环境压力。负压式空气呼吸防护装备使用者任一呼吸循环过程中面罩内压力在吸气阶段均小于环境压力。自吸式长管呼吸器靠佩戴者自主呼吸得到新鲜、清洁空气。送风式长管呼吸器以风机或空压机供气为佩戴者输送清洁空气。氧气呼吸器通过压缩氧气或化学生氧剂罐向使用者提供呼吸气源。

5. 躯干防护装备

在应急救援工作中，用于躯体防护的装备主要是各种类型的防护服，主要包括一般工作服、防静电服、防静电毛针织服、高可视性警示服、医用防护服、防寒服、阻燃防护服、焊接防护服、酸碱类化学品防护服、带电作业用屏蔽服、高压静电防护服、浸水服、救生衣等。

医用防护服能阻隔带有微生物、细菌、病毒等的血液、体液、分泌物，适用于医务人员，急救人员和警务人员的防护。高可视性警示服带有逆反射材料，具有高可视性，适用于从事公共事业，如警察、消防队员、清洁队员等起警示作用的作业场所。阻燃防护服具有耐高温、阻燃、隔离辐射热、防飞溅火星及熔融物的特点，适用于有明火、散发火花或在熔融金属附近操作有辐射热和对流热的作业场合。酸碱类化学品防护服防御酸碱类化学品直接损害皮肤或经皮肤吸收伤害人体。

6. 手部防护装备

手部伤害事故占到了人身伤害的 20%，手是人体器官中最为精细致密的器官之一，肌肉、血管和神经的分布与组织都极其复杂，仅指尖上每平方厘米的毛细血管长度就可达数米，神经末梢达数千个。这些精细的神经网络可以使我们在几微秒内觉察到冷、热、疼痛等，甚至可以感受到振幅只有头发丝那么微小的振动。由此可见，正确选择和使用手部防护装备十分必要。

手部防护装备主要包括带电作业用绝缘手套、耐酸碱手套、焊工手套、耐油手套、浸塑手套、防静电手套、耐高温阻燃手套、防震手套、防水手套、防X射线手套、森林防火手套、防机械伤害手套、防寒手套。

带电作业用绝缘手套具有良好的绝缘性能，需要根据不同的电压等级选择不同等级的绝缘手套。防机械伤害手套能够防摩擦、切割、穿刺等机械危害，分5级，适用于接触、使用锋利器物的不同等级机械危害作业，如消防救援、救灾抢险、金属加工打毛清边、玻璃加工与装配等作业。

7. 足部防护装备

足部防护装备主要包括保护足趾安全鞋、胶面防砸安全靴、防刺穿鞋、防静电鞋、导电鞋、电绝缘鞋、耐化学品的工业用橡胶靴、模压塑料靴、耐油防护鞋、高温防护鞋、低温环境作业保护靴、振动防护鞋、焊接防护鞋。

保护足趾安全鞋的鞋头装有金属或非金属内包头，防砸防挤压，适用于存在物体冲击砸伤足部的作业场所，如地震救援现场。防刺穿鞋在鞋的内部与外底之间装有防刺穿垫，适用于存在锋利物的作业场所，如地震救援现场。

8. 皮肤防护装备

皮肤防护装备主要包括防水型护肤剂、防油性护肤剂、遮光性护肤剂、洁肤性护肤剂、趋避性护肤剂。

防水型护肤剂防止水溶性物质直接刺激皮肤，适用于存在水溶性物质的作业场所，不适用于尘毒场所。防油型护肤剂防止油污对皮肤造成伤害，适用于存在油污的作业场所；遮光性护肤剂防止皮肤受光线照射受到伤害，适用于存在光照危害的场所。洁肤性护肤剂能清除皮肤上的油、尘、毒沾污，包括需水洗涤剂和不需水干洗膏两种，适用于存在污物的作业环境。趋避性护肤剂能够趋避蚊等刺叮骚扰性害虫，适用于野外有蚊虫的环境。

9. 坠落防护装备

在高处作业时，稍有不慎就可能发生高处坠落事故，造成人员伤亡。使用安全带、安全网等坠落防护装备，能有效避免或减轻坠落伤害。因此，在高处作业时，必须采取严密的防坠落措施，配备防止坠落伤亡的坠落防护装备，从根本上防止坠落事故的发生。

（1）安全带。安全带包括围杆作业安全带、区域限制安全带、坠落悬挂安全带。

1）围杆作业安全带。将人体绑定在固定构造物附近，使作业人员的双手可以进行其他操作。

2）区域限制安全带。限制作业人员的活动范围，避免其到达可能发生坠落区域。

3）坠落悬挂安全带。高处作业或登高人员发生坠落时，将作业人员安全悬挂。

（2）安全网。安全网包括安全平网、安全立网和密目式安全立网。

1）安全平网。安装平面不垂直于水平面，宽度不小于3m，防止人、物坠落，或避免、减轻坠落及物击伤害。

2）安全立网，安装平面垂直于水平面，宽（高）度不小于1.2m，防止人、物坠落，或避免、减轻坠落及物击伤害。

3）密目式安全立网。网眼孔径不大于$\phi$12mm，垂直于水平面安装，防止人、物坠落，或避免坠物伤害。

## 三、个体防护装备的配备与管理要求

### （一）配备要求

电网企业应根据保障救援和防止危害的需要，按照工种、环境和应急救援人员身体条件等因素，为应急救援人员配备相应的个体防护装备。具体配备要求主要有以下几个方面：

（1）存在物体打击、机械伤害、高处坠落等可能对应急救援人员头部产生碰撞伤害的作业场所，应为应急救援人员配备安全帽等头部防护装备。

（2）存在飞溅物体、化学性物质、非电离辐射等可能对应急救援人员眼面部产生伤害的作业场所，应配备眼面防护装备，如安全眼镜，化学飞溅护目镜、面罩，焊接护目镜、面罩或防护面具等。

（3）应急救援人员如果长时间暴露于大于85dB（A）的噪声下，应佩戴听力防护装备进行听力防护，如耳塞、耳罩、防噪声头盔等。

（4）接触粉尘的应急救援人员应配备防颗粒物呼吸器、防尘眼镜等面部防护装备。

（5）接触有毒、有害物质的应急救援人员应根据可能接触毒物的种类选择配备相应的防毒面罩、空气呼吸器等呼吸防护装备。

（6）从事有可能被机械绞碾、夹卷伤害的应急救援人员应穿戴紧口式防护服，长发应佩戴防护帽，不能戴防护手套。

（7）从事接触腐蚀性化学品的应急救援人员应穿戴耐化学品防护服、耐化学品防护鞋、耐化学品防护手套等防护装备。

（8）在易燃易爆场所的应急救援人员应穿戴具有防静电性能的防静电服、防静电鞋、防静电手套等防护装备。

（9）从事带电作业的救援人员应穿戴绝缘防护装备，从事高压带电作业应穿带电作业用屏蔽服等防护装备。

（10）从事高温、低温作业的应急救援人员应穿戴耐高温或防寒防护装备。

（11）作业场所存在极端温度、电伤害、腐蚀性化学物质、机械砸伤等可能对应急救援人员足部产生伤害的，应选配足部防护装备，如保护足趾安全鞋、防刺穿鞋、电绝缘鞋、防静电鞋等。

（12）在距坠落高度基准面 2m 及以上，有发生坠落风险的作业场所，应为应急救援人员配备安全带，并加装防坠器等防护装备。

（13）当存在多种危险因素时，应综合考虑伤害类型，并配备多种个体防护装备。比如，从救援环境角度来看，在山体滑坡、塌陷等地质结构不稳定地区，存在砸伤、可吸入粉尘、颗粒物等伤害，应配备头部防护装备、呼吸防护装备、躯干防护装备、足部防护装备等防护装备。

（14）在发生疫情地区，存在细菌、微生物等致病因素，应配备防微生物手套、隔绝式呼吸防护装备、隔绝式防护服等防护装备。

（15）在倒塌建筑物等搜救现场，存在破碎钢筋、钢丝、玻璃、切割钢筋产生的碎屑和飞溅火花等危险源，应配备防刺穿鞋、防割伤手套、眼面防护装备、焊接防护服等防护装备。

（16）在高层建筑物等需要高处救援及电力设施架设的场所，存在坠落、触电等伤害，应配备安全带、系索、自锁器、速差自控器、电绝缘防护装备等防护装备。

（17）在有毒有害化学气体泄漏的场所，存在化学气体对呼吸道、皮肤等的伤害，应配备防毒面罩、化学品防护服等防护装备。

（18）在火灾场所，存在烧伤、砸伤等可能的伤害，应配备阻燃防护服、防护帽、防护手套等防护装备。

（二）管理要求

（1）应急救援人员在进行作业之前，应佩戴好所有防护装备并检查其功能良好后再进行作业。

（2）经佩戴使用后的防护装备，应按照产品要求和特性进行维护与保养。对佩戴使用后可能造成环境污染的有毒有害防护装备，应集中管理，定期回收，统一处理。可根据作业场所的环境状况、防护装备的使用频率、损耗等因素适当缩短使用期限。

（3）应建立健全个体防护装备的采购、验收、保管、发放、使用、报废等管理制度。

（4）应定期对佩戴使用后的个体防护装备的有效性进行确认，在确认其失效时，应及时报废和更换。

（5）应由使用者或专人按照个体防护装备的使用要求进行维护与保管。

（6）应急救援人员管理单位应制订培训计划，并按计划定期对应急救援人员进行个体防护装备的选择、使用、维修及维护保养等相关法律法规、标准及专业知识的培训。应在专业人员的指导、监督下对应急救援人员进行个体防护装备的实际操作培训。应了解、掌握应急救援人员对个体防护装备使用的熟练情况，并监督使用的正确性。未按规定佩戴和使用个体防护装备的人员，不得进行应急救援作业，并根据需要进行再培训。

## 四、我国法律法规中关于应急防护装备配备的有关规定

《中华人民共和国突发事件应对法》规定："国务院有关部门、县级以上地方各级人民政府及其有关部门、有关单位应当为专业应急救援人员购买人身意外伤害保险，配备必要的防护装备和器材，减少应急救援人员的人身风险"。

《中华人民共和国防震减灾法》规定："地震灾区的县级以上地方人民政府应当组织交通、邮电、建设和其他有关部门和单位采取措施，尽快恢复被破坏的交通、通信、供水、排水、供电、供气、输油等工程，并对次生灾害源采取紧急防护措施"。

《国家突发公共事件总体应急预案》规定："要采取必要的防护措施，严格按照程序开展应急救援工作，确保人员安全"。

## 五、常用个体防护装备及其使用

### （一）安全帽

#### 1. 安全帽的结构

安全帽是由帽壳、帽衬和下颏带三部分组成，其结构示意图如图 2－1－1 所示。

（1）帽壳。帽壳由壳体、帽舌、透气孔、顶筋、帽沿、插座等组成。帽壳是安全帽的主要部件，一般采用椭圆形或半球形薄壳结构。这种结构在冲击压力下

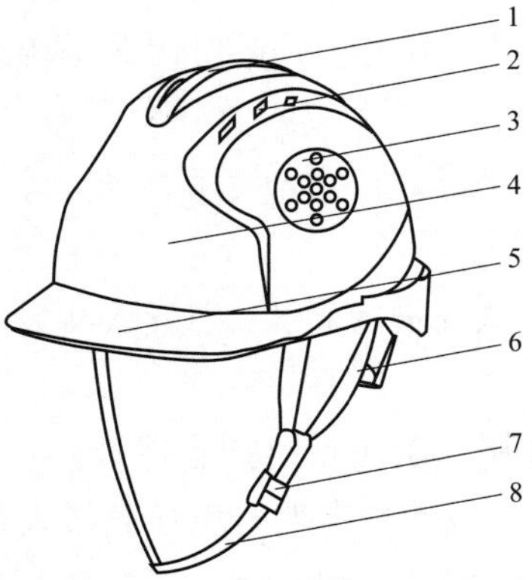

图 2-1-1 安全帽结构示意图
1—顶筋；2—透气孔 A；3—透气孔 B；
4—壳体；5—帽舌；6—连接带；
7—调节器；8—下颏带

会产生一定的压力变形，由于材料的刚性性能吸收和分散受力，加之表面光滑且圆形曲线易使冲击物滑走，从而减少冲击的时间。可根据实际需要加强安全帽外壳的强度，外壳可制成光顶、顶筋、有沿和无沿等多种形式。

（2）帽衬。帽衬是帽壳内直接与佩戴者头顶部接触部件的总称，由帽箍环带、顶带、护带、托带、吸汗带、衬垫及拴绳等组成。帽衬可用棉织带、合成纤维带和塑料衬带等材料制成，在佩戴时帽箍环带，紧紧围绕人的头部，带的前额部分衬有吸汗带，具有一定的吸汗作用。帽箍环带可分成固定带和可调节带两种。顶带是与佩戴者头顶部相接触的衬带，顶带与帽壳可用铆钉连接，或用带的插口与帽壳的插座连接。顶带有十字形、六角形。相应设插口 4～6 个。

（3）下颏带。下颏带是系在下颏上的带子，起固定安全帽的作用。

2. 安全帽的防护原理

（1）缓冲减震作用。帽壳与帽衬之间有 25～50mm 的间隙，头与帽顶空间位置构成一个能量吸收系统，当物体撞击安全帽时，可起到缓冲作用，使帽壳不因受力变形而直接影响到头顶部。

（2）分散应力作用。帽壳为椭圆形或半球形，表面光滑，当物体坠落在帽壳上时，物体不能停留立即滑落，且帽壳受打击点承受的力向周围传递。通过帽衬缓冲减少的力可达 2/3 以上，其余的力经帽衬的整个面积传递给人的头盖骨，这样就把着力点变成了着力面，从而避免了冲击力在帽壳上某点应力集中，减少了单位面积的受力。

（3）生物力学。国家标准中规定安全帽必须能吸收 4900N 的冲击力。这是因为生物学试验时，人体颈椎在受力时的最大限值是 4900N，超过此限值颈椎就会受到伤害，轻者引起瘫痪，重者危及生命。

3. 安全帽的分类

（1）按用途分类。安全帽按用途分为一般作业类（Y 类）安全帽和特殊作业类（T 类）安全帽两大类。其中 T 类安全帽又分成 T1～T5 类五类，T1 类适用于有火源的作业场所，T2 类适用于井下、隧道、地下工程、采伐等作业场所，T3 类适用于易燃易爆作业场所，T4（绝缘）类适用于带电作业场所，T5（低温）类适用于低温作业场所。

每种安全帽都具有一定的技术性能指标和适用范围，要根据行业和作业环境选用适宜的品种。电力行业接触电网和电气设备，应选用 T4（绝缘）类安全帽，建筑行业一般选用 Y 类安全帽，在易燃易爆的环境中作业应选择 T3 类安全帽。

（2）按使用的材料分类。安全帽按所使用的材料分为：

1）玻璃钢安全帽。主要用于冶金高温作业场所、油田钻井森林采伐、输电线路、高层建筑施工及寒冷地区施工场景。

2）聚碳酸酯塑料安全帽。主要用于油田钻井、森林采伐、供电线路、建筑施工等作业。

3）ABS 塑料安全帽。主要用于采矿、机械工业等冲击强度高的室内常温作业场所。

4）超高分子聚乙烯塑料安全帽。适用范围较广，如冶金化工、矿山、建筑、机械、电力、交通运输、林业和地质等作业的工种。

5）改性聚丙烯塑料安全帽。主要用于冶金、建筑、森林、电力、矿山、井上、交通运输等作业的工种。

6）胶布矿工安全帽。主要用于煤矿、井下、隧道、涵洞等场所的作业。佩戴时，不设下颏带。

7）塑料矿工安全帽。除耐高温性能大于胶布矿工帽外，其他性能与胶布矿工帽基本相同。

8）防寒安全帽。适用于我国寒冷地区冬季野外和露天场所的作业，如矿山开采、地质钻探、林业采伐、建筑施工和港口装卸搬运等作业。

9）纸胶安全帽。适用于户外作业，作用为防太阳辐射、风沙和雨淋。

10）竹编安全帽。主要用于冶金、建筑、林业、矿山、码头、交通运输等作业。

11）其他编织安全帽。适用于南方炎热地区且无明火的作业场所。

4. 安全帽的颜色

安全帽颜色的选择随意性比较大，一般以浅色或醒目的颜色为宜，如白色、浅黄色等，也可以按有关规定的要求选用，遵循安全心理学的原则，按部门区分、作业场所和环境来选用。

电网企业安全帽的颜色选用规定为：管理人员佩戴红色安全帽，运行值班人员佩戴橘黄色安全帽，外来检查及参观人员佩戴白色安全帽，现场作业（检修、试验、施工人员）佩戴蓝色安全帽。

5. 安全帽的技术要求

（1）一般要求：① 帽箍根据适用范围进行调节；② 帽箍的前额区域应有吸汗性或增加吸汗带，其宽度大于或等于帽箍的宽度；③ 系带应采用软质纺织物，选用宽度不小于 10mm 的带或直径不小于 5mm 的绳；④ 不得使用有毒有害的材料，接触人体部分的材料不得引起对皮肤过敏性刺激反应伤害；⑤ 材料耐老化性能应不低于产品标识明示的日期，正常使用的安全帽在使用时期内不得因材料原因引起性能低于标准，所有使用材料应具有相同的预期寿命；⑥ 安全帽附件不得破坏安全帽正常佩戴时的稳定；⑦ 普通安全帽质量不超过 430g，防寒安全帽质量不超过 600g。

（2）基本性能。

1）冲击吸收性能。按规定方法，经高温、低温、浸水、辐照预处理后做冲击测试，传递到头模上的力不超过 4900N；帽壳不得有碎片脱落。

2）耐穿刺性能。按规定方法经高温、低温、浸水、辐照预处理后做穿刺测试，钢锥不接触头模表面；帽壳不得有碎片脱落。

3）下颏带的强度。按规定方法测试，下颏带断裂时的力值应为 150～250N。

（3）特殊性能。

1）电绝缘性能：按规定方法测试，泄漏电流不超过 1.2mA。

2）阻燃性能：按规定方法测试，续燃时间不超过 5s，帽壳不得烧穿。

3）侧向刚性：按规定方法测试，最大变形不超过 40mm，残余变形不超过 15mm，帽壳不得有碎片脱落。

4）抗静电性能：按规定方法测试，表面电阻值不大于 1 亿Ω。

5）耐低温性能：按低温（－20℃）预处理后做冲击测试，传递到头模的力不超过 4900N；帽壳不得有碎片脱落；然后再用另一样品（－20℃）预处理后做穿刺测试，钢锥不得接触头模表面，帽壳不得有碎片脱落。

6. 安全帽的选择原则

安全帽的种类较多，不同场合要选择不同的品种。在应急救援中，有不同的行业和不同的场景，应根据实际情况选择不同的品种，不应只用一种安全帽。

（1）应选择合格产品。安全帽必须按 GB 2811—2019《头部防护　安全帽》进行生产，出厂的产品应通过质检部门检验符合标准要求才能颁发产品合格证，在购买安全帽时，应看是否持有生产许可证书、产品合格证和有效期。

（2）选择适宜的品种。

1）根据安全帽的性能选择。每种安会帽都具有一定的技术性能指标和它的适用范围。

2）款式的选择。大沿帽和大舌帽适用于露天作业，这种安全帽有防日晒和雨淋的作用；小沿帽通用于室内、隧道、涵洞、井巷、森林、脚手架上等活动范围小，易发生帽沿碰撞的狭窄场所。

3）安全帽颜色的选择。国际较通用的黄色加黑条是引起警戒的标志，红色是表示限制、禁止的标志，蓝色起显示作用等。因此，对于普通工种使用的安全帽，采用白色、淡黄、淡绿色为宜。

7. 安全帽的使用规范

选择了适宜的合格的安全帽，还应正确规范地使用，才能发挥安全帽的功能作用，保障安全。安全帽的使用规范包括以下几个方面：

（1）佩戴前，应检查安全帽各配件有无破损、装配是否牢固、帽衬调节部分是否卡紧、插口是否牢靠、绳带是否系紧等，若帽衬与帽壳之间的距离不是 25～50mm，应用顶绳调节到规定的范围。确认各部件完好后方可使用。

（2）根据使用者头的大小，将帽箍长度调节到适宜位置（松紧适度），高处作业人员佩戴的安全帽，要有下颏带和后颈箍并应拴牢，以防安全帽滑落或脱掉。

（3）安全帽在使用时受到较大冲击后，无论是否发现帽壳有明显的断裂纹或变形，都应停止使用，更换受损的安全帽。一般安全帽使用期限不超过 3 年。

（4）安全帽不应储存在酸碱、高温（50℃以上）、阳光、潮湿等处，避免重物挤压或尖物碰刺。

（5）帽壳与帽衬可用冷水、温水（低于 50℃）洗涤，不可放在暖气片上烘烤，以防帽壳变形。

（二）护目镜

1. 护目镜的种类与特点

护目镜是一种滤光镜，可以改变透过光强和光谱。避免辐射光对眼睛造成伤害，最有效和最常用的方法是佩戴防护眼镜，同时还可以防化学物飞溅，也可防撞击用。护目镜可以吸收某些波长的光线而让其他波长的光线透过，所以都呈现一定的颜色，所呈现的颜色为透过光的颜色。

护目镜分为吸收式和反射式两种，前者用得较多。吸收式护目镜是利用镜片对某些波长的吸收，以减少射入眼睛内的强光，如遮阳眼镜、气焊护目眼镜、电焊护目眼镜、蓝色护目眼镜、激光防护眼镜、微波防护眼镜等，图2-1-2所示为电焊护目眼镜的基本结构示意图。反射式护目镜是利用镜片表面的反射膜来增大光的反射，减少光的透射，以达到保护眼睛不受到强光和有害射线伤害的目的。实际工作中，多数情况是吸收式和反射式护目镜联合起来使用，即在滤光镜片上再镀上一层高反射膜，使滤光作用更强，如电焊、等离子切割等操作人员佩戴的眼镜就是采用这一类型。

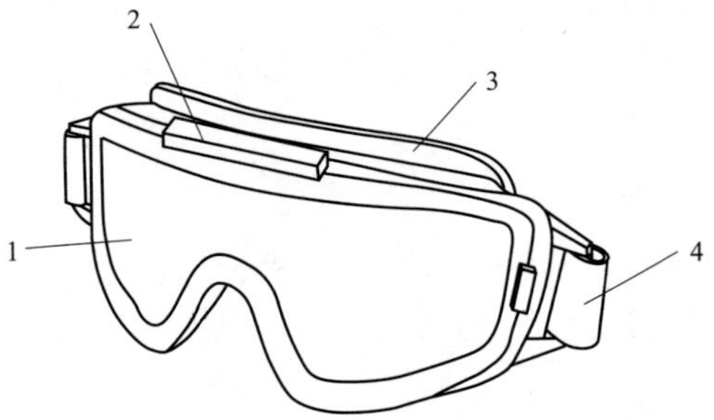


图2-1-2　电焊护目眼镜结构示意图

1—镜片；2—防雾器；3—密封软边；4—伸缩带

2. 护目镜的清洁、保存与使用

（1）擦镜片的方法。使用清洁的专用拭镜布，注意务必用手托住护目镜一侧的镜框边丝，轻轻拭擦该镜片，避免用力过度造成镜框或镜片损伤。镜片沾灰尘或脏东西时，干擦容易磨花镜片，建议先用清水冲洗，再用纸巾吸干水分后用专用眼镜布擦干。镜片很脏时建议用低浓度的中性洗剂清洗，然后用清水冲洗擦干。

（2）放置的方法。如暂时性放置眼镜，应将眼镜的凸面朝上，若将凸面朝下摆放眼镜，会磨花镜片。

（3）眼镜盒的使用。不使用护目镜时，应用镜布包好放入眼镜盒。保存时应避免与防虫剂、洁厕用品、化妆品、发胶、药品等腐蚀性物品接触，否则会引起镜片和镜架劣化、变质、变色。不要在高温下（60℃以上）长期放置。高温容易导致镜片变形或表面膜层出现裂纹，不要放在驾驶室前窗等阳光直射或高温的地方。金属镜架应避免接触化学物品，防止被镀层脱落变色。不能接触有机溶剂、油、汗酸、高温和化学物品及硬性物，否则易损伤镜片膜层，影响清晰度及美观。

（4）镜架变形时的处理。镜架变形时会给鼻子或耳朵造成负担，镜片也容易松脱。建议定期到专业店进行整形调整。

（5）使用注意事项。

1）要选用经产品检验机构检验合格的护目镜。

2）护目镜的宽窄和大小要适合使用者的脸形。

3）镜片磨损粗糙、镜架损坏，会影响操作人员的视力，应及时调换。

4）护目镜要专人使用，防止传染眼病。

5）焊接护目镜的滤光片和保护片要按规定作业需要选用和更换。

6）树脂镜片受到强烈冲击有破碎的可能，易造成眼睛和面部损伤，禁止在激烈运动时使用。

7）不要使用已出现划痕、污点、裂纹等情况的镜片，否则会因光线散色导致看东西不清楚，引起视力下降。

8）即使镜片的颜色的很差，也不要直视太阳或强烈光线，否则会伤到眼睛。

9）因镜片的棱镜关系，佩戴刚购买的护目镜很难把握距离感，在未完全习惯戴护目镜之前请勿驾驶及操作。

### （三）防护面罩

防护面罩，也称防护面具，是一种用于防护眼睛和面部免受粉尘、化学物质、热气、毒气、屑物等有害物质迎面侵害的防护器材。防护面罩与防护服、防护帽等配合使用，以达到全面防护的目的。防护面罩根据使用场合不同一般可分为电焊面罩、安全防护面罩、医用防护面罩、防毒面罩、防辐射面罩等。以下主要介绍防毒面罩。

#### 1. 防毒面罩的作用

防毒面罩是个人特种作业保护用品，也是单兵防护用品，戴在头上可保护人的呼吸器官、眼睛和面部，防止毒气、粉尘、细菌等有毒物质伤害。防毒面罩广泛应用于石油、化工、矿山、冶金、军事、消防、抢险救灾、卫生防疫和科技环保等领域。

#### 2. 防毒面罩的分类

按防护原理，防毒面罩可分为过滤式防毒面罩和隔绝式防毒面罩。过滤式防毒面罩由面罩和滤毒罐（或过滤元件）组成。面罩包括罩体、眼窗、通话器、呼吸活门和头带（或头盔）等部件，图 2－1－3 为一种防毒面罩示意图。滤毒罐用以净化染毒空气，内装滤烟层和吸着剂，也可将这两种材料混合制成过滤板，装配成过滤元件。较轻的（200g 左右）滤毒罐或过滤元件可直接与面罩相连，较重的滤毒罐通过导气管与面罩连通。隔绝式防毒面罩由面具本身提供氧气，分为储气式、储氧式和化学生氧式三种。隔绝式防毒面罩主要在高浓度染毒空气（体积浓度大于 1%时）中，或在缺氧的高空、水下或密闭舱室等特殊场合下使用。

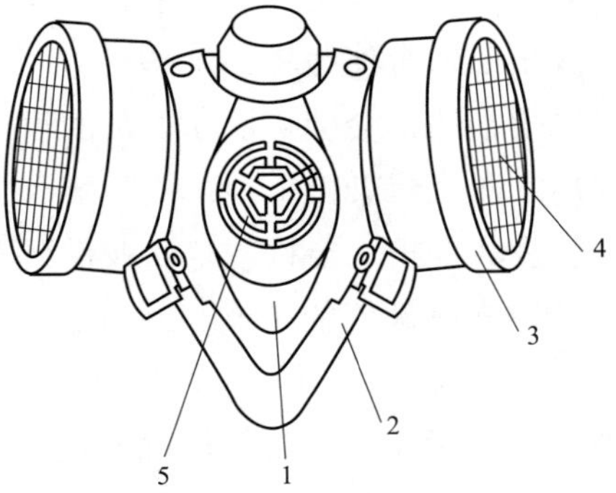


图 2－1－3　防毒面罩示意图

1—罩体；2—头带；3—密合边框；4—眼窗；5—过滤元件

3. 防毒面罩使用注意事项

（1）根据毒气种类、现场空气中毒物的浓度、空气中氧气含量及温度，正确选用防毒面罩型号，特别留意防毒面罩的滤毒罐所设定的范围及时间。

（2）在使用防毒面罩之前，认真对其进行检查，查看各部位是否完整，有无异常情况发生，其连接部分是否连接完好，仔细查看气密性是否完好。

（3）应选择合适的防毒面罩，在使用时保持防毒面罩内气流的畅通，在有毒的环境中要迅速戴好防毒面罩。

（4）当防毒面罩出现使用故障时，采用下列应急措施，并且马上离开有毒的区域。

1）如果发现防毒面罩上的面罩或者是导气管上有孔洞，可以用手指将孔洞堵住。如果防毒面罩上的气管有破损的情况出现，那么可以将滤毒罐跟头罩直接连接起来作用即可。

2）如果防毒面罩上的呼气阀坏了，用手指将呼气阀的孔堵住，呼气时将手松开，吸气时再用手堵住。

3）如果防毒面罩上的头罩破坏得比较严重，可以考虑将滤毒罐直接放在嘴里，然后再捏住鼻子，用滤毒罐来呼吸。

4）如果防毒面罩上的滤毒罐上出现了小孔，那么可以用手或者是其他的材料来将其堵住。

5）如果防毒面罩出现了面罩破损、老化、漏气，或者是呼气阀损坏等情况发生，应立即停止使用。在使用防毒面罩时，如果感觉到呼吸比较困难，并且能够闻到毒物的气味，应该立刻撤退，在毒区的时候是不能将防毒面罩取下来的。

4. 常见防毒面罩

（1）3M 防毒面罩。3M 防毒面罩质轻舒适，不刺激皮肤，其本体可清洗，配件可更换。采用低鼻梁、低轮廓设计，与脸部密合良好，提供最佳视野。采用 3M 冷流量呼气阀，减少 55%呼气阻力，减少热量、湿气在面具内的积聚。向下开口式呼气设计保护了呼气阀免受污染，适合恶劣工作环境。能配合各种滤毒盒、滤尘盒、滤棉、组合成防毒面罩、防尘面具使用，备有零配件供更换。滤盒防护对象包括有机气体、氯气、二氧化氯、硫化氢、二氧化硫、氟化氢、硫化氢（仅用于逃生）、氨气、甲胺、甲醛。

（2）MF14 防毒面罩。 MF14 防毒面罩为头戴式，带有通话装置，佩戴舒适。面屏为增强聚碳酸酯表面镀膜，防雾处理，透光性能、机械性能、表面耐磨性能俱佳，宽大面屏提供开阔视野。罩体注射一次成型，表面为磨砂材质，具有良好的物理力学性能、防毒性能和耐老化性能。面罩密合框为反折边形式，可佩戴大、中、小型滤毒罐，防毒时间根据滤毒罐选定。面具的镜片表面采用阻水罩结构，可保证在使用防毒面罩时镜片保明性能良好。防毒面罩的大眼窗片由聚碳酸酯制成，具有开阔的视野和良好的光学、耐冲击性能。

MF14 防毒面罩是一种过滤式单眼窗个人呼吸道防护器材，能有效地保护佩戴人员的面部、眼睛和呼吸道免受毒剂、生物战剂和放射性尘埃的伤害，可供工业、农业、医疗队和科研等不同领域人员使用，亦可供军队、警察和民防使用。

（3）FMJ05 防毒面罩。FMJ05 防毒面罩为小型滤毒罐直接式轻便面具，用以保护个人呼吸器官、眼睛、面部皮肤不受毒剂、放射性灰尘及生物战剂的直接伤害，并通过滤毒部件将染毒空气过滤成清洁空气，供佩戴者呼吸。该面具由面罩、滤毒罐、面具袋及附件组成。

（四）空气呼吸器

1. 概述

空气呼吸器是最常用的呼吸防护装备，常见的空气呼吸器是一种自给的正压式空气呼吸器，又称贮气式防毒面罩，有时也称为消防面具。空气呼吸器可以防止消防人员和抢险救护人员在进行灭火战斗或抢险救援时吸入对人体有害的毒气、烟雾、悬浮于空气中的有害污染物。空气呼吸器也可在缺氧环境中使用，防止吸入有毒气体，从而有效地进行灭火、抢险救灾和劳动作业，广泛用于消防、电力、化工、船舶、冶炼、仓库、试验室、矿山等部门。

2. 结构组成

空气呼吸器结构组成如图 2-1-4 所示。空气呼吸器主要由面罩、气瓶、肩带、减压器等组成。还配有空气供给阀、空气供给阀开关、面罩呼吸阀、中压导管供给阀插头组、快速接头、快速插头锁紧帽、背托组、减压阀、气瓶开关、腰带、气源压力表、气瓶余压报警器、气瓶固定带、高压导气管组、瓶垫、中压导管减压器插头座组、报警哨等附件。

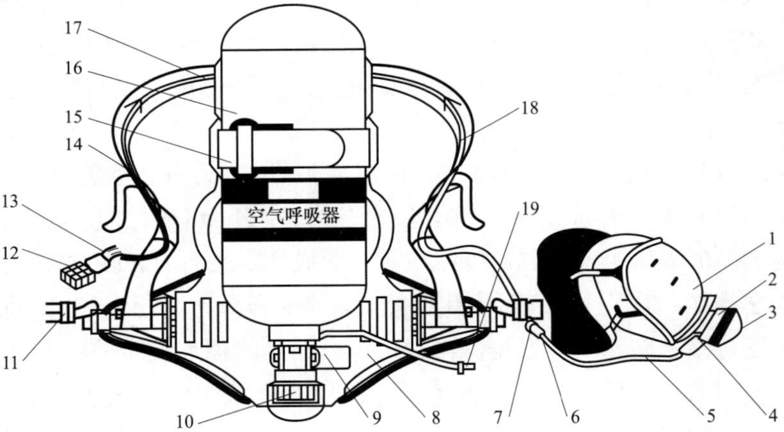


图 2-1-4　空气呼吸器结构组成

1—面罩；2—空气供给阀；3—空气供给阀开关；4—面罩呼吸阀；5—中压导管供给阀插头组；6—快速接头；7—快速插头锁紧帽；8—背托组；9—减压阀；10—气瓶开关；11—腰带；12—气源压力表；13—气瓶余压报警器；14—肩带；15—气瓶；16—气瓶固定带；17—高压导气管组；18—瓶垫；19—中压导管减压器插头座组

空气呼吸器面罩为大视野面窗，面窗镜片采用聚碳酸酯材料，透明度高，耐磨性强，具有防雾功能；采用网状头罩式佩戴方式，佩戴舒适、方便；罩体采用硅胶，无毒、无味、无刺激，气密性能好。

气瓶为铝内胆碳纤维全缠绕复合气瓶，工作压力为 30MPa，具有质量轻、强度高、安全性能好的特点，瓶阀具有高压安全防护装置。

肩带由阻燃聚酯织物制成，采用双侧可调结构，使质量落于腰胯部位，减轻肩带对胸部的压迫，使呼吸顺畅。肩带上设有宽大弹性衬垫，减轻对肩的压迫。

减压器体积小、流量大、输出压力稳定。

3. 工作原理

空气呼吸器的工作原理是，佩戴者从肺部呼出气体，通过面罩的呼吸阀排入大气中。当佩戴者吸气时，有适量的新鲜空气由气瓶开关、供给阀、面罩将气体吸入人体肺部，完成了整个呼吸循环过程。在呼吸循环过程中，由于在面罩内设有吸气阀门和呼气阀各两个，它们在呼吸过程中单方向开启，因此，整个气流方向始终是沿一个方向前进，构成整个的呼吸循环过程。打开气瓶阀，高压空气依次经过气瓶阀、减压器，进行一级减压后，输出约 0.7MPa 的中压气体，再经中压导气管送至供气阀，供气阀将中压气体按照佩戴者的吸气量，进行二级减压，减压后的气体进入面罩，供佩戴者呼吸使用，人体呼出的浊气经面罩上的呼气阀排到大气中，这样气体始终沿着一个方向流动而不会逆流。

4. 使用前检查

空气呼吸器使用前应做如下检查：

（1）打开空气瓶开关，气瓶内的储存压力一般为 25～30MPa，随着管路、减压系统中压力的上升，会听到余压报警器报警。

（2）关闭气瓶阀，观察压力表的读数变化，在 5min 内，压力表读数下降不超过 2MPa，表明供管系统高压气密性好。否则，应检查各接头部位的气密性。

（3）通过供给阀的杠杆，轻轻按动供给阀膜片组，使管路中的空气缓慢排出，当压力下降至 4～6MPa 时，余压报警器发出报警声音，并持续到压力表指示值接近零时。否则，就要重新校验报警器。

（4）检查压力表有无损坏，连接是否牢固。

（5）检查中压导管是否老化，有无裂痕，有无漏气处；与供给阀、快速接头、减压器的连接是否牢固，有无损坏。

（6）检查供给阀的动作是否灵活，是否缺件，与中压导管的连接是否牢固，有无损坏。供给阀和呼气阀是否匹配。佩戴好空气呼吸器，打开气瓶开关，按压供给阀杠杆使其处于工作状态。在吸气时，供给阀应供气，有明显的“咝咝”响声。在呼气或屏气时，供给阀停止供气，没有“咝咝”的响声，说明匹配良好。如果在呼气或屏气时供给阀仍然供气，可以听到“咝咝”的响声，说明不匹配，应校验呼气阀的通气阻力，或调换面罩，使其达到匹配要求。

（7）检查面罩的镜片、系带、环状密封、呼气阀、吸气阀是否完好，有无缺件；供给阀的连接位置是否正确，连接是否牢固。面罩的镜片及其他部分要清洁、明亮、无污物。检查面罩与面部贴合是否良好并气密，方法是：关闭空气瓶开关，深吸数次，将空气呼吸器管路系统的余留气体吸尽。面罩内保持负压，在大气压作用下面罩应向人体面部移动，感觉呼吸困难，证明面罩和呼气阀有良好的气密性。

（8）空气瓶的固定是否牢固，与减压器连接是否牢固、气密。背带、腰带是否完好，有无断裂处等。

5. 佩戴方法

（1）佩戴时，先将快速接头断开（以防在佩戴时损坏面罩），然后将背托在人体背部（空气瓶开关在下方），根据身材调节好肩带、腰带并系紧，以合身、牢靠、舒适为宜。

（2）把面罩上的长系带套在脖子上，使用前面罩置于胸前，以便随时佩戴，然后将快速接头接好。

（3）将压力表固定在空气呼吸器的肩带处，可以随时观察压力表示值来判断气瓶内的剩余空气。

（4）将供给阀的转换开关置于关闭位置，打开空气瓶开关，观察压力表示值，以估计使用时间。

（5）戴好面罩（可不用系带）后进行 2～3 次深呼吸，应感觉舒畅。屏气或呼气时，供给阀应停止供气，无“咝咝”的响声。用手按压供给阀的杠杆，检查其开启或关闭是否灵活。一切正常时，将面罩系带收紧，使面罩和人的额头、面部贴合良好，收紧程度以既保证气密又感觉舒适、无明显压痛为宜。

（6）撤离现场到达安全处所后，将面罩系带卡子松开，将消防头盔和面罩分离，从头上摘下面罩，同时关闭供给阀的进气阀门。

（7）关闭气瓶开关，打开供给阀，拔开快速接头，从身上卸下。

6. 使用注意事项

（1）正确佩戴面罩，面罩检查合格才可使用。面罩与皮肤之间应无头发或胡须等，以确保面罩密封。

（2）在佩戴面罩时，系带不要收得过紧，面部感觉舒适，无明显压痛。面罩和人的额头、面部贴合良好并气密后，此时深吸一口气，供给阀的进气阀门应自动开启。

（3）使用过程中一旦听到报警声，应立即结束在危险区工作，并尽快撤离现场。

（4）拔开快速接头要等瓶头阀关闭后，释放完管路的剩余空气，再拔开快速接头。

7. 使用后的处理

空气呼吸器使用完后应及时恢复使用前战斗准备状态，并做好以下工作：

（1）卸下面罩，先用中性或弱碱性消毒液洗涤面罩的口鼻罩及人的面部、额头接触的部位，擦洗呼气阀片；然后用清水擦洗。洗净的部位应自然干燥。

（2）卸下背具上的空气瓶，擦净装具上的油雾、灰尘，并检查有无损坏的部位。对空气瓶充气。

（3）将空气瓶接到减压器上并固定在背具上。

8. 日常检查与维护

（1）日常检查。

1）整机气密性检查。关闭空气呼吸器供给阀的进气阀门，开启瓶头阀，2min后再关闭瓶头阀，压力表在瓶头阀关闭后1min内的下降值应不大于2MPa。如果1min内压力下降值大于2MPa，应分别对各个部件和连接处进行气密性检查。

2）报警器的报警压力检查。打开气瓶瓶头阀，待压力至7MPa以上时关闭瓶头阀，观察压表指示值上升力应在0.5～5.5MPa。如果报警起始压力超出了这一范围，应卸下报警器，检查各个部件是否完好，如损坏应更换新的部件。

3）供给阀和面罩的匹配检查。关闭供给阀的进气阀门，佩戴好面罩后，打开瓶头阀，在吸气时会听到“咝咝”的响声，表明供给阀和面罩的匹配良好。如果在呼气和屏气时，供给阀仍然供气，还能听到“咝咝”的响声，说明不匹配。这时应对供给阀和面罩进行全面检查或更换供给阀和面罩，重新做匹配检查，直到合格为止。

（2）日常维护。

1）空气瓶和瓶头阀。空气瓶避免碰撞、划伤和敲击，应避免高温烘烤和高寒冷冻及阳光下暴晒，油漆脱落及时修补，防止瓶壁生锈。空气瓶要按气瓶上规定的标记日期使用，定期进行检验，每三年进行一次水压试验，合格后方可使用。空气瓶内的空气不能全部用尽，应留有不小于0.05MPa的剩余压力。瓶头阀拆下维修后重新装上空气瓶时，要经过28～30MPa的气密性检验，合格后方可使用。

2）减压器。减压器在使用过程中不要随意拆卸。当安全阀漏气时，应对减压器的膛室压力和安全阀进行重新检验。

3）面罩。空气呼吸器不使用时，面罩应放置在包装箱内，存放时不能处于受压状态。面罩应存放在清洁、干燥的仓库内，不能受阳光暴晒和有毒气体及灰尘的侵蚀。一般情况下严禁拆卸供给阀。面罩因故障维修后，应经检验合格方可使用。

（3）注意事项。

1）空气呼吸器及其零部件应避免阳光直射，以免橡胶件老化。

2）空气呼吸器严禁接触油脂。

3）应建立空气呼吸器的保管、维护和使用制度。

4）空气瓶不能充装氧气，以免发生爆炸。

5）每月应对空气呼吸器进行一次全面检查。

6）空气呼吸器不宜作潜水呼吸器使用。

7）压力表应每年进行一次校正。

8）用于呼吸的压缩空气应清洁，一氧化碳不超过 5.5mg/m$^3$，二氧化碳不超过 900mg/m$^3$，油不超过 0.5mg/m$^3$，水不超过 50mg/m$^3$。

9. 清洁处理

空气呼吸器存放前，必须经过清洁和检验。若发现空气呼吸器某些零部件已磨损或损坏，则应做好不再使用的标签，并与正常空气呼吸器分开存放，等待修理。每次使用后按如下步骤清洁保养空气呼吸器：

（1）检查呼吸器有无磨损或老化的橡胶件。

（2）从面罩上取下供气阀。

（3）面罩的清洁消毒。在温水（最高 43℃）中加入中性肥皂液或清洁剂进行洗涤，然后用净水彻底冲洗干净。用海绵蘸医用酒精擦洗面罩，进行消毒。消毒后，用饮用水彻底清洗面罩。方法是先用细小的流水冲，然后晃动面罩，甩干残留水分，最后用干净的软布擦干。有些清洁和消毒物质会引起空气呼吸器零件的损坏或加速老化。因此，只能使用推荐的清洁和消毒剂。

（4）供气阀的清洗消毒。用海绵或软布将供气阀外表面明显的污物擦拭干净，从供气阀的出气口检查供气阀内部。如果已变脏，请维修人员来清洗。

（5）供气阀检查。供气阀检查并不意味着完整的供气阀性能测试。只有使用维修检测仪，才能对供气阀的性能进行测试。再次使用之前，使用者必须按说明书供气阀操作检查部分的要求进行供气阀的操作检查。

（6）用湿海绵或软布将呼吸器其他不能浸入水中清洗的部件擦洗干净。

（五）全身式安全带

安全带是常用的坠落防护装备。安全带的种类繁多，不同使用场合所使用的不同结构的安全带。应急救援常用的是全身式安全带。全身式安全带是指为了保护人的躯干，把坠落力量分散在大腿的上部、骨盆、胸部和肩部等部位的安全保护装备，主要由连接扣、肩带、连接杆、吊绳、护胸带、护腿带、背带、后腰带、扣带、束紧带、束紧扣、扣具等组成，如图 2－1－5 所示。

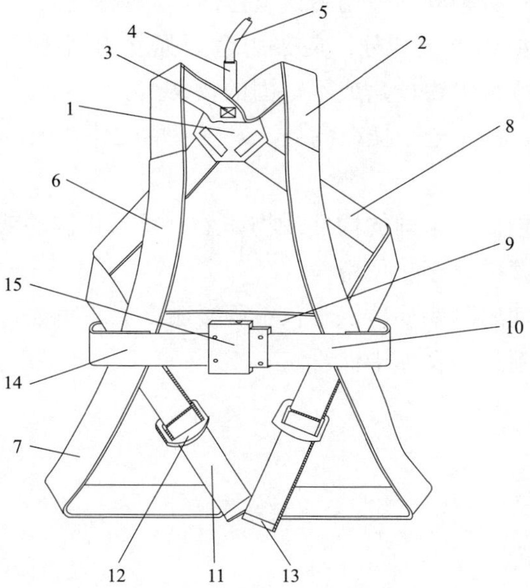


图 2－1－5　全身式安全带示意图

1—连接扣；2—肩带；3—连接钮；4—连接杆；5—吊绳；6—护胸带；7—护腿带；8—背带；9—后腰带；10—右扣带；11—束紧带；12—束紧扣；13—固定块；14—左扣带；15—扣具

1. 基本要求

（1）全身式可调节设计。

（2）可滑动背部 D 型环佩戴更适。

（3）配有一个后部挂点和前胸编织带双挂环。

（4）配有定位腰带。

（5）有相关标准认证。

2. 使用前的检查工作

（1）安全带有无出现断裂或损坏。

（2）D 型环有无变形。

（3）扣环工作正常。

（4）缝合牢靠。

（5）金属部件状况良好。

3. 使用注意事项

（1）不要在缓冲系绳上打结。

（2）不要将缓冲条绳用作维修绳索或调运绳索。

（3）高处作业时必须同时使用两条安全绳，严禁单挂。

（4）高处作业如无固定挂处，应采用适当强度的钢丝绳或采取其他方法悬挂。禁止挂在移动或带尖锐棱角或不牢固的物件上。

（5）高挂低用。将安全带挂在高处，人在下面工作，可以使有坠落发生时的实际冲击距离减小。

（6）安全带要拴挂在牢固的构件或物体上，要防止摆动或碰撞。

（7）安全带严禁擅自接长使用。

（8）安全带不使用时要妥善保管，不可接触高温、明火、强酸、强碱或尖锐物体，不要存放在潮湿的仓库中保管。

# 课 题 二

# 灾害现场应急避险与生存

自然灾害和事故灾难的突发性、严重性和不可预测性决定了灾害现场具有复杂、混乱的特点，不管是受灾人员，还是应急救援人员，都处在随时可能发生严重危险的威胁之下，随时可能受到险恶环境的影响而发生人身伤害。所以，学习科学的防灾避险常识，掌握熟练的脱困自救技能，可以增强应对突发灾害事故的信心，有利于从慌乱与险境中脱困、逃生，从而有效减轻灾害事故的伤害和损失。同时，还要学会在环境复杂的灾害现场或孤立无援的野外等待救援时，如何保存体力和精力，如何正确获得食物和水，确保自己能够活下去，为成功获救赢得更多的宝贵时间。

## 一、灾害现场应急避险

### （一）地震现场避险

#### 1. 公共场所避险

（1）听从现场应急救援人员的指挥，就近在牢固物处蹲伏，待地震平息后，有秩序地撤离。

（2）不要慌乱，不要拥向出口，要避免拥挤，避开人流，避免被挤到墙壁附近或栅栏处。

（3）在影剧院、体育馆、商场等人员密集场所，要沉着冷静，特别是当场内断电时，不要乱喊乱叫，更不得乱挤乱拥，应选择结实的座椅、柜台、物品（如低矮家具等）或柱子边，以及内墙角等处就地蹲下，用手或其他东西护头。

（4）在影剧院、体育馆、商场等人员密集场所，要注意避开玻璃门窗、玻璃厨房或柜台，避开高大不稳或摆放重易碎品的货架，避开广告牌、吊灯等悬挂物。

#### 2. 室内避险

（1）选择承重墙角地带，迅速蹲下，并注意保护头部。

（2）尽量躲进小开间，如厨房、厕所、储物室或坚固的家具旁边等相对安全地带。

（3）注意避开吊灯、电扇等悬挂物，躲避不结实的家具等。

（4）不要跳楼，不要站在窗边及靠阳台墙边，不要到阳台上去。

（5）不要去乘坐电梯逃生。

3. 室外避险

（1）就地选择开阔地或应急避难场所，蹲下或趴下，以免摔倒；不要盲目跟随人流奔跑，尽量避开人多的地方；不要随便返回室内。

（2）避开高大建筑物，如楼房，特别要避开有玻璃幕墙的建筑，避开过街桥、立交桥、高烟囱、水塔等。

（3）避开危险物，如变压器、杆塔、路灯、广告牌、起重机等。

（4）避开其他危险场所，如狭窄的街道、危旧房屋、危墙、女儿墙、高门脸、雨篷下、砖瓦木料等物的堆放处。避开公路、铁路。

4. 学校避险

（1）正在上课时，要在教师的指挥下迅速抱头、闭眼，躲在各自的课桌下或者课桌旁边。

（2）在操场或室外时，可原地不动蹲下，双手保护头部，注意避开高大建筑物或危险物。

（3）逃离时不要拥挤，不要跳窗、跳楼或在楼梯间停留。

5. 行驶的电车、汽车内避险

（1）要抓牢扶手，低头，以免摔倒或碰伤。

（2）要降低重心，躲在座位附近，以防发生意外事故。

（3）要等车停稳、地震过去后再下车并远离车辆。

（4）司机要关好车窗，不锁车门，车钥匙应留在车上，并和同车人一起行动。

6. 被埋人员自救

（1）如果被埋在废墟里，要尽量保持冷静，设法自救。无法自救脱险时，要保存体力，尽力寻找水和食物，创造生存条件，耐心等待救援人员。

（2）被埋后要设法移动身边可动之物，扩大空间，进行加固，以防余震。

（3）被埋后不要用明火，以防止易燃气泄漏爆炸。

（4）要捂住口鼻，以防止附近有毒气泄漏。

（5）要找机会呼救，等待救援。

（二）火灾（爆炸）现场避险

（1）用湿毛巾掩住口鼻呼吸。

（2）不要留恋财物，尽快逃出火场。

（3）不要进电梯。

（4）烟雾弥漫时，尽量采用低姿势逃生，以免吸入浓烟或有毒气体。

（5）如果身上着火，应就地打滚扑压身上的火苗。如果近旁有水源，可用水浇或者跳入水中。

（6）楼梯被烟火封堵时，不要盲目跳楼，要充分利用室内外的设施自救。

（7）逃生路线被火封锁，没有其他逃生条件时，应立即退回室内，关上门窗，用湿毛巾、床单、衣服等物品将门缝塞住，防止有毒烟气进入。等待救援时应选择靠近马路的有窗户的房间或者离安全出口、疏散通道较近的房间；利用各种方法通知外边的人，如打电话或者用鲜艳的物品发出求救信号，可以扔出枕头、坐垫等物，或向户外挥动毛巾、敲击暖气管道、用手电筒光柱等呼救。

（8）在公共场所，如商场、舞厅、影剧院等遇到火灾，应立即把衣服、毛巾等打湿捂住口鼻，听从指挥，压低身体，向最近的安全门（安全通道）方向有秩序地撤离。只有有秩序才能有效避免拥挤踩踏事故发生。

（三）台风现场避险

（1）台风伤害的预防重点时间是台风登陆前1～6h，尤其是登陆前3～4h时，而不是登陆时。因此一切准备工作要在台风登陆前12h完成，台风登陆前1～6h应避免外出，尽量留在屋内。不在屋内的人群发生伤害的危险是留在屋内人群的4倍。

（2）台风来临时，千万不要在河、湖、海的路堤或桥上行走，不要在强风影响区域开车、骑车。

（3）如果在路上看到有电线被风吹断、掉在地上，千万别用手触摸，也不能靠近。

（4）山体滑坡等灾害易发地区和已发生高强度大暴雨地区，要提高警惕，及时撤离。

（5）如发现危房、积水，及时联系相关部门。有险情时，服从有关部门指挥，安全转移。

（6）如遇雷雨大风，应及时将正在运转的家用电器关闭，并拔出插头；如果不慎家中进水，应立即切断电源。

（7）驾驶汽车要把汽车停靠在安全的地方，迅速下车，依靠建筑物躲避台风，千万别存躲在汽车内躲避台风的侥幸心理，台风来时，汽车里并不安全，不足以抗衡台风。

（8）不要把车停在地下车库或者地势低矮的地方，尽量往高处停。停车处要注意高处落物，广告牌旁、树木旁也是危险区域。

（9）行车的时候，要注意积水深度，如果在积水处熄火，请不要点火。另外应注意井盖。

（10）不要在危旧住房、厂房、工棚、临时建筑、在建工程、市政公用设施（如路灯等）、吊机、施工电梯、脚手架、电杆、树木、广告牌、铁塔等地方躲风避雨，防止其在强风下倒塌，砸下伤人。

（四）泥石流（山体滑坡）现场避险

（1）泥石流（山体滑坡）发生时，应设法从房屋里跑出来，到开阔地带，尽可能防止被埋压。

（2）泥石流（山体滑坡）发生时，要马上与泥石流（山体滑坡）成垂直方向向两边的山坡上面爬，爬得越高越好，跑得越快越好，绝对不能往泥石流（山体滑坡）的下游走。

（3）发现已有泥石流（山体滑坡）形成，应及时通知人员转移。

（4）在逃离过程中，应照顾好老弱病残者。

（五）危化品事故现场避险

（1）发现可疑的危化品或遇危化品运输车发生事故时应立即报警。

（2）发生危化品事故时，不要在现场逗留、围观，应沿上风或侧上风路线迅速撤离。

（3）发生毒气或有害气体泄漏事故时，应立即用手帕、衣物等物品捂住口鼻。如有水最好把衣物浸湿后，捂住口鼻。

（4）撤离危险地后，要及时脱去被污染的衣服，用流动无污染的水冲洗身体。

（5）受到危险化学品伤害时，应立即到医院救治，中毒人员等待救援时应保持平静，避免剧烈运动。

（6）污染区内及周边的食品和水源不可随便动用，经环保和食品管理部门监测无害后方可食用。

## 二、应急救援营地建设与野外宿营

应急救援营地建设与野外宿营是应急救援人员必备的技能之一。由于输变电设备往往距离城市或居住地较远，很多输电线路通道及架设点在偏远位置，在进行输电线路或电力设备抢修所需的时间周期较长的情况下，或者灾害现场需要较长时间的救援、出现大量住宅被毁而需要安置的灾民时，就需要进行救援指挥部或应急救援营地的建设工作。被困灾害现场短时间不能脱困时、被困野外等待救援时、野外长距离徒步需要调整休息时，就需要野外宿营。救援指挥部或营地的选择及其建设关系到所有应急救援人员和被困人员、伤病员的生活休息和医疗救援等问题，是应急救援工作的必须十分重视的问题之一。

（一）应急救援营地的选择

救援指挥部或应急救援营地的选择一般应注意近水、背风、远崖、近村、背阴和防雷。

（1）近水。救援、生活、休息离不开水源，这是选择救援指挥部或应急救援营地的第一要素。因此，在选择救援指挥部或应急救援营地时应靠近溪流、湖潭、河边，以便取水。但不能将救援指挥部或应急救援营地扎在河滩上，其原因有两点：① 有些河流上游建有水力发电站，在蓄水期间河滩宽、水流小，一旦放水将涨满河滩；② 有些溪流，平时很小，一旦暴雨，也有可能发大水或山洪暴发，一定要注意防范，尤其在雨季及山洪多发地区。

（2）背风。在野外建设指挥部或应急救援营地，必须考虑背风问题，尤其是在一些山谷、河滩上，应选择一处背风处，还应注意帐篷门的朝向不能迎风。当然背风也是出于用火安全与方便考虑。

（3）远崖。建设救援指挥部或应急救援营地时不能扎在悬崖下面，一旦山上刮风就有可能将石头等物刮下，造成人身伤亡事故。

（4）近村。救援指挥部或应急救援营地靠近村庄，可便于向村民求救，尤其在没有柴火、蔬菜、粮食等情况时就尤为重要。近村的同时也是近路，即接近道路，方便救援队伍或被救援人员的行动和转移。

（5）背阴。如果需要建设一个临时安置两天以上的救援指挥部或应急救援营地，在天气较好情况下应选择背阴地，如大树下及山的北面，以保障帐篷里温度可控。

（6）防雷。在雨季或多雷电地区进行应急救援或安置时，救援指挥部或应急救援营地不能建设在高地上、高树下或比较孤立的平地上，否则易招雷击。

（二）应急救援营地的建设

救援指挥部或应急救援营地地址选择好后就需要进行建设，主要有以下步骤。

1. 平整场地

将已经选择好的建设区域打扫干净，清除石块等杂物并进行平整。

当坡度不大于 10° 时可考虑作为救援指挥部或应急救援营地建设地点。

2. 场地分区

一个齐备的救援指挥部或应急救援营地应建设有帐篷宿营区、用火区、就餐区、活动区、用水区、卫生区等区域。各区域的选择时一般应从以下几方面考虑：

（1）首先落实确定宿营区。

（2）用火区应在下风处，距离帐篷区 10～15m，以防火星烧破帐篷。

（3）就餐区应靠近用火区，以便烧饭做菜和就餐。

（4）活动区应在就餐区下风处，以防活动的灰尘污染餐具等，距离帐篷区应在 15～20m，以减少对同伴的影响。

（5）卫生区应在宿营区下风处，与就餐区、活动区保持一定距离。

（6）用水区应在溪流及河流的上、下两段，上段为食用饮水区，下段为生活用水区。

3. 建设帐篷宿营区

救灾专用 36$m^2$ 单帐篷为长方形双坡面直墙建筑样式。两端山墙各开一个门，门上有一个三角形窗户，两侧墙各开三个窗户，两侧墙支起可成遮阳篷，整体帐篷通过拉绳拉起，用三角桩加固，其样式、结构及主要尺寸如图 2－2－1 所示。

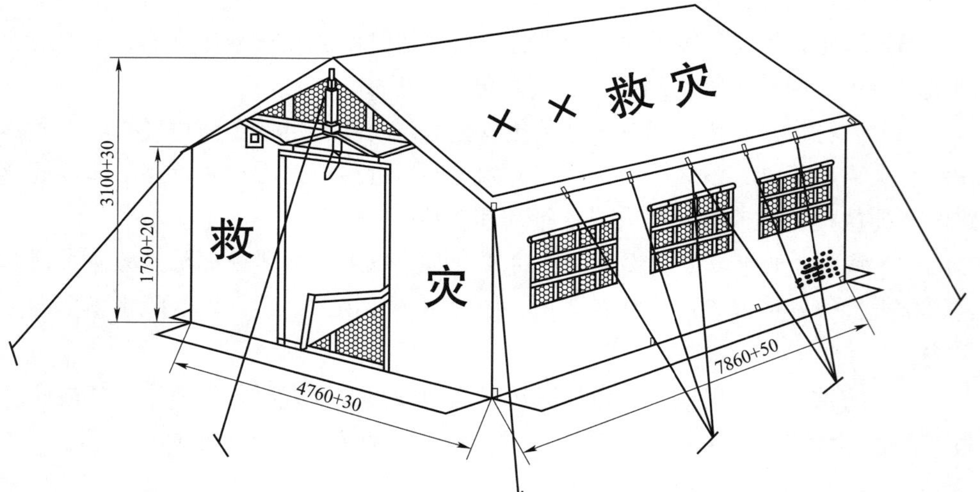


图 2－2－1 救灾帐篷

宿营区如有数顶帐篷组成，在布置帐篷时应注意：

（1）所有帐篷应是一个朝向，即帐篷门都向一个方向开、并排布置。

（2）帐篷间应保持不少于 1m 的间距。

（3）必要时应设警戒线（沟），在山野露宿有可能会遇到威胁性的动物攻击，可在帐篷区外用石灰、焦油等刺激性物质围着帐篷区画圈，或者用电子报警系统等，这样可防止蛇虫等爬行动物的侵入。

4. 建设用火区和就餐区

就餐区和用火区一般建设在一起或相近的地方，这两个区域应与帐篷区有一定距离，以防火星烧着帐篷。同时要注意以下几点：

（1）用火区最好有土坎、石坎，以便挖灶建灶，柴火应当堆放在区外或上风处。

（2）就餐区应有空地，餐桌、餐椅等可用专用救灾装备或大块平石，由于地气对人体有害，也可用各自的睡垫或气枕代替，至少应用雨衣或塑料布。

（3）无论是用汽灯还是其他方式照明，都要将灯具吊在树上、放在石台上或做一个灯架将其吊装起来，以照射较大范围的位置。

5. 建设用水区

用水、取水一般都在水源处，盥洗用水与食用水应分开。同时要注意以下几点：

（1）若是流水，食用水应在上游处，盥洗生活用水在下游处。

（2）若是湖水，也需同样分开，两种用水处应距离 10m 以上，以确保用水卫生。

（3）取水需要经过河滩、乱石、灌木时，应当在白天清理好，便于夜晚取水。

6. 建设卫生区

卫生区即应急救援人员或伤病员们解决个人卫生问题的地方。若只住宿一晚，可不必专门挖建茅坑，可指定位置，救援结束后掩埋。若人员数量较多或住宿天数在两天以上，则应挖建茅坑或建设临时厕所。若茅坑或临时厕所建在树木较密之处可不用布置围帘。茅坑或临时厕所不应建在行人经常通过的地方。

7. 建设活动区

活动区可设在就餐区，就餐完毕后打扫即可。若需要场地较大，可单独划出一块空地，只要场地平整即可。若不需要剧烈活动，只进行一般性的场地清理即可，确保不发生意外。

8. 关注野外气象

（1）防雨。防雨是救援或宿营时需要考虑的重要问题，如判断当晚有下雨的可能，应当对营地及帐篷进行必要的防雨处理，需要掘挖泄洪沟，加固帐篷并增强防雨性能，如可在帐篷外加盖防雨塑料布、雨衣等，将各种救援器具、物品放置在帐篷中等。防雨工作应在应急救援营地建设前开展，及时观察天气变化情况，并积累相关经验。

（2）防风。风向对应急救援营地建设较为重要，关系到帐篷门、炉灶口开向及营地各区域的整体布置。在大湖泊边扎营，其风向是早晚相反变化，白天地面温度上升快，风向陆地刮；夜晚地面温度下降快，风向湖区刮，故应将帐篷门背风开，炉灶口向风开。在炎热干燥的山区同样有相似情况，白天由于山谷气温上升慢于山坡，呈上升气流，即谷地向上刮风，而夜晚则呈下降气流，风向谷地刮，故在山谷中扎营时应当事前考虑这种情况。

（三）野外宿营

当野外救援或到达救援点时间过长，中途可能需要短暂休息，尤其是在恶劣气象条件下，需要搭建宿营帐篷或建设简易庇护所宿营（或称露营），及时补充身体需要的水、食物。宿营地的选择与救援指挥部的搭建地选择方法一致，主要需注意近水、背风、避险、防兽、平整等。

1. 寻找和构筑庇护所

野外宿营的方式可分为利用制式器材宿营和利用就便器材宿营。

利用制式器材宿营，通常是在预先有准备的情况下，利用帐篷等制式器材进行宿营。利用就便器材宿营，通常是利用诸如篷布、雨衣、大树、竹子、草木等随身携带和就地可以获取的器材、材料，搭建栖身之所进行宿营。庇护所也有自然形成的，如山洞、石崖、大块岩石等，这些自然环境地形有的可以直接利用，有的则需加以改造。

（1）利用山洞。山洞即使又窄又浅，也可以成为很好的庇护所。位于山谷较高处的山洞比较干燥，洞内气候受外界影响不大，是比较理想的栖息之所。但位于谷底或深不可测的山洞，相当潮湿，不适宜居住，应当慎用。对所要利用的山洞，进洞前要注意观察，看是否有野兽。若一时难以判定时，可在洞口堆起燃料，生起篝火，并往洞里扇风，使烟火往洞里灌，用烟熏火燎的方法，吓跑野兽，驱赶蚊虫。对山洞的改造利用并不复杂，通常是整理进出通道、制作洞门屏障，以防野兽侵扰。若洞口较小，可制作一片篱笆，夜间休息时，用绳索从里面拉住；若洞口较大，可用圆木横拦在洞口作为屏障。

（2）架设帐篷。预先有计划的野外作业或抢修，一般都携带有制式帐篷或轻便的户外帐篷。轻便帐篷在市场均能买到，且款式多样，有单人、双人及多人帐篷。无论哪种款式均有防水功能，有的甚至还有纱窗。轻便帐篷携带方便，而且可当雨衣使用，是野外短暂休憩或生存不可缺少的物品。制式帐篷或轻便帐篷的架设，应当根据说明书的要求，按照帐篷架设、撤收的操作程序和方法进行。

遭遇突发事件而身处荒野求生困境时，更多的是搭建简易帐篷。搭建简易帐篷的材料有雨衣、塑料薄膜、盖布等覆盖面料，以及竹竿、木棍等骨架材料。帐篷可搭建成屋顶型、半屋顶形、圆锥形、拱形等，其大小和形状可根据地形特征、器材数量和宿营人数灵活确定。

（3）搭建棚屋（竹棚、木棚、草棚）。可根据所处环境和地形特征，充分利用自然条件，就地取材，搭建各种竹棚、木棚或草棚，以作为栖身之所。棚屋的形状可结合地形地物，灵活设计成屋顶形、半屋顶形、单面斜坡形、圆锥形等。应尽可能利用自然的地形地物，这样既可节省材料和工作量，又可增加牢固程度。如利用一处背风的高土坎或断崖，就可搭建半屋顶形或单面斜坡形的棚屋；利用大树，就可搭建圆锥形的棚屋。

（4）简易庇护所。简易庇护所通常是寻找就近可利用的地形地物，加以改造和补充搭盖，构成临时栖息所。其好处是有利于救援者或求生者保存和恢复体力。主要形式有以下几种：

1）利用天然凹坑。凹坑有部分挡风效果，在凹坑的顶部再加上遮盖，就是很好的简易庇护所。凹坑最好选在斜坡上，以利排水，如果是平地上的凹坑，四周要挖好排水沟。先在凹坑的中部搭上一根结实的圆木，作为基本支撑，然后把木棍、树枝分两边整齐地搭在圆木上，上面再覆盖塑料薄膜、大型叶片或草皮等覆盖物即可。

2）利用倒地的树干。如果身处林地，有些被风刮倒的大树，其树干就可以用来改造成简易庇护所。最好选择与风向垂直的树干，这样可以取得较好的防风效果。在树干的背风处挖一个凹坑，利用树干为支撑点，在凹坑的上方搭建棚顶即可。

3）利用石块。上述两种栖身所空间狭小，身体不能平躺。如果在坑的四周垒起石块以增加棚高，就可以增大栖身所的空间，大大改善休息质量。

2. 宿营地的管理

在宿营地共同生活的人，一般有两种情况，一是原来就是一个有组织的集体，有领导和被领导的明确分工，有严密的组织结构；二是由于发生意外事故，使得一些原来素不相识的人聚集到一起，构成了一个比较松散的临时集合体。第一种情况，组织能力和求生能力都比较强；第二种情况，组织结构比较松散，求生能力也相对较弱，而这种情况又恰恰是野外突发事件发生或救援时最常见的情况。因此，为了提高宿营地的效率质量，最大限度地争取休息和获救的机会，就必须对生活在宿营地的人进行科学合理的分工，进行有效的管理。

应成立临时组织，进行科学分工。首先，应成立临时组织，推举营地负责人，以统一管理、指挥和协调宿营地的生活秩序和救援工作。其次，进行组织分工。营地负责人应当根据每个人的专长，进行科学合理的分工。

3. 睡袋的使用

睡袋的使用是有技巧的。不会“睡”的人即使用高寒睡袋（–35℃）在一般低温下（–5℃）也会感到冷。要注意的是睡袋本身并不发热，它只是有效地将体温流失减低。在使用睡袋时，有很多外在因素影响睡袋的性能，做好以下几点可以帮助睡得更暖和：

（1）避风防潮。在野外，一个挡风的帐篷能提供一个温暖的睡眠环境。在选择营地时，不要选择谷底，那里是冷空气的聚集地，也要尽量避开承受强风的山脊或山凹。一张好的防潮垫能有效地将睡袋与冰冷潮湿的地面分开，充气式效果更佳，在雪地上需用两张普通防潮垫。

（2）保持睡袋干爽。睡袋吸收的水分并非主要来自外界，而是来自人体，即使在极寒冷的情况下，人体在睡眠时仍会排出起码一小杯的水分。保温棉在受潮后会黏结而失去弹性，保温能力下降。如睡袋连续使用多天，最好能在太阳下晾晒。经常清洗睡袋可使保温棉保持弹性。

（3）多穿衣服。一些较松软的衣物可兼作加厚睡衣用。将人与睡袋之间的空隙充填满，也可使睡袋的保暖性加强。

（4）睡前热身。人体就是睡袋的热量来源，如临睡前先做一小段热身运动或喝一杯热饮，会使体温略为提高并有助于缩短睡袋变暖的时间。

## 三、野外生存技巧

野外生存，即人在住宿无着的山野丛林中求生。在突发事件发生后，灾害现场人员、应急救援人员或其他人员均有可能被困灾害现场，长时间不能脱困，需要等待救援。因此，学习野外生存知识、掌握野外生存技巧，对应急救援人员和可能被困人员同等重要。

### （一）地理标绘与地图识读知识

1. 地图基础知识

地图是依据一定的数学法则，使用制图语言，通过制图综合，在一定的载体上，表达地球（或其他天体）上各种事物的空间分布、联系及时间中的发展变化状态的图形，用来显示地球表面的自然地理、行政区域、社会经济状况。传统地图的载体多为纸张，随着科技的进步，地图的概念不断发展变化，如电子、三维地图等。目前，全世界地图的方向都是统一的，均是上北下南、左西右东。

地图种类繁多，可按照内容、用途、比例尺、绘图区域等进行分类。

（1）按地图的内容可分为普通地图和专题地图两大类。普通地图分为地形图和普通地理图，是以同等详细程度来表示地面上主要的自然和社会经济现象的地图，能比较全面地反映出制图区域的地理特征，包括水系、地形、土质、植被、居民地、交通网、行政区划、境界线及主要的社会经济要素等。专题地图是着重表示自然或社会经济现象的某一种或几种要素的地图。专题地图可归纳为自然地图、社会经济地图和历史地图三种类型，自然地图是显示地球表面客观存在的各种自然现象的特征、成因、地理分布及其相互关系的专题地图，如气候图、地质图、地势图、地震图、土壤图、水文地理图等。社会经济地图是反映工业、农业、商业、能源、交通运输等社会经济现象的分布、状态和相互关系及变化规律的专题地图，如经济地图、政区图、人口分布图等。历史地图是反映人类历史时期自然和政治、经济、军事、文化状况及其变化的专题地图，是显示有史以来一切与人类活动有关的具有空间分布和地域差异现象的地图。

（2）按地图的用途可分为军事地图、规划地图、交通图、航海图、旅游地图等。

（3）按地图的比例尺可分为大、中、小比例尺地图。比例尺大于或等于 10 万分之一的地图为大比例尺地图；小于或等于 100 万分之一的地图为小比例尺地图。

（4）按地图的绘图区域可分为世界地图、半球图、大洲和大洋图、地区图、省市图、县乡图。

2. 等高线

等高线指的是地形图上高程相等的各点所连成的闭合曲线。在等高线上标注的数字为该等高线的海拔。位于同一等高线上的地面点，海拔相同；在同一幅图内，除了悬崖以外，不同高程的等高线不能相交，在图廓内相邻等高线的高差一般是相同的，因此地面坡度与等高线之间的水平距离成反比，相邻等高线水平距离越小，等高线排列越密，说明地面坡度越大；相邻等高线之间的水平距离越大，等高线排列越稀，则说明地面坡度越小。因此等高线能反映地表起伏的势态和地表结构的特征，如图 2－2－2 所示。相对应的还有等深线等。

3. 地形图颜色

常用的地形图有 4 种颜色，即黑色、蓝色、绿色和棕色。居民地、道路、独立地物、境界、地名标注等要突出标识，用黑色；江河、湖泊、水库、池塘用蓝色标识；森林、苗圃、果园等均用绿色标识；地表面多为土黄色，所以地图上就用近似土黄的棕色和颜色的深浅来标识高低起伏自然形态。所以，在使用地图时还要同时掌握一些相关知识，以便更安全、更好地开展户外活动或应急救援工作。

4. 利用地图确定方位

（1）一般定向法。按照上北下南、左西右东的原则确定方向。

（2）指向标定方向。按照地图上指向标的箭头方向来确定方向。

（3）经纬网定方向。按照地图上的经纬网，根据经线定南北方向、纬线定东西方向的原则来确定方向。

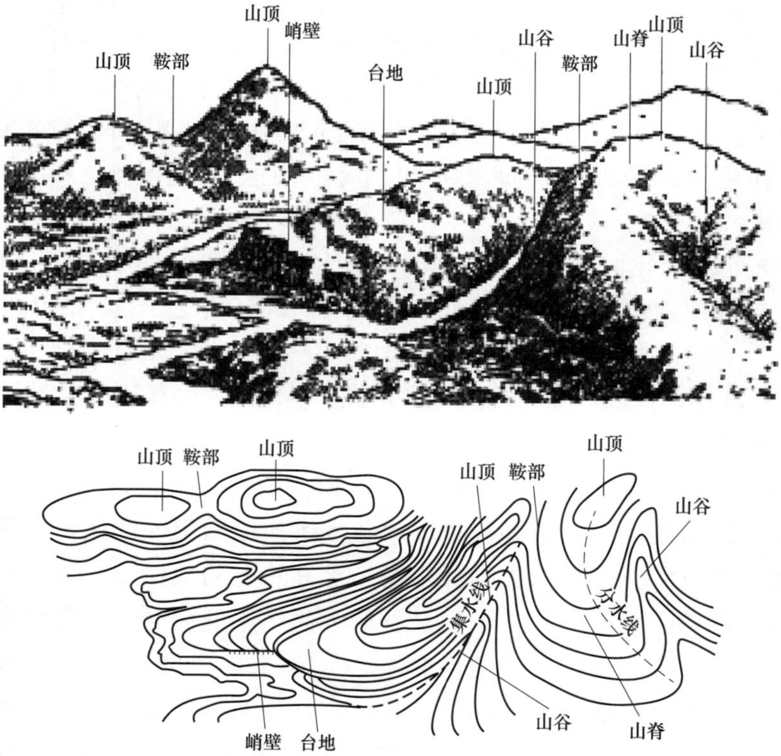


图 2－2－2　等高线与实际图的对照

（二）野外方向辨识

野外方向辨识即野外定向，它是指借助指南针和地图辨别正确的方向，选择正确的道路穿越未知的地带。野外方向的判断不能只凭一种方法，否则可能出现失误，需要利用多种参照物进行综合判断，方能做万无一失。

1. 利用太阳辨别方向

冬季日出位置是东偏南，日落位置是西偏南；夏季日出位置是东偏北，日落位置是西偏北；春分、秋分前后，日出正东，日落正西。只要有太阳，就可以使用手表来辨别方向。按 24 小时制读出当时的时刻，将小时数除以 2，将得到一个小时数。把手表水平放在手上或者地上，让手表的这个时刻对准太阳所在的方位，这时手表表盘上 12 点所指的方向是北方，6 点所指的方向是南方。如上午 8 时，除以 2，商数为 4，将表盘上的 4 点对准太阳，12 点所指的方向就是北方。如果是下午，应按 24 小时计时法计算。如下午 2 时，应按 14 时计算，除以 2，商数为 7，将表盘上的 7 点对准太阳，12 点所指的方向就是北方。

立竿见影，在地上垂直树立一根杆子，上午影子指向西北，下午影子指向东北，影子最短时是正中午，这时影子指向正北方。

还可以用一根标杆（直杆），使其与地面垂直，把一块石子放在标杆影子的顶点 A 处；约 15min 后，当标杆影子的顶点移动到 B 处时，再放一块石子。将 A、B 两点连成一条直线，这条直线的指向就是东西方向。与 AB 连线垂直的方向则是南北方向，向太阳的一端是南方，如图 2－2－3 所示。

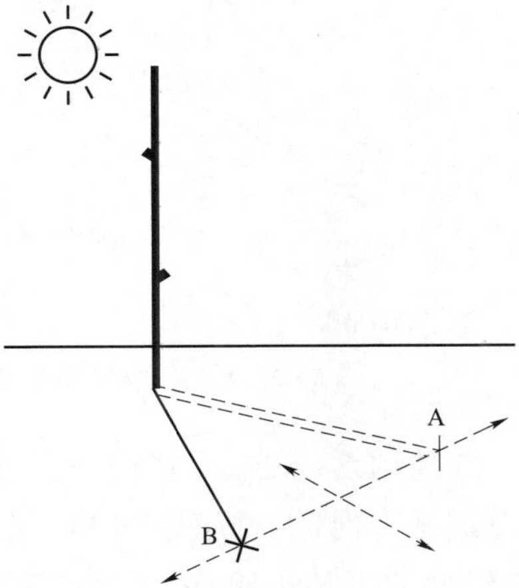

图 2－2－3　用标杆影子测定方向

2. 利用月亮定位

月亮的起落是有规律的。月亮升起的时间，每天都比前一天晚 48～50min。如农历十五 18 时，月亮从东方升起，到了农历二十，相距 5 天，就迟升 4h 左右，约 22 时于东方天空出现。

月亮“圆缺”的月相变化也是有规律的。农历十五以前，月亮的亮部在右边，十五以后，月亮的亮部在左边。上半个月为“上弦月”，月中称为“圆月”，下半月称为“下弦月”。月亮每个月都是按上述两个规律升落的。

3. 利用星座定位

夜间天气晴朗的情况下，可以利用北极星判定方向。先找到天上的北斗星。北斗星由七颗星组成，就像一把勺子一样。当找到北斗星后，沿着勺边 a、b 两颗星的连线，向勺口方向延伸至 a、b 两星间隔的约 5 倍处，那颗较明亮的星就是北极星。北极星指示的方向就是北方。还可以利用与北斗星相对的仙后星座寻找北极星。仙后星座由 5 颗与北斗星亮度差不多的星组成，形状像 W。在 W 缺口中间的前方，约为整个缺口宽度的两倍处，即可找到北极星，如图 2－2－4 所示。

4. 利用手表定位

利用手表的时针和分针可以确定方向。方法是将手表水平放置，时针指向太阳，时针与 12 点刻度之间的夹角平分线指明南北方向，向太阳一端为南，如图 2－2－5 所示。

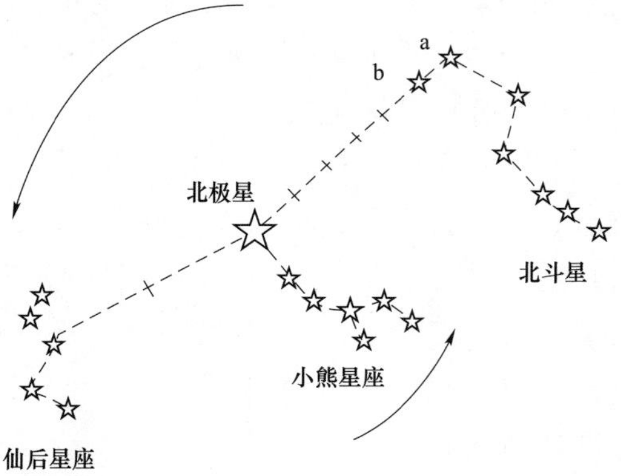


图 2－2－4 利用星座测定方向

图 2－2－5 用手表判断方向

使用这一方法判断方向的前提是知道确切的当地时间。应将北京时间换算成地方时间。以东经 120° 线为准，经度每向东 15° 将北京时间加 1h，每向西 15° 将北京时间减 1h，即为当地时间。如乌鲁木齐的地理坐标约是东经 87°，则（120°－87°）÷15°＝2h12min，将北京时间减去 2h12min，就是乌鲁木齐的当地时间。

5. 利用地面物体特征判断方位

利用地面物体特征判定方位是一种补助方法。使用时，应根据不同情况灵活运用。

（1）植物是地球环境的产物，受气候条件（特别是光热条件）的影响非常深刻，是大自然的一面镜子，对地理环境具有明显的指示作用。我国陆地大部分位于北回归线以北地区，所以在我国山区，南坡的光热、降水条件明显优于北坡。北坡比较阴湿、寒冷，一般宜于青苗、地衣等低等植物的生长。南坡因背向冬季风、向阳，且为夏季风的迎风坡，降水相对较多，植物相对茂盛。

（2）独立的大树通常南面枝叶茂盛，树皮光滑，北面树枝稀疏，树皮粗糙。大树南面通常青草茂密，北面较潮湿、长有青苔。

（3）建筑物和土堆等的北面积雪多、融化慢，而土坑等凹陷地方则相反。

（4）蚂蚁有把窝筑在树干南面的习性，有蚂蚁窝的一面是南面。同样道理，野蜂也喜欢把自己的巢筑在树的南面，因此凡有野蜂窝的一面就是南面。

（5）中国北方较大的庙宇，宝塔的正门和农村独立房屋的门窗多向南开放。

（6）树桩断面的年轮一般南面间隔大、北面间隔小。

（7）在中国北方草原、沙漠地区西北风较多，在草丛附近常形成许多雪龙、沙龙，其头部大、尾部小，头部所指的方向是西北。草原上蒙古包的门多向南开放。

6. 简易指南针制作

反复把一截铁丝（或缝衣针）沿着同一方向与丝绸相摩擦，铁丝（或缝衣针）就会产生磁性，悬挂起来就可以指示北极。但其磁性不会很强，隔一段时间以后就需要重新摩擦来增加磁性。用一根绳子将铁丝（或缝衣针）悬挂起来，以便不影响铁丝（或缝衣针）的平衡。但不要用有扭结的绳线或绞缠在一起的绳线。

如果没有绳子将铁丝（或缝衣针）进行悬挂，把铁丝（或缝衣针）平放在一小块纸片上，或者放在树皮上，或者放在草叶上，或者让它们自由地漂浮在水面上。

如果有一节电池，电压为 2V 或者 2V 以上，利用电流，就可以把铁丝（或缝衣针）磁化，同时要准备一小截金属线，金属线的外面最好包有绝缘皮。将包有绝缘皮的金属线绕成线圈，把铁丝（或缝衣针）从线圈中心穿过。如果金属线外面没有绝缘胶皮，可以先把铁丝（或缝衣针）外面缠上几层纸，或者一块卡纸。将线圈的两端通上电流，持续至少 5min。可以使用刮胡刀片制作指南针，用薄而平的刮胡刀片来指示方向。因为刮胡刀片是由两类金属粘合而成的，在手掌上小心地摩擦刮胡刀片，就可以使它带上磁性，然后把它悬吊起来。

（三）野外求救

当在灾害现场或野外被困，与外界联系的一切正常通信（如手机、对讲机、卫星电话等）方法和手段都失效时，必须用最原始的也是在特殊情况下最有效的求救信号来取得与外界的联系，以获得最大的获救可能。

1. 烟火信号

燃放烟火是最常见的求救方法。

（1）白天用烟。即在燃火上放一些橡胶片、苔藓、蕨类植物、潮湿的树枝、草席、坐垫等，可以生成浓烟，以便通知外界。

（2）夜晚用火。应在开阔地上，点燃三堆明火，火堆摆成三角形，每堆之间间隔相等，用火光传达求救信号。

2. 声光信号

（1）国际通用的求救声音信号是“SOS”，利用声光信号发射求救信号的方法为“三短，三长，再三短”，间隔 1min 后重复，不断地循环。

（2）白天可借助阳光，利用镜子、罐头盖、玻璃、金属片等反射光线发出不间断的光信号，光信号可传 16km 之远。方法是将一只手指瞄准传达的地方，另一只手持反光镜调整反射的阳光，并逐渐将反射光射向瞄准的指向即可。

（3）夜晚用手电筒，向求救方向不间断发射求救信号。

3. 旗语信号

将一面旗子或一块色泽亮艳的布料系在木棒上挥动；左侧长画，右侧短画，做“8”字形运动。

4. 信息信号

（1）将碎石或树枝摆成箭头形，指示方向；用两根交叉的木棒或石头表明此路不通。

（2）用 3 块石头、木棒或灌木平行竖立或摆放表示危险或紧急。

（四）野外获取食物

当遭遇突发事件远离城镇等场所，食物不能及时补给时，应掌握常见食物的获得方法。野外获取食物的途径主要有猎捕野生动物和采集野生植物两种。受野生动物保护法的约束，应尽量靠获取水中生物、昆虫、植物类食物来补充身体营养需求。

1. 植物类食物

世界各地无论条件多么恶劣，极少有地区一点植物都没有，如灌木、藤本、蔓生类、有花类、草本或苔藓类，总会有些能食用，并提供营养。植物体内含有人类必需的维生素和矿物质，而且富含蛋白质和碳水化合物。有些种类也含有脂肪，所有种类都含有纤维素。

可食野生植物包括可食的野果、野菜、藻类、地衣、蘑菇等。我国常见的可食野果有山葡萄、黑瞎子果、茅莓、沙棘、火把果、桃金娘、余甘子等，特别是野栗子、椰子、木瓜更容易识别，是应急求生的上好食物。常见的野菜有苦菜、蒲公英、鱼腥草、马齿苋、刺儿草、荠菜、野苋菜、扫帚菜、芦苇、青苔等。野菜可生食、炒食或煮食。

在野外寻找食物的关键是学会找到可以充饥的植物，并掌握辨别有无毒性的技巧。

（1）辨别植物类食物的方法。除非陷入绝境，否则，一定要选择熟悉的植物吃，或选那些与所熟悉的某种植物相似的来吃。不熟悉时，不可凭颜色、气味、味道来鉴别植物是否能吃。当找到某种具有潜在食用价值的植物时，如果是自己不认识、未曾尝试过的植物，在食用之前必须先尝试其味道，鉴别是否有毒，可否食用。尝试时，应遵循一人且一次只能尝试一种的原则，不能投机取巧。如出现异常，应尽快刺激喉咙呕吐出来。木炭灰是可用的催吐剂。少量木炭灰吞下肚就会诱使呕吐，此外木炭灰还能吸附毒素。将木炭灰用水混匀成糊状会减轻胃部负担。辨别植物类食物是否有毒的步骤是：

1）检查。先察看是否有毒。如植物叶面或枝茎上附着许多害虫或病菌，不能采摘。有些植物在衰老过程中会合成或者通过分解代谢产生一些有毒化学物质，因此枯黄衰败的植物也不能食用。

2）嗅闻。切下植物一小部分，用鼻子闻，如有令人厌恶的苦杏仁或桃树皮气味，则可能有毒，应立即扔掉。

3）刺激反应。稍稍挤榨一些汁液滴涂在体表的敏感部位，如肘部或前上臂，如感觉不适、起疹或者肿胀，则可能有毒，不能食用。

4）唇舔口嚼舌尝。如果皮肤感觉无任何不适，可按顺序继续采取以下步骤：① 触动唇部；② 触动口角；③ 舌尖舔尝；④ 舌根舔尝；⑤ 咀嚼一小块植物。在进行上述 5 项尝试时，前 4 项相互之间至少要间隔 3min，第 5 项的咀嚼必须持续 15min，以便观察有无不适反应。如果出现任何不适症状，如喉咙痛痒、很强的烧灼感、刺激性疼痛等，应尽快放弃。

5）吞咽。吞咽一小块植物，耐心等待 8h。其间不要饮食任何其他类食物。

6）食用。在依次进行完上述步骤后，如果没有发生诸如口部痛痒、不停打嗝、恶心、发虚、胃痛、下腹绞痛及其他任何不适症状，则可认为这种植物是安全可食的。

植物的每个部分都要经过试吃才行，因为有些植物可能某部分可以食用，某部分不能食用。

也可采用最简单的鉴别野生植物有毒无毒的方法，供紧急情况下使用。通常将采集到的植物割开一个小口子，放进一小撮盐，然后仔细观察原来的颜色是否改变，通常变色的植物不能食用。

（2）采集可食用植物。植物被挤破弄烂后会很快变质，不再适于食用，因此，采集时应注意排放有序，避免挤压和混合，以保持所采植物的新鲜度。

1）叶与茎。主要采摘柔嫩的幼枝，为保持其养分，要注意轻拿轻放，确保以新鲜嫩绿的叶片下锅。

2）球根与块茎。可食用植物的球根和块茎富含淀粉，最好煮熟再食用。采挖时，先松动根部的土壤，以减少球根被扯断的可能，然后用工具或木棍将其撬上来。

3）野果。野果除了生吃之外，还可以做成热浆汁或甜味饮料。在我国南北方的灌木丛林中生长着许多各种各样的可食野果，如山葡萄、沙棘、余甘子等。采摘时，最好挑选已经熟透或接近成熟的野果，以免苦涩难咽。

4）坚果。坚果富含蛋白质，甚至还可熬出食用油。落在树下的坚果表明已经熟透，如树木较小，可用力摇晃，成熟的坚果会自动掉下，也可用长棍敲下。

图 2－2－6　菌类的各部名称

5）种子和谷类。采摘植物种子时，要特别注意尝试，要严格鉴别是否有毒。

6）菌类。菌类指各种蘑菇类植物，菌类食品营养价值高，富含脂肪、碳水化合物及蛋白质。应注意鉴别尝试，避免毒蘑，否则会致命。鉴别时应始终遵循避开长有白色菌褶、茎干基部有菌托（杯状附着圈）及带菌环茎干的菌类，如图 2－2－6 所示。避开任何正发生腐败的菌类，若不能确认是否可以食用，则坚决放弃。

7）树皮。很多树的树皮可以食用，尤其是北方地区的桦树、柳树、白杨和榆树的树皮。树皮的纤维较粗，应煮烂再食用。

8）花朵。由于花朵容易受到昆虫污染，最好采摘尚未开放的花朵，且必须煮熟才能食用。

2. *动物类食物*

野外捕捉一切能够食用的小动物，是解决食物来源的有效方法。比较容易捕捉的小动物主要有蛙类、龟类、鳖类、蜥蜴类及鱼、虾、昆虫等。

有些蛙类（如蟾蜍）皮下有毒腺，烹煮前必须剥皮。食用前应煮熟煮透，避免染上寄生虫。蜥蜴类、龟类、鳖类应注意处理方法，必须煮熟才可食用。

在江、河、湖、海、池塘等各类水系，垂钓或捕捉鱼、虾，也是获取食物的重要手段。捕捉到的鱼在食用前必须确定是否有毒。在我国，含有毒素的鱼类约有 20 种，如河豚、刺鱼、鳞豚、六斑刺豚、角箱豚等，其中最常见的河豚，毒性很强，会致人死亡。如果不慎误食含有毒素的鱼类，马上用高锰酸钾液洗胃，或服用催吐药、泻药将已吃进去的毒素排出。

昆虫也是野外能获取的动物性食物资源，最有利用价值的是白蚁、蚱蜢、蟋蟀、蜜蜂等。特别是蜜蜂，不但蛹、幼虫和成年蜂都可以吃，而且在蜂房里还能找到蜂蜜。蜂蜜富有营养且易为人体所吸收。昆虫最好经过烹烧之后食用。食用前，对诸如蚱蜢、蟋蟀之类的大型昆虫，要先去掉小腿及翅膀。因为腿毛会刺激消化道，某些种类幼虫的纤毛会引起皮疹。

（五）野外取水与净化

所有的生物都要依赖水而生存，所有的生物也都含有水。没有食物，正常人平均能存活三周，但没有水，连三天也活不下去。因此，找到水并贮备水应该比找到食物更为重要。正常人平均每天消耗2～3L水，即使静卧在阴影处每天也要消耗大约1L水。因此，必须不断补充水分以维持身体正常的水分平衡。

1. 野外寻找水源

野外生存首先必须解决的问题就是要找到维持生命的饮用水。寻找水源的方法主要从以下几个方面入手：

（1）重点盯住低洼地。水往低处流，这是自然规律。因此，寻找水源首选之地是山谷底部地区。凭借灵敏的听觉器官，多注意山脚、山涧、断崖、盆地、谷底等是否有山溪或瀑布的流水声，有无蛙声和水鸟的叫声等。如果能听到这些声音，说明已经离有水源的地方不远了。若水源是流动的活水，可以直接饮用。

（2）注意分析绿色植物的分布和生长情况。如果在谷底看不到明显的溪流或积水池，就要注意长有绿色植物的地方。一般而言，哪里有水，哪里就有绿色植被。尤其是在绿色植物分布均匀的地区，突然出现一小块长得特别茂密的植被，从那个地方往下挖，最容易找到水源。生长着香蒲、沙柳、马莲、金针（也称黄花）、木芥的地方，水位比较高，且水质也好。生长着灰菜、蓬蒿、沙里旺的地方，也有地下水，但水质不好，有苦味或涩味，或带铁锈。初春时，其他树枝还没发芽时，独有一处树枝已发芽，此处地下一定有水。入秋时，同一地方其他树叶已经枯黄，而独有一处树叶不黄，此处地下一定有水。如梧桐、柳树等植物只长在有水的地方，在它们下面一定能挖出地下水来。

（3）利用动物作为寻找水源的向导。草食性动物通常不会离水源太远，因为它们早晚都需要饮水，留意跟踪其足迹通常会找到水源。青蛙是生活在水里的两栖动物，听到它的鸣叫声，就等于找到了水。夏季蚊虫聚集，且飞成圆柱形状的地方一定有水。燕子飞过的路线和衔泥筑巢的地方，都是有水源或地下水位较高的地方。鹌鹑傍晚时向水飞、清晨时背水飞，斑鸠群早晚飞向水源，这些也是判断水源的依据。

（4）留心特殊的含水地质结构。在干涸的河床或沟渠下面很可能会发现泉眼，尤其是在砂石地带。在岩石的断层间可能会发现湿地或泉眼，悬崖底部一般都会渗出水流。在海岸边，应在最高水线以上挖坑，尤其是在沙丘地带，很可能会有一层厚约 5cm 的沉滤淡水浮在密度较大的海水层上。在悬崖入海处植物生长茂密地方很可能找到水。在低洼处、雨水集中处，以及水库的下游等地，地下水位均高。在干河床的下面、河道转弯处外侧的最低处，往下挖掘几米左右就能有水。

（5）由气候及地面干湿寻找水源。在炎热的夏季，地面总是非常潮湿，在相同的气候条件下，地面久晒而不干不热的地方地下水位较高。在秋季，地表有水气上升，凌晨常出现薄雾，晚上露水较重，且地面潮湿，说明地下水位高，水量充足。在寒冷的冬季，地表面的隙缝处有白霜时，地下水位也比较高。春季解冻早的地方、冬季封冻晚的地方及降雪后融化快的地方，地下水位均较高。

2. 野外取水的方法

对泉水和江河、湖泊及水坑、水洼、水塘中的水，只要有盛水的容器就可以很方便地取到水，以下面介绍特殊的取水方法。

（1）露水的采集。在日夜温差较大的地区或季节，清晨会有很多露水。用吸水性强的衣服或布料做成布团，在草地上来回拖动，以吸收叶片上的露水，待布团吸足露水之后，再将其拧在容器里。这种方法也可采集挂在树枝上的水滴或是汲取岩石上的积水。

（2）雨水的收集。雨水一般是野外最安全的水源。下雨时，尽可能选取大面积的集水区，利用各种可能的容器收集。可选择在比较低洼的地面上挖个坑，铺上防渗的塑料片、帆布或雨衣，以有效地收集雨水。

（3）冰雪化水。一般而言，能融冰则不化雪，因为融冰比化雪消耗的热能少，可以更快更多地化出水来。如果只能用雪，应先融化小块的雪在罐子里，然后逐渐加多。一次性放入大量雪块的弊端在于，底部雪先融化成的水会被上部的雪浸吸，这样会产生中空，不利于进一步传热甚至会把锅烧坏。从雪的底部取出的雪颗粒结构比表层多，易于产生更多的水。

（4）植物中取水。从植物中取水，首先必须判明该植物的液汁是否有毒、性味如何，有毒的不能直接饮用，性味特异的要注意掌握适度。某些植物的汁液是可以饮用的，如椰子树、仙人掌等，早晨可以从这类富含水分的植物上汲取汁液。

椰子树的树汁含有糖分，相当可口。先弯曲树茎至顶端砍断，待浓稠汁液流出之后，可以在24h内重新恢复。椰子汁富含水分，但成熟椰子中的果汁有很明显的轻泻功能，饮用会引起腹泻，导致失去更多的水分。饮用时，要注意掌握好度。仙人掌类植物的果实和茎干都蕴含丰富水分，但并非所有种类的仙人掌汁液都可安全饮用，如巨型多汁仙人掌西夸茄的汁液毒性就很强。

（5）蒸馏取水。有些水包括树汁、海水、受污染的水是不能直接饮用的，但通过蒸馏可以得到洁净的可饮用水。蒸馏的方法有：

1）找一些能替代实验室里曲颈瓶工作的东西，如容器、软管等，将软管一端插入一只盛满水的密闭容器顶部，另一端插进一个封闭的冷却器皿中，给盛水的容器加温，水沸腾产生的蒸汽经管子散发到冷却器皿中，遇冷凝结成洁净的水。

2）在地面挖宽约90cm、深约45cm的坑，坑底中央放一个收集皿，在坑上悬一条拉成弧形的塑料膜，制成简易太阳能蒸馏器，如图2－2－7所示。太阳光能升高坑内潮湿土壤和空气的温度，蒸发产生水汽。水汽逐渐饱和，与塑料膜接触遇冷凝结成水珠，下滑至收集皿中。这种方法适用于沙漠地区或者日夜温差相当大的地区，在24h内至少能收集约55mL的水。

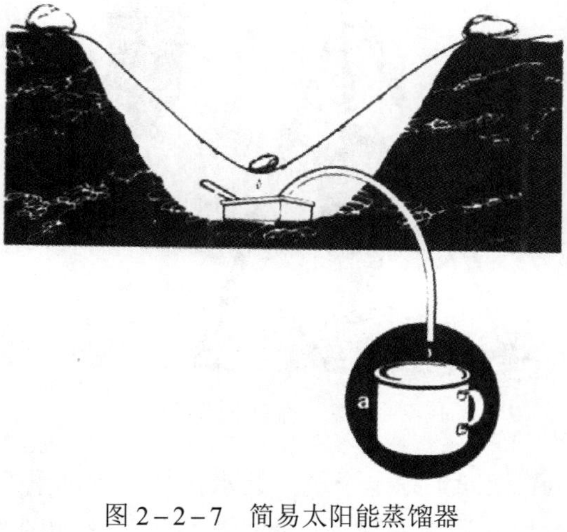


图2－2－7　简易太阳能蒸馏器

3）植物根部可从地下吸收水分，挑选健壮、枝叶浓密的嫩枝条，袋口朝上，袋的一角靠下，套一只塑料袋，叶面蒸腾作用会在袋内产生凝结水。

（6）海上冰块化水。海上的冰块含盐高，化成水无法直接饮用，除非年代很古老的冰，含盐量较少。年代越近的冰块，含盐量越高，这些冰轮廓粗糙，一般呈乳白色。古老的冰块由于气候交替的影响，边缘会不那么光滑，一般呈天蓝色。

3. 野外饮用水的净化处理

野外条件下，净化饮用水以保证安全卫生是非常重要的。一般说来，除泉水和井水（地下深水井）可直接饮用外，不管是河水、湖水、溪水、雪水、雨水、露水，还是通过过滤、沉淀而得到的水，都应消毒处理后再饮用。净化饮用水的方法主要有以下几种：

（1）过滤。遇到水质较混浊的，必须进行过滤。制作过滤器的基本材料，可以用裤子、沙子和木炭（生火时所留下的木炭不要轻易丢弃，它是制作临时过滤器的好材料）。

制作过滤器最简单的方法是用裤子制作，将裤子翻过来，再将一只裤腿塞进另一只裤腿里，捆扎底部即完成制作。把裤子浸湿，吊在三脚架上，里面装上沙子和木炭后，就可以注水过滤。第一遍过滤出来的水，如果还不够干净，可以多过滤几遍。简单的水过滤器如图 2－2－8 所示。

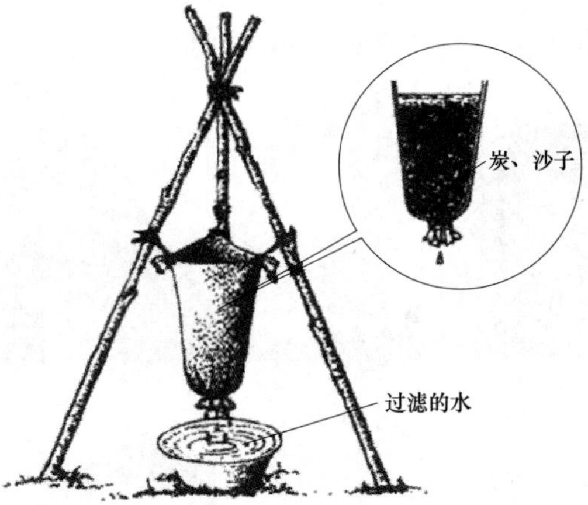


图 2－2－8 简单的水过滤器

在距水源 2～3m 处向下挖一个坑，让水自然渗到坑里，坑里的水经过沙土层的过滤，水质就会比水源水好得多。水的挖坑过滤法如图 2－2－9 所示。

（2）沉淀、消毒。过滤出来的水要经过一定时间的沉淀，然后倒出上层的清水，就可以烧开饮用了。如果带有漂白粉或净水药片，按照使用说明的要求，取出一定量的漂白粉或净水药片，加到过滤出来的水中，加以搅拌，待沉淀一定时间后，倒出上层的清水，就是洁净水了。一般情况下，1 片净水药片可对 1000mL

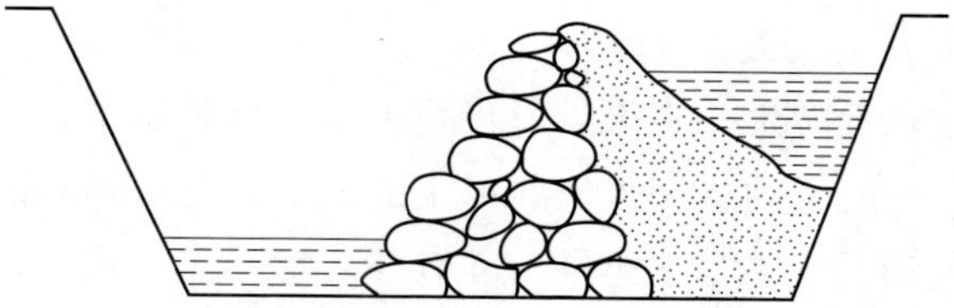

图 2－2－9　水的挖坑过滤法

的水进行消毒，如果遇到水质较混浊可用 2 片净水药片进行消毒。如果没有净水药片，可以用随身携带的医用碘酒代替净水药片对水进行消毒。在已净化过的水中，每 1000mL 水滴入 3～4 滴碘酒，如果水质混浊，则在每升水中滴入的碘酒要加倍。搅拌摇晃后，静置的时间也应长一些，20～30min 后，即可饮用或备用。另外，利用亚氯酸盐，即漂白剂，也可以起到消毒的作用。在已净化的水中，每升水滴入漂白剂 3～4 滴，水质混浊则加倍，摇晃匀后，静置 30min，即可饮用或备用。只是水中有些漂白剂的味道，注意不要把沉淀的浊物一同喝下去。如果均没有以上的消毒药物，正巧随身携带有野炊时用的食醋或白醋，也可以对水进行消毒。在净化过的水中倒入一些醋汁，搅匀后，静置 30min 后便可饮用，只是水中有些醋的酸味。

（3）烧开或蒸馏。经过过滤、沉淀、消毒出来的水，只要用火烧开，就可以放心直接饮用。如果找到的是受污染严重的水源或者是海水、咸水等，则必须通过蒸馏，才能取得可饮用水，蒸馏的方法参照蒸馏取水的内容进行。

（六）野外取火与安全用火

对于应急救援和野外遇险被困者来说，火有着特殊的重要意义。火可以遏制死亡，增添生机。火能用来取暖以保持体温，减少体内热量散失，而且还可烤干衣服、煮饭烧水、熏烤食品、吓跑野兽、驱走害虫等。因此，野外取火是一项重要的技能。但用火不慎引发火灾，也可能危及生命，破坏自然生态，造成不可挽回的损失。

1. 选择生火点

根据所处环境地形特点确定生火点，最好选择在靠近宿营点、保证用火安全、便于火焰燃烧和散烟的地点。

（1）身处林区，生火、用火必须优先考虑严防引发森林火灾。生火点最好选在林中空地、林区缘边或林区河流的岸上，应背风并尽量避开易燃植物。

（2）身处草原，生火点应选在靠近水源的地方，如河流、水塘旁，也可选在背风的坡地上，但四周一定要开出 2m 以上的防火安全隔离带。用火过程必须全程有人值守，做到人走火灭。

（3）身处山地、丘陵地，生火点可寻找山洞、背风石崖旁、向阳背风的山坡上，或在河床边、溪流旁的最高水位线以上的地方，但雨季要谨防山洪暴发。山地生火要依据植被情况，做好安全防火工作。

2. 构筑火炉

为了保证用火安全，提高热效能，还应当在选定的生火点上，根据用途、地形特点和可能获取的材料，采用垒、挖、架等办法，构筑合适的火炉。

（1）垒。垒就是利用湿木块、石头或土块垒成一个圆形或半圆形的火炉，如图 2－2－10 所示。垒筑火炉应选择质地坚硬的石头，避免使用潮湿和带有孔隙的石头，以防石头加热膨胀崩裂或爆裂而引发伤害事故。

(a) (b)

图 2－2－10 垒制的火炉

（a）石头或土块；（b）湿木块

（2）挖。挖就是在土地上挖灶。选择一处高低适当的土坎，在距离土坎边沿 20～30cm 处挖一个竖井式的圆洞，再在土坎上与竖洞底部同一水平的位置挖一个灶门与之相通，然后在竖洞的顶部四周挖几道散烟小斜沟，盖上草皮即成散烟洞，这样，便挖成了土灶。为了使土灶里的燃料更容易燃烧，洞口最好朝着上风的方向。也可挖一个宽约 30cm、长约 90cm、深约 30cm 的简便壕沟，在底部垫上一层鹅卵石，即可在石头上生火。

（3）挖、垒结合。在简便壕沟的基础上，在壕沟的中间横放一块大石头构成灶门，以灶门和半边壕沟的长度为直径，用石头或土块垒起一个圆形火炉。在炉顶上放置烧水壶或做饭炒菜的锅，从灶门添加燃料。灶门外的另一半壕沟，可逐次加深、加宽，也可改造成外八字形开口，以便于添加燃料和烤火。

（4）架。如果地面潮湿松软或积雪深厚，则需要架起一个高出地面的炉台。在地面上直立竖起 4 根木桩，2 根稍长，2 根稍短，在 4 根木桩的同一水平点上（最好有叉子）横担着木棍，在上面再排列一层圆木棍，然后覆盖 10cm 土层，或土层加石头，就可以在上面生火了。在成对角线的两根最长的木桩上横担一根木棍，用以悬挂锅等器皿或烤制食物。高架炉台如图2－2－11所示。

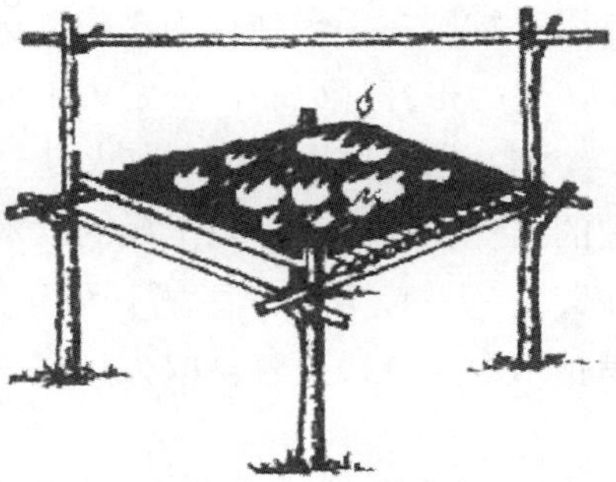

图2－2－11　高架炉台

3. 搜集燃料

（1）主燃料。主燃料是让火焰不停燃烧的主要物质，最好选择燃烧持续时间长、热效能好、不发烟或少发烟的物种。野外可选择的燃烧物主要有以下几种：

1）枯木。当身处林木之中，枯木朽枝就是最容易获取的燃料，可以在地面上寻找，也可以把树上枯死的树枝折下来，还可以把枯死的树皮剥下来当柴火。

2）干燥的动物粪便。当身处草原牧区，干燥的动物粪便就是非常好的燃料，它容易燃烧、燃烧持续时间长，且几乎不冒烟。

3）废弃汽车。废弃汽车除了钢铁部件之外，几乎每处都能燃烧。可以将机油或柴油与沙土混合起来放入坑内点燃，把座椅和其他装饰物撕碎砸烂当作柴火烧，液压油和防冻液都是很好的燃料，废弃轮胎也可以燃烧。但这类燃料在燃烧时会产生有毒气体，人要注意站在上风方向，防止被烟熏呛。

（2）引火物。引火物也是一种燃料，是燃起火焰的易燃物，是星星之火与熊熊大火之间的引燃材料。其功能是把火种迸出的火星转化为火苗，进而点燃燃料。引火物最好是易燃物质，枯草、枯死的细小树枝、针叶松的落叶等是最好的引火材料，也可以把大树枝折断、劈开成小块的引火柴，还可以用纸张、布条及从衣袋裤兜和衣缝上搜罗下来的棉绒做引火材料。

4. 取火

（1）火柴点火。火柴（打火机）是点火的最便利工具。因此，求生包里一定要备有火柴或打火机。

（2）凸镜生火。强烈的阳光通过凸镜的聚焦作用，可以产生足够的热能点燃火种。因此，在阳光直射的情况下，可利用随身携带的放大镜、望远镜和照相机的凸镜将太阳光聚焦于火种之上，将其点燃。操作时，注意把火种放置在避风处，将太阳光聚焦后形成的光点直接照射在火种上，并保持不动。当火种开始冒烟时，用口吹气助燃。

（3）火刀击打打火石。火刀击打打火石是远古时代常用的点火方法，至今仍然管用。可作为打火石的石头在许多地方都能找到。用左手食指和拇指捏住打火石，食指和中指之间夹住引火物（通常是带有余灰的引火纸卷），并使打火石靠近引火物，右手握住火刀（没有火刀用其他刀具的背部也行），按照划火柴的动作，用力击打打火石，使之迸出火花，点燃引火物。

（4）钻木取火。钻木取火是一种古老的生火方法，操作方法是用一根干燥坚硬的纺锤状木棒在一块干燥的软木底座上摩擦钻孔，靠钻孔摩擦发热点燃火种，如图 2－2－12 所示。或者在有条件的情况下，制作一个如图 2－2－13 所示的简易钻木取火器，更容易取火。

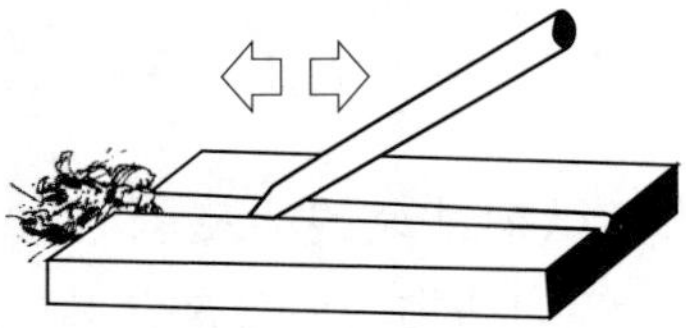

图 2－2－12　钻木取火的方法

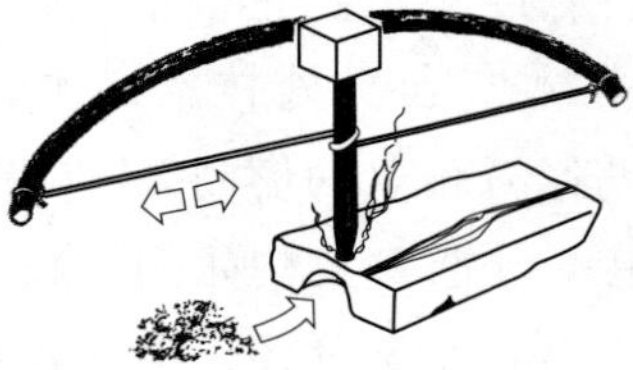

图 2－2－13　简易钻木取火器

（5）电池生火。电池放电产生的电火花可用来点火，其方法是，找两根导线分别接在电池的正负极上，然后将两根导线裸露的末端慢慢接触，使之迸出火花，并注意使火花落在预先准备好的火种上。

5. 安全用火

野外生火最重要的是安全用火，尤其是在林区、草原等容易发生火灾的地区，更要特别注意。一旦引发火灾，不仅会马上危及生命，而且还会造成自然环境灾难性的破坏，造成不可挽回的损失，因此必须注意以下事项：

（1）在选择生火点时，要尽量避开易燃的植被。

（2）在生火前，生火点四周要留有足够的防火隔离带。如果没有自然形成的防火隔离带，必须人工开辟 2m 以上的防火隔离带。

（3）在生火过程中，要有灭火的应急措施。在生火点的旁边，必须备有沙土堆或水，或者备有灭火工具，一旦火势失控，以便马上扑灭。

（4）从点火到撤离的整个用火过程，火堆、火炉边都必须有人值守。如果是单人行动，必须与火堆保持目视联系，并随时注意观察火势，发现有过度燃烧、可能失控时，立即进行处理。

（5）撤离生火点时，必须把火彻底扑灭，并用沙土覆盖，以防死灰复燃，引发火灾。

## 课 题 三

# 应急物资管理与物资转运

### 一、应急物资

（一）基本概念

应急物资是指为应对突发事件应急处置过程中所必需的保障性物质。常用应急物资分为应急物资类和应急装备类，应急物资类主要是指应急救援过程中急用的易耗品，应急装备类主要是指应急救援过程中用来救援的设备和工器具等。

电力应急物资是指为防范突发事件造成电网停电、电站停运，满足短时间恢复供电需要的电网抢修设备、电网抢修材料、应急抢修工器具、应急救灾物资和装备等。应急物资的种类繁多，不同突发事件需要的应急物资也存在很大差别。

（二）常用应急物资

1. 应急物资类

(1) 防护用品。主要包括防护服（衣、帽、鞋、手套、眼镜）、测温计（仪）、防毒面具、防火服、头盔、手套、面具、消防靴、潜水服（衣）、水下呼吸器、防爆服、盾牌、盔甲、安全帽（头盔）、安全鞋、水靴、呼吸面具等。

(2) 生命救助用品。主要包括止血绷带、骨折固定托架（板）、救生圈、救生衣、救生缆索、减压舱、保护气垫、防护网、充气滑梯、云梯、担架（车）、保温毯、氧气机（瓶、袋）、直升机救生吊具（索具、网）等。

(3) 生命支持用品。主要包括便携呼吸机、急救药品、防疫药品、医疗器械、急救药品、防疫药品等。

(4) 临时食宿用品。主要包括炊具、餐具、过滤净化机（器）、水箱、瓶装水、压缩食品、罐头、真空包装食品、帐篷（普通、保温）、棉衣、棉被等。

(5) 通信广播用品。主要包括移动电话、对讲机、有线广播器材、扩音器（喇叭）等。

（6）污染清理用品。主要包括喷雾器、垃圾袋、垃圾焚烧炉、杀菌灯、消毒杀菌药品、凝油剂、吸油毡、隔油浮漂等。

（7）动力燃料。主要包括防爆防水电缆、配电箱（开关）、电线杆、移动式空气压缩机、乙炔发生器、工业氧气瓶、煤油、柴油、汽油、液化气、干电池、蓄电池（配充电设备）等。

（8）照明用品。主要包括手电、矿灯、风灯、潜水灯、探照灯、应急灯、防水灯等。

（9）器材工具。

1）起重器材工具。主要包括葫芦、索具、浮桶、绞盘、撬棍、滚杠、千斤顶等。

2）破碎紧固器材工具。主要包括手锤、钢钎、电钻、电锯、油锯、断线钳、张紧器、液压剪。

3）消防器材工具。主要包括灭火器、灭火弹、风力灭火机等。

4）声光报警器材工具。主要包括警报器（电动、手动）、照明弹、信号弹、烟雾弹、警报灯、发光（反光）标记等。

5）观察器材工具。主要包括防水望远镜、工业内窥镜、潜水镜等。

6）高处救援器材工具。主要包括三脚架（带绞盘）、半身安全带、全身安全带、头盔、保护用手套、辅绳、静力绳、动力绳、双滑轮、单滑轮、分力板、下降保护器、D 型丝扣主锁、O 型丝扣钢锁、60cm 成型扁带、120cm 成型扁带、止坠器、势能吸收器、成套快挂、8 字环、上升器、脚踏圈等。

7）通用器材工具。主要包括普通五金工具、绳索、索具等。

8）电网抢修器材工具。主要包括抱杆、倒链、地锚、铁桩、地钻、U 型环、钢丝绳套、尼龙绳、油桶、起重滑车、卡头、导线卡头、地线卡头、光缆卡头、断线钳、绞磨、牵张一体机、压钳、带电跨越架、电缆输送机、电缆故障定位系统等。

（10）工程材料。

1）防水防雨抢修工程材料。主要包括帆布、苫布、防水卷材、快凝快硬水泥等。

2）临时建筑构筑物工程材料。主要包括型钢、薄钢板、厚钢板、钢丝、钢丝绳（钢绞线）桩（钢管桩、钢板桩、混凝土桩、木桩）、上下水管道、混凝土建筑构件、纸面石膏板、纤维水泥板、硅酸钙板、水泥、砂石料等。

3）防洪工程材料。主要包括麻袋（编织袋）、防渗布料涂料、土工布、铁丝网、铁丝、钉子、铁锹、排水管件、抽水机组等。

4）电网抢修工程材料。主要包括导线、钢绞线、光缆、补修管、铝包带、$SF_6$气体、线夹、间隔棒、跳线间隔棒、支撑间隔棒、充电模块、微机绝缘检测仪、集中监控器、蓄电池、电能表、端子排、控制电缆、动力电缆、小型断路器、直线接续管、耐张压接管、玻璃绝缘子、合成绝缘子、瓷绝缘子、U 型挂板、U 型挂环、球头挂环、延长环、碗头挂板、直角挂板、并沟线夹、悬垂线夹、调整板、防振锤、均压环、均压屏蔽环、牵引板、预绞式导线接续条、防晕型预绞式护线条、远动装置钢管、木架杆、钢板、扁担、开口铜鼻、压接铜鼻、麻绳、钢丝绳等。

2. 应急装备类

（1）工程设备类。

1）岩土设备。主要包括推土机、挖掘机、铲运机、破碎机、压路机、打桩机、工程钻机、凿岩机、平整机、翻土机等。

2）通风设备。主要包括通风机、强力风扇、鼓风机等。

3）水工设备。主要包括抽水泵、潜水泵、深水泵、吹雪机、铲雪机等。

4）起重设备。主要包括起重机（轮式、轨式）、卷扬机、叉车等。

5）气象设备。主要包括灭雹高射炮、气象雷达等。

6）牵引设备。主要包括牵引车（轮式、轨式）、拖船、拖车、拖拉机等。

7）消防设备。主要包括消防车（普通、高处）、消防船、灭火飞机等。

8）通用设备。主要包括炊事车（轮式、轨式）、供水车、过滤净化机（器）、海水淡化机、宿营车（轮式、轨式）、移动房屋（组装、集装箱式、轨道式、轮式）、消毒车（船）、垃圾箱（车、船）、简易厕所（移动、固定）、简易淋浴设备（车）、电焊机等。

（2）危化品救援类。主要包括高压泡沫车、高压喷水车、液体抽吸泵、清污船、便携式可燃气体报警仪、危化品堵漏器具、工业毒气侦毒箱等。

（3）地震救援类。主要包括重/轻型液压扩张钳、开缝器、钢筋切断器、水泥切割机、液压钻孔机、电弧切割机、无齿锯、切割链锯、双轮异向锯、液压顶杆、边缘抬升器、高压起重气垫、手动液压泵等。

（4）矿山救援类。主要包括大型钻机、大型排水机、大型潜水泵、大型深水泵、瓦斯断电仪、矿用遥控器、传感器、有害气体检测仪器仪表、防降尘设备及测尘仪表、防隔爆装置等。

（5）消防器材类。

1）山火救援消防器材。主要包括便携式测距仪、便携式红外望远镜、无人机、脉冲气压喷雾水枪、高压细水雾灭火机、便携消防泵、个人山火防护套装、20L背油（水）桶、高压气体充气泵等。

2）电缆隧道火灾救援消防器材。主要包括高压脉冲水枪（防导电）、漏电检测棒、便携式多合一气检测仪（有毒、可燃）、热成像仪、正压式空气呼吸器、便携式氧气供应源、排烟机、通风机、高压清洗机、排污泵、双接口快速充气泵等。

3）通用消防器材。主要包括消防登高云梯车、消防车、灭火器、灭火弹等。

（6）水上救援类。主要包括救捞船、巡逻艇、海巡艇、医疗救生船（艇）、气垫船、汽车轮渡、登陆艇等。

（7）医疗救护类。主要包括医疗救护车、隔离救护车、监测仪器、氧气机、高压氧舱、洗胃设备、输液设备、输氧设备、特种医疗救护装备等。

（8）交通运输类。主要包括危化品槽罐车、自卸车、救护车、运输船、舟桥、吊桥、钢梁桥、吊索桥、越野车、沙漠车、摩托雪橇、救生飞机等。

（9）电力救援类。主要包括电力抢修车辆、抢修器材工具、应急发电车、燃油发电机组、移动应急充电方舱、应急发电机、供电接入及设备维修工具组合、泛光灯（自带发电机）、充电照明灯、车载探照灯、升降工作灯（自带蓄电池）、防爆手提探照灯等。

（10）通信类。主要包括移动通信指挥车、海事卫星电话、电台（移动、便携、车载）、广播车、电视转发台（车）等。

（11）防汛类。主要包括抽水车、大功率抽水泵、20m消防水带、编织袋、便携清洗机、供电设备烘干机、救生衣、救生圈、橡皮艇、冲锋舟、水上救援专用绳索等。

（12）环境监测类。主要包括环境监测车辆、监测和分析仪器、可燃气体浓度检测仪、数字式粉尘测定仪、多功能超声频谱仪等。

（13）气象监测类。主要包括气象监测车、风速风向仪等。

（14）其他。主要包括搜救犬、红外探测器、生物传感器、生命探测仪等。

## 二、应急物资管理

### （一）基本概念

应急物资管理是指为满足应急物资需求而进行的物资供应组织、计划、协调与控制。电网企业一般建立总部和所属各单位两级应急物资管理体系，实行物资管理部门统一归口管理。

应急物资管理包括日常管理和应急处置两部分，遵循“统筹管理、科学分布、合理储备、统一调配、实时信息”的原则。

（二）应急物资储备

应急物资储备仓库遵循“规模适度、布局合理、功能齐全、交通便利”的原则，因地制宜设立储备仓库，形成应急物资储备网络。

1. 储备方式

应急物资储备分为实物储备、协议储备和动态周转三种方式。

（1）实物储备。实物储备是指应急物资采购后存放在仓库内的一种储备方式。实物储备的应急物资纳入公司仓储物资统一管理，定期组织检验或轮换，保证应急物资质量完好，随时可用。

（2）协议储备。协议储备是指应急物资存放在协议供应商处的一种储备方式。协议储备的应急物资由协议供应商负责日常维护，保证应急物资随时可调。

（3）动态周转。动态周转是指在建项目工程物资、大修技改物资、生产备品备件和日常储备库存物资等作为应急物资使用的一种方式。动态周转物资信息应实时更新，保证信息准确。

2. 储备要求

（1）为提高物资利用效率，电网抢修设备、电网抢修材料的储备可采用动态周转方式。应急抢修工器具、应急救灾物资、应急救灾装备的储备可采用实物储备与动态周转相结合的方式。

（2）应急储备物资耗用后，各级物资部门应及时组织补库。

（3）各级单位应建立统一的应急物资储备信息台账，准确掌握实物储备、协议储备和动态周转物资信息。

（三）应急物资供应

1. 供应条件

（1）发生区域性自然灾害造成电网事故时，各单位启动应急物资保障预案，开展应急物资供应保障工作。

（2）发生重特大自然灾害时，启动公司应急物资保障预案。当受灾地单位应急物资储备资源无法满足应急救援需要时，启动公司跨区域的应急物资支援。

2. 供应指令下达

应急物资需求指令由各级应急管理部门向物资部门下达。

3. 供应要求

（1）各级物资部门根据指令，按照“先近后远、先利库后采购”的原则及“先实物、再协议、后动态”的储备物资调用顺序，统一调配应急物资。在储备物资无法满足需求的情况下，可组织进行紧急采购。

（2）应急物资储备库、协议储备供应商及动态周转物资所属单位在接到各级物资部门调拨指令后，迅速启动，及时配送，并对运输情况进行实时跟踪和信息反馈。

（3）应急物资供应过程中，各级物资部门应与铁道部、交通部等政府部门及时沟通协调，迅速落实运输方案，确保物流配送网络运转高效，保证应急物资及时供应。

（4）各级应急物资需求单位负责对应急物资进行接收，并做好验收记录作为结算依据。

（5）对于货源充足、易于采购的物资，或未纳入应急物资储备管理的物资，采用紧急采购方式（包括但不限于非招标采购方式）进行应急供应。

（6）各级物资部门应保证应急救援抢险过程中应急物资调配、采购、运输、交货等信息的准确，并及时向相关部门（单位）进行通报。

## 三、应急物资转运

起重和搬运是电力安装、应急抢修和维护作业中常见的作业方式之一，是具有势能高、移动性强、范围大、工作环境和条件复杂等特点的间歇性周期作业，也是一种需要多人协调配合的特殊工种作业。整个作业过程需要起重搬运作业管理人员、起重机械指挥人员、操作人员、起重工的通力协作完成。尤其是应急物资的起重与搬运，由于灾后或事故后的环境和条件变化，工作环境恶劣，大型机械往往难以发挥作用，需要用传统的、甚至是原始的起重与搬运方法，才能将应急物资转运到救灾抢险现场。

### （一）起重与搬运的概念

1. 起重作业

起重作业是指将机械设备或其他物件从一个地方垂直或水平移动到另一个地方的工作过程。起重作业一般采用起重工具和机械设备进行，如千斤顶、汽车起重机等。起重工具和机械设备的应用对于提高作业效率、降低劳动强度等方面起着重要作用。

2. 搬运作业

搬运作业是指水平移动设备、工具或材料的工作过程。搬运作业可分为一次搬运和二次搬运。一次搬运是指将设备、材料等由制造厂运到工地仓库、设备的组装场地或堆放地。这种运输距离较长，通常采用铁路、公路或水路运输。二次搬运是将设备、材料等由工地仓库或堆放地运输到安装现场。这种运输一般距离较短，在施工现场常采用半机械化的搬运方法。本课题只介绍二次搬运。

二次搬运一般采用旱船滑移法、滑台轨道滑行法和滚杠搬运法三种形式。

（1）旱船滑移法。旱船滑移法是将设备等搁置在由钢板制成船形的拖板旱船上，再用牵引机械牵引旱船在地面上滑移的方法。这种方法适用于路面不平的情况，拖运的设备质量一般不超过 12t，特殊情况下也可拖运几百吨重的设备。

（2）滑台轨道滑行法。滑台轨道滑行法是用两条或三条重型轨道铺成滑台轨道，由槽钢组成滑台，滑台和设备移运由牵引机械牵引的方法。滑台轨道滑行法适用于重型设备的搬运。与滚杠搬运法相比，滑台轨道滑行法具有速度快，消耗工具、材料少，搬运时劳动强度小等优点。

（3）滚杠搬运法。滚杠搬运法是最简单、最常用的搬运方法，适合中、小质量的设备搬运。滚杠搬运的主要工具有滚杠（无缝钢管、圆木等）、排子、滑车和牵引设备等。滚杠搬运速度慢、效率低、搬运时劳动强度大，因此只适用短距离或设备数量少的情况。

除上述半机械化的搬运方法外，在现场还可采用叉车、汽车或自制四轮小平车用拖拉机牵引进行搬运，这些方法的搬运效率较高，但要求搬运道路平坦和结实，还需有起重机械配合搬运工作。

3. 起重与搬运的一般安全要求

由于起重与搬运的作业方式和起重机械的结构特点，起重机具和起重作业方式本身存在着诸多危险因素，安全问题尤其突出。起重与搬运作业的一般安全要求主要有：

（1）重大起重项目必须制订施工方案和安全技术措施，按规定需办理安全施工作业票的起重作业项目，必须办理作业票。

（2）起吊重物要选用正确的捆绑方法和起吊方法。

1）测算判定重物的质量与重心，使吊钩的悬挂点与吊物的重心处在同一垂线上。禁止偏拉斜吊。

2）选择合理且安全的吊装方法，禁止用单根绳起吊。

3）选择的吊点强度必须足以承受吊物的质量。

4）起吊角度的增加会引起负荷的增加，千斤绳的夹角最大不超过 60°。

5）千斤绳与重物的棱角接触处要加以垫物。

6）利用构筑物或设备构件作为起吊重物的承力结构时，要经核算。禁止用运行的设备、管道及脚手架、平台等作为起吊物的承力点。

7）起吊时，起吊物应绑扎牢固。起吊大件物体时，要在重物吊起离地10cm时停止10min，对所有的受力点及起重机械进行全面检查，确认安全后再继续起吊。

8）用一台起重机的主、副钩起吊同一重物时，其总载荷不得超过当时主钩的允许载荷。

9）起吊大件或不规则组件时，要在吊件上拴上溜绳。

10）吊运过程中，被吊物上不准有浮动物或其他工具。

11）吊钩钢丝绳保持垂直落钩时应防止吊物局部着地引起偏拉斜吊；吊物未固定禁止松钩。

12）吊起的重物不得在空中长时间停留。在空中短时间停留时，操作人员和指挥人员均不得离开工作岗位，禁止驾驶人员离开驾驶室或进行其他工作。

13）起重机械工作速度应均匀平稳，不能突然制动或没有停稳时作反方向行走或回转，落下时应慢速轻放。对吊起的重物进行加工处理时，必须采取可靠的支撑措施，并且通知起重机操作人员。

14）在变电站内使用起重机械时，应安装接地装置，接地线应用多股软铜线，其截面积应满足接地短路容量的要求，但不得小于16mm$^2$。

（3）起重作业区域内无关人员不得停留或通过，在伸臂及吊物下方禁止任何人员通过或停留。禁止吊物从人或设备上越过。禁止在无可靠的支撑措施情况下，对已起吊的重物进行加工或将人体任何部位伸进起重物的下方。吊物上不允许站人。禁止作业人员利用吊钩来上升或下降。

（4）起重机械工作中如遇到机械故障，应先放下重物，停止运转后方可排除故障。

（5）不明质量、埋在地下的物件不能起吊。

（6）工作地点风力达到6级及以上大风或大雪、大雨、大雾等恶劣天气或夜间照明不足情况下禁止进行起重作业。

（7）操作人员应按指挥人员的指挥信号进行操作，当信号不清或可能引起事故时，操作人员应拒绝执行并通知指挥人员。

### （二）起重与搬运索具

起重与搬运索具是绳缆及与绳缆配套使用的器材的统称，主要包括麻绳、钢丝绳、尼龙绳（吊装带）、钢丝绳夹头等。以下主要介绍应急救援时常用的起重与搬运索具。

1. 麻绳

麻绳是起重作业中常用的一种绳索。麻绳一般用于手动操作且载荷不大的场合，如绑扎构件或抬吊物件、起吊较轻的物件。麻绳也可作为溜绳，用于起吊重物时的拉紧和保持重物的稳定。

麻绳的种类很多，按照不同的分类方法进行分类。一般按照原材料分为白棕绳、混合麻绳和线麻绳三种。其中，白棕绳是以剑麻为原料搓拧而成的，具有抗拉力和扭力较大、抗冲击等特点，在起重作业中广泛使用。

麻绳具有质地柔软、携带轻便和容易绑扎等优点，但和钢丝绳比，其强度较低，且易磨损、易腐蚀，受潮后易腐烂。

2. 钢丝绳

钢丝绳是用优质高强度碳素钢丝制成的，抗拉强度高，弹性大，耐磨损，并能承受冲击载荷，且使用灵活，安全性能好。是各种起重机械的重要组成部分，也是起重作业中最常用的绳索之一。

（1）钢丝绳的种类。钢丝绳的种类繁多，分类方法也很多。

1）按钢丝绳的股数多少可分为单股钢丝绳和多股钢丝绳两种。单股钢丝绳刚性大，不易弯曲；多股钢丝绳挠性较好。起重作业中常用六股钢丝绳。

2）按钢丝绳绳芯不同可分为麻芯钢丝绳、石棉芯钢丝绳和钢丝芯钢丝绳三种。麻芯钢丝绳用油浸的麻或棉纱作绳芯，比较柔软，容易弯曲，但不能在较高的温度下工作或承受重压；石棉芯钢丝绳用石棉作绳芯，可用在较高的温度下工作，但不能承受重压；钢丝芯钢丝绳能在高温下工作且能承受重压，但钢丝绳太硬，不易弯曲。起重作业中常用麻芯钢丝绳。

（2）钢丝绳的规格型号。国产标准钢丝绳常用的规格一般为直径6.2～8.3mm，所用的钢丝直径为0.3～3mm。在起重搬运工作中常用的钢丝绳规格有$6\times19+1$、$6\times37+1$、$6\times61+1$等。上述规格型号中的三组数字，第一组数字代表钢丝绳的绳股数，第二组数字代表钢丝绳每股的钢丝数，第三组数字代表钢丝绳的绳芯数。如$6\times19+1$表示为每股由19根钢丝组成的1股麻芯（或棉纱芯）6股钢丝绳。

（3）钢丝绳的报废标准。钢丝绳在使用过程中的受力情况比较复杂，除受拉力外，还可能受挤压、弯曲、摩擦和扭转等力的作用，因此，钢丝绳在使用一段时间后就要降低负荷使用或完全报废。钢丝绳报废的标准包括：

1）钢丝绳断丝。钢丝绳一个节距内的断丝数量超过表2－3－1规定的数值时，应报废。

表 2-3-1　钢丝绳断丝报废标准

| 钢丝绳最初的安全系数 | 一个节距内的断丝数量 | | | | | |
|---|---|---|---|---|---|---|
| | 6×19+1 钢丝绳 | | 6×37+1 钢丝绳 | | 6×61+1 钢丝绳 | |
| | 交互捻 | 同向捻 | 交互捻 | 同向捻 | 交互捻 | 同向捻 |
| 6 以下 | 12 | 6 | 22 | 11 | 36 | 18 |
| 6～7 | 14 | 7 | 26 | 13 | 38 | 19 |
| 7 以上 | 16 | 8 | 30 | 15 | 40 | 20 |

注　当运输或吊装炽热金属、酸液、易燃易爆等危险品时，钢丝绳断丝数达到表中断丝数量的 1/2 时就应报废。

2）钢丝绳绳股断裂。当钢丝绳出现整根绳股断裂时，应立即报废。

3）钢丝绳绳芯损坏。当钢丝绳的绳芯损坏或断裂而使钢丝绳的直径明显变小时，钢丝绳应报废。

4）钢丝绳弹性减小。钢丝绳弹性减小时，在动载荷的作用下会突然断裂，应立即报废。

5）钢丝绳磨损。当钢丝绳磨损达其直径的 40%以上时，应立即报废。

6）钢丝绳腐蚀。当钢丝绳表面出现腐蚀深坑时，应立即报废。

7）钢丝绳变形。当钢丝绳出现笼状畸形、绳股挤出、严重扭结、严重压扁、严重弯折、热源或电弧损坏时，应立即报废。

（4）钢丝绳的使用注意事项包括：

1）钢丝绳应按出厂技术数据使用。无技术数据时，应进行单丝破断力试验。各种工况下的钢丝绳必须达到其使用安全系数：缆风绳和拖拉绳为 3.5；千斤绳无绕曲时为 5～7，有绕曲时为 6～8；捆绑绳为 10；地锚绳为 5～6；载人升降机为 14。

2）作业前进行对钢丝绳进行检查，如有异常禁止使用。

3）钢丝绳应防止打结、扭曲、相互缠绕和压叠。

4）使用钢丝绳时不得与物件棱角直接接触，应设置垫片等保护措施。

5）在起吊过程中不得与其他物体发生摩擦。

6）钢丝绳禁止与带电体接触。

7）钢丝绳过长时不得使用火割割短，应用砂轮机切断。

8）禁止以麻绳、铅丝或钢筋代替钢丝绳作起重作业的缆风绳。

3. 尼龙绳（吊装带）

尼龙绳（吊装带）是由尼龙制成的绳子，其耐腐蚀性、耐热性和耐磨性比其他纤维类绳索要高，是一种应用广泛的绳索。在起重与搬运作业时，凡是光滑的物体表面需要保护或者容易滑脱的物体，应使用尼龙绳（吊装带）起吊。尼龙绳（吊装带）在使用时应注意：

（1）合成纤维吊装带应按出厂数据使用，无数据时禁止使用。吊装带用于不同承重方式时，应严格按照标签定值使用。

（2）不得绑缠有尖锐角边和粗糙表面的物体，如钢筋或构件等。应避免与尖锐棱角接触，如无法避免应装设必要的护套。

（3）因吊带磨损纤维被割断或边带露出色带时，应予报废。

（4）吊带应放在室内货架上，避光保存，并注意不要弄脏。

4. 钢丝绳夹头

钢丝绳夹头又称钢丝绳扎头、钢丝绳绳夹，常用于钢丝绳绳头的固定、钢丝绳的临时连接及捆绑绳的固定。

钢丝绳夹头一般分为骑马式、拳握式和压板式三种，如图 2－3－1 所示。其中，骑马式钢丝绳夹头的连接力为最强，是应用最广泛的一种。

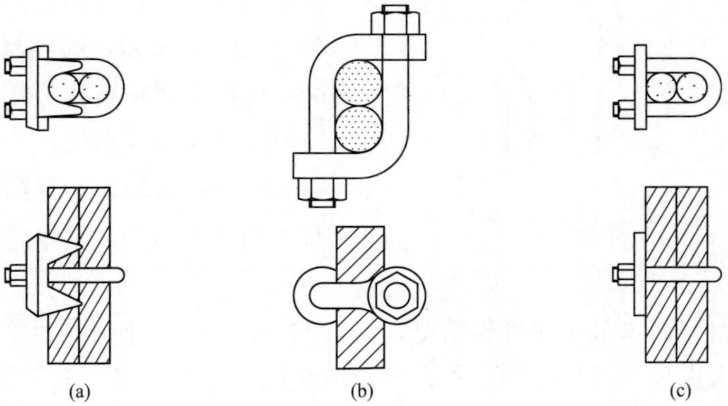


图 2－3－1　钢丝绳夹头

（a）骑马式；（b）拳握式；（c）压板式

如果操作方法正确，钢丝绳夹头的连接强度可以达到钢丝绳自身强度的 80%。使用钢丝绳夹头时，应将 U 形部分卡在绳头一边，不得在钢丝绳上交替布置；最后一个钢丝绳夹头与安全绳卡之间的距离约为 500mm，并设一个安全弯；绳头距离安全绳卡之间的距离为 140～160mm，如图 2－3－2 所示。如两根钢丝绳搭接，钢丝绳夹头应一正一反卡牢。U 形螺栓的螺母应均匀拧紧，直至钢丝绳直径压扁 1/3 左右。

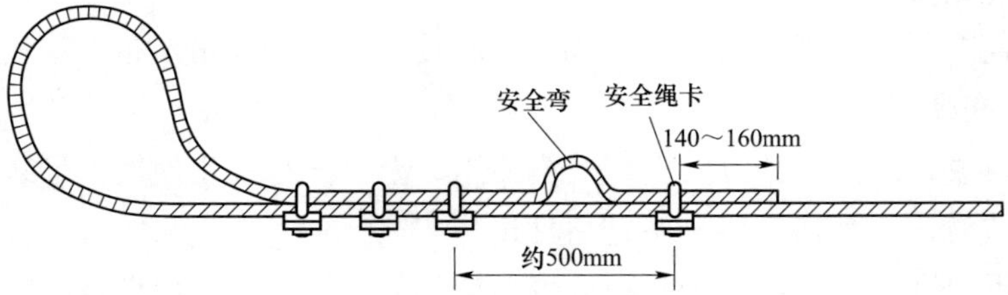


图 2－3－2 钢丝绳夹头的正确使用

（三）起重与搬运吊具

吊具是指起重时吊取重物的装置，主要包括卸卡、吊环、吊钩、吊带、平衡梁、起重吸盘等。以下主要介绍应急救援时常用的吊具。

1. 卸卡

卸卡又称卸扣、卡环、U 形环，常用于吊索与吊索、吊索与滑轮组、吊索与起吊物体之间的连接，在起重吊装作业中广泛应用。

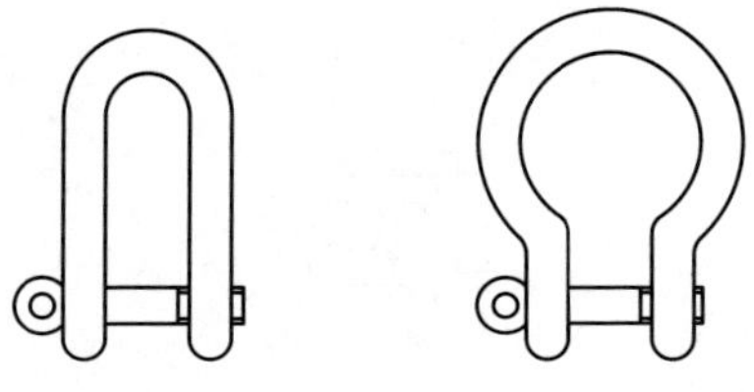


图 2－3－3 卸卡

（a）D 形；（b）弓形

卸卡由扣体和横销两部分组成。按照扣体的形状，卸卡可分为 D 形和弓形（或Ω 形）两种，如图 2－3－3 所示；按照横销与扣体的连接方式可分为螺旋式和销孔式两种。

卸卡的使用注意事项包括：

（1）卸卡应是锻造的，不得横向受力。

（2）卸卡横销不得扣在活动性较大的索具一边。

（3）不得使卸卡处于吊件转弯处，必要时应加衬垫并使用较大规格的卸卡。

（4）卸卡在使用前应仔细检查，不得有裂纹、永久变形、夹层等缺陷。

（5）不得超负荷使用卸卡。

（6）不允许将卸卡由高处往下抛摔。

（7）禁止用卸卡代替滑车使用。

2. 吊钩

吊钩是起重机械的重要零件，是连接和拆卸绑扎绳索最方便的连接件。吊钩按其形状可分为双钩和单钩两种，如图 2－3－4 所示。单钩结构简单、使用方便，常配在一般小型普通滑轮上或与钢丝绳插接成各种吊索。双钩受力对称，但自重较大。

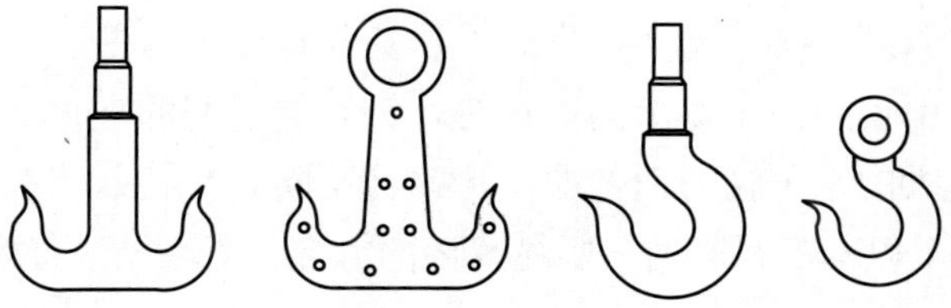


图 2-3-4 吊钩

（a）铸造双钩；（b）板式双钩；（c）锻造单钩；（d）吊索单钩

吊钩的使用注意事项包括：

（1）吊钩应设有防止脱钩的保险装置。

（2）吊钩表面应光洁，无剥落、锐角、毛刺、裂纹等缺陷。

（3）吊钩出现裂纹、严重磨损及变形不得再使用。

（4）吊钩上的缺陷不得焊补。

（5）吊钩必须按其铭牌标示的承载能力使用，如没有铭牌标示，使用前应通过计算，确定安全载重量。

3. 吊环

常见的吊环有三种，如图 2-3-5 所示。图 2-3-5（a）所示的吊环是设备在拆卸、检查时用作起吊的固定工具。这种结构便于系结钢丝绳，减少捆绑绳索的麻烦。图 2-3-5（b）所示的吊环是一种封闭的环形吊具，一般用于起重机上。与吊钩相比，这种吊环无脱钩危险，但不如吊钩使用方便。图 2-3-5（c）所示的吊环常配置在滑轮组上。

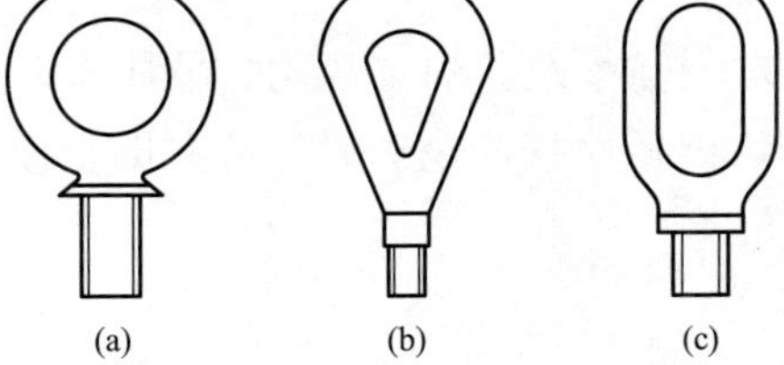


图 2-3-5 吊环

（a）固定工具；（b）环形吊具板式双钩；（c）配置于滑轮上

吊环的使用注意事项包括：

（1）使用吊环时，应检查丝杆有无弯曲现象，丝扣是否符合要求，丝牙是否完整。

（2）吊环拧入螺孔时一定要拧到底，以免丝杆受力弯曲。

（3）若起吊中使用两个以上的吊环时，钢丝绳之间的夹角一般不超过60°，以防止吊环受过大的水平拉力而弯曲变形，甚至断裂。特殊情况可使用平衡梁。

（4）使用两个以上的吊环时，要注意环的方向，使环径呈直线，不得孔对孔。

4. 平衡梁

平衡梁俗称铁扁担，又称吊梁、横吊梁，其作用是增加起重机的有效提升高度，扩大吊装范围，改变吊索的受力方向，以避免因吊点不合理造成重物的挤压或弯曲变形。在吊装大型精密设备或超长机件时，就需要使用平衡梁，以保持机件平衡并确保机件不受绳索挤压。

图2-3-6 支撑平衡梁

平衡梁的结构型式有钢管型、槽钢型、构架型和特殊结构。按照平衡梁的受力形式，可分为支撑平衡梁和扁担平衡梁两种。支撑平衡梁用来改变受力方向，主要承受轴向压力，如图2-3-6所示。扁担平衡梁用来传递负荷，主要承受弯矩，如图2-3-7所示。

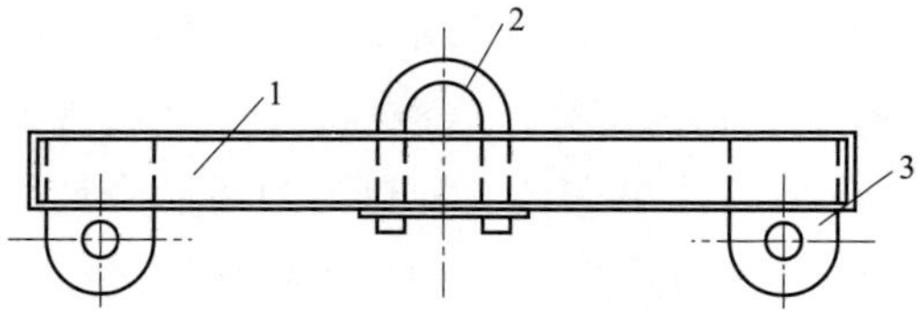


图2-3-7 扁担平衡梁

1—扁担吊；2、3—吊环

使用平衡梁时，应对平衡梁及其固定吊钩、吊耳和索具进行检查，当发现平衡梁有裂纹、永久变形、严重磨损和锈蚀时，应立即报废。

（四）起重搬运机械

1. 千斤顶

千斤顶是一种常用的简单起重机械，具有自重轻、体积小、便于搬运和使用方便的特点。其承重能力从不足1t到几百t不等，顶升高度一般为0.1～1.0m。千斤顶的作用是用较小的力量把重物顶高、降低或移动。

常用的千斤顶有螺旋千斤顶、液压千斤顶和齿条千斤顶三种，使用最广泛的是前两种。螺旋千斤顶和液压千斤顶分别如图2-3-8和图2-3-9所示。按照驱动方式不同，千斤顶可分为人力驱动和电力驱动两种。

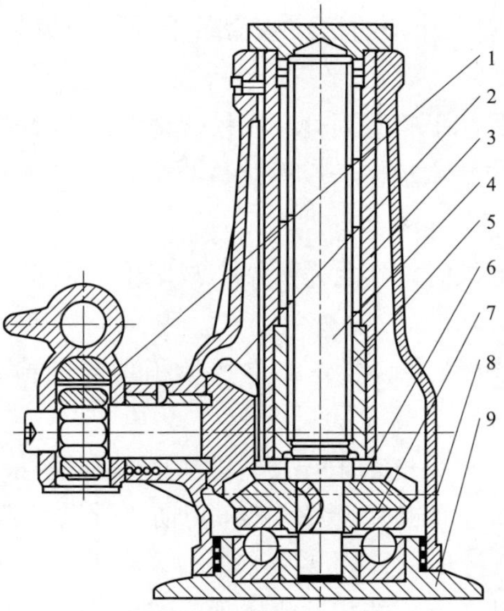


图 2－3－8　螺旋千斤顶

1—棘轮组；2—小伞齿轮；3—升降套筒；4—螺杆；5—铜螺母；6—大伞齿轮；
7—推力轴承；8—主架；9—底座

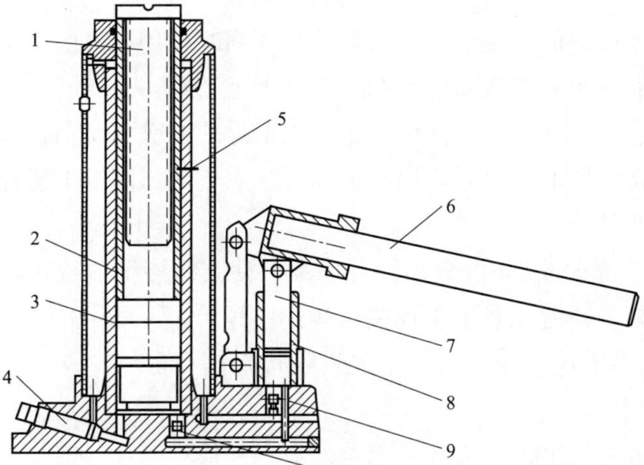


图 2－3－9　液压千斤顶

1—调节螺母；2—大活塞；3—大油缸；4—回油阀杆；5—限位孔；6—手柄；
7—小活塞；8—小油缸；9、10—单向阀

千斤顶的使用注意事项包括：

（1）千斤顶使用前应先擦洗干净，检查各部分是否完好灵活。液压千斤顶

的安全栓有损坏、螺旋千斤顶的螺纹或齿条千斤顶的齿条磨损量达20%时，禁止使用。

（2）千斤顶应设置在平整坚固处，在松软地面应铺垫板加大承压面积。千斤顶顶部与重物接触面应垫木板。千斤顶应与荷重面垂直，其顶部与重物的接触面间应加防滑垫层。

（3）使用液压千斤顶时，禁止人员站在液压千斤顶安全栓的前面，以免安全栓射出伤人。

（4）千斤顶安放平稳后，要先将重物稍稍顶起，检查无异常情况再继续顶起。

（5）千斤顶操作时要先检查千斤顶与荷重面是否垂直，顶升重物的过程中，应随重物的上升在物体下面垫保险枕木架，以防千斤顶突然倾斜或回油引起活塞突然下降而发生事故。

（6）千斤顶的顶升高度不能超过额定顶升高度。液压千斤顶的顶升高度不得超过限位标志线；螺旋千斤顶和齿条千斤顶的顶升高度不得超过螺杆或齿条高度的3/4。

（7）用几台千斤顶同时顶升同一物体时要统一指挥，升降速度要均匀一致，避免升降时物体倾斜而造成事故。几台千斤顶同时使用时，由于千斤顶的顶升速度不一致，通常按照允许载荷的50%～75%考虑荷重。

（8）使用千斤顶时，顶升质量不能超过千斤顶的额定负荷，否则容易损坏千斤顶而发生危险。当千斤顶不能顶起重物时，应查明原因，不能任意加长手柄或增加人数强行顶升。

（9）液压千斤顶放低时，只需微开回油门使其缓慢下放重物，不能突然下降，以免损坏千斤顶，并避免发生重物突然倾倒的危险。

（10）禁止将千斤顶放在长期无人照料的荷重下面。

2. 手拉葫芦

手拉葫芦俗称倒链，又称链条葫芦，是一种使用简便、携带方便的手动起重机械，适用于小型设备或重物的短距离吊装、临时现场吊装及吊装大型组件时的调整等。手拉葫芦的起重量一般为0.5～20t范围内。手拉葫芦示意图如图2－3－10所示。

手拉葫芦的机械传动部分可分为蜗轮式传动和齿轮式传动两种，且以齿轮式为主。

手拉葫芦的使用注意事项包括：

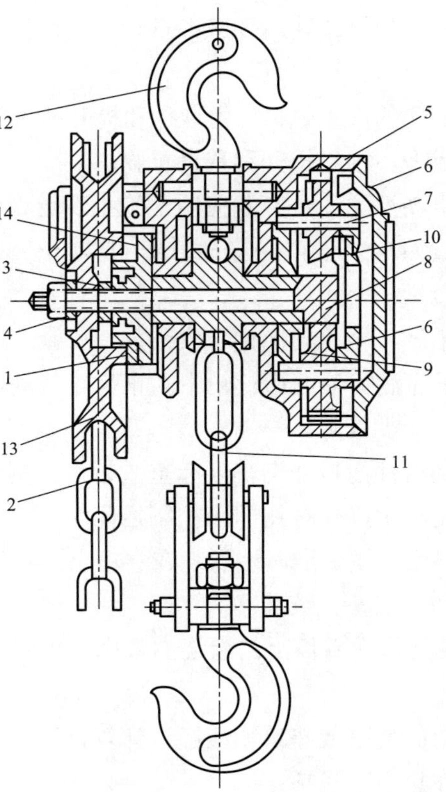


图 2-3-10　手拉葫芦示意图

1—手拉链；2—链轮；3—棘轮圈；4—链轮轴；5—圆盘；6—摩擦片；7—吊钩；
8、9、12—齿轮；10—齿轮轴；11—起重链轮；13—驱动机构；14—起重链

（1）使用前应检查吊钩、手拉链、起重链、传动装置及刹车装置是否良好。吊钩、链轮、棘轮等有变形时，手拉链直径磨损量达 10%时，禁止使用。

（2）两台及两台以上手拉葫芦起吊同一重物时，重物的质量应不大于每台手拉葫芦的允许起重量。

（3）手拉葫芦起重链不得打扭。手拉葫芦刹车片禁止沾染油脂。操作时，不准站在手拉葫芦的正下方。

（4）手拉葫芦不得超负荷使用。起重能力在 5t 以下的允许一人拉链，起重能力在 5t 以上的允许两人拉链，不得随意增加人数猛拉。

（5）吊起重物如需在空中停留较长时间，应将手链拴在起重链上，并在重物上加保险绳。禁止用手拉葫芦长时间悬吊重物。

（6）在使用中如发生卡链情况，应将重物垫好后方可进行检修。

（7）悬挂手拉葫芦的架梁或建筑物应经过计算，否则不得悬挂。

3. 电动葫芦

电动葫芦是一种简便的起重机械，由运行和提升两大部分组成，一般安装在直线或曲线工字梁轨道上，用以提升和移动重物。

电动葫芦轻巧、机动性大，可广泛应用于施工现场设备安装、检修等场合。电动葫芦的起重量一般为0.5～50t，提升高度一般为6～30m。

电动葫芦的优点包括：

（1）体积小、质量轻，全机封闭便于安装。

（2）全部用密闭于充满黄油的齿轮箱中的正齿轮传动，主轴用滚动轴承，传动机构不另设离合器，减少故障。

（3）不用任何控制机件而自动刹车，起重量越大，制动力也越大。

（4）操作方便，用一手操作按钮即可控制启闭。

（5）钢丝绳利用导索夹圈，准确地卷绕在卷筒上，不论钢丝绳如何松弛，卷筒上的钢丝绳不会松动、重叠、绞乱。

（6）吊钩位置或钢丝绳在卷筒上的卷绕圈数由终点限制开关自动控制，安全可靠。

（7）悬挂链条葫芦的架梁或建筑物应经过计算，否则不得悬挂。

电动葫芦的使用注意事项包括：

（1）经常检查钢丝绳，发现有断丝情况应立即更换。钢丝绳在卷筒上排列整齐，不得重叠、散乱。

（2）卷筒两侧轴承每星期要加油一次。

（3）制动部分不可沾有润滑剂，否则会造成刹车失灵。

（4）在运行时发现有异常声响，应立即停车检查。

（5）电动葫芦使用前，应按规定进行负荷试验，不得超负荷使用。

（6）行车用工字钢两头要有挡板，电动葫芦本身要有缓冲器。

（7）使用中不得斜拉硬拽，防止发生事故。

4. 滑轮与滑轮组

滑轮是利用杠杆原理制成的一种简单起重机械，它能借助起重绳索的作用而产生旋转运动，以改变作用力的方向和大小。

滑轮的种类很多，可根据工作方式、制作材料、使用方法、滑轮数多少、作用等进行分类。

（1）按滑轮的工作方式分为定滑轮和动滑轮。

（2）按滑轮的制作材料分为木滑轮、尼龙滑轮、铝合金滑轮和钢滑轮。

（3）按滑轮的滑轮数多少分为单滑轮、双滑轮、三滑轮及更多滑轮。

（4）按滑轮的作用可分为导向滑轮和平衡滑轮。

（5）按滑轮使用的吊钩型式可分为吊钩式滑轮和吊环式滑轮。

滑轮的作用包括：

（1）定滑轮安装在固定位置的轴上，只是用来改变绳索的受力方向，不能改变绳索的速度，也不能省力。定滑轮通常作为导向滑轮和平衡滑轮使用。

（2）动滑轮安装在运动的轴上，与被牵引重物一样升降或移动，但不能改变用力的方向。使用动滑轮时，因设备或构件由两根钢丝绳分担，故每根钢丝绳所受的力为重物质量的 50%。如图 2－3－11 所示。

（3）导向滑轮也称开门滑轮、转向滑轮，如图 2－3－12 所示。它和定滑轮一样，只能改变钢丝绳的走向，既不能省力，也不能改变速度。使用时，将钢丝绳的中间部分从开口处放进去。导向滑轮通常用在起重抱杆的底脚处。

图 2－3－11　定滑轮与动滑轮

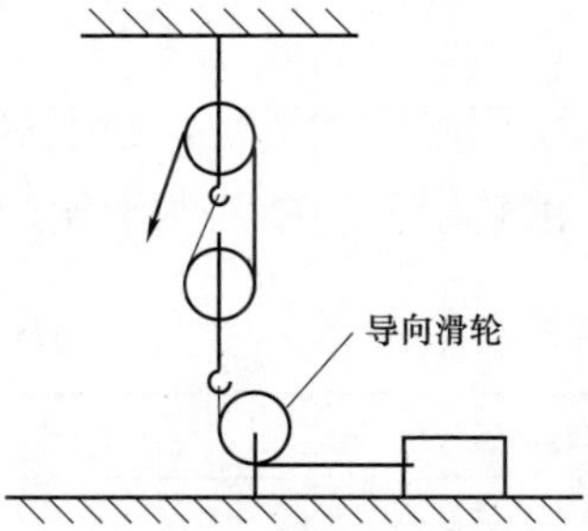

图 2－3－12　导向滑轮

（4）滑轮组是由一定数量的定滑轮和动滑轮通过绳索穿绕而组成的。当利用滑轮组提升或移动重物时，必须将一个滑轮固定在某一固定支点上（定滑轮），其他滑轮则以绳索连接重物（动滑轮）。滑轮组具有定滑轮和动滑轮的特点，既能省力又能改变力的方向。用多组滑轮组起吊设备或构件，其牵引力会更小，如图 2－3－13 所示。

滑轮的使用注意事项包括：

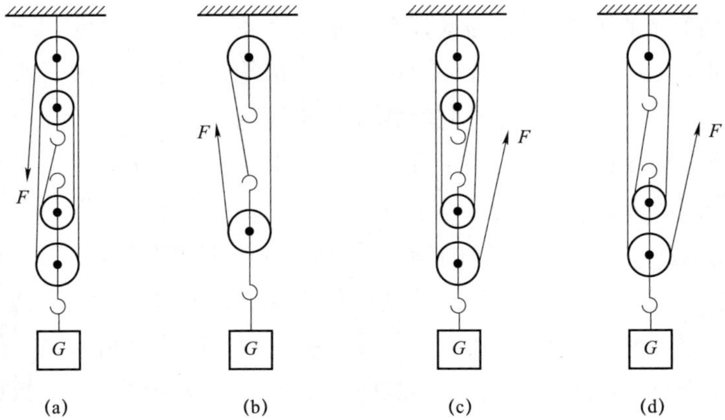


图 2－3－13 滑轮组

（a）省力 3/4；（b）省力 2/3；（c）省力 4/5；（d）省力 3/4

（1）严格按照滑轮的安全起重负荷使用，不允许超载。

（2）滑轮必须定期进行检查，发现下列情况之一时，滑轮应报废：① 变形、裂纹或轮缘破损；② 轮槽不均匀磨损达 3mm；③ 轮槽壁厚磨损达壁厚的 20%；④ 轮槽底部直径磨损量达钢丝绳直径的 50%；⑤ 其他损伤钢丝绳的缺陷。

（3）滑轮的直径与钢丝绳的直径之比一般不得小于 9。

（4）在受力变化较大的场所和高处作业时，不宜使用吊钩式滑轮，应使用吊环式滑轮。

（5）使用吊钩式滑轮，必须对吊钩采取封口或采取绑扎钢丝绳的保险措施。

（6）滑轮组使用中，两滑轮中心间的最小距离不准超过表 2－3－2 的规定。

**表 2－3－2　　滑轮中心最小允许距离**

| 滑车起质量（t） | 1 | 2 | 10～20 | 32～50 |
|---|---|---|---|---|
| 滑轮中心最小允许距离（mm） | 700 | 900 | 1000 | 1200 |

（7）滑轮不准拴挂在不牢固的结构物上。线路作业中使用的滑轮应有防止脱钩的保险装置，否则必须采取封口措施。

（8）拴挂固定滑轮的桩或锚，应按土质不同情况加以计算，使之埋设牢固可靠。如使用的滑轮可能着地，则应在滑轮底下垫以木板，防止异物进入滑轮内。

5. 电动卷扬机

电动卷扬机起重能力强，速度容易变换，操作方便安全，是起重作业中经常使用的一种牵引设备。

电动卷扬机主要由卷筒、减速器、电动机和电磁制动器等组成，如图2-3-14所示。电动卷扬机种类较多，按卷筒数量不同可分为单筒和双筒两种；按传动方式不同可分为可逆齿轮箱式和摩擦式两种；按起重量不同可分为0.5、1、2、5、10、20t等。

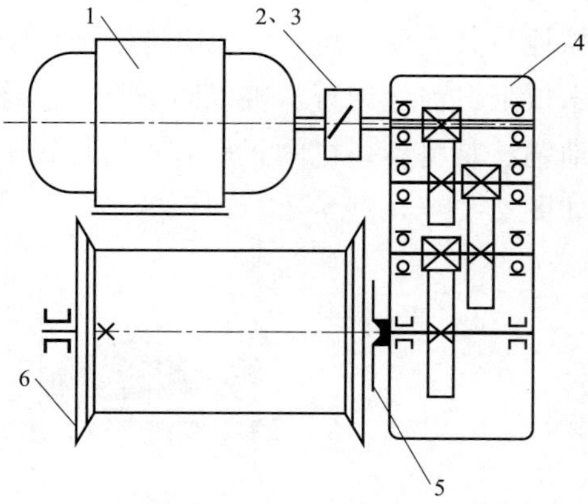

图2-3-14　电动卷扬机示意图

1—电动机；2、3—联轴器；4—减速器；5—电磁制动器；6—卷筒

选择电动卷扬机应充分考虑起重质量（引出绳拉力）、起重物数量、起重物的精密程度及安装难度、移动卷扬机的难度和地锚的布置、施工地点的电气条件等因素。具体如下：

（1）根据需要牵引重物的质量计算出经过滑轮组及导向滑轮后的引出绳拉力来确定电动卷扬机。一般情况下，选择卷扬机时，按引出绳拉力为牵引力的80%～90%考虑，这样既能保证起重作业的安全，又能延长卷扬机的寿命。

（2）根据被起吊重物的数量多少和起吊速度要求选择卷扬机。如被吊重物数量较多，往返次数频繁，就需要选择快速卷扬机，同时要求卷扬机操作灵活、刹车可靠。

（3）根据被吊重物的精密程度及安装难度选择卷扬机。对于精密物件、安装难度大的工程，必须选择性能可靠、速度较慢的卷扬机，同时要保证足够的安全系数。

（4）根据移动卷扬机的难度和地锚的布置选择卷扬机。如卷扬机进入施工地点特别困难，则既要满足施工需要，又要尽量使卷扬机质量达到最低限度。如地锚不好布置，被吊重物较少，卷扬机搬运方便，可选用大吨位的卷扬机，利用其本身的质量而代替地锚。

（5）根据施工地点的电气条件选择卷扬机。如工作地点无电源，且卷扬机工作次数较少，可选择绞磨或手动卷扬机。

电动卷扬机的安装注意事项包括：

（1）电动卷扬机应平稳地固定在地势较高且平坦坚实处。

（2）电动卷扬机要固定在坚实的基座上，固定地点应牢固可靠，固定后不能有滑动或倾斜现象。具体安装方法有固定基础法、平衡质量法和地锚法三种。固定基础法适用于卷扬机长期使用的场合，将卷扬机安放在混凝土基础上，用地脚螺栓将其底座固定。平衡质量法适用于临时使用卷扬机的场合，将卷扬机固定在木板上，前面设置木桩以防滑动，后面加压重物以防倾覆，如图 2－3－15 所示。地锚法是将卷扬机的正后方设置地锚，将卷扬机固定在地锚上，放置卷扬机移动，如图 2－3－16 所示。

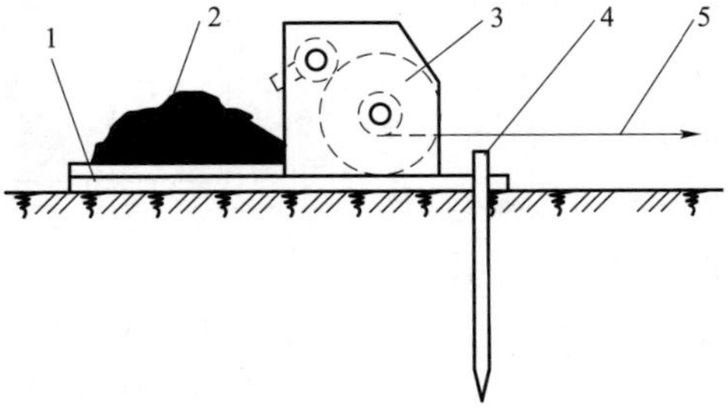


图 2－3－15　平衡质量法

1—木垫板；2—平衡重物；3—卷扬机；4—木桩；5—牵引绳

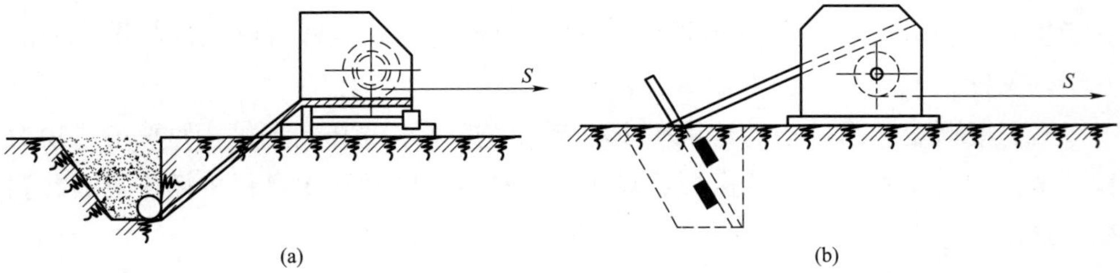


图 2－3－16　地锚法

（a）卧式地锚；（b）立式地锚

（3）电动卷扬机上方要设置防护罩棚。

（4）卷筒与导向滑轮中心应对正，第一个导向滑轮距卷扬机的距离为卷筒长度的 20 倍。

电动卷扬机的使用注意事项包括：

（1）电动卷扬机工作前要先进行试车。检查防护设施、电气绝缘、离合器、制动装置、保险棘轮等完全合格后，方可使用。

（2）钢丝绳从卷筒下方卷入，钢丝绳应排列整齐，工作时保留 3～5 圈在卷筒上。

（3）不得超负荷使用电动卷扬机。

（4）电动卷扬机应由持特种作业合格证的专职人员操作。熟悉卷扬机的性能，服从指挥人员的统一指挥；作业时发现视线内有障碍物时要及时清除，信号不清时不得进行操作。

（5）电动卷扬机工作时，任何人不得在行走的钢丝绳及导向滑轮内侧逗留或通过；严禁用手、脚拉踩钢丝绳；严禁向滑轮上套钢丝绳。

（6）使用过程中应经常检查钢丝绳的磨损情况，达到报废标准应立即报废。

（7）电动卷扬机停车时，控制器要放回零位，切断电源并刹紧制动。

6. 抱杆

抱杆又称扒杆、桅杆，是一种简单的起重工具。它具有制作、安装、拆除、搬运较为方便，起重量范围大，作业面宽，操作简单，对安装地点要求不高等优点，在起重作业尤其在应急救援过程中被广泛应用。

抱杆的种类很多，按照制作材料，抱杆可分为木质抱杆和金属抱杆两大类，金属抱杆又分为管式和格构式两种。按照抱杆的形式，抱杆可分为独脚抱杆、人字抱杆、系缆式抱杆和龙门抱杆等。以下只介绍应急救援常用的独脚抱杆、人字抱杆、系缆式抱杆和三脚架等。

（1）圆木独脚抱杆。圆木独脚抱杆结构比较简单，一般由一根笔直、结实、木节少、无疤痕、粗细比较均匀的松木或杉木制成，高度一般为 8～13m，起重量为 3～10t。抱杆顶部系结 4～6 根缆风绳，以固定抱杆。在抱杆上部有绳索绑扎，系挂起重定滑轮的填木使动滑轮与抱杆之间有一定间隙，保证其受力状态均衡。抱杆底部设置一个转向滑轮，在转向滑轮的反方向系结固定抱杆脚的缆绳。起重定滑轮上的钢丝绳出头端通过转向滑轮牵引到卷扬机，如图 2－3－17 所示。

（2）管式独脚抱杆。管式独脚抱杆结构与圆木独脚抱杆相似，用一根无缝钢管制成，抱杆长度一般不超过 30m，起重量一般小于 30t。抱杆顶部设置拉耳和吊耳，拉耳用作缆风绳的系结点，吊耳用于系挂起重滑轮组的定滑轮，抱杆底部设置一个下吊耳，用于系挂转向滑轮。为了扩大抱杆底部的受压面积，在抱杆的底部还设置一块钢底板。

（3）金属格构式独脚抱杆。金属格构式独脚抱杆由金属格构分段组装而成，可根据实际工作需要选择抱杆的程度，如图 2－3－18 所示。金属格构抱杆的吊装能力强，采用两根抱杆联合吊装时，起重量可达几百吨。

（4）人字抱杆。人字抱杆由两根圆木或钢管或金属格构组成，它们的构造基本相同，只是所用材料种类和型式不同。下面仅以圆木人字抱杆为例进行介绍，圆木人字抱杆有直立和斜立之分，如图 2－3－19 所示。

圆木人字抱杆由两根圆木组成，在两根圆木顶部的交叉处一般搭成 25°～35°

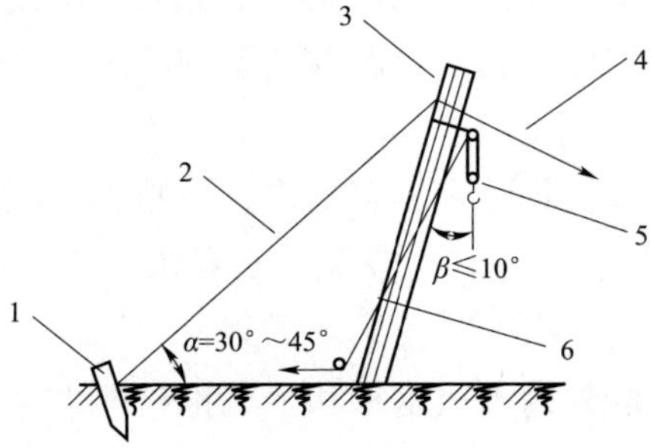


图 2－3－17　圆木独脚抱杆

1—地锚；2、4—缆风绳；3—圆木；5—滑轮组；6—牵引绳

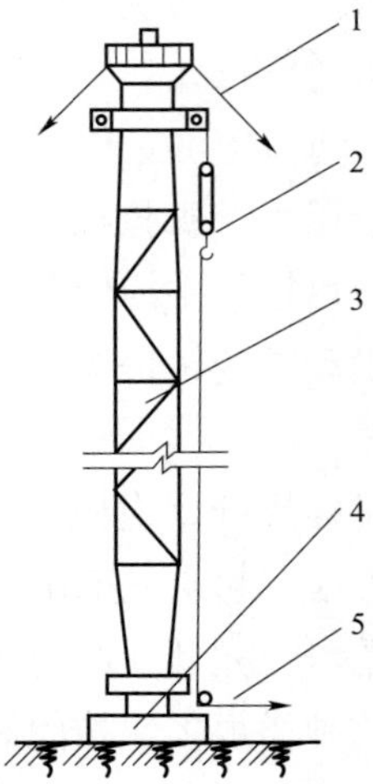


图 2－3－18　金属格构式独脚抱杆

1—缆风绳；2—起重滑轮组；3—格构体；4—枕木排；5—牵引绳

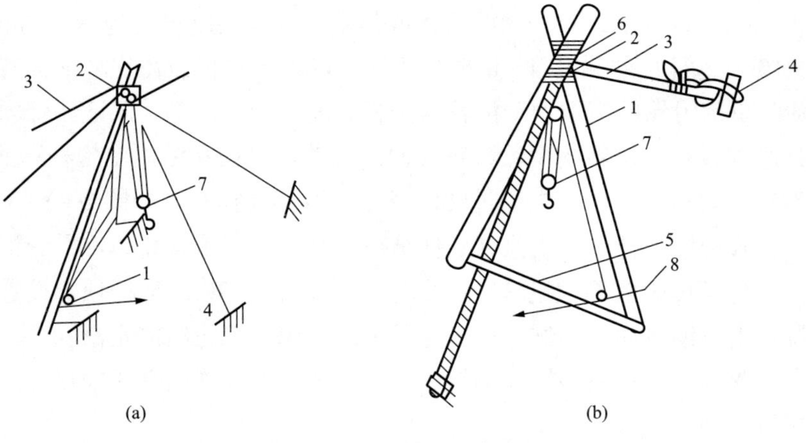


图 2－3－19　圆木人字抱杆

（a）直立圆木人字抱杆；（b）斜立圆木人字抱杆

1、2—圆木杆；3—缆风绳；4—地锚；5—固定绳；6—卡环；7—起重滑轮组；8—导向滑轮

的夹角，并用直径 13～19mm 的钢丝绳在交叉处绑扎两层，每层不少于 10 圈。在抱杆顶部交叉处正下方系挂起重滑轮组，在其中一根圆木的底部设置一个转向滑轮，使起重滑轮组出头端经转向滑轮引到卷扬机进行牵引；抱杆下部两脚之间用钢丝绳连接固定。当圆木人字抱杆为斜立时，应注意在抱杆倾斜方向的前方要

用钢丝绳将抱杆两脚根部固定，以防抱杆受力后根部向后移动。

人字抱杆与独脚抱杆相比，在结构上增加了横向的稳定性，起重能力增大，并且架设和移动更为方便，在起重作业中被广泛应用。

（5）系缆式抱杆。系缆式抱杆也称转盘扒杆，具有结构简单，占地面积小，工作范围广及抱杆升降、变幅、移动等操作方便的特点，因此被广泛使用。系缆式抱杆主要由立杆（主抱杆）、起重臂（主弦杆）、缆风绳、转盘（底座和支座）、变幅滑轮组、起重滑轮组和卷扬机等组成，如图 2－3－20 所示。

（6）三脚架。三脚架一般用钢管制成。3 根长度相同的钢管顶部设有凹槽，由螺栓搭连在端帽上的三个凸鼻上，如图 2－3－21 所示。三脚架与钢丝绳、手拉葫芦（或滑轮组）、卷扬机可组成一套简单的起重机械，搭设、使用都很方便。三脚架使用时 3 个脚腿之间的距离要相等，每个脚腿与地面之间的水平夹角不应小于 60°，并在脚腿底部外侧用木楔顶垫，以防滑动。

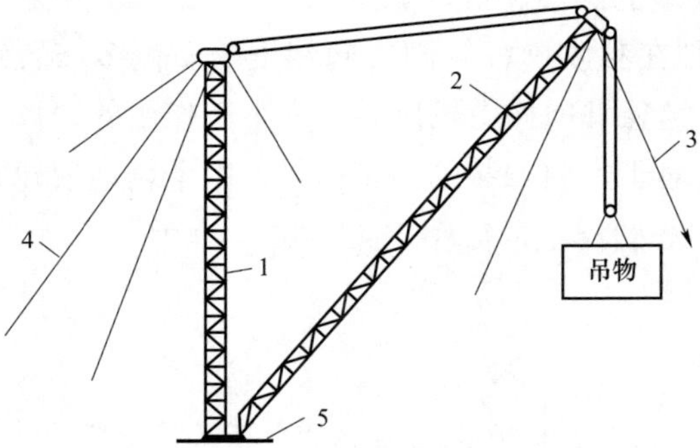


图 2－3－20　系缆式抱杆

1—立杆；2—主弦杆；3、4—缆风绳；5—底座

图 2－3－21　三脚架

抱杆的使用注意事项包括：

（1）抱杆在使用前应认真检查绳索、滑轮及其他部位是否完好无损。

（2）抱杆在起吊前要试验其承载能力是否符合机具本身的使用说明，不得超载使用。当重物起吊离开地面时，要检查机具各部分是否正常，确认无误后方可继续起升。

（3）抱杆底部与地面接触的部分要垫牢两层枕木，以防止其沉陷，抱杆底脚要与地面密合，如有缝隙需加垫木楔使其紧密，以避免滑动。

（4）缆风绳的固定点要距离抱杆远一些，最小距离一般不得小于抱杆高度的 1.5～2 倍。

（5）卷扬机至抱杆底部导向滑轮的距离要大于抱杆高度，且最小距离要大于8m。

（6）在起吊过程中要有专人检查缆风绳和地锚的受力情况，发现异常及时处理。

（7）在起吊过程中，重物不得与抱杆相碰撞；操作人员要服从统一安排，听从统一指挥，集中精力，细心作业。

（8）重物不准在空中停留过久，如必须长时间停留时，要在重物下面搭设枕木垛，使其平稳下落在上面，以保证抱杆的安全。

7. 缆风绳

缆风绳又称拖拉绳、稳绳，用于固定各类抱杆、立柱等，使其保持相对固定的位置。

因应急情况下多使用独脚抱杆，以下只介绍独脚抱杆的缆风绳布置方法。

（1）缆风绳的布置要求。若独脚抱杆承受的载荷对称于独脚抱杆的轴线，且场地允许时，独脚抱杆的倾倒方向往往不能预先知道，缆风绳一般采用相同的水平仰角布置，即各个地锚至抱杆底座的距离相等，如图 2－3－22（a）所示。若预先知道独脚抱杆的倾倒方向，则在独脚抱杆倾倒方向相反的一侧多布置缆风绳，如图 2－3－22（b）所示。承担独脚抱杆受载荷后主要平衡作用的缆风绳称为主缆风绳，其余为辅助缆风绳。对于室内安装的独脚抱杆，由于场地或建筑物的结构受限，可以不使锚点设于同一圆周上，如图 2－3－22（c）所示。

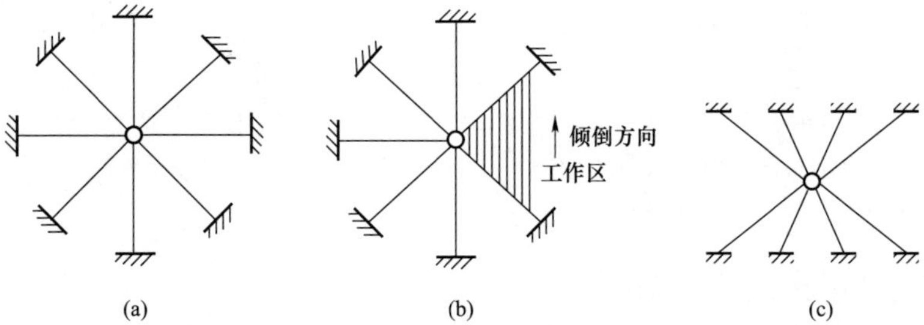


图 2－3－22　独脚抱杆缆风绳的布置

（a）均匀布置；（b）抱杆倾倒方向已知的布置；（c）锚点不再同一圆周上的布置

缆风绳的数量一般为 4～8 根，特殊情况可以配备 10 根以上的缆风绳，但也不宜过多，避免增加不必要的工作量。缆风绳与地面之间的夹角称为缆风绳的仰角。仰角不宜过大也不宜过小。过小则缆风绳过长，占地面积大；过大则缆风绳承受的垂直方向分力过大，这不仅要求增加缆风绳的直径，同时独脚抱杆承受的轴力、弯矩和地锚承受的上拔力都加大。一般地面开阔时取仰角为 25～30°，场地狭窄时取仰角为 35～45°，特殊情况可达 60°。

（2）缆风绳预紧力的确定方法。缆风绳预紧力即初拉力，是指独脚抱杆在没有工作时缆风绳预先拉紧的力。缆风绳的工作拉力是指桅杆式起重机在工作时，缆风绳所承担的载荷。缆风绳预紧力通常采用以下两种方法确定：

1）按经验公式确定预紧力。预紧力取工作拉力的 15%～20%。

2）按钢丝绳直径确定预紧力。当钢丝绳直径≤22mm 时，预紧力为 10kN；当 22mm＜钢丝绳直径≤37mm 时，预紧力为 30kN；当钢丝绳直径＞37mm 时，预紧力为 50kN。

（3）缆风绳预紧力的调整方法。安装抱杆时，要对缆风绳的长短（松紧）进行调整，以确保缆风绳具有一定的预紧力。常用的调整方法有以下三种：

1）花篮螺栓调整，如图 2－3－23（a）所示。由于花篮螺栓的调整范围有限，此方法一般用于小型抱杆的缆风绳调整。

2）手拉葫芦调整，如图 2－3－23（b）所示。此方法适用于抱杆工作时间不长时的调整，室内作业时用得较多。

3）滑轮组配合卷扬机调整，如图 2－3－23（c）所示。此方法调整范围大，可适用于各种吊装作业。

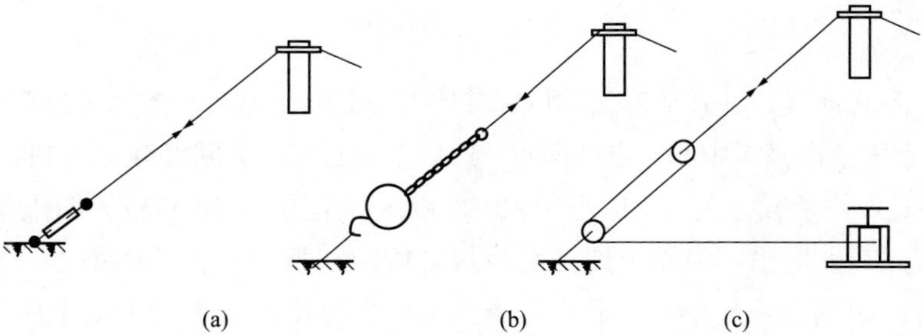

图 2－3－23　缆风绳的调整方法

（a）花篮螺栓调整；（b）手拉葫芦调整；（c）滑轮组配合卷扬机调整

（4）缆风绳的使用注意事项包括：

1）设置缆风绳时，应与电线，特别是高压电线保持足够的安全距离。

2）当抱杆使用时间较长时，应对缆风绳进行定期检查和保养。

3）通道附近的缆风绳应设有夜间照明和红色警示灯，必要时派人监护。

8. 地锚

地锚又称地龙或桩锚，用于固定各种抱杆的缆风绳、导向滑轮、卷扬机及运输拖拉绳的滑轮组等，是起重吊装作业经常用到的特殊装置。地锚一般用钢筋、钢管、钢筋混凝土预制件、圆木等埋入地下做成。

地锚有立式地锚、卧式地锚、混凝土地锚和活动地锚等形式。

（1）立式地锚。立式地锚又称立龙或站龙，适用于土质地面。它用圆木、方木或钢筋作锚柱，挖坑埋入土中，柱头向后仰并露出地面 0.6～1.0m，然后在锚柱的四周放入挡木后用土石回填夯实。若地锚承载较大，可在第一个挡木后再加设一个或两个地锚并用绳索相连共同受力，这种挡木称为双立式挡木或三立式地锚，如图 2－3－24 所示。

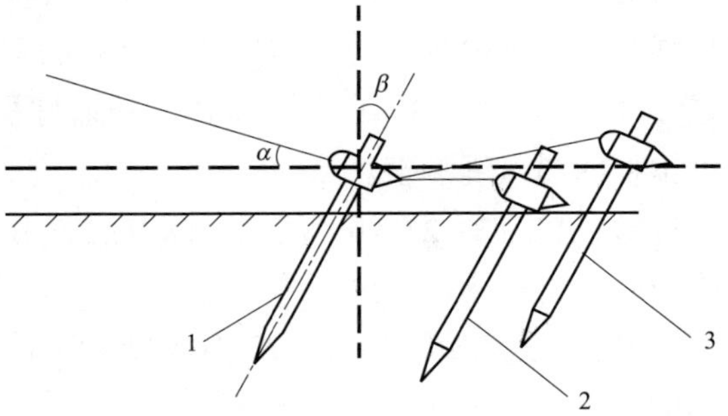


图 2－3－24　立式地锚示意图

1—主锚；2、3—辅锚

（2）卧式地锚。卧式地锚又称坑锚或困龙。它是把圆木、方木或钢筋横埋在锚坑内，绳索固定在横木中间一点或两点，然后用土石将锚坑回填夯实，如图 2－3－25 所示。卧式地锚承载力大，一般可达 30～500kN，常用于起重量较大的作业。

（3）混凝土地锚。混凝土地锚是将拉杆固定在型钢制作的横梁上，并浇筑在混凝土内，如图 2－3－26 所示。混凝土地锚主要用于起重量大而土质情况又不好的作业。

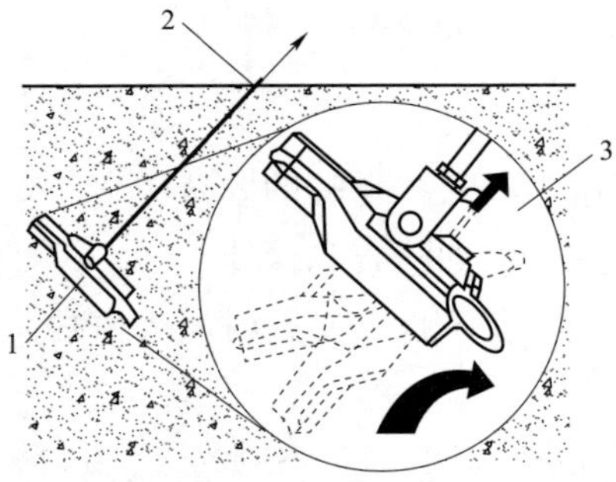


图 2－3－25　卧式地锚示意图

1—锚体；2—拉线；3—锚体放大图

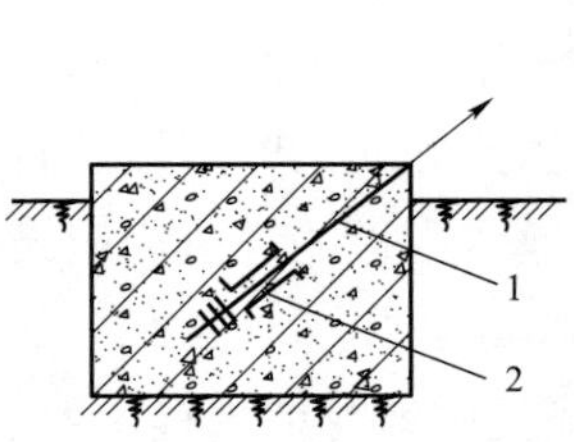


图 2－3－26　混凝土地锚

1—拉杆；2—横梁

（4）活动地锚。活动地锚又称积木式地锚，它是在钢底板上压一定质量的钢锭、混凝土块或石块等重块，利用重块与地面的摩擦力作地锚用，如图 2-3-27 所示。活动地锚施工方便，装拆迅速，但搬迁工作量大。

（5）其他地锚。当在厂房内吊装无法埋设地锚时，可利用厂房的混凝土柱脚或钢柱脚作地锚。但必须经过计算，并征得厂方和设计单位同意后方可使用。

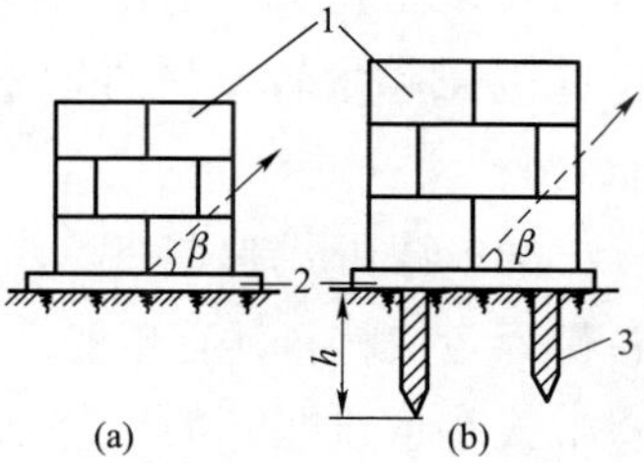


图 2-3-27　活动地锚

（a）无插板式；（b）插板式

1—重块；2—底排；3—插板

地锚的使用注意事项包括：

（1）确定地锚位置时，地锚基坑的前方不得有地沟、电缆、地下管道等。地锚埋设处要较为平整，不潮湿、不积水，防止雨水渗入基坑内。

（2）地锚基坑开挖时，要严格按照施工方案或设计要求过规定的尺寸挖掘。基坑回填时，每隔 300mm 夯实一次，回填高度要高出基坑四周 400mm 以上。

（3）拉杆或拉绳与地锚采用木连接时，要用硬木或薄铁板垫好，以减小应力集中。

（4）重要地锚要经过试拉以后才能正式使用。使用时应指定专人检查，如发现地锚变形，应立即采取措施修整。

（5）地锚不得超载使用。

（6）地锚附近不允许取土。

（7）旧地锚在使用前，必须掌握其埋设情况、埋设日期、拉力大小、受力情况等，否则不得使用。

9. 起重机

起重机又称吊车，是提起或移动重物的机器设备，广泛用于仓库、码头、车站、矿山、建筑工地等。起重机的种类很多，可分为自行式起重机和固定式起重机。自行式起重机是指自带动力并依靠自身的运行机构沿有轨或无轨通道移动的臂架型起重机，分为汽车起重机、轮胎式起重机、履带式起重机和随车起重机等。应急救援作业一般用自行式起重机。

（1）汽车起重机。汽车起重机是汽车和起重设备结合在一起的一种起重机械，其起重部分安装在汽车后轮位置的底盘上，具有行驶速度快、机动性好、操作便捷等优点，常用于随运输车辆装卸设备和工程施工的吊装作业。

（2）轮胎式起重机。轮胎式起重机是一种自行式、全回转起重机，它的起重机构安装在装有行走轮的特种底盘上，具有移动方便、安全可靠等优点。轮胎式起重机在起吊较轻物件时可不用支腿，起吊较重物件时可伸出支腿以提高起重能力。

（3）履带式起重机。履带式起重机也是一种自行式、全回转起重机，因装有履带行走机构，具有接触地面面积较大、重心较低、操作灵活、使用方便等优点。履带式起重机在一般平整结实的场地上就可以载重行驶和吊装作业，是目前钢结构和混凝土构件吊装施工中最常用的起重机械。

起重机的使用注意事项包括：

（1）驾驶室内不得存放易燃物，电动起重机驾驶室内应铺橡胶绝缘垫。

（2）未经负荷试验合格的起重机禁止使用。

（3）操作人员在起重机开动及起吊过程中的每个动作前均要发出信号，非操作人员不得进入操作室或驾驶室。

（4）起重机禁止同时操作 3 个动作，在接近满负荷的情况下不得同时操作 2 个动作。

（5）悬臂式起重机在接近满负荷的情况下禁止降低起重臂。

（6）起重机的主、副钩换用时，在主、副钩达到相同高度时，只准操作 1 个吊钩的动作，不得双钩同时操作。

（7）所有起重机均应执行大风等紧急情况下的安全措施，风力超过 5 级禁止起吊作业。

（8）露天作业的轨道式起重机，工作结束后要将起重机锚定住。

（9）汽车起重机行驶时，应将臂杆放在支架上，吊钩挂在挂钩上并将钢丝绳收紧。禁止在车辆行驶过程中操作。

（10）汽车起重机及轮胎式起重机作业前应先支好全部支腿后方可进行其他操作；作业完毕后，应先将臂杆放在支架上，然后方可起腿。汽车式起重机除具有吊物行走性能者外，均不得吊物行走。

### （五）起重作业基本操作方法

起重作业的基本操作方法有撬、拨、滑、滚、转、扳、顶、提共 8 种。

1. 撬

撬是指用撬棍（又称撬棒、撬杠）撬起和移动重物，使其到达需要的位置。这种方法只适用于重物较轻、移动距离较短、起升高度交底的起重作业。作业时，可以用一根撬棍操作，也可用多根撬棍同时操作，以加大撬动的力量。

撬的操作是杠杆原理的具体应用。当对撬棍的尾端向下用力时，就能使重物升高，如图 2－3－28（a）所示。支点越靠近重物，即力臂越长，越省力。当撬棍斜插在重物底下，用力抬起撬棍尾端时，重物将升高或向前移动，如图 2－3－28（b）所示；若要抬起重物，撬棍与地面之间的夹角$\alpha$应取小值；若要向前移动重物，$\alpha$应取大值。移动重物时，若在重物下面垫以滚杠（一般用钢管），则更加省力，如图 2－3－28（c）所示。

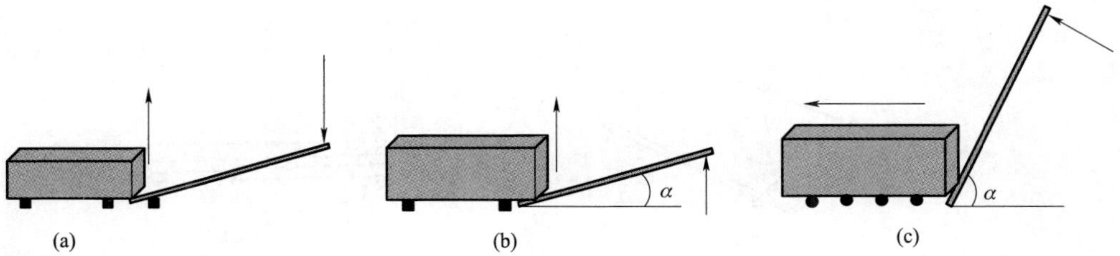


图 2－3－28　撬的操作示意图

（a）升高；（b）升高或向前移动；（c）向前移动

采用撬棍作业时，在外力和重力的作用下，撬棍会产生弯曲和变形，因此，撬棍要有较好的刚性和韧性。撬棍通常用工具钢制作，在不具备条件的情况下，也可用钢管或圆木代替。

撬的注意事项包括：

（1）撬动重物时，应尽量在撬棍的尾端施力，这样力臂最长，也最省力。

（2）撬棍头部插入重物底下不宜过短，以防损坏重物边缘或撬棍滑出反弹伤人。对机械设备的精加工面，不能用撬棍直接接触。

（3）用撬棍抬高重物时，一次抬高距离不宜过大，应分多次操作完成。

（4）在重物下面放入垫物时，应借助其他工具进行操作，不得将手伸入。

（5）在带有一定坡度的地面撬动重物时，要有防止重物下滑移动的措施，以避免意外伤人或损坏重物。

（6）用圆木代替时，要仔细检查圆木的质量，防止操作过程中突然断裂，造成事故。

（7）操作时，人要站在撬棍侧面，双手平压撬棍上，防止滑脱伤人。用力不要过猛，以免撳不住时撬棒尾部翘起伤人。绝对不能用脚去蹬撬棍，以免撬棍突然滚动翘起伤人。

（8）用几根撬棍同时进行操作时，要有专人统一指挥，保证动作协调，用力一致。

2. 拨

拨是指用撬棍撬起需要变动角度或略为移动的重物，然后使撬棍尾部作横向摆动，使其绕支点移动，达到使重物移动或转动的目的，如图 2-3-29 所示。

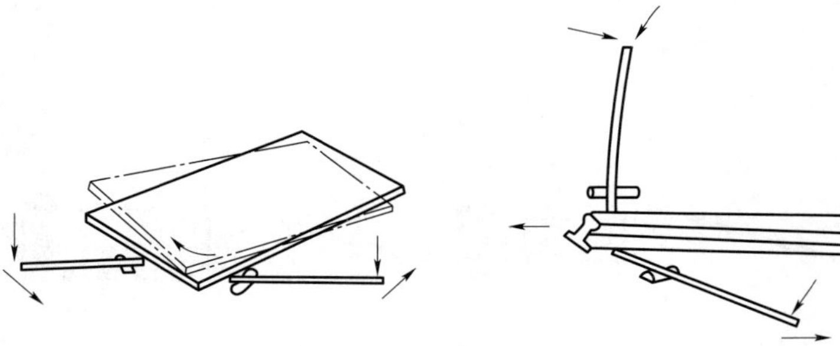

(a) (b)

图 2-3-29 拨的操作示意图
（a）转动的拨法；（b）移动的拨法

将撬棍斜插在重物下面后，手握撬棍尾向上前方用力拨动重物，也可用肩扛撬棍尾部，一根撬棍拨不动时，可用多根撬棍同时拨，重物就会向前移动一小段距离，如此重复进行，重物就可拨移到所要求的位置。拨的操作比较简单，可以一人一点操作，也可以根据需要多人多点同时操作。

拨一般用于较轻重物的小角度扭转和短距离位移。

拨的操作注意事项包括：

（1）拨动操作时，撬棍支点下面的垫块应垫稳，以防拨动时发生滑移。

（2）当多人同时进行拨动操作时，必须有专人统一指挥，步调一致，以防止发生事故。

3. 滑

滑是水平运输的一种方法，是指在人力、卷扬机或其他外力的作用下，使重物沿着牵引力的方向移动到需要的位置。由于滑动时重物不离开支撑面，所以操作比较安全。

滑通常用于施工现场设备的搬运，在无大吨位的起吊机械情况下，设备的短距离移动可采用此法，如组合电器、主变压器的卸车、拖运等。

滑的操作方法及注意事项包括：

（1）当设备体积不大、质量较轻、不怕磨损且运输距离较近时，可以直接在地面上进行滑运。滑运前应将设备滑过的地面清理干净、整理平整。

（2）当设备比较笨重时，可将设备放置在拖排上进行滑运，也可在用枕木、钢轨铺成的滑道上滑运，如图 2-3-30 所示。为了减少滑动摩擦力，通常在使用两条或两条以上平行的钢轨作滑道，在设备下面安上钢滑板，并在接触面上涂润滑油，使设备和滑板在滑道上易于滑行，且能消除摩擦噪声。

4. 滚

移动设备也常用滚动的方法，就是在设备下的拖板（钢拖板、木拖板、钢木结构的拖板）与走道之间加滚杠，使设备随拖板及走道间滚杠的滚动而移动，如图 2-3-31 所示。由于滚动比滑动的阻力小，所以较省力。

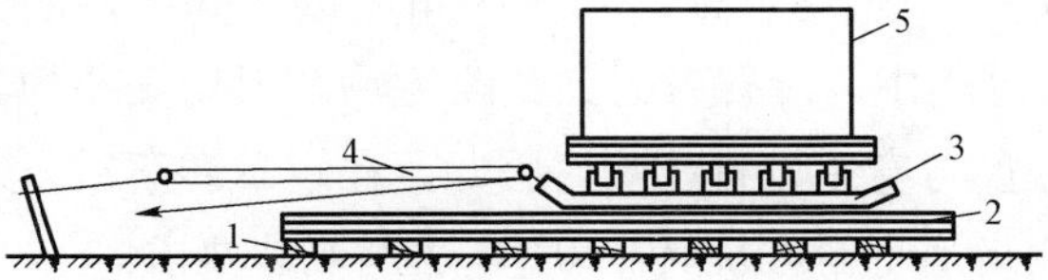


图 2-3-30　设备在滑道上滑移

1—枕木；2—钢轨滑道；3—滑台；4—牵引滑轮组；5—设备

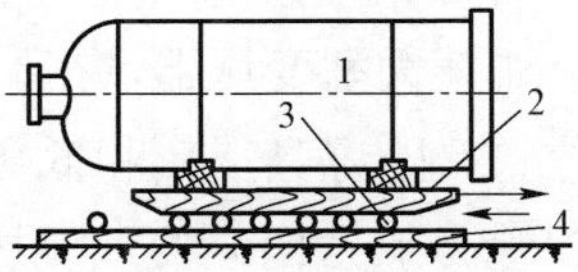


图 2-3-31　设备滚动搬运

1—设备；2—木排；3—滚杠；4—枕木

滚动时，设备运行方向由滚杠的布置方向来控制，滚杠与拖板垂直时设备直线运动，设备前部滚杠左侧偏前时设备向右移动，滚杠右侧偏前时设备向左移动，设备尾部的滚杠摆置则相反。需要有经验的作业人员来指挥与调整设备的行走方向。在滚动中若方向有偏斜时，可用 4kg 手锤敲击滚杠，调整方向。

除了用滚杠搬运重物外，对于圆形容器、管道等，在不影响其直径和外形尺寸的前提下，可用自身滚动的方法来改变其位置。如图 2-3-32 所示的是将一根长管道移动到陡坡下，操作时，先将绳索的一端固定在锚点 A 的地锚上，然后用绳索兜住长管道，或将绳索在长管道上绕两圈。当缓慢放松绳索时，即可将长管道平稳地滚动到坡下。为便于固定滚动和减小摩擦，可在其下面用道木或钢轨等铺设滑道。

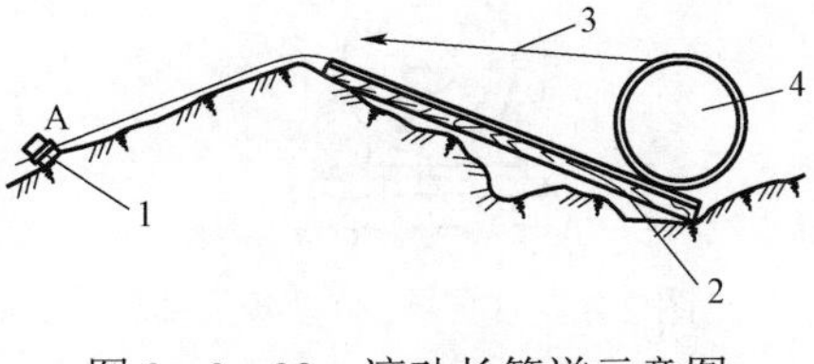


图 2-3-32　滚动长管道示意图

1—地锚；2—道木；3—绳索；4—长管道

滚动操作注意事项包括：

（1）滚动速度一般不宜过快，滚杠的直径与牵引力有关，直径大则牵引力可用小，一般木质滚杠为 10～15cm，钢质滚杠为 5～15cm。

（2）滚杠间的净距离至少要保持 10cm，一般情况为 25～50cm。滚杠间的净距离要根据被拖设备的荷重、外形尺寸、走道的材质、滚杠的直径、牵引力的大小来决定。

（3）滚动搬运时的牵引可以是人力或机械。当使用两台卷扬机进行牵引时，卷扬机的速度应基本相同，并由专人统一指挥。

（4）当设备经过的道路凹凸不平时，应用枕木或钢轨铺设滑道，以保证设备平稳、安全。

5. 转

转是指借助于外力，使重物沿一个轴心就地转动一个角度以达到所需的方位。如某大型变压器，在厂家装车过程中，没有考虑到铁路运输及现场安装的具体位置，刚好高压侧和低压侧的位置与安装位置相反，因此，在设备卸车后，采用就地外加力偶，使该变压器在钢走道上滑动旋转 180°，达到安装要求。

转的操作方法如下：

（1）当设备放置方位与安装方位相差不大时，可在设备上捆绑吊索，使起重滑轮组上的吊点稍微偏移一定角度，然后起吊设备，即可使其转到所需的位置，如图 2－3－33 所示。

（2）当设备放置方位与安装方位相差较小，需要进行精确调整找正时，可使用千斤顶转动设备进行找正，如图 2－3－34 所示。

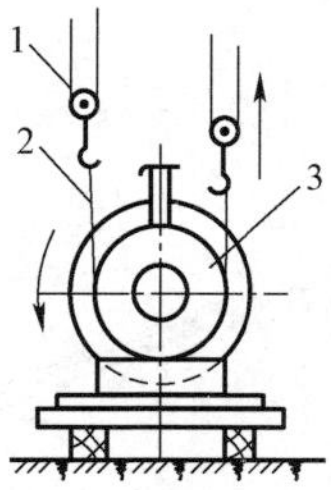


图 2－3－33　转动设备筒体

1—滑轮组；2—吊索；3—设备筒体

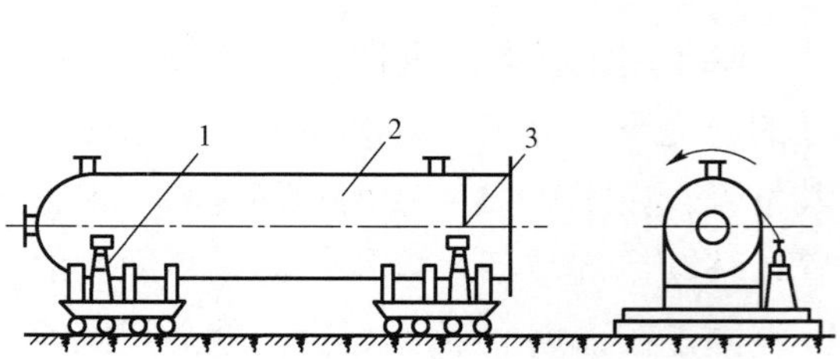


图 2－3－34　千斤顶转动设备

1—千斤顶；2—设备；3—支脚

（3）当设备放置方位与安装要求相差较大，安装时可采用特制转排转动找正，即将设备放在转排上并绕好钢丝绳，然后用卷扬机或手拉葫芦与转排切向牵引钢丝绳，使其慢慢转动到所需位置，如图 2－3－35 所示。

（4）当设备需要原地掉头作水平方向转动时，可在设备的两头用钢丝绳牵引，使其转到需要的位置，如图 2－3－36 所示。

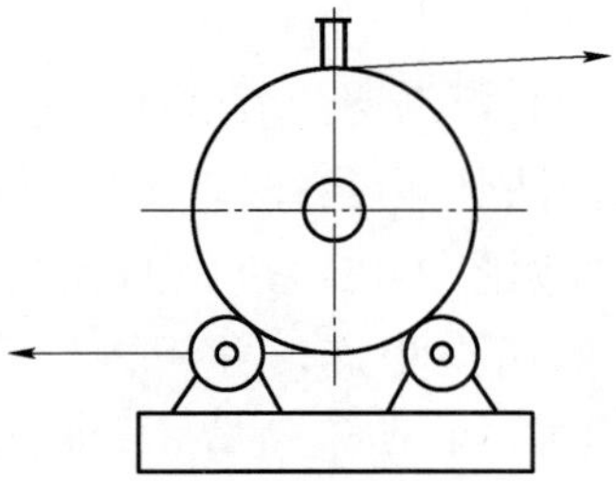

图 2－3－35　在转排上转动设备

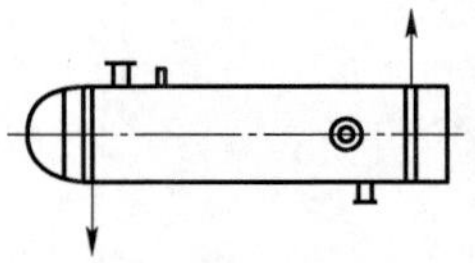

图 2－3－36　设备原地掉头转动

（5）当需要掉头的设备大而重时，可使用钢转盘来掉头，转盘通常由上、下两个钢盘及转轴或滑道组成。操作时，设备必须在转盘上放置稳定，然后缓慢转动转盘，如图 2－3－37 所示。

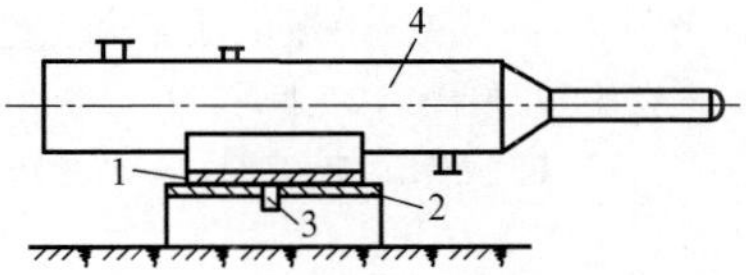


图 2－3－37　转盘转动设备

1—上盘；2—下盘；3—转轴；4—设备

（6）当有大型起重机械配合安装时，可用起重机械直接吊起设备，悬空将设备旋转至安装所需位置，然后就位找正。

6. 扳

扳又称翻转就位法，是指使设备在外来的作用下，绕底部或绞链旋转直至就位。这种方法常用于高大重物的竖立，如各类杆塔、抱杆、排气筒、钢烟筒等。扳的操作一般用旋转法和扳倒法。

（1）旋转法。采用旋转法竖立设备时，抱杆竖立不动，用滑轮组将设备扳起到与地面呈 60°～70° 夹角时，改用缆风绳继续扳起到竖立位置，如图 2－3－38 所示位置Ⅰ为初始位置，位置Ⅱ为设备与地面呈 60°～70° 夹角位置。在操作过程中，设备两侧应用绳索进行控制，以防设备左右摇摆。旋转法竖立设备所用的抱杆高度只需设备高度的 1/3～2/3，但其操作技术要求较高。操作时，必须严格

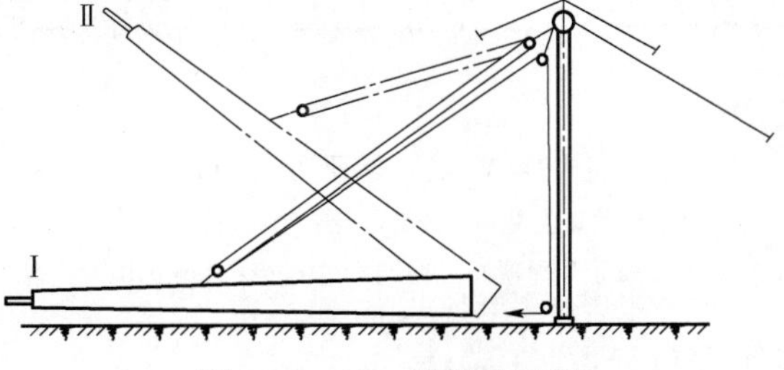


图 2－3－38　旋转法示例

执行施工方案并有专人指挥，同时注意控制好设备两侧的控制绳索，防止设备在竖立过程中发生歪斜或倾倒。

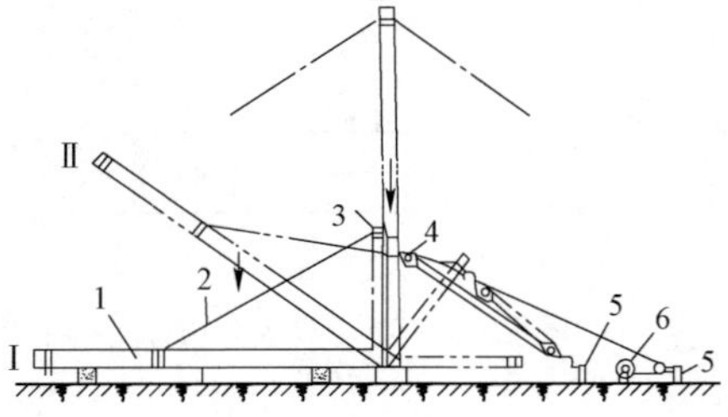


图 2－3－39 用扳倒法竖立主抱杆

1—设备（主抱杆）；2—扳绳；3—立杆用抱杆；4—起重滑轮；5—地锚；6—卷扬机

（2）扳倒法。扳倒法又称倒杆法。采用扳倒法竖立设备时，先用固定长度的钢丝绳（如图 2－3－39 中的扳绳）将抱杆与设备的吊点相连，并用钢丝绳拉紧，如图 2－3－39 所示位置Ⅰ。然后开动卷扬机，利用起重滑轮组将抱杆扳倒至与地面呈 60°～70° 夹角，如图 2－3－39 所示位置Ⅱ。此时，停止用卷扬机牵引抱杆，改用收紧设备上的缆风绳的方法继续慢慢扳起到竖立位置，如图 2－3－39 所示位置Ⅲ。

7. 顶

顶是指通过千斤顶行程的改变，使重物升起、下落或水平移动。这种方法操作简单且起重能力大，安全可靠，广泛应用于大型设备的装卸和设备的安装就位找正等作业。

进行顶升的操作时，可根据设备的外形尺寸和质量大小选择采用一台或多台千斤顶同时进行操作。在顶升操作过程中，若设备需要的顶升距离超过千斤顶的行程限度时，可采用连续顶升操作的方法，即当千斤顶升至满行程时，将重物下垫上枕木，落下千斤顶顶杆，再将千斤顶垫高，继续进行第二次顶升，如此反复，直至将重物顶至需要的位置或高度，如图 2－3－40 所示。也可用多台千斤顶交替进行顶升，直至重物达到预期的位置。

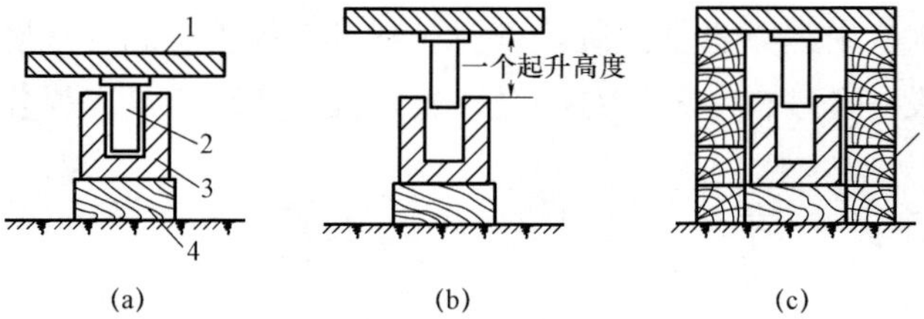


图 2－3－40 用千斤顶顶升

（a）用千斤顶顶住重物；（b）起升一个高度；（c）垫上枕木

1—重物；2—千斤顶顶杆；3—千斤顶外壳；4—垫木；5—枕木

顶的操作注意事项包括：

（1）千斤顶不得超载操作，以免发生危险。

（2）液压千斤顶不宜在高温或低温环境下进行顶升作业。

（3）千斤顶的摆放位置要根据设备的情况选择在强度和刚度足够的部位，同时要在千斤顶头部与设备接触部位之间垫以木板，防止操作时滑动；放置千斤顶的地面应坚实平整，防止操作过程中千斤顶倾斜或失稳。

（4）采用多台千斤顶同时作业时，必须有专人统一指挥。每台千斤顶的顶升速度应一致、操作应同步。

（5）在顶升过程中不得将手、脚放在设备下面，以防发生人身事故。

8. 提

提就是吊，是起重作业中最普遍、最常用的一种操作方法。它是利用各种起吊机械（如起重机、抱杆、葫芦等）将重物吊运至所需的位置。

提常用的操作方法有直接吊装法和滑移吊装法两种。

（1）直接吊装法。直接吊装法主要用于吊装机械设备和搬运重物，操作简单、方便，时间短，一般不需要附加设备，可直接将设备和构件吊装到指定位置，如图 2－3－41 所示。

（2）滑移吊装法。滑移吊装法主要用于设备或构件外形尺寸大、质量大的吊装作业中。特别是一些细高的圆形容器和构件的吊装就位。在吊装过程中，使用滑轮组提升设备或构件，并用其他辅助设备进行牵引和溜放，同时，在被吊装设备或构件的尾部设置拖排和控制绳，使设备或构件顺利滑移到安装所需的位置，如图 2－3－42 所示。

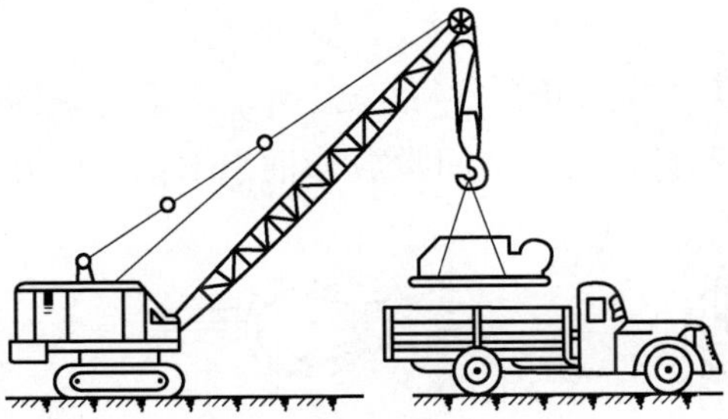
图 2－3－41　直接吊装法

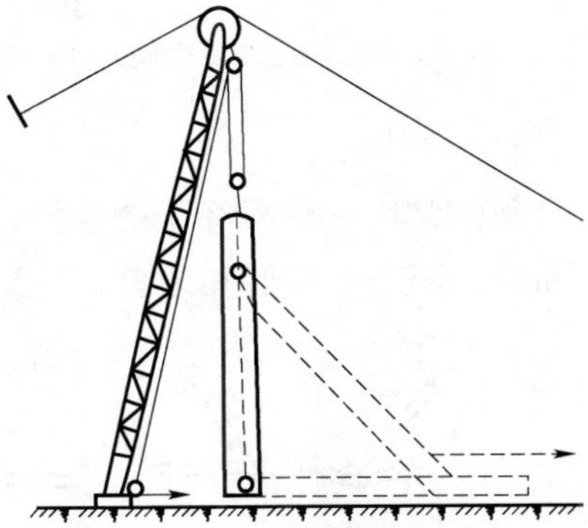
图 2－3－42　滑移吊装法

（六）起重绳索的系结方法

起重绳索的系结是指根据需要以绳子打出各式各样的结。各种绳结应具有系结方便、连接牢固又容易松解的特点。下面介绍起重作业中常用的绳结及其作用。

1. 单结

单结是最简单的绳结，是复杂绳结的基本结，防止滑动，或是在绳子末端绽开时可暂时防止继续脱线。其系结方法是将绳子的一端绕主绳一圈，绳头从主绳绳环内穿出拉紧，如图 2－3－43 所示。

(a) (b) (c)

图 2－3－43 单结的系结

（a）将绳端与绳子相交，穿过绳环；（b）打成一个结；（c）拉紧

2. 半扣结

半扣结是复杂绳结的基本结，还可以加在其他绳结完成后的末端，使整个绳结更牢固，其系结方法如图 2－3－44 所示。半扣结本身经不起外力拉扯，一般只作绳结加固。

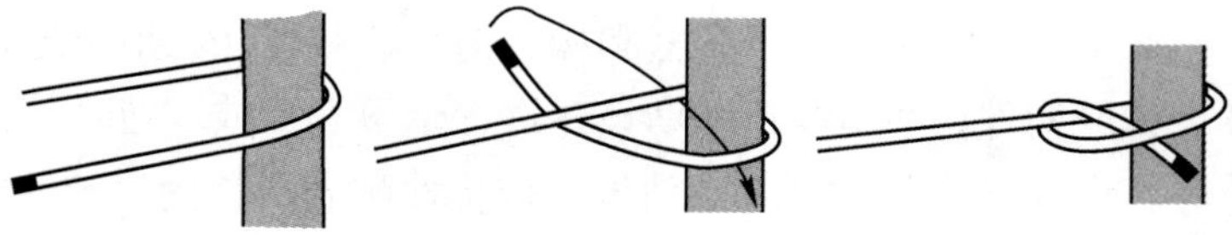

(a) (b) (c)

图 2－3－44 半扣结的系结

（a）将绳子套在圆柱体上；（b）将绳头绕过主绳一圈；（c）朝箭头方向穿过绳头拉紧

3. 平结

平结常用于两根绳子的连接，其系结方法如图 2－3－45 所示。平结系结方法简单，不会发生脱扣现象，但使用后不易解开，中间常放一根小木棍，以方便

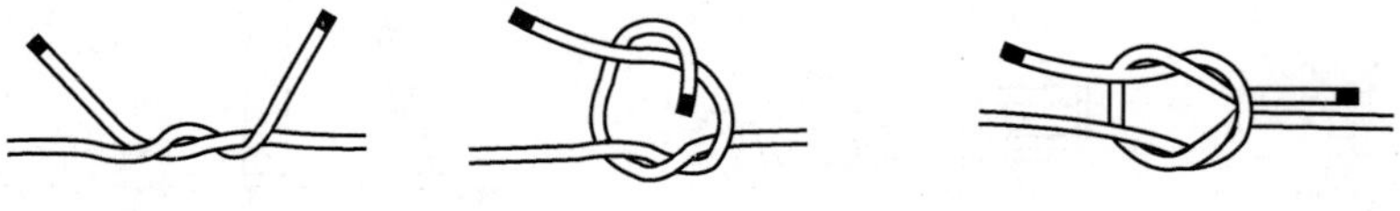

(a) (b) (c)

图 2－3－45 平结的系结

（a）两手分别握住两根绳子的一端，先用左绳压住右绳并绕一圈；（b）再用右绳压住左绳并绕一圈；（c）两手分别抻住左右两侧的主绳和副绳，用力拽紧

解开。平结适用于连接同样粗细、同样材质的绳子，不适用在较粗、表面光滑的绳子上。

4. 组合结

组合结又称接绳结，是用于连接两条粗细及材质不同的绳子的结，是最古老的一种结，其系结方法如图 2-3-46 所示。这种方法系结方便，结实可靠，且使用后容易解开。

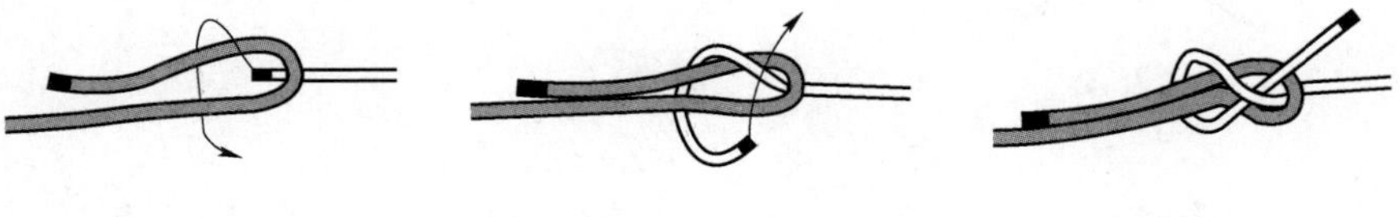

(a)　(b)　(c)

图 2-3-46　组合结的系结

（a）将 a 绳的末端从 b 绳的绳圈中穿过；（b）将 a 绳从 b 绳的后面绕出来；
（c）将 a 绳压在自身和 b 绳中间，形成“X”形，将绳子收紧

5. 栓桩结

栓桩结有两种，一种是用于缆风绳固定端的绳结，系结方法如图 2-3-47（a）所示；另一种是用于松溜绳的绳结，其系结方法如图 2-3-47（b）所示。栓桩结在受力后可以慢慢放松，使用时木桩上的绳卷要排列整齐，不得重叠，松的一头（即活头）要放在下面，并防止放松时向下滑脱。

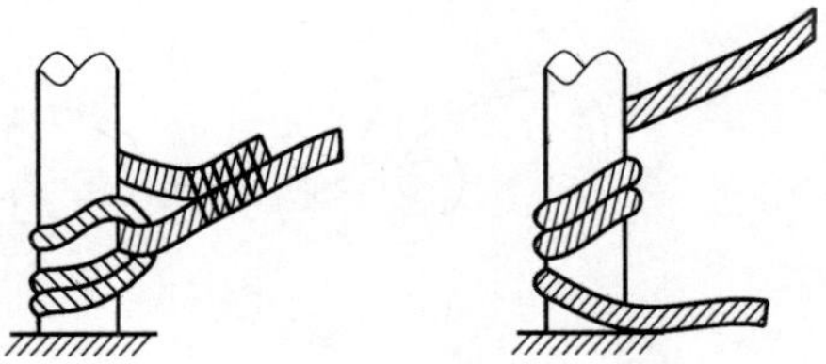

(a)　(b)

图 2-3-47　栓桩结的系结

（a）用于缆风绳固定端；（b）用于溜松绳

6. 双套结

双套结俗称猪蹄扣，也称为丁香结、卷结，广泛地应用于将绳子绑系在物体上。其系结方法如图 2-3-48 所示。双套结的打法和拆解都很容易，具备极高

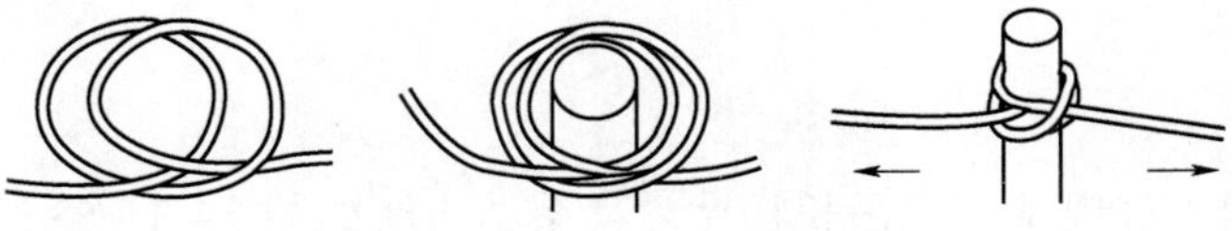

(a)　(b)　(c)

图 2-3-48　双套结的系结

（a）两手握绳，向相反方向各打一圈，将两绳环自由端交叉叠放；
（b）将绳环从圆柱体的开放端套入；（c）拉紧两端

的安全性。

7. “8”字形结

“8”字形结用于麻绳提吊小物件，其系结方法如图 2－3－49 所示。

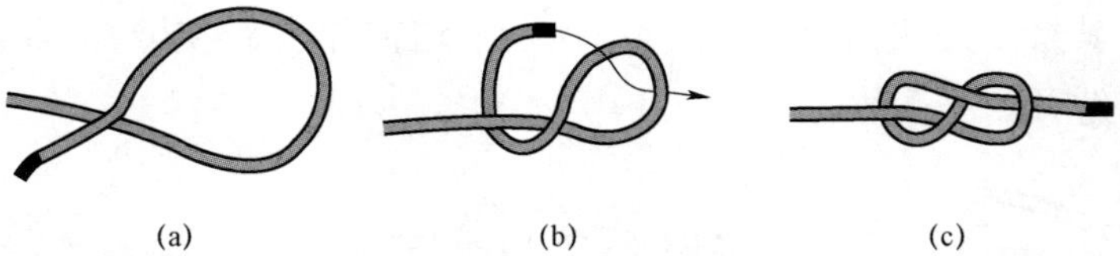

图 2－3－49 “8”字形结的系结

（a）将绳端先行交叉；（b）将一头的绳索绕过主绳来；（c）将绳头穿过绳圈后拉紧完成

8. 琵琶结

琵琶结又称称人结，是一种古老且结构简单的结，被称为绳结之王，广泛应用于当绳子系在其他物体或是在绳子的末端结成一个圈圈时，如图 2－3－50 所示。琵琶结宜结宜解、用途广泛、变化多端。

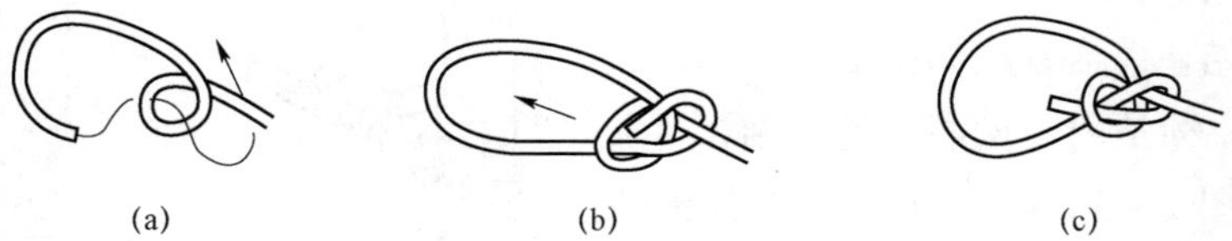

图 2－3－50 琵琶结的系结

（a）在绳子的中间打一个绳环，将绳头穿过绳环的中间；（b）绳头绕过主绳，再次穿过绳环；（c）将打结处拉紧便完成

9. 挂钩结

挂钩结用于绳索与吊钩之间的连接，其系结方法如图 2－3－51 所示。

10. 杠棒结

杠棒结又称抬结，用于两人抬物体或设备法，其系结方法如图 2－3－52 所示。

11. 倒背结

倒背结用于麻绳垂直提吊长物件，其系结方法如图 2－3－53 所示。

12. 拔人结

拔人结用于悬空作业时将人吊起进行短时间工作，其系结方法如图 2－3－54 所示。

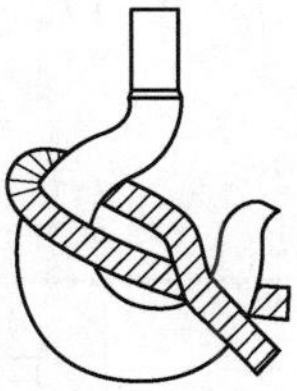
图 2－3－51　挂钩结

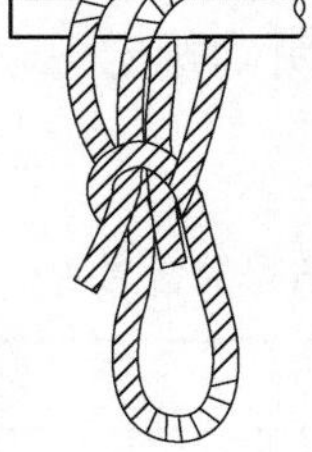
图2－3－52　杠棒结

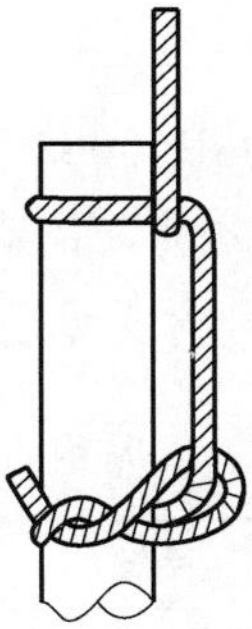
图 2－3－53　倒背结

图 2－3－54　拔人结

13. 搭索结

搭索结用于搭结在钢丝绳中间段，将钢丝绳拉紧，其系结方法如图 2－3－55 所示。

14. 卡环结

卡环结用于绳索与卡环或吊环的连接，其系结方法如图 2－3－56 所示。

15. 抬缸结

抬缸结用于抬缸形物体，其系结方法如图 2－3－57 所示。

16. 瓶口结

瓶口结用于捆绑起吊圆柱形物体，其系结方法如图 2－3－58 所示。瓶口结使用时越拉越紧。

图 2－3－55　搭索结

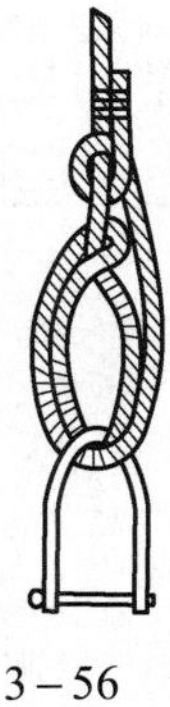
图2－3－56　卡环结

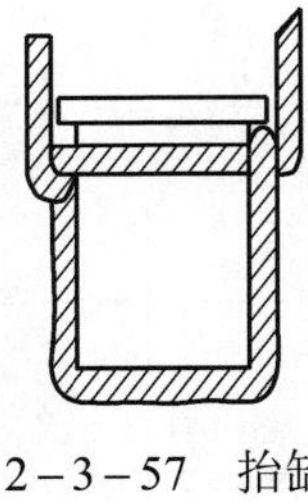
图2－3－57　抬缸结

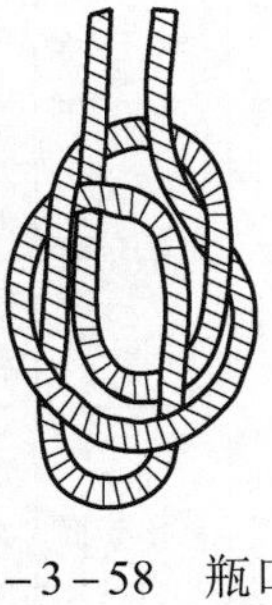
图2－3－58　瓶口结

（七）起重与搬运工艺

1. 起重指挥信号

起重指挥信号常用的有手势信号、色旗（旗语）信号和口笛（音响）信号三种。使用时，有时会三种信号同时使用，以手势信号和色旗（旗语）信号为主指挥动作。

起重指挥信号执行 GB 5082—1985《起重吊运指挥信号》，特殊情况下，起重指挥人员在吊装作业之前，向有关人员明确规定好所用信号的含义并严格遵守。常用的起重指挥信号含义见表 2–3–3。

**表 2–3–3　　常用的起重指挥信号的含义**

| 序号 | 动作 | 手势 | | 旗语 | | 口笛 |
|---|---|---|---|---|---|---|
| | | 手势解释 | 手势图解 | 旗语解释 | 旗语图解 | |
| 1 | 预备（注意） | 手臂伸平，置于头上方，五指自然伸开，手心朝前保持不动 |  | 单手持红绿旗上举 |  | 一长声 |
| 2 | 要主钩 | 单手自然握拳，置于头上，轻触头顶 |  | 单手持红绿旗，旗头轻触头顶 |  | |
| 3 | 要副钩 | 一只手握拳，小臂向上不动，另一只伸出，手心轻触前手肘关节 |  | 一只手握拳，小臂向上不动，另一只手拢红绿旗，旗头轻触前手肘关节 |  | |
| 4 | 吊钩上升 | 小臂向侧上方伸直，五指自然伸开，高于肩部，以腕部为轴转动 |  | 绿旗上举，红旗自然放下 |  | 二短声 |
| 5 | 吊钩下降 | 手臂伸向侧前下方，与身体夹角约为30°，五指自然伸开，以腕部为轴转动 |  | 绿旗拢起下指，红旗自然放下 |  | 三短声 |
| 6 | 吊钩微微上升 | 小臂伸向侧前上方，手心朝上高于肩部，以腕部为轴，重复向上摆动手掌 |  | 绿旗上举，红旗拢起横在绿旗上，互相垂直 |  | 断续短声 |
| 7 | 吊钩微微下落 | 手臂伸向侧前下方，与身体夹角约为30°，手心朝下，以腕部为轴，重复向下摆动手掌 |  | 绿旗拢起下指，红旗横在绿旗下，互相垂直 |  | 断续短声 |

续表

| 序号 | 动作 | 手势 | | 旗语 | | 口笛 |
|---|---|---|---|---|---|---|
| | | 手势解释 | 手势图解 | 旗语解释 | 旗语图解 | |
| 8 | 微动范围 | 双小臂曲起，伸向一侧，五指伸直，手心相对，其间距与负载所要移动的距离接近 |  | 两手分别拢旗，伸向一侧，其间距与负载所要移动的距离接近 |  | |
| 9 | 升臂 | 手臂向一侧水平伸直，拇指朝上，余指握拢，小臂向上摆动 |  | 红旗上举，绿旗自然放下 |  | |
| 10 | 降臂 | 手臂向一侧水平伸直，拇指朝上，余指握拢，小臂向下摆动 |  | 红旗拢起下指，绿旗自然放下 |  | |
| 11 | 转臂 | 手臂水平伸直，指向应转臂的方向，拇指伸出，余指握拢，以腕部为轴转动 |  | 红旗拢起，水平指向应转臂的方向 |  | |
| 12 | 伸臂 | 两手分别握拳，拳心向上，拇指分别指向两侧，做相斥动作 |  | 两旗分别拢起，横在两侧，旗头外指 |  | |
| 13 | 缩臂 | 两手分别握拳，拳心向上，拇指对指，做相向运动 |  | 两旗分别拢起，横在两侧，旗头对指 |  | |
| 14 | 停止 | 小臂水平置于胸前，五指伸开，手心朝下，水平指向一侧 |  | 单旗左右摇摆，另外一面旗自然放下 |  | |
| 15 | 紧急停止 | 两小臂水平置于胸前，五指伸开，手心朝下，同时水平挥向两侧 |  | 双手分别持旗，同时左右摆动 |  | 急促的长声 |

续表

| 序号 | 动作 | 手势 | | 旗语 | | 口笛 |
|---|---|---|---|---|---|---|
| | | 手势解释 | 手势图解 | 旗语解释 | 旗语图解 | |
| 16 | 工作结束 | 双手五指伸开，在额前交叉 |  | 两旗拢起，在额前交叉 |  | |

起重指挥信号使用时的注意事项主要有：

（1）信号的提前量。起重指挥信号的提前量主要是对停止信号而言。停止信号发出后，经司机反应并操纵机构，到机构完全停止，需要一定的时间，这段时间叫做延续时间。在延续时间里，机构仍在继续动作。把机构在延续时间里的动作称为延续动作。机构在延续动作过程中使被吊重物又经过的这一段行程，称为信号的提前量。起重过程中，如果信号的提前量不足，会使重物超过预定的停止位置，甚至造成设备事故。因此，在起吊过程中，要将信号的提前量考虑充分一些，在重物快到达指定位置前机构停止动作，再用“少许”和“微动”信号，指挥起重机进行位置调整。宁可让重物尚未到达指定位置机构就已停止动作，也不能让重物超过预定位置。

（2）信号的传递。为了能够及时准确地掌握起吊过程中的各种情况，指挥人员要站在重物的周围且能够让司机看得到的位置。但是，有些大件的吊装，司机往往看不到指挥人员，因此，指挥人员和司机之间需要设信号传递人员，将指挥人员的指挥信号传递给司机。由于信号的传递需要一定时间，延续时间会更长，因此，信号的提前量就要增大。信号传递人员增加得越多，信号的提前量增加得也就越大。

（3）信号的省略。起重过程中，在下述3种情况下可以省略停止信号，其他任何情况起重信号绝对不能省略：① 使用“少许”和“微动”信号时，只有起始信号，省略停止信号；② 掌握捆绑完毕，从起始信号发出到钢丝绳受力，再到重物吊离地面均应停止一次，此时可省略停止信号；③ 吊装结束后或起重机上的一个吊钩不再使用令其大起时，只给大起信号，省略停止信号。

（4）指挥人员与司机的配合。

1）指挥人员发出“预备”信号时，要目视司机，司机接到信号在开始工作前，应回答“明白”信号（司机使用音响信号，“明白”信号为一短声音响）。当指挥人员听到回答信号后，方可进行指挥。

2）指挥人员在发出“要主钩”“要副钩”“微动范围”手势或旗语信号时，要目视司机，同时发出“预备”音响信号，司机接到信号后，要准确操作。

3）指挥人员在发出“工作结束”的手势或旗语信号时，要目视司机，同时发出“停止”音响信号，司机接到信号后，应回答“明白”信号方可离开岗位。

4）指挥人员要求起重机械微微移动时，可根据需要，重复给出信号，司机应按信号要求，缓慢平稳操纵设备。

2. 起重机械的选择

（1）起重机械类型选择。起重机械类型的选择应充分考虑技术上的合理性、先进性、经济性及现实的可能性，根据吊件质量、吊装高度及现场道路的条件，施工前必须对施工地点、行进道路进行详细勘察。如必须通过正式公路，就不能用履带式车辆运输；若地下水位高，则采用旱船法运输；施工地点有高压线，施工前就要联系停电或采取措施；施工地周围障碍较多，应尽量少用机械而采取其他施工方法；施工现场无法接入电源，就不能选用电动机械等。

（2）起重机械型号选择。当起重机械类型确定后，就要根据以下 3 个工作参数来选择起重机械的型号：

1）起重量。起重机械的起重量必须大于所吊装件的质量与索具质量之和。

2）起重高度。起重机械的起重高度不得小于吊索高度、设备高度、吊装余裕度和基础或阻碍物高度之和。

3）起重半径。起重半径是指起重机旋转中心至吊钩间的直线距离。起重半径等于旋转轴心至起重臂根绞点间的距离、设备中心至其边缘的距离与起重臂根部绞点至设备边缘的距离之和。

3. 运输线路的选择

在设备运输过程中，运输线路必须考虑以下三个方面的因素：

（1）线路净空。线路净空是设备运输过程中所需的线路最小净高和净宽。净高主要取决于沿线上方的桥梁高度、涵洞高度、高压线高度、管廊高度、交通标志高度、通信线路高度等因素；净宽主要受限于道路自身的路面宽度、道路两旁的树木、交通标志牌、建筑物等因素。

（2）线路转弯半径。线路转弯半径主要针对超长设备而言，一般设备对转弯半径没有太高的要求。

（3）道路载荷强度。对超重设备，运输时必须考虑道路载荷强度，尤其是需要通过桥梁、涵洞时，必须充分考虑桥梁、涵洞的承载能力。

4. 重物吊点的确定

在吊运各种物体时，为避免物体倾斜、翻倒、变形、损坏，应根据物体的形状特点、重心位置，正确选择捆绑点，使物体在吊运过程中有足够的稳定性，以免发生事故。重物的捆绑点是指重物吊装过程中捆绑绳与重物相接触集中受力的点，也即吊点。当采用单根绳索起吊重物时，吊点应与重心同在一条铅垂线上；用两根或两根以上绳索捆绑起吊重物时，绳索的交汇处（吊钩位置）应与重心在同一条铅垂线上。吊点确定的方法主要有以下四种：

（1）试吊法选择吊点。对于一般的吊装物件，如形状规则，可通过目测和简单计算确定吊件的大致重心位置，通过试吊反复调整绳索的吊点位置，最终将物件吊平衡。试吊法适用于吊装要求不高的物件，在试吊时，物件距离地面的高度不得大于 500mm。

（2）有起吊吊耳的物件。配电柜、控制箱等设备，厂家在制造时大都设计配置了吊耳，此类设备吊装比较简单，施工时仅需要选择两根同等长度、满足吊件荷重要求的吊索，用卡环连接即可进行吊装。但在利用吊耳前，必须清楚此吊耳设计时的作用。如确系起吊吊耳，则还须对吊耳进行外观检查，对一些重要精密件的吊耳，除外观检查外，还须根据吊装中吊耳的受力大小和方向进行强度核算。

（3）形状规则物件的吊点选择。形状规则物件的重心比较容易确定，如长（正）方形、柱状设备的重心是和物件的形心一致的，在水平吊装时，设备吊点可选择在重心点或重心点两侧的同等位置。

1）当水平吊装细长杆件（如电线杆等）时，吊点的位置应在距重心等距离的两端，吊钩通过重心。两个吊点时，吊点距端部 $0.2l$（$l$ 为物体的长度），如图 2-3-59（a）所示。三个吊点时，一个居中，另两个分别距端部 $0.13l$、距重心 $0.37l$，如图 2-3-59（b）所示。四个吊点时，两端两个吊点分别距端部 $0.095l$，

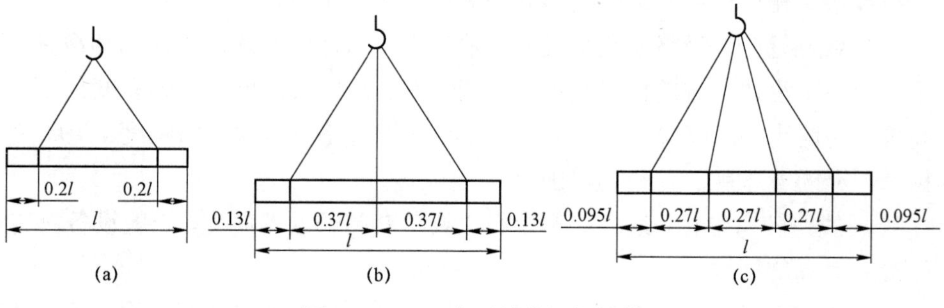


图 2-3-59 水平吊装细长杆件

（a）两个吊点；（b）三个吊点；（c）四个吊点

中间吊点间距 0.27$l$，如图 2－3－59（c）所示。这样设置吊点会使重物变形最小，各吊索受力均匀，避免发生物体和吊索的损坏。

2）当竖直吊装细长杆件时，吊点应设在距离起吊端 0.3$l$ 处，如图 2－3－60 所示。起吊时，吊钩应向下支撑点方向移动，以保持吊索垂直，避免形成拖拽，产生碰撞。

3）吊装方形物体时，四根绳索的位置应在重心的四边对称位置上。

4）在机械设备安装精度要求较高时，为了保证安全顺利装配，可采用辅助吊点配合简易吊具调节机件所需位置的方法。通常多采用手拉葫芦来调节机体的位置，如图 2－3－61 所示。

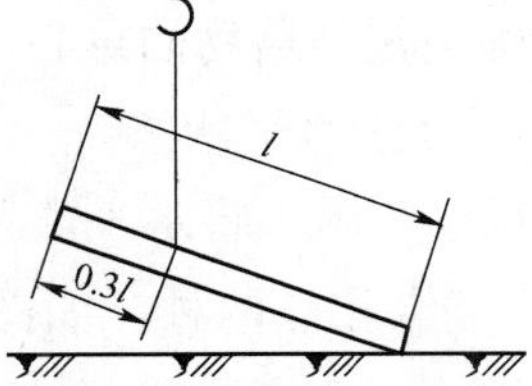


图 2－3－60　竖直吊装细长杆件

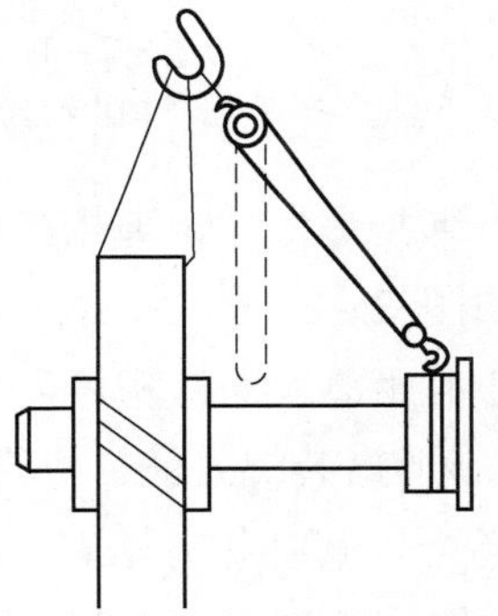

图 2－3－61　调节吊装法

（4）两（多）台起重机吊同一物件时吊点的选择。两台起重机吊同一物件时，主要考虑两（多）台起重机的负荷分配及设备的强度，以保证起重机不超负荷，设备不发生永久变形。在两（多）台起重机抬吊时，辅助起重机除满足吊装负荷外，更重要的是防止设备发生永久变形，其力矩稍大于设备的弯矩即可。

5. 吊装重物的绑扎

吊装重物的绑扎就是用绳索将重物捆绑起来等待吊装，是保证吊运安全的重要环节。不同质量、尺寸、形状的重物，其绑扎方法各不相同，常用的吊装绑扎方法有：

（1）柱形重物的绑扎方法。柱形重物的绑扎方法有平行吊装绑扎法和垂直斜形吊装绑扎法两种。

1）平行吊装绑扎法。平行吊装绑扎法可用一个吊点绑扎，也可用两个吊点绑扎。

一个吊点绑扎仅用于短小、较轻的重物吊装绑扎。在绑扎前应先确定被吊物体的重心，将吊绳捆绑在重物的重心处，以确保重物被吊起后处于水平状态。这种绑扎方法简单实用，可以根据重物的松散程度，选用单圈或双圈穿套绑扎方法，如图 2－3－62 所示。

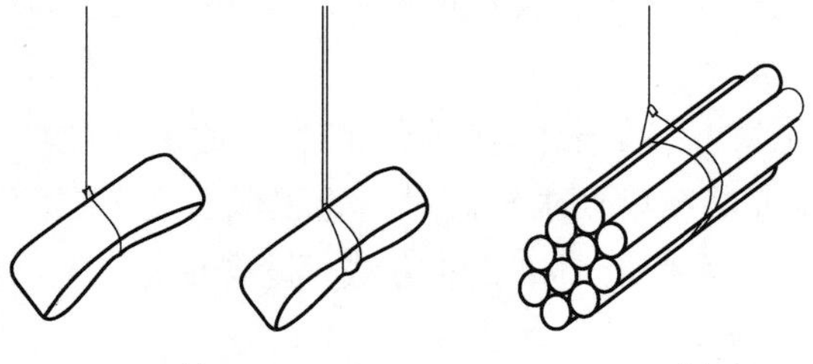

(a) (b)

图 2－3－62　一个吊点绑扎法

（a）单圈穿套绑扎法；（b）双圈穿套绑扎法

两个吊点绑扎是将绳索绑扎在重物的两端，一般采用吊篮式绑扎法和两点穿索绑扎法，如图 2－3－63 所示。在绑扎前应先确定被吊重物的重心，绑扎重物的吊点到重心的距离应保持相等，使重物被吊起后处于水平状态。

2）垂直斜形吊装绑扎法。垂直斜形吊装绑扎法多用于将水平放置的长物件竖立安装的场合，其绑扎方法有一点绑扎法和两点绑扎法两种，如图 2－3－64 所示。绑扎位置在长物件的上部，如物件上没有防止吊索滑脱的部位，则应采取双圈或多圈穿套绑扎法。

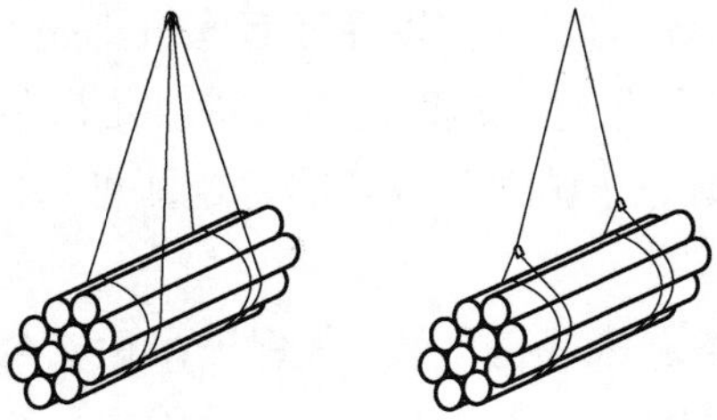

(a) (b)

图 2－3－63　两个吊点绑扎法

（a）吊篮式绑扎法；（b）两点穿套绑扎法

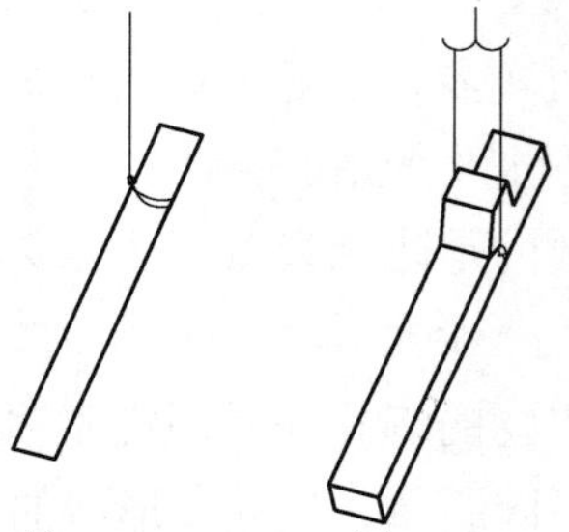

(a) (b)

图 2－3－64　垂直斜形吊装绑扎法

（a）一点绑扎法；（b）两点绑扎法

（2）长方形物体的绑扎方法。长形物体的绑扎方法较多，可根据作业类型、环境和吊装要求来确定。如果重物重心居中可不用绑扎，直接用兜挂绑扎法吊装，即直接将吊索从重物底部穿过，绳头挂在吊钩上，如图 2－3－65 所示。

1）当有一对吊索时，将该对绳的四个绳头挂在吊钩上，将绳中段兜于重物两端底部。若重物起吊时弹性变形较大，如钢筋等，需将每根绳的中间在重物上绕一个空圈兜住重物，以增加吊索与重物间的摩擦力，避免吊索在物体上滑动。

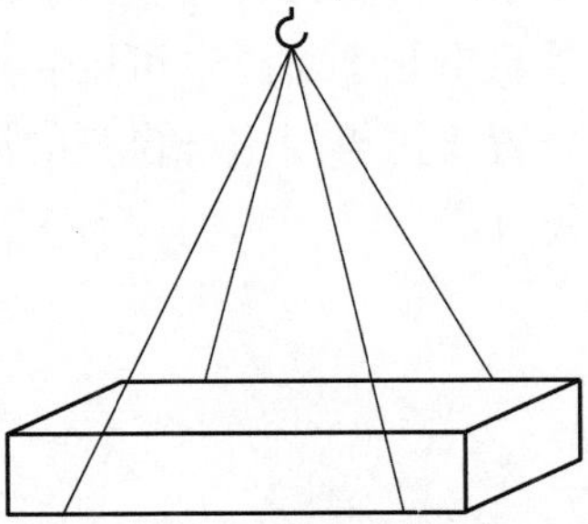

图 2－3－65　兜挂绑扎法

2）当仅有一根吊索时，把绳子中间和两头分别挂在吊钩上，用垂下来的两个大小相等的绳圈兜挂重物。使用单绳兜挂捆绑重物时，应将吊索的中间在吊钩上绕一个空圈，否则易滑绳。

（3）有起吊吊耳重物的绑扎。有吊耳或吊环的设备或重物的绑扎，直接用卡环把吊索的绳头和重物上的吊环、吊耳连接起来进行起吊即可。根据重物上吊耳或吊环的多少，采用相应的卡接点数。

重物绑扎的注意事项包括：

（1）根据被吊重物的质量合理选择索具和吊具。

（2）根据被吊重物的形状、重心位置正确选择吊点，以确保吊运过程中重物的稳定性。

（3）用于绑扎的绳索不得用插接、打结或绳夹固定连接的方法缩短或加长。

（4）绑扎时，在重物的锐角处要用木板、橡胶垫等软物或半圆管进行保护，以防吊索损坏；如属凹腹件，在凹腹处要填方木等，保证绳索受力后重物绑绳处不发生变形。

（5）采用穿套绑扎法时吊索应有足够的长度，以保证吊索与铅垂方向的夹角不超过 45°。

（6）吊运大型或薄壁重物时，要充分考虑重物的强度，必要时应采取加固措施。

（7）绑扎时，应考虑吊索拆除是否方便，重物就位后吊索是否会被压坏。

6. 抱杆的竖立、移动与拆除

（1）抱杆的竖立。抱杆竖立可根据施工现场的实际情况、抱杆的质量，采用人工扳立或使用自行式起重机扳立。

1）人工扳立。人工扳立的操作可采用旋转法和扳倒法。具体操作方法见“起重作业基本操作方法”相关内容。

2）自行式起重机扳立。利用自行式起重机竖立抱杆，安全可靠、操作简单、工作效率高，是施工现场最常用的方法。当起重机的起重量和臂长均可满足吊装要求时，将抱杆提起并经滑移后即可直接竖起，如图 2-3-66（a）所示；当起重机臂长不够时，可用起重机将抱杆吊至倾斜状态，如图 2-3-66（b）所示的位置Ⅰ，再用抱杆自身的滑轮组继续将抱杆竖起，如图 2-3-66（b）所示的位置Ⅱ。

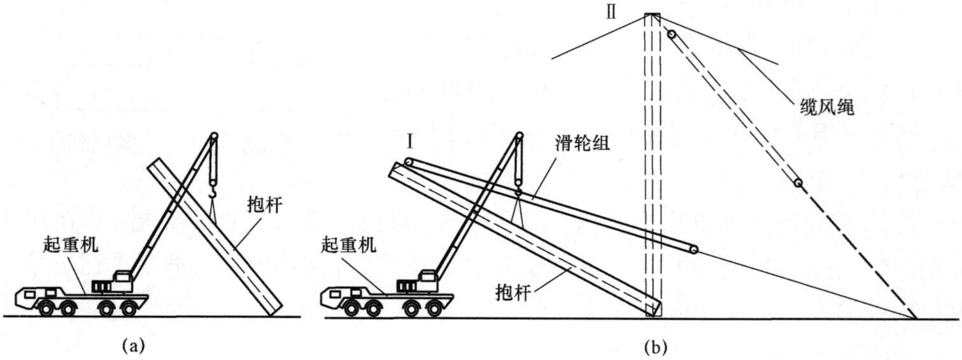


图 2-3-66 自行式起重机竖立抱杆

（a）起重量和臂杆长度足够时；（b）臂杆长度不够时

（2）抱杆的移动。移动抱杆的动力可借助卷扬机来牵引。当抱杆的移动方向为卷扬机一侧时，可将原有的起重绳索固定在导向滑轮上，然后启动卷扬机，抱杆就会向卷扬机一侧移动，如图 2-3-67（a）所示。当抱杆的移动方向为卷扬机反方向时，可在抱杆的根部另装一个导向滑轮，用一根绳索绕过该导向滑轮，绳索的一头连接到与抱杆移动方向相同的方向的地锚上，另一头则与吊钩相连，

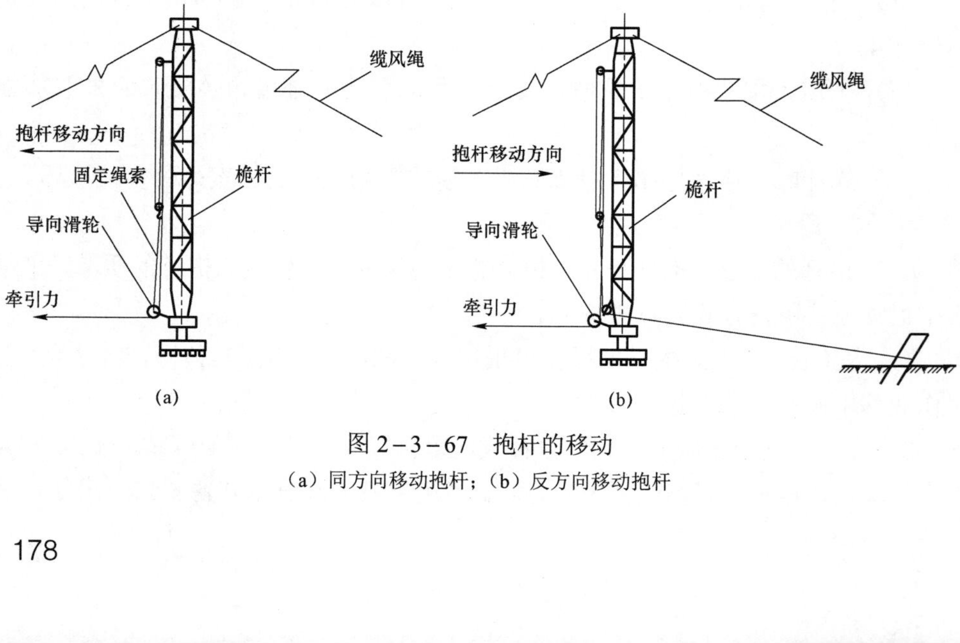


图 2-3-67 抱杆的移动

（a）同方向移动抱杆；（b）反方向移动抱杆

然后启动卷扬机，吊钩上升，抱杆就会向卷扬机远端一侧移动，如图 2－3－67（b）所示。抱杆移动时，要放长与移动方向相反一侧的缆风绳，使抱杆向移动方向倾斜 15°～20°，然后启动卷扬机以移动抱杆的下部，同时收紧移动方向的缆风绳，如此一收一紧，直至将抱杆移动到需要的位置。移动时，操作人员要听从指挥，以确保抱杆的稳定性。

（3）抱杆的拆除。一般情况下，抱杆的拆除比较简单，常用滑轮或绳索加以控制，靠抱杆的自重使其向预定的方向缓慢放倒；也可用起重机来拆除。

7. 吊装实例

（1）32m 长的行车大梁转动 90°（见图 2－3－68）。

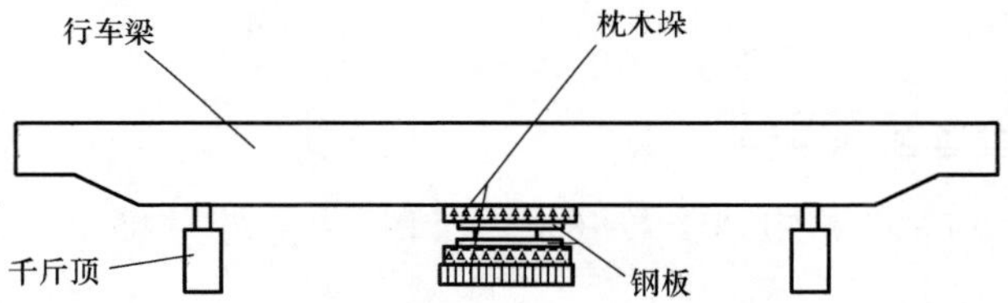


图 2－3－68　行车大梁旋转示意图

1）用千斤顶顶高大梁，在大梁的重心位置下面搭设一个枕木垛，其底面积大小应能承受大梁全重，且确保大梁不会倾斜。

2）在枕木垛上平整地放上 3 层不小于 10mm 的厚钢板，中间一块稍小于上、下两块，并在上、下两层中间涂上黄油，再在钢板与大梁之间码上一层道木。

3）用人力或卷扬机在大梁端部推动大梁，即可转动至任一角度。转动时，要求道木及转盘必须保持水平。

（2）330kV 变压器旋转 180°。

1）先在变压器下面以木板或钢板垫实，再用 4 只 100t 的液压千斤顶顶在变压器四角，利用变压器本身的牛腿将其顶起。

2）变压器被顶起一定高度后，在其下部穿入 6～7 根钢轨作为滑道，钢轨之间用钢管填充。滑道的尺寸要与上转盘相配并略大于上转盘底面积。

3）在轨道上加一块 36mm 厚的钢板作为变压器旋转的上转盘，在钢轨和钢板之间涂上黄油。钢板的尺寸要与变压器底面相配并略大于变压器底面积。

4）将牵引绳绑扎在变压器对角的两个吊耳上，检查无误后，用两台卷扬机或其他牵引力，缓慢将其旋转 180°，如图 2－3－69 所示。

（3）钢筋混凝土预制梁的吊装。预制梁一般都设有吊环，因此，在吊装时只需用两根等长、等径的钢丝绳与吊环和吊钩连接就可起吊。对于没有设置吊环的预制梁，一般用千斤绳兜住起吊，两根钢丝绳应兜在梁的重心对称位置上，以保证起吊后梁呈水平状态，同时，两根钢丝绳之间的夹角不能大于 60°，如图 2－3－70 所示。

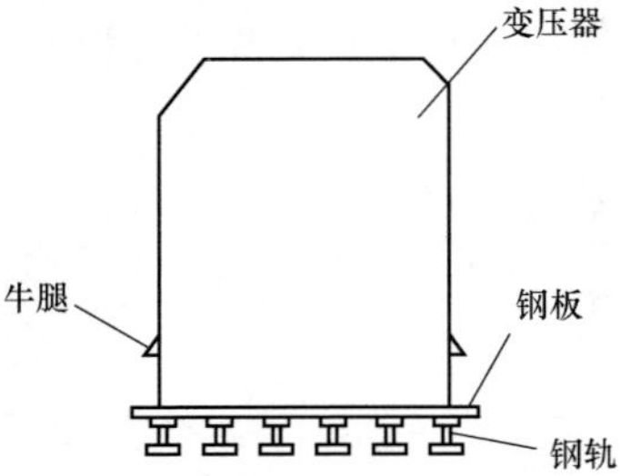


图 2－3－69　330kV 变压器旋转 180°

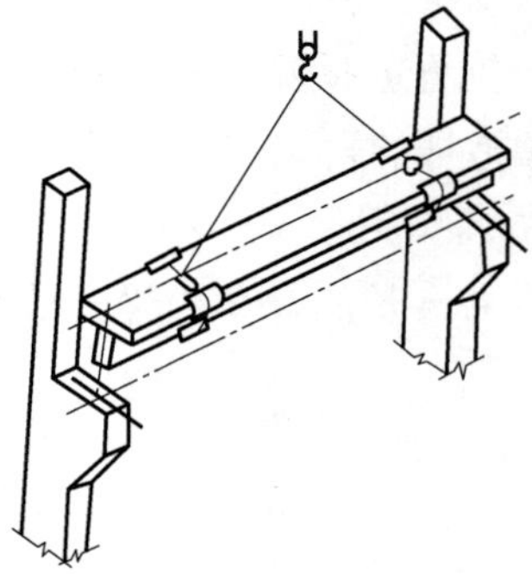

图 2－3－70　钢筋混凝预制梁的吊装

（4）电缆盘的吊装。电缆盘一般用铲车（叉车）或起重机装卸。装卸时，严禁多盘电缆同时吊装，以防因多盘电缆受力不均、重心不稳造成滑脱或翻落。如果没有吊装设备，不允许将电缆盘直接从载重车上推下，以防电缆被摔坏。此时，可用木板搭成斜坡的牢固跳板，再用绞车或绳子拉住电缆盘使之缓慢滚下。

（5）应急抢修铁塔组立。以倒落式人字抱杆组立门型应急抢修铁塔为例，介绍应急抢修铁塔的组立方法，其现场布置图如图 2－3－71 所示。

1）吊点布置。吊点绳的布置方式对索具受力影响不大，主要影响的是应急抢修铁塔塔身强度。在起立过程中塔身的抗弯力矩要大于吊点绳的受力。根据受力分析结果，吊点绳的布置方式为采用两点吊。

2）总牵引绳布置。牵引系统由主牵引绳、滑轮组、牵引动力装置及其地锚组成。为保证组立应急抢修铁塔时安全且受力合理，总牵引地锚出土点至应急抢修铁塔塔脚中心的距离 $S$ 不能小于 1.2 倍应急抢修铁塔的全高，经综合受力分析，取推荐值为 $S=2.6H$（$H$ 为抢修塔重心高度）。

牵引方式常用滑轮组单头牵引。为防止滑轮组的牵引绳子打绞，在动滑轮上应悬挂重锤。牵引绳一端连接抱杆脱帽环，一端连接滑轮组的动滑轮。滑轮组的动滑轮与牵引侧锚桩相连，动滑轮侧与牵引钢绳相连，滑轮组滑轮间的距离应满足起吊完成后两滑轮互不碰撞，有足够的余地。总牵引地锚应位于线路中心线上或线路转角二等分线上，使牵引钢绳对地夹角不大于 30°，地锚埋深根据设计要

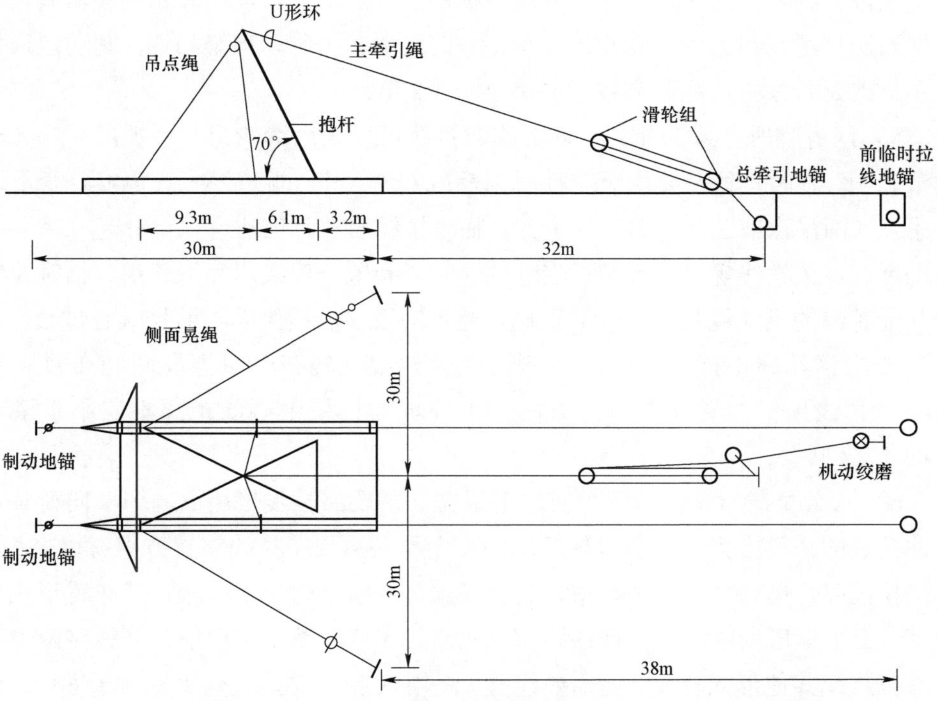


图 2-3-71 门型应急抢修铁塔组立现场布置图

求。牵引机具地锚尽量和总牵引地锚在一条线上，如果地形不允许，则必须设置转向滑车，地锚深度按设计要求。

3）抱杆系统布置。现场操作时，人字抱杆摆放到位后，将抱杆脚与底座相连接，再将两抱杆头部合拢置于杆塔结构中心线上，再安装抱杆脱帽环。为了方便抱杆脱帽环的安装，抱杆头部应利用马凳等设备将抱杆支起。人字抱杆是整体组立应急抢修铁塔的关键，现场主要对抱杆截面、抱杆有效高度、前移距和初始角进行选取。抱杆截面主要根据立塔过程中抱杆允许受的压力进行选择；抱杆有效高度推荐值为 $h=(0.9\sim1.1)H$；抱杆前移距指的是抱杆脚至抢修塔塔脚中心的距离，推荐值为 $a=(0.25\sim0.35)H$；抱杆初始角推荐值为 70°，初始角过小，抱杆不容易脱落，过大时应急抢修铁塔还没有立起抱杆就会脱落。

4）制动绳的布置方式及地锚至塔脚中心的距离。制动系统是在应急抢修铁塔组立过程中起制动作用。制动系统包括制动绳、滑轮组、制动装置和地锚，这主要取决于应急抢修铁塔的质量、制动绳的受力大小等。制动绳至塔脚中心的距离不影响制动绳受力，主要考虑看管制动系统人员的安全，即此距离不得小于 1.2

倍塔全高。制动绳的布置方式常采用手扳葫芦，制动绳一端用卸扣锁住塔脚，另一端与制动滑轮组的动滑轮相连，滑轮组的定滑轮与制动地锚相连。制动地锚位于主杆的延长线上，距离立柱中心不小于1.2倍杆高。

5）四方临时拉线的布置。四方临时拉线可以采用滑轮组、手扳葫芦等方式调节控制，临时拉线主要用于电杆两侧及后方侧，其上端应绑扎在电杆杆身靠近上吊点（两吊点或三吊点时）的下方。临时拉线展放时应注意在电杆起立后不与制动绳、永久拉线等交叉打绞。临时拉线收紧装置一般采用复滑轮组，临时拉线及其滑轮组的钢丝绳长度应计算准确，避免塔组立后钢丝绳不够长或者过长，甚至滑轮组钢丝绳不能发挥作用。侧面临时拉线地锚在牵引方向两侧布置，反向临时拉线地锚布置在牵引反方向，地锚坑与杆塔中心的距离不应小于塔全高的1.2倍。

6）永久拉线布置。应急抢修铁塔组立后主要靠拉线平衡纵向和横向荷载，因此拉线的搭设方案对应急抢修铁塔的安全至关重要。拉线布置方案有很多种，单层拉线时，单杆塔、上字型塔、门型塔永久拉线不得少于4根，其布置形式单杆塔、上字型塔为顺线路与横线路相互垂直打十字拉线；门型塔为顺线路两侧打交叉拉线或其他形式拉线，但需要检验。采用X拉线对地夹角不宜大于60°。设双层拉线时，采用外八字或X拉线，顶层斜外侧设4根拉线，下层斜外侧设4根拉线，拉线对地夹角不宜大于60°，前后侧拉线夹角宜为90°，具体布置如图2-3-72所示。

### （八）起重事故及其预防

#### 1. 起重事故的主要类型和原因

（1）失落事故。失落事故是指起重作业中，吊载、吊具等重物从空中坠落所造成的人身伤亡和设备毁坏的事故。失落事故是起重机械事故中最常见的，也较为严重的事故。常见的失落事故有以下几种类型：

1）脱绳事故。脱绳事故是指重物从捆绑的吊装绳索中脱落溃散发生的伤亡毁坏事故。

造成脱绳事故的主要原因有：① 重物的捆绑方法与操作不当，造成重物滑脱；② 吊装重心选择不当，造成偏载起吊或吊装中心不稳造成重物脱落；③ 吊载遇到碰撞、冲击、振动等而摇摆不定，造成重物失落等。

2）脱钩事故。脱钩事故是指重物、吊装绳或专用吊具从吊钩钩口脱出而引起的重物失落事故。

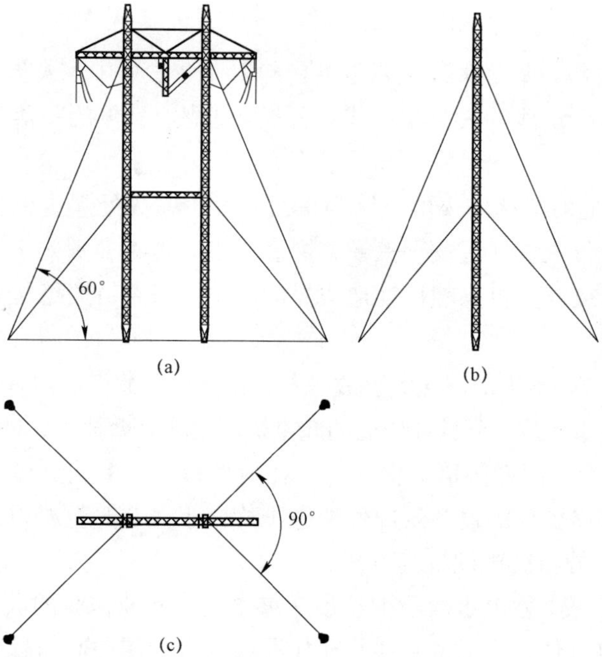


图 2-3-72　双层拉线外八字拉线示意图
（a）正视图；（b）侧视图；（c）俯视图

造成脱钩事故的主要原因有：吊钩缺少护钩装置、护钩保护装置机能失效、吊装方法不当及吊钩钩口变形引起开口过大等。

3）断绳事故。断绳事故一般分为起升绳破断和吊装绳破断两种类型。

造成起升绳破断的主要原因有：① 超载起吊拉断钢丝绳；② 起升限位开关失灵造成过卷拉断钢丝绳，斜吊、斜拉造成乱绳，挤伤切断钢丝绳；③ 钢丝绳因长期使用，缺乏维护保养造成疲劳变形、磨损损伤等，达到或超过报废标准仍然使用等。

造成吊装绳破断的主要原因有：① 吊装角度太大（超过 60°）；② 使用吊装绳抗拉强度超过限值而拉断吊装钢丝绳；③ 品种规格选择不当；④ 仍使用已达到报废标准的钢丝绳捆绑、吊装重物，造成吊装绳破断；⑤ 吊装绳与重物之间接触无垫片等保护措施，造成重物棱角割断钢丝绳而出现吊装绳破断事故。

4）吊钩破断事故。吊钩破断事故是指吊钩断裂造成的重物失落事故。

造成吊钩破断事故原因有：① 吊钩材质有缺陷；② 吊钩因长期磨损断面减小已达到报废极限标准却仍然使用；③ 经常超载使用造成疲劳破坏以

致断裂破坏。

（2）坠落事故。坠落事故主要是指在起重作业过程中，人员、吊具、吊载的重物从高处坠落所造成的人身伤亡或设备损坏事故。常见的坠落事故有以下几种类型：

1）从机体上滑落摔伤事故。这类事故多发生在高处起重机上进行维护、检修的作业中，检修人员缺乏安全意识，抱着侥幸心理不穿戴安全带，由于脚下滑动、障碍物绊倒或起重机突然启动造成晃动，使检修人员失稳从高处坠落于地面摔伤。

2）机体撞击坠落事故。这类事故多发生在检修作业中，因缺乏严格的现场安全监督制度，检修人员遭到其他作业的起重机端梁或悬臂撞击，从高处坠落摔伤。

3）维修工具零部件坠落砸伤事故。在高处起重机上从事检修作业时，常常因不小心，使维修更换的设备零部件或维护检修工具从起重机机体上滑落，造成砸伤地面作业人员和机器设备等事故。

（3）触电事故。触电事故是指从事起重作业或其他作业的人员，因违章或其他原因遭受的电气伤害事故。主要是在作业现场有裸露的高压输电线、母线等带电体，由于现场安全指挥监督混乱，常有自行式起重机的悬臂或起升钢丝绳摆动接近或触及带电体，进而造成操作人员遭到触电伤害。

（4）挤伤事故。挤伤事故是指在起重作业中，作业人员被挤压在两个物体之间，造成挤伤、压伤、击伤等人身伤亡事故。造成挤伤事故主要是由于起重作业现场缺少安全监督指挥管理人员，现场从事吊装作业和其他作业的人员缺乏安全意识或野蛮操作等人为因素所致。发生挤伤事故的多为吊装作业人员和检修维护人员。

（5）机毁事故。机毁事故是指起重机机体因为失去整体稳定性而发生倾覆翻倒，造成起重机机体严重损坏及人员伤亡事故。常见的机毁事故包括断臂、倾翻、多台起重机相互撞毁等。

（6）其他事故。其他事故包括因误操作、起重机之间的相互碰撞、安全装置失效、野蛮操作、突发事件、偶然事件等引起的事故。

2. 起重作业人员安全要求

起重作业人员包括起重指挥人员、起重机司机和起重挂钩工（简称起重工）。起重工作是一项技术性强，危险性大，需要多工种人员精心组织、互相配合、相互协调、统一指挥的特殊工种作业，起重作业人员属特种作业人员，必须身体健康，经过安全技术培训并取得特种作业人员操作证后，方可从事与操作证相符合的起重作业。所有起重作业人员在起重作业过程中应当严格执行起重设备的操作规程和有关的安全规章制度。

（1）对起重指挥人员的安全要求。起重指挥人员是起重作业的组织者和协调者，对于复杂物体和复杂环境条件下的起重作业，更需要起重指挥人员协同起重机司机和起重工共同完成起重工作。

1）起重指挥人员必须熟悉所指挥起重机械的技术性能，必须掌握标准的起重吊运指挥信号，并经培训考试合格方可担任起重指挥。

2）起重指挥人员不能干涉起重机司机对手柄或旋钮的选择。

3）起重指挥人员要负责载荷重量的计算，以及正确地选择索具、吊具。

4）起重指挥人员要预想可能发生的危险并采取必要的措施。

5）起重指挥人员要佩戴明显标志和特殊颜色的安全帽。

6）起重指挥人员发出的指挥信号要清晰、准确。

7）起重指挥人员指挥起吊前，应先进行全面检查，确认作业危险区内无人后，方可下令起吊。起重指挥人员应与被吊物体间保持一定的安全距离，才可指挥起吊。

8）当起重指挥人员的位置不能同时看见起重机司机和重物时，应站到能看见司机的一侧，并增设中间指挥人员传递信号。或者站到重物一侧，使用对讲机（手机）等通信工具，否则不能保证安全。在高处用对讲机（手机）指挥高架起重机时，要有防止对讲机（手机）突然断电的应急措施。

9）指挥起重机在雨、雪等恶劣气候条件下作业时，应先经过试吊，检验制动器灵敏可靠后，才可正常起吊。

10）在开始指挥起吊负载时，用“微动”信号指挥，负载离开地面约 10mm 时，停止起升，悬吊 10min 进行检验，确认安全无误后，再指挥负载以正常速度起升。

11）当两台或两台以上起重机同时在近距离的区域工作时，指挥使用的音响信号应有明显区别，或用旗语、对讲机（手机）等其他方法指挥，以免起重机司机混淆指挥信号而发生危险。

12）当起重指挥人员跟随重物运行进行指挥时，应随时指挥起重机司机避开人员和障碍物。

13）当多人绑挂同一负载时，指挥起吊前，应先做好呼唤应答，确认各点绑挂正确后，方可由起重指挥人员一人指挥起吊。

14）用两台起重机抬吊同一重物时，起重指挥人员应双手分别指挥两台起重机，以确保同步吊运。

15）在带电设备区域内使用起重机、斗臂车时，车身应使用不小于 16mm$^2$的软铜线可靠接地。在道路上施工应设围栏，并设置适当的警示标志牌。长期或频繁地靠近架空线路或其他带电体作业时，应采取隔离防护措施。

16）起重机停放或行驶时，车轮、支腿或履带的前端外侧与沟、坑边缘的距离不准小于沟、坑深度的 1.2 倍；否则应采取防倾、防坍塌措施。

17）作业时，起重机应置于平坦、坚实的地面上，机身倾斜度不准超过制造厂的规定。不准在暗沟、地下管线等上面作业；不能避免时，应采取防护措施，不准超过暗沟、地下管线允许的承载力。

18）作业时，起重机臂架、吊具、辅具、钢丝绳及吊物等与架空线路及其他带电体的最小安全距离不得小于对应电压等级的安全距离，若小于安全距离时，应停电后再进行作业。

（2）对起重机司机的安全要求。

1）起重机司机必须进行安全教育和安全技术培训，取得特种作业人员操作证后才可操作起重机。

2）取得特种作业人员操作证的起重机司机必须每两年进行一次复审，未按期复审或复审不合格者，其操作证自行失效，不再具有操作起重机的资格。

3）起重机司机开动起重机前，必须注意起重机两侧和地面上人员的安全，应先按音响信号示意，再开动起重机。

4）各式电动起重机，在工作中一旦停电，应将启动器全部恢复至零位，再将电源开关拉开。工作完毕或休息时，也应将控制开关恢复零位，并将总开关拉开。

5）起重机传动装置在运转中变换方向时，应经过停止稳定后再开始逆向运转，禁止直接变换运转方向。运转速度不宜变换过大，加速或减速应逐渐进行，否则将产生很大的动载荷，导致起重机发生危险。

6）起重机的主、副钩换用时，在主、副钩达到相同高度后，应只操作一个吊钩的动作。不得双钩同时操作，避免只注意一个吊钩的位置和动作而忽视了另一个吊钩，从而发生危险。

7）起重机停放或行驶时，车轮或履带外侧与沟坑边缘的距离不得小于沟坑深度的 1.2 倍，否则必须采取防塌措施。

8）起重机司机操作前应对制动器、吊钩、钢丝绳及安全装置进行检查，发现异常情况应在操作前排除，不允许带病操作。

9）起重机司机不得采用短接限位开关、强行闭合接触器等方法，使起重机安全保护装置失效，从而达到超载、超限等特殊目的。

10）起重机司机必须熟练掌握起重指挥信号。在起重指挥信号不明确或对起重指挥人员的意图有疑问时，不能盲目操作，必须核对清楚后，再行操作。

11）起重工已挂好钩，起重指挥人员已发出工作信号，却没有注视着起吊物时，起重机司机不应操作，要发出警示信号，直至起重指挥人员和起重工注视吊物时，才能操作。

12）起吊大型物件时，常用多名起重工挂钩，也容易发生多人乱指挥的现象，但起重机司机只能听从事先规定的起重指挥人员的信号。

13）起重机在工作中，任何人发出停止信号时，起重机司机都要立即停止，以防发生事故。

14）起重机司机在开始操作之前，要了解吊运物件的大概质量和形状，对起重过程中的细节要反复斟酌，确定无误后才可进行起重作业。

15）对地面的工作情况有不同意见时，不要先操作，应先发出信号，等起重指挥人员检查之后并发出指挥信号时，才能升降或走车。如果认为还有问题，即使再次发出了操作信号，也不要操作，直到彻底消除隐患为止。

16）升降重物时，要在到达指定高度之前就减速，避免因突然停止引起车体振动和钢丝绳损伤。

17）各起重机之间的距离保持在 1m 以上。

18）起重机司机的“十不吊”：① 被吊物体的质量不明确不吊；② 起重指挥信号不清楚不吊；③ 钢丝绳等捆绑不牢固不吊；④ 被吊物体重心和钩子垂线不在一起，斜拉斜拖不吊；⑤ 被吊物体被埋入地下或冻结在一起的不吊；⑥ 施工现场照明不足不吊；⑦ 六级以上大风时，室外起重工作不吊；⑧ 被吊设备上站人或下面有人不吊；⑨ 易燃易爆危险物件没有安全作业票不吊；⑩ 被吊物体质量超越机械规定负载不吊。

（3）对起重工的安全要求。电力企业的起重工应熟练掌握物体的捆绑知识，合理选用吊具、索具，熟练掌握起重指挥信号，了解起重机的性能、技术参数及构造。有时起重工兼作起重指挥人员，因此，起重工的安全技术素质至关重要。

1）作业前，起重工要根据起吊物件的具体情况选择相适应的吊具、索具，并对吊具、索具进行认真检查，确认完好无损后，方可投入使用。

2）起吊物件前，应仔细检查连接点是否牢固可靠。

3）起重工选用吊具时应保证起吊物体不得超过吊具的额定起重量，吊索不得超过安全工作载荷。

4）起吊物件的棱角处应加以包垫，以防割伤起吊钢丝绳或滑脱。

5）物件绑挂好将要起吊时，要详细检查物件和周围物体有无挂连，确认无误后，才可指挥起吊。

6）起重机吊钩的吊点应与所吊物件重心在同一条铅垂线上，使吊重处于平衡稳定状态，决不能偏拉斜吊。偏拉斜吊会增大起重机负荷，还会使起吊物离地后摆动发生危险。发现偏拉斜吊一定要及时进行纠正。

7）起吊物捆绑后留出的绳头必须紧绕在吊钩或起吊物上，防止起吊物移动时挂住人员或物件。

8）埋在地下或固定在地面上的不明质量物件不能进行起吊。与其他部件连接未完全分离的物件不得起吊。

9）起吊千斤绳的夹角不得超过 60°，千斤绳夹角过大，所承受的应力会大幅度增加，起吊物承受的水平力也会增加，可能使起吊物变形损坏。

10）对吊起的物件进行加工和检查时，必须采取可靠的支撑措施，并通知起重机司机。禁止将起吊物悬于空中进行作业。

11）起重臂及起吊物的下方禁止任何人停留或通过，起重指挥人员应站在使起重机司机能看清指挥信号的安全位置上。

12）所吊装物件安装时的测量、划线等准备工作应提前做好，等待吊装物件就位，不能将吊物悬于就位上方才做准备工作。

13）起吊大的或不规则的构件时，应在构件上拴上牢固的拉绳以便于控制，防止构件在空中发生摇摆或旋转。

14）在高处安装就位的物件，绑扎点和卡环连接点应便于高处作业人员解钩，必要时应在物件上设置脚手架、爬梯等。

15）吊物就位前要衬好垫木，不规则物件要加支撑，保持平衡。不得将物件压在电气线路、管道或其他未经核算的结构上。

16）卸放物料时，不能堆放过高，下部应垫以坚实的垫板，以备下次搬运时容易绑扎起吊。堆放管材等长形物件时还要有防止侧滚的可靠措施，操作人员应站在管材端部进行操作，不应站于管材中部。

17）吊运多根长形物件，如型钢、管材等时，应两点绑扎，中间应夹放适当长度和数量的木条，以防滑脱。

18）起吊物件放置牢固后，应将吊钩上的索具、吊具、攀系物整理顺畅，确认和周围物件无任何牵连后，方可慢慢起钩。

19）风力达 6 级及以上或遇大雪、大雾、雷雨等恶劣气候条件，不得进行露天起重作业。

20）夜间照明不足时，不得进行起重作业。

21）装钢柱等长形高大组件时，就位后要做好固定措施后方可摘钩登上柱顶进行其他工作。

22）重大的起重、运输项目，应编制详细的安全技术措施或施工作业指导书，并在施工前由技术人员向全部工作人员作详细交底。

23）属下列情况之一者，必须办理安全施工作业票，并应有施工技术负责人在场指导，否则不得施工：

a. 吊物质量达到起重机械额定起重量的 95%。

b. 两台及两台以上起重机械抬吊同一物件。

c. 起吊精密物件、起吊不易吊装的大件或在复杂场所进行大件吊装。

d. 起重机械在输电线路下方或附近工作。

## 课 题 四

# 应急救援现场交通管理与应急驾驶

### 一、应急救援现场交通管理

突发事件现场的特点决定了应急救援现场交通的紧急性、重要性及应急救援现场交通管理的特殊性和复杂性，在突发事件现场，往往会根据我国有关法律规定，实行交通管制，对交通实行临时性限制和特殊管理。

作为应急救援队伍的重要组成部分，电网企业应急救援基干分队在应急救援期间，应急救援现场可能会面临道路湿滑、地面结冰、坑洼不平、塌方难行等交通问题，必须克服现场车辆的行车环境恶劣、行车道路复杂多变等困难，加之应急救援车辆往来频繁，尤其应注意交通安全。因此，需确定专人来承担应急救援期间重点交通线路的现场交通指挥和安全保障工作。另外，现场指挥人员还需克服路线长、危险地段多、抢修时间紧、人员配备少、工作时间长、吃住条件差和天气寒冷、睡眠不足等困难，合理调度车辆，安全高效地开展车辆指挥协调工作，才能为应急救援工作安全有序进行提供良好的交通保障。

#### （一）应急救援现场交通管理应具备的条件

（1）具备无线网络功能的笔记本电脑（用于车辆 GPS 定位）或已安装定位仪器的车辆、对讲机等通信工具、通信录。

（2）具备应急照明器具、急救包及药品、应急食品等。

（3）具备安全帽、防雨（保暖）服、警示服等个人防护用品。

（4）具备脱困板、防滑链等防滑材料和脱困器具。

（5）具备夜间闪光警示灯、反光警示围栏、彩旗、哨子等警示用品。

（6）具备“交通指挥”和“安全监督”字样的袖标，配备车辆检修的常用工器具。

#### （二）电力企业应急救援现场交通管理要点

为有效提升应急救援过程中现场交通管理，维护交通秩序，缓解拥堵现象和防范交通安全事件，最大程度上保障应急救援施工人员、应急物资和工器具的及时和安全输送，电力企业应急救援现场交通管理应采取以下举措：

（1）应急响应机制运转后，应立即组织交通安全管理人员赶赴应急救援现场，随后根据实际需要分批增援、替换轮动。迅速组建车辆指挥机构，立即进行现场勘查，协调应急救援所在地的交警部门，制订交通安全管理方案，实施应急救援现场交通安全统一管理。

（2）迅速组织人员勘查现场道路情况，确定交通管控路段是否实行单向通行或分批次通行。设立两端往返点，查明中间危险地段、泥泞地段、特殊方式行驶地段等位置，确定中间协管位置及人员配置。

（3）采取针对性的交通安全管理措施。在道路要口、危险地段设专人把守，使每个点都有专人监护、24h 轮流值班，提醒并指导驾驶员安全行车，协助打滑车辆通过泥泞等危险地段。严格控制车辆进出，要求所有车辆必须服从指挥，对违反规定或不听从指挥的驾驶员，应立即予以制止；对已造成交通拥堵等后果的车辆，必要时可强行拖离，并利用各种渠道予以通报批评。如有需要，可设置车辆单行路段避免拥堵，如出现不同单位车队交叉通行且道路狭窄的情况，则应实施单向通行措施，以提高通行效率；注意加强交通安全的统一协调，配置对讲机便于信息沟通。

（4）有效落实危险点防控措施。现场泥泞、塌方等危险路段需及时处理，加快道路通行效率和安全性。如在泥泞路段铺设草垫、碎石，装设防滑链防止车辆打滑；在狭窄、急转等危险路段设置彩旗等予以警示；夜间设置反光警示围栏、道路指引牌、警示灯等，起到警示提醒作用。

（5）现场负责人发现有人员受伤或交通事故等情况又无法处理时，应及时拨打 120、110、119、122 等报警电话，详细说明事发地点、灾害程度、人员伤亡情况、联系电话，并派人到路口接应。

## 二、应急驾驶基础

电力应急救援过程中往往会使用到各种车辆，如应对恶劣天气或复杂路况的越野车辆、确保现场电力应急物资安全运输的吊装或起重搬运特种车辆等。当陆路不能到达应急救援现场时，会使用到冲锋舟、橡皮艇等水上交通工具，甚至需要架设简易浮桥、索道等。电力应急救援人员需熟练掌握这些装备的使用和操作，以应对各类突发事件，确保应急救援全过程安全可靠。

### （一）概述

#### 1. 应急驾驶的含义

应急驾驶，顾名思义是在紧急情况下的一种驾驶状态。既不同于日常生活中的正常驾驶，也不同于极限越野中的激情驾驶，作为应急救援行动中不可或缺的一部分，应急驾驶会面对恶劣天气、复杂地形、意外情况等，并且要求安全、快速、有效到达。

2. 应急驾驶的原则

（1）安全保障。安全第一是在应急救援乃至日常工作生活中的首要原则，在应急驾驶中更是如此。决定安全与否的因素有很多，如驾驶员的身体状态、心理素质、驾驶能力技巧、车辆装备的保养状态、路线的选择、道路情况、天气情况等，但关键因素还是人。人员装备的状态、车辆保养的状态由人决定，路线的选择、道路的勘察、不同天气状况下的装备选择、驾驶方式都是由人来决定和完成的，这就是我们平时所说的态度决定一切。所以，要求应急驾驶员必须有一个严肃认真的态度，确保应急驾驶的安全。

（2）快速通过。快速通过指的是在应急救援过程中通过对各种路况的正确应对，对各种驾驶技巧的正确应用，快速安全及时地把人员、物资、装备运送到指定位置，为下一步应急救援行动创造条件和节约时间。

（3）有效到达。有效到达指的是在应急驾驶过程中不仅要做到安全第一、节约时间，还要保证到达指定地点后，车辆、人员、装备都要状态正常、完好无损，能够马上展开后续的应急救援行动。如果在救援途中或到达现场后车辆受损、人员疲惫、装备损坏，则无法完成既定的应急救援行动，导致应急救援失败。

3. 特殊路段通过的三要素

应急驾驶包括日常驾驶的三要素，这三要素有时会同时进行，但可以依据细微差别给其进行先后排序，即道路勘察、方向控制、动力选择。

（1）道路勘察。宏观的道路勘察可以借助地图、卫星图、前方通报等做出合理的路线选择。狭义的道路勘察指的是驾驶进行过程中的道路勘察，通过观察视野内的道路情况、车辆情况、地形地貌、路牌标示等，随时随地做出判断调整。在突然出现陡坡、泥潭、积水坑、河流、车辙甚至道路消失、暴雨冲刷山路、江河冲刷路基等情况时，道路勘察成为应急驾驶必要且必须的第一环节。所以，在准备通过特殊路段时，先要进行道路勘察，判断能不能过、怎么过、行进方向如何、挡位动力如何选择，并提前做出合理判断和选择。

（2）方向控制。方向控制指的是行进路线选择及对方向盘的控制。进入特殊路段前，要根据道路勘察的结果选择安全正确的行进路线，并对方向盘进行有效控制和合理调整，既可以保持正确的行进方向，还可以保持正确合理的车辆姿态。车辆在行进中的姿态控制直接关联重心变化、整车位移等因素，可影响到整体行车安全。

以向右转动方向盘为例，介绍正确转动方向盘的方法。左手握住方向盘 9 点位置，向右侧用力；右手自然握住方向盘 3 点的位置，不用力，如图 2－4－1（a）所示。左手用力向右转动方向盘，右手跟随转动，如图 2－4－1（b）所示。左手继续用力转动方向盘至右上方；松开右手，握住方向盘左上方后，松开左手，如图 2－4－1（c）所示。右手握住方向盘继续转动；左手回位，如此重复，做第二轮旋转，如图 2－4－1（d）所示。方向盘回位方法可采用反方向用力的方法进行［图 2－4－1（e）］，也可利用方向盘的复原力虚握回位［图 2－4－1（f）］。

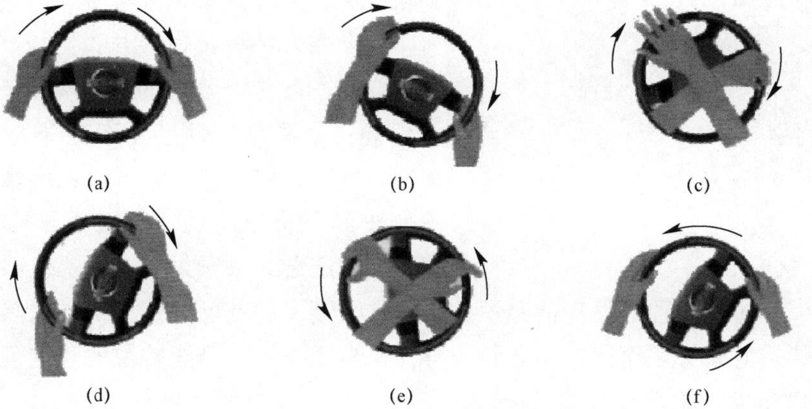


图 2－4－1　方向盘向右转动方法

（a）左手用力开始转动，右手自然握；（b）左手用力转动，右手跟随转动；（c）左手继续转动，右手握住左上方，左手松开；（d）右手转动，左手回位；（e）反方向回位；（f）利用复原力回位

（3）动力选择。动力选择就是合理的挡位加合适的发动机转数输出，也就是挡位和油门。车辆行进依靠发动机和变速箱提供的牵引力及车轮与路面保持合理的摩擦力。当车轮转速过快、突然加速或突然停止，会造成摩擦力超限消失，这时候就会打滑或者空转。当挡位选择不合适或动力输出达不到特殊路况的行进要求时，就会打哏、憋车、熄火。普通路段可能没事，但在应急驾驶中，这是关乎人员、车辆、装备安全的大问题。所以，在进入特殊路段前就要根据道路勘察的结果预先选定合适的挡位、配合合适的油门输出、一气呵成迅速通过，避免在特殊路段中刹车、换挡或变速，产生不必要的危险。

（二）应急驾驶的正确姿势

应急驾驶所采取的姿势与日常驾驶是完全不同的，因为应急驾驶中常遇到大起大伏的路面，汽车的姿态是不断变化的。当车辆遇到剧烈颠簸时，若驾驶员身体不能稳稳地保持正确的姿势，每一次颠簸都会使驾驶员从座位上滑落或弹起，那就无法很好地控制方向盘和加速器，也就无法很好地控制汽车。正确的应急驾驶姿势主要包括以下几点：

1. 臀部要坐到合适的位置

将座位前后调节，直到离合器踏板完全压下时，膝部仍感觉舒服为止。让身体牢牢靠在座位上，上身稍微后倾，背部、颈部和头部均有效接触座椅靠背及头枕，如图 2－4－2 所示。如果是自动挡汽车，则将左脚紧紧踩在车厢地板上。

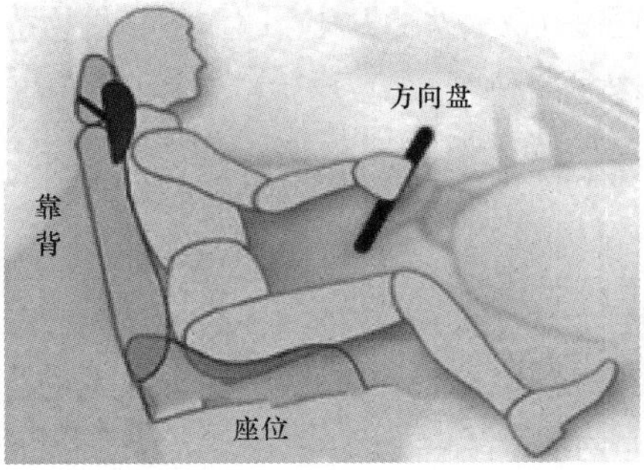

图 2－4－2　正确的应急驾驶姿势

应急车辆的座位一般装置得较高，而且不像轿车的座位有较大的倾斜度。这是为了使驾驶员能更敏锐地感觉车身姿态的变化情况。同时，端直的坐姿可以在颠簸的情况下减少驾驶员上身的变化对于正常操纵的干扰。在应急驾驶时，一定不要使后背紧贴座椅靠背，应留有前后摆动的余地。在非常缓慢地通过可能使车辆发生倾斜的障碍物时，最好解开安全带，不要限止身体左右摇摆，才可能敏锐地感觉车身和地面的相对角度，采取正确的措施。

2. 要固定手臂的位置

握住方向盘 9 点和 3 点的位置，给臂肘留下足够的活动空间。将座椅靠背完全竖起，即使两臂在同一直线上握住方向盘，臂肘仍很舒服。座椅靠背一定要充分向前，这样身体才能坐直。一开始这样的姿势可能不太舒服，但应急驾驶必须保持这样的姿势。如果每到野外就有意识地采取这种姿势，就会很快习惯。

3. 眼睛注意前方路面

应急驾驶时最有效的姿势是身体坐直，在这种姿势下，身体最容易保持稳定，转向、制动、离合时最灵活，而且，这样也最容易看清前方的路面。路面上稍有不平就会影响驾驶，在野外一定要牢牢盯住前方的路面，沿正确的路线行驶。

4. 正确使用安全带

当系统发觉安全带受到拉力时，就会锁上安全带，这种系统称为紧急锁定反应（ELR）。但如果安全带使用的是钟摆式装置，汽车稍稍摆动一定角度，安全带就锁住了，无法打开。为防止安全带被锁住，可以将安全带拉出，放长一点，留出一点富裕，在安全带上装一个止动器。

### （三）出行前的准备工作

不管驾驶哪种车辆，应急驾驶前，一定要准备好出行装备并对车辆进行一次彻底的全面检查，确保装备齐全、车况良好才能上路。

#### 1. 车辆全面检查

常规检查燃油、机油、冷却液、助力油、玻璃水，重点检查轮胎、备胎胎压和轮胎磨损是否正常，轮胎上有没有扎钉子。检查灭火器、千斤顶和更换轮胎的工具是否在车上，最好带一个轮胎充气泵用作不时之需。检查发动机、刹车、防抱死制动装置（ABS）和电路情况。检查电压是否正常，电解液面是否正常，蓄电池有无破损、有无足够电量等。

#### 2. 准备出行装备

（1）文本证件。包括身份证、驾驶证、车辆行驶证、车辆保险单（注意保险地域范围）、养路费及购置税/车辆使用税缴费凭证、各种人身保险单/卡（意外险、医疗险等）、钱包（信用卡/银联卡和少量现金）。

（2）小药箱和急救包。包括速效救心丸（硝酸甘油）、云南白药、红花油、消炎药、止泻药、感冒药、退烧药、止痛药、消毒药、止血绷带、体温计、驱蚊虫药水、创可贴、眼药水等。

（3）车辆工具及备件。包括全套随车工具、汽车急救工具包、启动电源、备用轮胎、备用油桶、一把补胎锥和几根补胎塞条、水桶、工兵铲、防滑链、充气泵、防盗棍锁等。汽车急救工具包里装有拖车带、充电线、反光安全背心、安全三角警示牌、手套、保险丝、手电筒等。

（4）电子通信装备。包括 GPS（GPS + 指南针 + 最新公路地图）、对讲机、车充电源。

（5）应急救援行动所需的其他装备。

### （四）选择合理的路线

应急行驶时要尽量选择容易通过的线路。选择路线时应注意以下几点：

#### 1. 条件恶劣道路上行驶路线的选择

在驶入恶劣、险峻路段前，最好向当地司机或老乡了解前方道路情况，尽量做到心中有数。

在条件恶劣的道路上行驶时，在确认对方无来车时，要尽量在道路中线的路拱上行驶，避免意外侧滑。当发现对方来车，且存在下列情况之一时，要先制动减速，缓慢靠边会车，千万不要在无把握的情况下盲目会车。

（1）将要接近的路肩不稳固，有塌陷部分。

（2）路面有小粒碎石、泥浆、冰雪等可导致侧滑的区域。

2. 弯道行驶路线的选择

能够清楚地看到对方进弯的弯道称为“明弯”；看不到来车方向有无来车的弯道称为“死弯”。在“明弯”行驶且对方确无来车时，在左转弯时可以走对方一侧，利用路面的反斜面来抵消可能发生的侧滑。在“死弯”行驶时，切不可占道行驶，转弯前，必须连续鸣笛，提醒可能的对方来车也不要占道，在接近弯道时制动减速，待确认对方无来车或对方来车知道己车已进弯道时，加大油门驶过弯道，这就是“弯前减速，弯中加速”。

3. 极度凸凹不平地面上行驶路线的选择

在极度凸凹不平的地面上行驶，要随时判断车辆跨骑通过的前方是否有超过车辆底盘最低处的凸起物，以避免挂坏油底壳、减速器齿轮箱（牙包）、避震器。如一时难以判断，应控制车速至极缓慢，慢慢接近凸起物，一旦发现有轻微擦挂，迅速制动。有些道路经重载货车反复碾压，形成两道很深的车辙，轻型车辆常因为离地间隙不如重载货车而与车辙间的凸起部分产生擦挂。只要有可能，应使两侧车轮一侧沿车辙、一侧沿中间凸起部分行驶。

4. 越过障碍物的方法

越过障碍物的方法一般采用惯性法。标准驾驶惯性法就是在接近障碍物时停止加速，待前轮接触障碍物后，加大油门使车轮克服障碍。在一般情况下这样驾驶未尝不可，但应急驾驶一般采用越野驾驶惯性法。

越野驾驶惯性法就是在汽车驶向障碍物时，尽量使之有较大的惯性（此时已收小油门），当前轮接触障碍物的一瞬间，惯性被分解成向上的力和继续前进的力，汽车的动力成为其合力向中间方向作用，此时，恰到好处地加大油门，相当于汽车前部的载荷瞬间向后部转移，并向合力方向做功，车辆就会更轻松地越过障碍。接近障碍物的车速和瞬间加速，以车辆车头不过分朝上方弹起为限。这种方法需要反复练习方可运用自如。

5. 越过沟槽形障碍物的方法

在越过沟槽形障碍物时，如沟槽深度较深，而且超过一个车长的宽度，正直横越不易驶上和驶下沟边斜坡时，可以采取切线横越的方式，即车辆和沟槽形成小于 90° 的夹角接近，先用一侧车轮下沟或上沟。只要切线夹角合适，相当于沟槽的斜度减小，车辆就可以越过障碍。

## 三、特殊道路应急驾驶技术

应急救援时，由于应急救援人员心情迫切，应急驾驶过程中可能存在车速过高或其他因素，造成人、车辆技术状况、道路状况及环境要素失衡发生交通事故。若驾驶员具备良好的素质，就可能最大限度地减少事故的发生。反之，若驾驶员交通安全意识不强，驾驶技能差，事故发生的概率就会大幅上升，从而危害人身安全和财产安全。因此，驾驶员必须熟练掌握山区道路、隧道、特殊路面等特殊道路的行车方法和注意事项。

（一）山区道路驾驶

山区道路大多依山傍水，或盘山绕行，或临崖靠涧，道路坡长弯急，穿洞过栈。因此，在山区道路行车时，必须根据其特点，掌握山区道路驾驶车辆的方法，确保山区道路行车安全。

因山区道路的交通动态同平原及市区的交通动态差别很大，路上常有小型机动车辆或放牧人、畜等，加之道路崎岖、坡陡弯多，所以驾车驶入山区道路后，应特别注意“连续转弯”标志、主动避让、适时减速和提前鸣笛。

1. 集中精力，保持视线

在山路上驾车一般不会像长时间在平直的公路上行驶那么疲劳，因为这时的驾驶员基本上是在不停地做着全身动作。上下左右不断变化的路面、不断改变的路边环境一般都会使驾驶员处于相对兴奋的状态。此时的驾驶员一定要控制自己的情绪，集中精力驾驶汽车，同车人也要及时提醒其适当减速。

在山区路道驾驶要尽可能保持良好的视线，视点要远且尽量看清路面情况和路边环境。要尽量利用路面的宽度选择行驶路线，视线不好时应鸣笛。必要时打开车窗以听到车外的声音，面临有可能落石的崖壁应关闭车窗。

2. 坡道驾驶

（1）在坡道驾驶时，应提前观察路况、坡道长度，减挡要及时、准确、迅速，避免拖挡行驶致使发动机动力不足。

（2）车辆上陡坡时，应在坡底提前减挡加速冲坡。上坡时应让发动机保持足够的动力，提前选择好合适的挡位，随时做好避让下行车的准备。车辆下坡时应适当控制车速，充分利用发动机进行制动，不可空挡滑行。下长坡时，车速会因为惯性而越来越快，连续使用制动将使制动器温度升高导致制动效果急剧下降，可利用挡位控制车速，放入低速挡。

（3）坡道应尽量避免停车，确需停车时应选择相对平直、视线好的安全地段。下坡中途停车时，要提前踩下制动踏板；上坡尾随前车中途停车时，与前车的距离要比平路时大。

3. 弯道驾驶

（1）通过弯道时，要按照“减速、鸣笛、靠右行”的规则，提前降低车速。避免在转弯时换挡，以确保双手能有效地控制方向盘。

（2）急于赶路时，可采用“入弯减速，出弯加速”的方法，可保证车辆安全快速地在弯道上行驶，但这样会有些费油。

4. 跟车、超车、会车

（1）车辆在山区道路跟车行驶时，与前车应适当加大安全距离。遇视线不清或道路条件差的路段，跟车距离还应加大，以防前车突然停车或停车后溜时发生碰撞事故。

（2）在狭窄、崎岖的山区道路上驾驶，遇到前方有同向行驶的重载货车或客车，一般情况下不要急于超车。因为在这样的道路上，前车因为车辆重载，一旦让路可能使自己驶入不稳固的路肩而倾翻，或者是前方道路有不能让路的障碍物。要相信前车驾驶员对前方道路的情况更熟悉，在安全距离上跟随前车要安全得多。即使前车主动避让，也应看清让出的路面是否安全后方可超车。在不容许会车的险恶路段盲目会车，往往会给自己和对方来车造成十分危险的局面。

（3）在山区道路超车时，应选择宽阔的缓上坡路段，打开左转向灯，提前鸣笛，在确认前车同意后超越。车辆在下陡坡时，不得超车。严禁在禁止超车或不具备超车条件的路段超车。

（4）在山区道路遇对向来车时，应选择安全路段减速或停车交会。不得加速或紧靠道路中心会车，以防发生刮碰事故。在只能容纳单车通过的狭窄山路上，如果发现对方有来车，哪怕是相距甚远，也要迅速寻找可容会车的地方，主动靠边停下等待会车。

5. 危险路段的安全驾驶

（1）车辆通过山区道路危险路段，应谨慎驾驶，避免停车。在较窄的山区道路会车时，若靠近山体的一方车辆不让行，则应提前减速并选择安全的地方避让。

（2）雨季在山区道路行车，要特别注意山洪和泥石流的危险。停车休息时应避开两山之间的最凹处。平时在山区道路行车时应注意道路旁的“谨防落石”标志，在此路段不要停车。如透过挡风玻璃已看见山坡上有滚动的落石，应立即刹车避让；如果滚动的落石出现在车侧，应立即加大油门向前冲，以避开落石。

（二）特殊路面驾驶

1. 崎岖凹凸地面驾驶

崎岖凹凸地面主要包括戈壁滩、乱石堆、干河床、山区碎石路等。在此种自然形成的原野地形驾驶，首先需了解车辆的最低距地高（即最小离地间隙）。在乱石堆或干河床行驶，为避免底盘磕碰石头，车速应尽更慢些（通常采用分动箱用 4L，变速箱 1 挡通行）。20cm 以下石头可采用单侧车轮碾过石头通过。无法碾过的石头，小则下车设法搬移，大则在石头前放置小石块，使之形成台阶状驶过，需注意石头的另一端也同样放置石块，否则前轮过后底盘会碰到凸起的石头。

2. 沙地驾驶

沙地主要包括沙漠、流动沙丘、海滩、工地沙堆等。

沙地驾驶前必须要准备好各种装备，如挖沙用的铲子，救援用的沙板、拖车绳、防滑板，充足的饮用水，备胎，手套，气球千斤顶等，还需要准备一块胎压表和一台打气泵。在驶入沙地之前必须要降低轮胎压力，这样做可以增加轮胎的接触面积，以提供更好的防陷能力，从而显著提高牵引动力。同时，还可以降低车辆张紧力，并将行进中的磨损和撕扯力降至最小。

最佳的胎压与车型、轮胎型号及地形有关。在驶离柏油路面之前要先寻找最佳胎压的起始点，方法是：把装载完毕准备出发的车辆停在一处平地上，在距离后轮侧壁 1cm 处各放置一块砖。给轮胎放气，直到轮胎侧壁刚好碰到砖块，测量此时的胎压。把测量结果作为沙地驾驶调整胎压时的初始值。车辆驶入沙地后，再根据地形数据来适当调整胎压即可。或者在车辆驶入沙地前将胎压调整到 100kPa。

由于降低了胎压，轮胎变得更脆弱，因而更容易因胎壁摩擦发热或在滚动中脱出轮圈而遭到损坏。胎压越低，损坏轮胎的风险越高。合适的胎压是驾驶员在更佳的牵引力和更高的坏胎风险之间的选择。

在极端糟糕的陷车情况下，胎压最小可以降低到 40kPa——这是很多轮胎在静止条件下能够保持附着在轮圈上的最低压力要求。在大多数情况下，60kPa 是调整胎压的最低极限，因为 40kPa 压力下轮胎很容易损坏，如脱出轮圈或胎壁被刺破。在低胎压情况下应严格控制车速。为降低轮胎损坏风险，在沙地上要使用很低的胎压，在遇到砂石路面或者坚硬些的地面时，应及时恢复胎压。如果不能做到这一点，轮胎或轮圈几乎注定被损坏。

沙地驾驶的要诀就是保持动力，因为牵引力在沙地路况下非常珍贵，所以速度提升难度大，除非不得已，绝不能失去哪怕一点点动力，因为动力失去后可能无法恢复。平坦的沙地，通常分动箱高速四驱、变速箱 2 挡或 3 挡都可畅行无阻。当前轮冲上沙丘以后，车头抬起，重心即落于后轮，此时后轮需左右平均着地才可顺利通过。若是车身左右倾斜或是质量不平均，在车身前后倾斜的情况下，无论是分动箱高速四驱或低速四驱，皆会形成车轮原地空转喷沙现象，若继续踩油门，依然还是四轮原地空转，可能还会愈陷愈深，此时必须使用绞盘机或是友车协助拖离的方法才能脱困。若要自力克服，只能下车将陷入较深的两个车轮底下的沙挖去，并以木板、石块等硬物放置于车轮底下，分动箱低速四驱，变速箱 1 挡，使车轮转动时摩擦硬物前进。

3. 泥泞地面驾驶

泥泞地面主要包括湿地、沼泽、水田、池塘、雨后的土质道路、冬季化冻后的土质道路等。

泥泞地面驾驶的一般要求包括：

（1）一般泥地用分动箱高速四驱、变速箱 2 挡或 3 挡，使用固定的油门即可顺利通过。但车辆一旦不慎驶入烂泥逾尺的沼泽地，不论使用何种传动方式，车辆皆会慢慢下沉，此时只有迅速求助外力协助拖离。

（2）在硬底的烂泥路上，使用分动箱高速四驱或低速四驱加油前进，虽紧握方向盘，车身仍略呈蛇行浮游，此种情况只要不偏离车道是没有关系的，只需有心理上的准备。

（3）地基松软，车轮微有下陷的泥地，使用分动箱用低速四驱、变速箱 1 挡，把稳方向盘缓缓加油前进即可通过。

（4）在软泥地的前进中，若发现一旁有地面下陷情况，致车身倾斜又无法迅速通过时，通常是倒车后，在路沟上放置石块、木板等硬物，然后以分动箱低速四驱固定油门前进。

（5）若泥地的距离非很短，必须保持一定速度的冲势；在行进途中，若遇有小的横阻硬物，直接碾过即可。

（6）加装防滑链、换上抓地力强的轮胎、减少轮胎的气压，均可以改善泥地打滑的情况。

泥泞地面驾驶要点包括：

（1）不仅要观察泥地的深度，还要查看泥泞上下层的质地，弄清楚得走多深才能碰到坚硬的地面，如果不采取适当的预防措施就直接开进泥泞中，可能会无法顺利通过。

（2）爬行泥泞的山路时，起动的动力极其重要，关键是看起动的动力惯性能延续多久，如果起动后即遇到一个深坑，应设法绕过。

（3）在爬山或经过泥泞地带时尽可能以直线进行冲击，这就要求在驶入前勘察好冲击路线。如果轮胎正在打滑，最好是利用轮胎的车辙进行重复尝试。在车辙内加速很容易脱困，因为经过长期反复碾压，车辙部分的土质相对较硬，通过性更高。也可以用这种方法拓宽轮胎车辙，找到前进的道路。

（4）降低轮胎内的气压，可以扩大轮胎与地面的接触面积。但是如果从轮胎中放出的气体太多，轮和胎沟之间可能会进很多泥土和小石子。

（5）理论上，如果轮胎打滑，就要松开油门踏板，以恢复牵引力。在高速行驶时也可以让轮胎打滑以甩掉积存的泥土，高速转动的轮胎在甩干泥土后，表面附着力更强，那些已经开始干燥的泥土更容易甩掉。

（6）仔细观察通向山顶的路，瞄准左边或右边比较坚实的地面，稳住油门，驶出车辙。在能利用的路线上先移动一边，以对角线形式缓慢接近，驶出车辙。

4. 陡坡驾驶

陡坡主要包括山区、水坝、铁路护坡等。常见的四驱越野车爬坡极限通常为30°～35°，车身设计、分动箱齿轮、轮胎的抓地力、地面的干硬湿滑对爬坡都有影响。一般长轴距车不如短轴距车。车辆在即将进入陡坡之前即挂上分动箱低速四驱，然后变速箱以1挡起步，再进入2挡，保持一定的油门，使车辆保持定速的冲势，便可爬过陡坡。

（1）上坡。在坡路上首先要求不倒滑后溜、不熄火。

1）根据地面的溜滑状态和斜坡的角度、长度，选择合适的挡位和控制牵引力。

a. 如果道路附着力好，坡道角度大，可在上坡前提速助跑，利用惯性尽量使车辆冲上较长的坡道，必要时再迅速减低1～2个挡位上最后一段坡道。

b. 如果道路路面非常溜滑，但坡道较短，仍然可以用上述办法冲坡，但应避免中途减挡和过度加油，否则可能由于牵引力超过轮胎的地面附着力而侧滑。

c. 如果坡道路面溜滑，既陡且长，最好在上坡之前减入低速挡，接通前桥动力，慢慢上坡。同时，要注意油门的大小，当觉得牵引力超过地面附着力、轮胎开始打滑的瞬间减小油门，保持附着力不要丧失。

d. 在极陡的坡道上挂1挡上坡，如果坡太陡，发动机转速不断下降，随时可能熄火的时候，迅速踏下离合器踏板解脱发动机动力，同时迅速踏下油门踏板增加发动机转速，在车辆将要后溜而未溜的瞬间，再次放松离合器接通动力。

2）在翻越陡坡时一定要注意保持笔直爬坡，沿偏斜的方向攀登斜坡或半路转弯、掉头都可能翻车。不要在接近坡顶时左右曲折行驶以减小坡度，如果坡道极为陡峭，曲折稍一过大，车辆前进的方向和陡坡形成的角度超过车辆的最大稳定斜度，车辆将立即倾覆。

3）车辆一旦因为动力不足或打滑爬不上坡是非常危险的，因为在后退时刹车效力比前进时要小得多。一旦在坡上发生打滑或后退，应迅速在车辆将要后退的一瞬间挂上倒挡，同时接合离合器，利用发动机的牵阻力减缓后退车速，并且连续点刹，绝对不要把刹车踩死，保持原来的上坡路线退下来。

（2）下坡。下坡相对上坡要容易一些，不会同时兼顾牵引力、动力等因素，但也应注意以下几点：

1）任何时候都不能在坡道上停放车辆，下坡前应该按照“几挡上坡，几挡下坡”的原则，即判断坡道可以用几挡爬上来，就用几挡放下去，利用发动机的牵阻力，减缓下坡时的车速。

2）在坡道上尽量不要踩刹车或解脱离合器，也不要超过需要减挡而造成过度牵阻，这几种情况如伴随转动方向盘，极容易在坡道上翻车，特别是在道路附着力较低的情况下。如果非制动不可，则必须端直方向盘，在控制车速至可控制时再转动方向盘。所以，在坡道、弯道同时出现时，要在道路端直段接近弯道时制动控制车速，再驶进弯道，千万不要高车速冲进弯道后再刹车。

3）如果在下坡弯道中发生侧滑和甩尾，要迅速松开刹车，用朝甩尾方向转动方向盘的方法纠正侧滑。

（3）横穿斜坡。在山区道路上，可能会遇到靠山坡一侧崩塌，在道路上形成一段朝山谷倾斜的斜坡。横穿这样的斜坡时一定车头向山坡侧（向上）攀爬，待车辆已攀爬至一定距离、可能丧失斜面上的稳定时，迅速转动方向盘朝山谷一侧，加油以切线驶离斜坡。如果从斜坡靠山谷一侧横穿，在向山坡一侧修正方向盘的一瞬间就可能翻车。

（4）连续折头弯。狭窄的山区道路上经常有许多为攀上垭口而修筑的连续弯道，甚至连续折回 180°。弯道转弯处的半径极小，坡度又很大，这样的道路是最危险的。在这样的道路上行车，必须在进弯前充分减速，确定不会在弯道中和对方来车相遇时才能驶入弯道，尽可能加大转弯半径转弯。否则，如在弯道中会车，且己车应转右弯（小弯），上坡时恰恰是折头拐坡度最大和半径最小的死角，车辆难以攀爬而熄火后溜；下坡时又因此容易翻车。如己车应转左弯（大弯），则由于对方来车存在上述困难，很可能不得已加大转弯半径而发生对撞或将己车挤出弯道。宁可在入弯前等待对方来车驶过弯道，决不要在弯道中会车。

5. 涉水路面驾驶

涉水路面主要包括江河、溪流、水库、湖泊的淡水区，城市低凹积水区等。

涉水路面面驾驶的一般要求：四驱越野车由于电气系统与进气排气位置较高，有较佳的涉水能力，一般的四驱越野车涉水能力约与轮胎高度相等。涉水行驶前探查了解水深，除了河床底部凹凸不平不易掌握外，积水道路街头街尾的水深有时差别极大，需注意不可太快，激起水花溅湿电路而熄火是常有的情况。当水深可能淹没排气管时，分动箱用低速四驱，变速箱用 2 挡或 1 挡，稳住油门使发动机保持较高转速，避免水中换挡，以此方法可使排气压力大于水压不致进水，涉水深度可达排气管口以上 20cm。在急流中须防激流冲翻车辆，以顺着水流的 45° 方向渡水前进，是比较安全的方法。

涉水经验少的驾驶员不免恐惧在水中熄火，一旦在较深处熄火，应立即关闭全车电路，不要试图启动车辆，以防水被吸入气缸造成重大损坏。最好的方法是找其他车辆拖车。

除非万不得已，尽量避免涉水，尤其是以下几种情况，轻易不要涉水：

（1）下雨时不能涉水渡河，因为此时河流有突然涨水的可能。

（2）不了解河床情况不能轻易涉渡，河床底布满尖锐大石块、流沙、淤泥软底时不能涉渡。

（3）浸没深度超过火花塞安装平面时不能涉渡。

在特殊和不得已的情况下涉水应注意的事项有以下几个方面：

（1）要沿最短距离径直涉渡，一旦发现水深超过事先估计，倒车沿原线路径直退出，不能打方向盘回转驶出，以免陷入河床。

（2）要缓慢入水，特别是在刚长途行驶后，变速器、差速器壳有一定热量，骤然入水会急速冷却，形成通气孔（阀）内外压差，导致这些部件进水。

（3）保持发动机平稳运转，不宜油门全开，避免风扇叶片溅起大量水花使发动机熄火，也可以避免因发动机熄火导致排气管逆向进水。

（4）涉水后，应在低速行驶的情况下，反复多次踩踏刹车，以便产生摩擦热量，蒸发刹车鼓和刹车片表面的水分。

6. 雪地驾驶

雪地驾驶的一般要求有以下几个方面：

（1）尽量避免在冰雪路面上驾驶，因为堆积的雪层下面隐藏着什么是无法弄清楚的。若必须在冰雪路面上行驶，最好是沿道路两旁的标志物，如树木、电杆等，在道路中央行驶。

（2）冰雪路面比其他路面更滑，特别是在路面有一层坚硬的冰层（俗称“桐油凌”）时。所以，一定要放缓车速，减小油门，精细地体会油门大小和轮胎附着力的关系。任何时候都不要使牵引力超过轮胎的附着力，否则寸步难行。

（3）在冰雪路面上发生侧滑的可能性很大，要随时准备用方向盘灵活回转纠正侧滑。至于在冰雪路面上制动，制动效能极差，在接近障碍物或下坡时，应当提前用发动机牵阻力将车速降至可控制的范围，避免紧急刹车。

雪地驾驶注意事项有以下几个方面：

（1）不到迫不得已，不要尝试去翻越雪山。尤其是交通部门已经下达封山指令，不要强行上山，也不要偷偷走小路遛上去。下达封山指令，山上一定已经堵了很多车，上去后的结果很有可能是进退两难。

（2）做好充分的准备，准备足够的食物、汽油、防滑链、手电筒及安装防滑链的工具，确保喇叭和灯光一切正常。在冬季或者经常下雪的地方行车时可使用冬季轮胎，相较于一般轮胎，冬季轮胎在胎肩部位设计得比较宽，材料也比较软，轮胎的花纹也较密较细，有助于在雪地行车。

（3）夜晚上雪山相对白天更安全一些。晚上车辆都会打起灯光，在盘山路的弯角可以非常清楚地知道弯角另外一侧是否有车，这比按喇叭要管用。另外夜里，驾驶员感觉不到自己就在悬崖边上，不会由于惧高而引起操作失误。

（4）不要猛踩油门、狠踩刹车。由于路面积雪或者结冰，附着力很差，油门和刹车过猛都会让轮胎发生滑动，一旦车辆发生侧滑很难补救。刹车时最好选择降挡来减速，这实际上是通过变速箱来将车轮的转速降下来。对于没有防抱死自动装置（ABS）的车要用点刹的方式刹车。

（5）由于路面附着力太低，车辆打滑无法起动时，最好的办法是装上防滑链。1 挡不能起步可以尝试少给油 2 挡起步。无论是起动还是正常行驶，都要记住“少给油”。切记逐渐地换入低挡，当车速达到 60km/h，从 3 挡换到 1 挡会使轮胎打滑。

（6）行车时不要制动、转向同时进行，当轮胎接近锁止点时，会失去转向能力。一定要在直线行驶时刹车，然后松开刹车后再转向。有防抱死自动装置（ABS）的车辆在刹车时有一定的转向能力，但最好是不要依赖这种能力。过弯前减速，过弯后加速，不要弯中踩刹车。

雪地行车最危险的就是发生侧滑，转向不足或转向过度均可引起侧滑。转向不足发生在前轮失去抓地力时，转向过度发生在后轮失去抓地力时，因为后轮空转，车会转向过多。雪地驾驶发生侧滑时按如下方式处理：

（1）转向不足引起的侧滑。当发生转向不足的侧滑时，前轮打滑而不转向，车辆就会保持直行，前轮失去抓地性，不能使车辆转向。入弯时过度加速会使车的质量向后移向后轮，此时应该立即回正方向盘并松开油门或轻点刹车，然后逐渐再转动方向盘使车辆回到正常轨迹。要重新获得对车辆行驶方向的控制就必须先回正前轮，在前轮转向不足的侧滑中常见错误是继续使前轮转向弯道，狂暴地试图使车辆转弯，但这会使前轮继续侧滑而不会使车辆转弯，减速的同时使前轮回正，然后再逐渐转向才会起作用。

（2）转向过度引起的侧滑。发生转向过度的侧滑时，后轮滑向弯道外侧，车辆会侧滑进入 360° 旋转。在感觉到后轮失去抓地力的瞬间，应该迅速向后轮侧滑的方向稍打方向盘，并稍稍加油以使后轮上的质量增加，这样就会使后轮的负荷增加从而获得更大的抓地力。在后轮因转向过度而发生侧滑时，往往会有以下 3 种常见的错误：① 驾驶员可能会将方向盘更多地转向弯道，强行使车辆转弯，这会使车辆进入 360° 旋转，其结果是车辆横着滑入逆行车道、翻入路沟或滚下路旁的陡峭山坡，如果车辆开始后轮侧滑，千万不要向弯道内侧更多地转动方向盘；② 踩刹车会使后轮的负荷向前移而使附着力更小，使得侧滑更加严重和剧烈，在发生后轮侧滑的时候千万不要碰刹车；③ 驾驶员向后轮侧滑方向转向过多，使车头猛甩向弯道外侧，同时后轮又向弯道内侧侧滑，发生反向侧滑，在向反方向转向过多时，车又会甩回来，反复几次，车辆最终失去控制旋转。

7. 常见障碍通过原则

（1）单驼峰。单驼峰通过的原则是惯性原则，严格控制方向和车速。

（2）浅水坑。浅水坑通过的原则是惯性原则，高速四驱，均匀车速。

（3）硬基泥路。硬基泥路通过的原则是惯性原则，高速四驱，较高车速，慎控方向。

（4）深坑。深坑通过的原则是匀速慢行，低速四驱，低挡低速，惯性原则。

（5）侧坡。侧坡通过的原则是低速四驱，匀速通过，慎控方向，保持平衡。

（6）台阶路。台阶路通过的原则是低速四驱，惯性原则，垂直行进，高转速原则。

（7）双边桥。双边桥通过的原则是慎控方向，匀速通过，参考轮距。

（8）炮弹坑。炮弹坑通过的原则是坑缘行驶，迅速转向，低速四驱，快速通过。

（9）大驼峰。大驼峰通过的原则是惯性原则，下坡加油，坡顶收油，下坡禁止急刹。

## 四、特殊环境应急驾驶技术

风、雨、雪、雾等复杂气象条件下行车，应开启近光灯、示宽灯和后位灯，雾天还应开启防雾灯。遇同方向行驶前车速度较低时，应降低车速并保持安全距离跟车行驶。

1. 雨天驾驶

雨天直接影响行驶安全的主要因素是视线受阻和路面变化，如雨水洒落使车窗和后视镜模糊不清、潮湿路面光线反射、路面打滑等。久雨天气应注意路基是否疏松或出现坍塌，及时选择安全路面行驶。

（1）雨天车辆控制。雨天行车，由于路面湿滑，车辆易发生横滑或侧滑，此时切不可急转方向或紧急制动，应利用发动机制动减速。

（2）雨天行驶速度控制。干燥路面上车速提高后，轮胎与路面间的附着力几乎没有变化，而雨天车辆在潮湿路面行驶，轮胎的附着力随车速的增加而急剧变小，易发生打滑现象，此时不能急踩制动踏板或猛打方向盘，雨天行车过程中应合理控制车速或减速，并避让行人或车辆。

（3）雨刮器的正确使用。雨季来临或大雨前，应检查雨刮器工作是否正常。当雨点洒落在车窗上时，应根据雨量开启雨刮器并置于正确挡位。暴雨时，雨刮器即使运动再快，也难刮净雨水，为了确保行车安全，应立即将车辆停在安全位置。

2. 雾天驾驶

由于雾天能见度降低，视野变窄，视线模糊，行进车辆中的驾驶员很迟才能看清前方障碍，或者由于未及时开启防雾灯而不能被其他车辆的驾驶员发现，容易发生交通事故。

（1）雾天灯光的使用。雾天驾驶应打开前后防雾灯、示宽灯，或打开近光灯补光。应遵守灯光使用规定，利用灯光来提高能见度，看清前方车辆、行人及路况，提醒其他车辆和行人注意。

（2）雾天安全驾驶的原则。时刻注意车速与可视距离和能见度的关系，加大跟车距离，严格控制车速。视线不清时不能在道路中央行驶，也不能压线行驶，避免会车时发生碰撞。应集中注意力，注意观察前方车辆灯光指示和路况。

3. 冰雪天驾驶

雨天或道路积雪融化后，若气温过低会结冰造成路面湿滑，在冰雪路面上驾驶，必须加大安全距离，低速缓慢行驶。暴雪时，应停靠在安全位置。

4. 泥泞、翻浆路驾驶

由于泥泞、翻浆路的路面特别柔软和黏稠，车辆行驶阻力大且极易打滑，因此行驶中应停车查看路况，尽量选择平整、坚实或有车辙的路面行驶。选用适合挡位保持车速和足够动力，确保安全通过。打滑时应注意方向的控制。

5. 高温天气驾驶

高温对驾驶员、车辆及交通环境均会造成不利影响。在高温天气条件下驾驶，驾驶员应充分休息，确保有旺盛的精力驾驶，还要对车辆认真检查和维护，确保车辆不缺水缺油，风扇皮带张紧度和轮胎气压正常。

6. 严寒天气驾驶

低温对车辆的技术状况影响极大，严寒天气条件下驾驶，驾驶员应注意以下几点：

（1）在起步行驶前起动发动机，用怠速运转数分钟以预热发动机，使发动机各部分得到充分润滑。

（2）起步后先低速行驶一段距离，再逐渐加快车速。

（3）临时停车应尽量选择在避风朝阳处停放。

7. 大风天气驾驶

在大风天气驾驶，应注意以下几点：

（1）握稳方向盘。由于风速和风向不断发生变化，在大风中驾驶，驾驶员常会感到方向盘突然不易控制，此时应两手握稳方向盘。

（2）微调方向盘。行驶中如遇到狂风袭来，感觉车辆产生横向偏移时，应微量地转动方向盘拨正车头，不能慌忙急转方向，以图拨正车辆行进方向。

（3）适当放慢车速。大风来临时伴随的飞沙走石会严重影响驾驶员的视线，此时应适当降低车速，以保障为躲避风沙而奔跑的行人的安全。

## 五、车辆脱困技术

### （一）脱困用装备

1. 常规装备

（1）保障安全和不迷路的装备，如车载电台、地图、指南针。

（2）食物、掩蔽所及其他提供舒适与方便的物品。

（3）使车辆正常运行的物品，如机油、刹车油、齿轮油、工具及备件。

2. 绞盘与拖车装备

（1）绞盘。固定在车架前部，要能拖动车辆满载质量的 1.5 倍。完整的绞盘装备还包括一个能接在车后拖车接口上的便携式电动绞盘，还可以带一个便携式手动绞盘备用。

（2）拖车带。可以折成双股用作抱树带和保险带。至少需要两条拖车带，有

3～4 条更好。每条拖车带至少要 2 万磅级，两端应该是缝合的环，不要用两端为金属钩的那种，金属钩可能会像炮弹一样严重伤及人员或车辆。

（3）滑轮。可以将绞盘线变成双股，有一个滑轮比没有好，但当用双线并通过一个转角拖车时就至少需要 3 个滑轮。

（4）拖车钩。固定在车架上，至少应该有两个前拖车钩，如还有两个后拖车钩最好。

（5）抱树带。可保护用作固定点的树和绞盘线，拖车带可用于代替专用的短尼龙抱树带。

（6）D 形吊耳。至少需要两个，有 4 个则更好。

（7）接口吊耳。连接在插入后拖车接口中的短钢管上，以备在需要别的车拖自己的车时用，因为拖自己的车可能只有后拖车接口而没有后拖车钩。

（8）铁链。20ft 长，两端要带钩，在旁边没有树时可用铁链来锚定在大岩石上，也可以将铁链挂在树干上将树干从路中清开。

（9）阻轮器。在用绞盘拖别的车时可用阻轮器固定自己的车。用绞盘把车往山上拖时也需要阻轮器，以防止绞盘故障时发生事故。

（10）手套。在拉绞盘线时一定戴手套，以免手被绞盘线磨损部位的钢丝弄伤。

（11）绞盘钩。在绞盘钩接近导向轮的时候用以钩住接在绞盘线末端的钩。千万别冒险用手，以防手被绞到导缆器中。

（12）防水布或毯子。在使用绞盘时可将防水布或毯子搭在绞盘线上，一旦绞盘线被绷断只会弹向地面。

（13）便携式手动绞盘。如果车辆没有后绞盘或便携式电动绞盘，那么带一个手动绞盘是非常必要的。有时会需要将车辆向后绞，而不是向前。向后绞时也可以用前绞盘线从车辆下穿过来完成，但可能会损坏绞盘线或车辆下的部件。最好是直接绞拉后拖车钩或拖车接口吊耳。

（14）强力剪。绞盘线崩断和纠缠在保险杠、防撞架及绞盘内时，可用强力剪来剪绞盘线。

（15）U 型夹。需要 3 个，用于修复断裂的绞盘线，必须是绞盘线所需的正确尺寸（如 5/16in，3/8in）。

（16）千斤顶。至少要 48in 高。

（17）千斤顶底座。2×10in，2ft 长。

（18）防滑板（防沙板）。在沙地、泥泞或雪地中可垫在轮胎下，需要 4 个

（2×10in，3～4ft 长，有槽纹）。

（19）地毯。4 块，每块 2×4ft 见方。

3. 轮胎装备

（1）与车辆相同规格的备胎。

（2）充气泵。在过沙地、泥泞路面或轮胎漏气后可以给轮胎充气。最好使用车载充气泵，也可以用以点烟器为电源的电动充气泵。如果两种泵都有，则充气所用时间就能快两倍。

（3）充气管。用于车载充气泵。

（4）胎压表。常规表与低压表。需要有一个好的低压表，当过沙地或泥泞路段需要降低胎压时可以准确测量胎压。

（5）四轮放气系统。一种四根管与阀门和表相连的装置，可以同时给 4 个轮胎充放气，只要将其与车载或电动充气泵相连即可。

（6）轮胎快补剂。具有可燃性，在给使用了轮胎快补剂的轮胎放气时不能抽烟。

（7）补胎工具包。可修补轮胎上的扎眼或小孔。

（8）强力胶。

（9）气门芯及气门芯小扳子。

（10）气嘴帽。

（11）内胎与衬垫。在轮胎上有大洞时使用。

（12）重磅鱼线。用于缝补轮胎侧壁的裂口，然后才能放入衬垫与内胎。这种修补方法不能让车辆在高速公路上以正常速度行驶，但至少可以回到营地。

（13）防滑链。在雪地、冰面或泥泞中使用。如果只有一副时应该装在后轮上。如果装在前轮上，在下坡刹车时车尾就会往前甩，使车侧滑。泥地防滑链上的铁环比雪地防滑链上的大。

（14）轮胎扳手。应该有加强型的十字型轮胎扳手，也可以截去一端，既好用又便于存放。

（15）扒胎扳或小撬棍。当必须将胎边从轮圈上扒下来修补时使用，也可以用粗改锥。

（16）带拉紧器的绑扎带。真空胎褪下轮边修补后是很难将轮边复位的，便携式的充气泵没有足够的压力将轮边顶回到轮圈上。可用绑扎带沿轮周绑好并利用拉紧器拉紧，绑扎带的力量可以使轮边紧贴轮圈而产生足够的密封性，因此小充气泵也能将轮边复位。

（二）常见的车辆脱困方法

1. 涉水脱困

在应急驾驶过程中，涉水是经常遇到的问题。因其特殊性，需要争取时间，往往在涉水前对情况缺乏了解，甚至在暴雨成灾或河水泛滥的情况下需要涉水，应急车辆涉水被困的现象时有发生。正确施救、尽快脱困是每个应急车辆驾驶员必须面对的问题，涉水脱困应掌握以下几点：

（1）遇到发动机在水中灭车要认真分析原因，如果是高压电路触水而造成的短路，可以采取擦拭烘干等措施，待电路系统恢复干燥后再行启动。一旦发现发动机进水，不要试图再次启动，否则会加深发动机进气系统或润滑系统的损害程度。电瓶全面入水要尽快取出，防止报废。遇到水中陷车，要及时挂倒挡脱困，如果反复冲车无效且车辆继续下陷，应停止自救，防止因发动机灭火而失去动力，此时应等待救援。

（2）在实施车辆互救前，要分析前车被困原因，一旦发现危险依然存在，应先将人员撤出，暂时弃车等待情况好转。

（3）在采取人力助推无效的情况下，水中救援的最好措施是使用绞盘。在实施救援前，必须认真观察，研究被困车辆的受损情况和所处位置的水下地质结构。确认正确的拖救方向，防止拖拽时被救援车辆失去平衡，再次受损。救援车辆应该尽可能靠前配置，减小绞盘拖救距离，保障足够的动力。救援车辆要采取稳定措施，防止被反向拖动。在被救援车辆上坡和拖动阻力大时，有可能回弹，救援车辆应连续使用绞盘拖拽而非常规状态下的点接触方式。在单绞盘拖拽无效的情况下，采用多绞盘多角度或单绞盘多车拖拽，多角度同时发力，配合被救援车辆自身动力和人员助推等方法，综合施救。

（4）被救援车辆一旦成功脱离水面，应及时采取保养修复措施，把损失降至最低。

2. 沙地脱困

（1）当沙地陷车时，不要试图踏下加速踏板，这只会增加脱困的难度。挂入倒挡，轻轻地尝试沿着已车车辙后退，这会提供一条沙子被压紧后的路径。当后退到足够的距离时，尝试前进并且要小心再次被陷。重复使用这个方法就有希望每次前进一点，并最终缓慢穿越沙地。

（2）如果不能把车辆倒出困境，就需要驾驶员下车，以进一步降低轮胎压力。一个经验原则就是把胎压降低到 80kPa。在开始倒车之前，清除轮胎后面堆积的沙子。检查轮胎下方是否能触到坚硬的地方，如果能触到就把周围的沙子清除，让车辆能够倒出来。这个方法可能要尝试许多次。

必要时，可以继续降低胎压至66kPa。绝对不要低估推车对脱困的帮助。极限情况下，胎压可以降低到40kPa，但是不到万不得已不要这么做。

（3）如果胎压已经降到最低仍然没有脱困，那么就必须用拖车绳、绞盘或举升设备脱困。最简单的办法是用拖车绳，但前提是要有能够帮助拖车的车。如果没有则只能依靠绞盘或者举升设备。

3. 雪地脱困

（1）常规脱困方法。手动挡或手自一体变速箱车辆用2挡起步或者使用变速箱的雪地模式；一般自动变速箱车辆挂前进挡慢慢给油前进。

如果轮胎已经压在很滑的冰雪上，手动挡或手自一体变速箱车辆应该使用2挡操作进行脱困。因为在相同转速下，高挡位的扭矩输出比低挡位要小，使用2挡可以避免因扭矩过大造成的打滑。对于附着力很小且很不均匀的雪地路面来说，更容易进行准确操作。如果使用1挡脱困不成功还继续加大油门，不仅效果差还会带来副作用，强大的扭矩输出会起到越摩越滑的反作用，松散的雪还有附着力，被轮胎打磨成镜面后附着力更小。

特别注意的是，用2挡起步，在城市道路绝大多数情况下都能脱困，但是在有小坡或者雪比较厚的地方是不适合的，最好找帮手将车辆推到路况稍好的地方再行车。

有些自动挡车辆的变速箱有雪地模式，这种模式其实和用2挡是一样的也是通过限定扭矩来帮助车辆在雪地脱困。另外对于一些普通自动变速箱的车型没有雪地模式您可以慢慢踩油门来脱困。

（2）合理使用ESP。目前车身电子稳定系统（ESP）已经非常普及，在日常驾驶时可以帮助提高驾驶安全，在冰雪脱困中也是如此，可以限制打滑轮胎的空转。如驱动桥的两侧轮胎，如果左边轮胎失去附着力打滑，ESP将限制左侧轮胎转动，从而帮助脱困。如果仅是一个轮胎打滑，应保持ESP开启状态，让更多的动力被动分配到有附着力的轮胎上。

在极端情况下，如车辆的两个驱动轮都在摩擦力很小的结冰路面上，附着力不均匀，ESP会限制轮胎的打滑，反而会导致驱动轮不转难以起步，此时必须手动强制关闭ESP才能保证车辆行走。

（3）利用惯性冲出去。陷入不是很深的小雪坑时，可以使用前后来回移动的方法进行脱困，这个方法的前提是至少一个轮胎还有附着力。操作方法是：先挂入倒挡位，踩油门，迅速收油门并踩住刹车，把轮胎瞬间顶到雪坑顶端停住，再挂入前进挡，踩油门即可冲出雪坑。关键点是利用障碍的最高点和车辆本身的惯性。

（4）垫东西。使用以上三种方法的前提条件是雪地（比较松散的雪）还有附着力，如果是极为光滑的障碍，就需要外界的支持找回失去的附着力。一般很少有车辆配备专业的脱困板或防滑链，但90%的车辆配备了脚垫。把脚垫塞到打滑的轮胎下面，加大摩擦面积，可以帮助脱困。另外，干草、碎石头子、木板、沙土、布类等都是可以垫轮胎的工具。

（5）让乘客和过重的行李下车。减轻质量是脱困成功的重要因素，另外，下车的乘客也可以推车帮助脱困。

（6）求助救援。如果以上方法都无法脱困，千万不要重复尝试，此时应尽早打救援电话求助。等待救援的时候一定要保证所有人员处于安全地带，千万不要在车内等待，避免发生二次事故。

4. 泥坑脱困

当应急驾驶过程中遇到较大的泥坑时，首先要看能否成功绕行，其次才是考虑该用什么方式通过。在进入泥坑之前首先要判断泥坑的深度和长度，观察泥坑里是否有隐藏的障碍物。如果泥坑的另一端没有任何车辙或明显的碾压痕迹，则应尽量选择绕行。

在通过泥坑的过程中，即使车辆只能缓慢“爬行”，也要始终保证发动机的动力输出，否则车辆一旦停下来想要再次起步就很困难。当车辆速度逐渐减慢时，可以通过左右转动方向盘使轮胎重新获得抓地力。如果车辆已经停止不前，应立即收油门并刹车，以免车辆陷入泥坑之中，此时应选择倒车，然后再积蓄动能向前冲。

如果轮胎已经陷入泥坑中，应先挖开轮胎周围的烂泥，填入碎石、木头或其他相对坚固的东西，从而获得附着力。如果在尝试过几次之后仍旧无法前进，应另寻其他路线。当不确定是否能够从泥坑顺利脱身时，可以在进入泥坑之前挂好绞盘钢缆。进入泥坑时应使用低速四驱 1 挡或 2 挡，并锁止后差速器。当感觉到前轮出现打滑时，还应及时锁止前差速器。如果车辆已经被困，对于装配有绞盘的被困车辆，可以在车辆前方视野范围内寻找合适的锚点，如稳固的巨石、相对粗壮的树木或已经成功通过的同行车辆等。

在穿越水面较深的泥坑后，要检查差速器、变速箱、分动器等是否进水。在穿越较粘稠的泥坑后，轮胎中可能会塞满烂泥，为保证车辆良好的行驶性能，应尽快用水枪将烂泥冲掉。

## 六、紧急情况应急处置

车辆在行驶过程中可能会发生爆胎、侧滑、转向失控、制动失灵及碰撞、倾翻、火灾、落水等紧急情况，这就需要驾驶员掌握紧急情况的处置原则，了解相应的应急措施。

1. 紧急情况的处置原则

遇紧急情况时，应坚持先避人后避物的处理原则。即使可能与前方车辆发生碰撞，驾驶员亦应先制动减速，后转向避让，以防急转向造成车辆侧滑相撞或在离心力作用下发生倾翻事故。

2. 爆胎时的应急措施

（1）行驶中轮胎漏气后采取紧急制动，轻者可能导致漏气轮胎严重损坏甚至报废，重者可能导致车辆以漏气轮胎为支点发生滚翻。发现轮胎漏气时，驾驶员应紧握方向盘，慢慢制动减速，极力控制行驶方向，尽快驶离行车道。

（2）高速行驶时若出现前轮爆胎，车辆会倾向爆胎侧，如果是后轮爆胎，车辆可能会发生旋转。此时若采取紧急制动，车辆可能向爆胎侧滚翻。发现爆胎时，驾驶员应紧握方向盘，松抬加速踏板或制动踏板，千万不要紧急制动，应极力控制行驶方向，必要时抢挂低速挡，平稳驶离行车道。

（3）在高速行驶过程中胎压过低时，轮胎会出现波浪变形，使轮胎与地面接触面积增大，摩擦范围增大，温度升高而导致爆胎。预防爆胎的正确方法主要有定期检查轮胎，保持标准胎压，及时清理轮胎沟槽里的异物、更换有裂纹或损伤较深的轮胎等。

3. 车辆侧滑时的应急措施

车辆转弯时速度越快，离心力越大，越容易冲出弯道或侧滑。车辆速度超过60km/h时，紧急制动易导致侧滑或甩尾等危险情况。

（1）车辆发生侧滑时，应立即松抬制动踏板，同时向侧滑的一方转动方向盘，并及时回转进行调整，修正方向后继续行驶。

（2）下雨时，路面的尘土与雨水形成泥浆，容易使车辆发生侧滑。车辆在泥泞、溜滑路面上紧急制动或猛转方向盘时，易导致行驶方向失控，产生侧滑，甚至造成翻车、坠车或与其他车辆、行人相撞的事故。车辆在泥泞路上发生侧滑时，应向侧滑的一侧转动方向盘适量修正。

4. 转向突然不灵、失控时的应急措施

（1）装有动力转向装置的车辆，突然出现转向不灵或转向困难时，切不可继续驾驶，应尽快减速，选择安全地点停车，查明原因或送修。

（2）对于转向失控的车辆，最有效的控制方法是平衡制动。高速行驶的车辆在转向失控的情况下使用紧急制动，很容易造成翻车；当车辆转向失控、行驶方向偏离，已经不可避免事故时，应果断地连续踩踏、放松制动踏板，尽快减速，极力缩短停车距离，减轻车辆碰撞力度。

5. 制动突然失灵或失效时的应急措施

制动时，前车轮抱死会出现丧失转向能力的情况，后车轮抱死可能会出侧滑甩尾的情况。路面湿滑时，抱死的轮胎很容易产生侧滑。

（1）未安装防抱死制动装置（ABS）的车辆在冰雪、湿滑路面或者比较光滑的路面上制动时，要轻踏或间歇踩踏制动踏板，避免轮胎抱死。

（2）行车中制动突然失灵或失效时，驾驶员要沉着镇静，以控制方向为第一应急措施，再迅速利用“抢挡”或驻车制动进行减速。为发挥最大制动作用，使用驻车制动器时不可将操纵杆一次性拉紧。

（3）下坡路制动失灵或失效后，驾驶员应立即寻找并冲入紧急避险车道。停车后，拉紧驻车制动器，以防车辆溜动，发生二次险情。若无可利用的地形和时机，应迅速逐级或越一级减挡，利用发动机制动作用控制车速，切不可采用拉紧驻车制动器操纵杆或越二级挡位减挡的办法。在不得已的情况下，可用前保险杠侧面撞击山坡，迫使车辆停住。

6. 发动机突然熄火时的应急措施

行车中发动机突然熄火时，若不能再次起动，应开启右转向灯，将车缓慢滑行到路边，停车检查熄火原因。不得采取紧急制动，迫使车辆迅速停住。

7. 车辆碰撞时的应急措施

（1）车辆在会车、超车或避让障碍物时，车辆之间或与其他物体容易发生刮碰现象，所以应加大车辆间的横向间距。

（2）行车中与其他车辆有迎面碰撞可能时，应先向右侧稍转方向，随即适量回转，并迅速踩踏制动踏板。若与其他车辆不可避免地发生正面碰撞时，应紧急制动，以减少正面碰撞力度。在相撞发生的瞬间，应迅速放开方向盘，并抬起双腿，身体侧卧于右侧座上，避免身体被方向盘抱住。

（3）被后车追尾碰撞时，驾驶员应紧靠椅背，双手迅速置于脑后并护住头后部。

（4）通常车辆的侧面碰撞安全防护性能明显弱于正面碰撞安全防护性能，当车辆撞击无法避免时，驾驶员应当尽力避免侧面相撞。车辆发生撞击的位置不在驾驶员一侧或撞击力量较小时，驾驶员应紧握方向盘，两腿向前蹬，身体向后紧靠座椅。发生侧面碰撞的部位无论在哪一侧，都不可采取跳车的方法。

8. 车辆倾翻时的应急措施

（1）车辆突然发生倾翻时，驾驶员应双手紧握方向盘，双脚钩住踏板，背部紧靠座椅靠背，稳定身体，使身体固定随车体翻转免遭挤压受伤。

（2）当车辆向深沟连续翻滚时，驾驶员应迅速躲向座椅前下方或趴在座椅上，同时抓住方向盘或踏板等将身体稳住，避免在驾驶室内滚动受伤。

（3）在车上感到不可避免地要被抛出车外时，应在被抛出车外的瞬间猛蹬双腿，借势跳出车外，落地后力争双手抱头顺势向惯性力的方向跑动或滚动一段距离，以减小落地时的力量，同时躲开车体，增大距离危险区的距离。

（4）当发生缓慢翻车且可能跳车逃生时，应向翻车相反方向跳车，以避免跳车后被滚翻的车辆碾压。

9. 车辆发生火灾时的应急措施

（1）发动机着火时，应迅速停熄发动机，用灭火器或覆盖法灭火。不得开启发动机罩后灭火，这样做可能会导致大量空气进入而加大火势。

（2）车辆燃油着火时，应当使用灭火器或路边沙土、棉衣等覆盖法灭火，不能用水灭火。因为燃油比水轻，当水与燃油接触后，水不但不能覆盖燃油，反而会承载燃油四处流淌扩展火势。

（3）车辆发生火灾时，应将车辆停在远离城镇、建筑物、树林等的空旷地带，及时报警。在高速公路行驶时发生火灾，不得将车辆驶进服务区或停车场灭火。

（4）使用灭火器救火时，应站在上风处，救火时不应张嘴呼吸或高声呐喊，以免烟火灼伤呼吸道。注意脱去所穿的化纤服装，保护暴露在外面的皮肤。

（5）酒精防冻液着火时，应立即用水浇泼着火部位，以冲淡酒精防冻液的浓度。驾驶员在逃离前，应关闭车辆点火开关、电源总开关和油箱开关。

10. 车辆落水后的应急措施

（1）驾驶车辆不慎意外落水，车窗是最易逃脱的途径。当外部水的压力致使车门很难开启时，应迅速打开车窗（进水瞬间控制电路还未短路）或用粗重的物体敲碎车窗玻璃，才有逃生的希望。

（2）落水后，驾驶员应保持冷静，并告知乘车人员不要慌张，做好深呼吸，待水快满车厢时，再开启车门或摇开车窗逃生。不得采用关闭车窗阻挡车内进水或打急救电话告知救援人员等错误方法。落水后通常会有3～5min充足的时间逃生。

11. 常见故障的应急修理方法

应急驾驶中出现故障时，如果暂时无零配件供应又需急用，可采取应急修理方法。

（1）进、出水软管破裂。进、出水软管破裂不大时，可用涂有一层肥皂的布将漏水处包扎好；如破裂较大时，可将软管破裂处切断，在中间套上一个竹管或铁管，并用铁丝捆紧。

（2）风扇皮带断裂。可把断裂的风扇皮带用铁丝扎好，或采用开开停停的办法继续行驶。

（3）螺孔滑扣。螺孔滑扣会导致漏油或连杆松动，这时可将原螺杆用锤子捶扁，使其两边膨胀增大再紧固好，但不可多次拆卸。下次保养时一定不能忘记修理。

（4）油箱漏油。可将漏油处擦干净，用肥皂或泡泡糖涂在漏油处，暂时堵塞；若用环氧树脂胶粘剂修补，效果更好。

（5）油管破裂。可将破裂处擦干净，用布条或胶布缠绕在油管破裂处，并用铁丝捆紧，然后再涂上一层肥皂。

（6）油管折断。可找一根与油管直径相适应的胶皮或塑料管套接。如套接不够紧密，两端用铁丝捆紧防止漏油。

（7）缸盖出现砂眼而漏油、漏水。可根据砂眼大小，选用相应规格的电工用保险丝，用手锤轻轻将其砸入砂眼内，即可消除漏油、漏水。

（8）发动机油管接头漏油。发动机油管接头漏油多是油管喇叭口与油管螺母不密封所致。可用棉纱缠绕于喇叭下缘，再将油管螺母与油管接头拧紧；也可将泡泡糖或麦芽糖嚼成糊状，涂在油管螺母座口，待干凝后起密封作用。

（9）膜片或输油泵膜片破裂或折断。可拆开油泵取出膜片，用胶木板、电工绝缘胶木或塑料布按原形状、尺寸锯锉成型，并磨光装上。

（10）气门弹簧折断。可将断弹簧取下，把折断的两段断弹簧反过来装上即可使用。也可找一片 1mm 厚的铁皮，剪成比弹簧直径大 1mm 的圆片，内部剪一个圆孔，直径小于弹簧直径 4mm，外部边缘每隔 6mm 剪成 4mm 长的裂口，剪好后每隔一片折叠一片，形成双面弹簧座槽，再将弹簧调头装入铁皮槽内即可使用。

## 七、防滑链安装、拆卸及备用轮胎更换

### （一）防滑链安装、拆卸

防滑链是专为车辆行驶安全而设计的防滑用品，主要是利用防滑链特制的粗糙表面增大与路面的摩擦力，使车辆在雪地和泥泞路况下能正常安全行进，起到

保护轮胎和防止轮胎打滑的作用，具有很强的实用性。

按照材质，可将防滑链分为铁质、牛筋和橡胶防滑链。铁质防滑链价格便宜，结实耐用，但是质量较大、噪声大、拆装困难，对轮胎磨损严重，目前已逐渐退出市场。牛筋防滑链外观漂亮，价格适中，安装相对方便，但牛筋防滑链在严寒、低温下易变脆断裂，给行车安全带来隐患。由于橡胶具有较高的弹性及耐寒性，由橡胶制成的橡胶防滑链具有极强的抗拉性和延展性，且能在－40℃的低温下不出现断裂情况，延展性好，易于安装，价格稍高于牛筋防滑链。

按照结构，可将防滑链分为两种，一种是已经接成罩状的防滑链，另一种是交叉安装的数根单独防滑链，但后者安装不如前者方便。安装前应首先确保车辆前后留出足够空间，以便移动链条，同时确保已拉上手刹，避免发生意外。可利用木块支起轮胎作为附加保护措施，清理掉轮胎上多余的杂物积雪。根据不同需要装设两轮或四轮防滑链。

一般情况下，需要根据车辆轮胎型号，确定对应的防滑链型号。车辆轮胎型号可从轮胎侧壁上观察到，如图 2－4－3 所示。

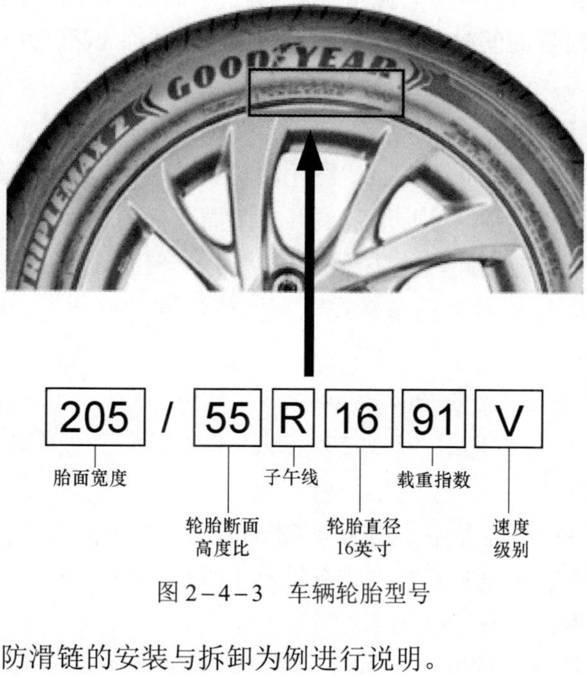

图 2－4－3　车辆轮胎型号

下面以橡胶防滑链的安装与拆卸为例进行说明。

1. 车辆准备

应选择在车道或一些相对安全的场所进行防滑链的安装、拆卸。如必须在途中安装或拆卸防滑链，务必停靠在路边安全且平坦的路段上。应确保有足够的空间移动防滑链，停车后确保制动，避免发生意外。安装前清理掉轮胎上多余的杂物或积雪。

2. 防滑链安装

确认车辆是前轮驱动还是后轮驱动，确保防滑链安装在驱动轮胎上，可借助千斤顶进行防滑链的安装。

（1）将防滑链罩在轮胎上。从轮胎挡泥板缝隙宽的一方入手，将有挂钩的一侧朝外，没有挂钩的一侧朝内，罩在轮胎上的合适位置。

（2）挂内侧接头挂钩。转动轮胎至适当位置，将接头部分向轮胎内侧移动，挂上内侧的接头挂钩。

（3）挂外侧圆带使防滑链闭合。挂接时注意调整防滑链与轮胎的圆心。可使用快速挂钩器，采用对角方式依次将圆带挂在挂钩上。一侧防滑链安装完毕后再安装对应的另外一个轮胎。

（4）检查。两个轮胎的防滑链安装好后，还需对安装好的防滑链进行检查，如内、外侧接头挂钩是否挂好，圆带与外侧全部带钩是否挂好，与车身有无接触地方，车缘与防滑链的间隙大体是否相等、有无偏心。试行 20～100m 后再检查是否正常。

3. 防滑链拆卸

防滑链的拆卸和安装正好相反，将轮胎转到合适位置，按顺序依次拆下圆带及挂钩，拆内侧接头挂钩，将防滑链展开在路面并缓慢移动轮胎卸下防滑链，拆卸时可借助千斤顶。把拆卸后的防滑链清理干净，储存在干燥的地方，留待下次使用。尽量减少安装防滑链的车辆在无积雪或泥泞的路面上行驶，以降低轮胎损害。

4. 防滑链的使用注意事项

（1）防滑链安装完毕后，行驶 20～100m 停车检查和调整，以确保防滑链与轮胎紧密贴合。

（2）防滑链的使用说明中规定，装有防滑链的车辆行驶速度不得超过 40km/h，除了车速有限制外，建议行车过程中慢踩油门、小脚制动，以避免轮胎空转时网状链片摩擦起热后断裂。

（3）当防滑链磨损程度大于 30%以上时，须停止使用。

（4）遇有链片断裂的情况，需立即卸下防滑链。

（5）拆卸后的防滑链，可用温水清洗链片，用防锈剂或机油涂抹钢钉及构件。

（6）当车辆驶入无须使用防滑链的路面时，应及时卸下防滑链。

（二）备用轮胎更换

当车辆某个轮胎泄气或爆胎时，需要临时更换备用轮胎，损坏的轮胎可在到达最近的检修点时进行补胎或者更换。备用轮胎的使用频率虽然不高，却必不可少。

1. 备用轮胎的种类

常见的备用轮胎种类有全尺寸备用轮胎、非全尺寸备用轮胎和充气式备用轮胎三种。全尺寸备用轮胎与车辆正胎一致。非全尺寸备用轮胎是一种相对正胎而言尺寸窄一些的轮胎，一般搭配钢轮毂，在尺寸、表面积、花纹、摩擦系数和质量方面都与正胎有所区别，在使用的时候要注意不能高速驾驶，保证在 80km/h 的安全速度内行驶。充气式备用轮胎一般是非全尺寸备用轮胎，在使用前需用随车气泵给备用轮胎充气，使用过程较烦琐，且轮胎的花纹与常规轮胎不一致，需要驾驶员更加谨慎地驾驶。

车辆有两种情况是不配备备用轮胎的，一种是车辆的4个轮胎均为防爆轮胎，轮胎被扎后不会漏气或漏气非常缓慢，可以使车辆继续地稳定行驶上百甚至上千米。另一种是随车配备有一套快速补胎工具，包括补胎液和气泵，根据附带的说明可以自行补胎，但也需要尽快到最近的修车点进行检查或更换新的轮胎。对于配有快速补胎工具的车辆，建议驾驶员务必阅读随车说明书和使用说明，否则紧急情况下可能会因为细节导致无法顺利补胎。

2. 备用轮胎的保养和检查

备用轮胎需要在日常或救援活动前认真保养和检查，确保其良好。检查备用轮胎的使用时间和寿命（一般是 4 年）、胎面橡胶是否老化、花纹是否磨损、胎壁是否裂纹等情况，定期检查胎压，不要让油液与胎面接触，以防止橡胶被腐蚀。

3. 备用轮胎的放置

备用轮胎的放置位置跟车辆设计有关，大部分是固定在后备箱备用轮胎槽，还有一部分越野车采用车底下挂式和车尾外挂式两种。无论哪种放置方式，在更换前均应按照操作流程说明将备用轮胎安全取下。

（1）后备箱备用轮胎槽。备用轮胎安装在后备箱底板下的备用轮胎槽中，备用轮胎中央有固定螺栓，使用前需将固定螺栓拧下，将备用轮胎取出。

（2）车底下挂式。备用轮胎安装在车辆尾部下方，用铰链机构固定在底盘上，使用时需用随车专用工具将铰链松开。

（3）车尾外挂式。拆卸方便，直接使用工具拆下固定螺栓即可。一些车辆配有备用轮胎罩，对备用轮胎起到保护作用。但还有很多车辆没有配备备用轮胎罩，风吹日晒下备用轮胎的老化速度和受伤概率超过了固定在车内的备用轮胎，因此需经常关注，一旦备用轮胎受损应及时更换。

4. 备用轮胎的安装更换

（1）安全停车。换胎时车辆应停靠在安全位置，避免转弯处停车，不影响其他车辆正常行驶，地面应平坦坚硬，便于轮胎更换。

（2）放置安全警示标志。车辆停好后，取出三角警示牌放在车辆后方以提醒来车方向的车辆，防止二次事故发生。三角警示牌在一般道路上应放置在50m以外，在高速上应放置在150m以外，在能见度较低的雨雾天气或者夜晚应放置在150m 以外。不可随意放置树枝、石头等其他物品替代三角警示牌。停车后应熄火拉紧手刹避免车辆滑动。

（3）准备安装工具。包括千斤顶、套筒扳手等。

（4）检查备用轮胎胎压。将备用轮胎取出，检查胎压（可将备用轮胎竖立提起来弹两下，判断胎压是否足够），若胎压不足可使用便携式充气泵充气。根据不同车辆的质量及载重，胎压一般为2.2～2.6bar（1bar＝100kPa）。在保养备用轮胎时，应将备用轮胎胎压打高一些，留出调整空间。

（5）顶起车身。正确使用千斤顶顶起车辆，找到车身侧面下缘三角形箭头标示处或提示点（一般在前轮的后面20cm左右，后轮的前面20cm左右），将千斤顶顶部与其对应，操作千斤顶将车子顶起，如图2－4－4所示。千斤顶的位置应

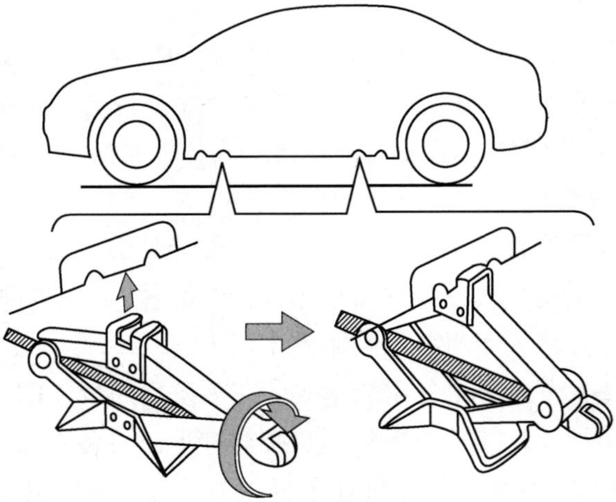

图2－4－4　千斤顶顶起位置图

靠近更换的轮胎，但不能妨碍换胎操作。操作时应缓慢，注意节奏并观察是否稳固。完全顶起后，应将备用轮胎放在车底边梁下，防止千斤顶突然失效后车辆下落伤人。

（6）拆卸轮胎。开始操作千斤顶时，不要将轮胎完全顶起离地。因为轮胎离地后再去拧螺栓，轮胎容易跟转，增加松螺栓的难度。正确做法是用千斤顶把车辆顶起一点，稍微减轻轮胎的负重，待汽车悬挂系统被抬起一定距离、轮胎还未离地时，可以开始松螺栓进行轮胎的拆卸。

松螺栓时，需用到随车工具中的套筒扳手，应记住“向左松、向右紧”的规则。第一下可能有些紧，可以用脚踩的方式加力。进行此操作时，不需要完全将螺栓松开，因为此时轮胎还承受着一定的车重，若一次完全松开某个螺栓，会使其他螺栓受力不均，容易出现变形。应以对角线顺序把螺栓逐个拧松，再升起千斤顶至轮胎完全离地，然后将螺栓完全拆下，卸下受损轮胎。

（7）安装备用轮胎。安装备用轮胎顺序与拆卸轮胎相反。需要注意的是，先将螺栓大致拧紧，然后降下千斤顶，让轮胎轻轻触地，再用工具将螺栓逐个拧紧。紧螺栓也要遵循对角线顺序，以防止偏向一侧的扭力将螺纹损坏。最后加力将每个螺栓拧紧，但应防止使力过大导致螺纹滑扣。备用轮胎更换完毕后，收拾工具并清理现场。

5. 受损轮胎使用的注意事项

（1）要及时将受损轮胎拿到正规维修点检查，进行补胎或更换。若轮胎正面被扎，伤口不大或未刮伤，补胎后可继续使用，若侧面被扎或刮伤甚至鼓包，则不能继续使用，应及时换新。

（2）修补过的轮胎，不管是正胎还是备用轮胎，都应安装在非驱动轮上。如果是四驱车，最好放在后轮上。保证驱动轮上安装相对完整的轮胎也是安全驾驶的一个重要因素。若备用轮胎是修补过的，而需要更换的又是驱动轮轮胎，则一定要先将正胎中没有补过的换给驱动轮，再把备用轮胎替代上去。

6. 轮胎的定期换位

在车辆的检查和保养中，需要间隔一定时间或行驶距离后，对轮胎进行定期换位。轮胎定期换位可使胎面磨损均匀，能充分合理地使用轮胎并延长轮胎使用寿命。轮胎换位的方法较多，这里只介绍两种常用的换位方法。

（1）花纹无方向斜交轮胎的换位。轮胎在使用中一般前轮比后轮磨损严重，可采用斜交轮胎左右换位方法进行换位，如图 2–4–5 所示。将同一车桥上的轮胎对换，可使轮胎的左右侧面磨损均匀。经过一段时间的使用后，前轴换

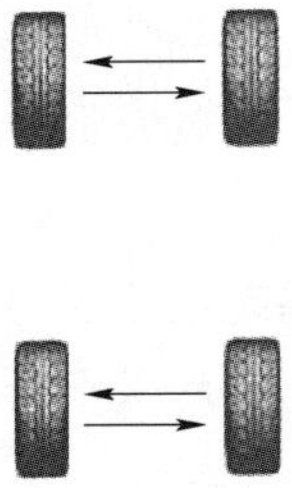

图 2－4－5 斜交轮胎左右换位

下的轮胎可予以报废、翻新或作为备用轮胎使用，新轮胎则装在前轮上。

（2）子午线轮胎的换位。子午线轮胎应保持在车辆的同一侧使用，即保持相同的旋转方向，可采用子午线轮胎前后换位或子午线轮胎与备用轮胎前后换位的方法进行换位，如图 2－4－6 和图 2－4－7 所示。子午线轮胎由于内部结构原因，旋转走向是固定的，如若交叉换位必然会改变其旋转方向，引起轮胎不平衡，使车辆失去操纵稳定性，出现行驶不顺、振动、发摆、发飘等现象，且不利于轮胎散热，易发生爆胎事故，因此子午线轮胎只能单边换位。此外，应特别注意子午线轮胎与斜交轮胎不能混装。

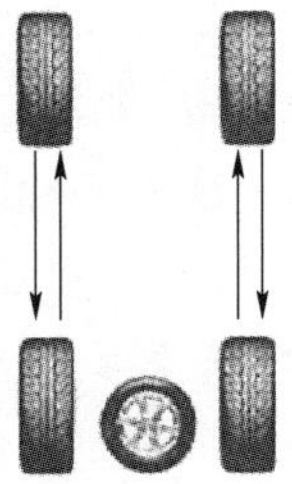

图 2－4－6 子午线轮胎前后换位

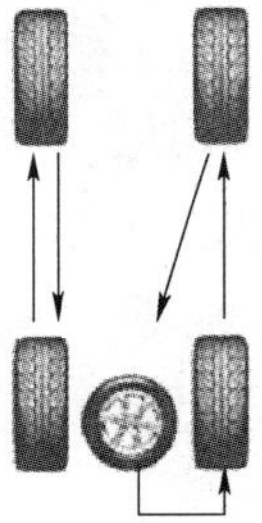

图 2－4－7 子午线轮胎与备用轮胎前后换位

另外，若使用雪地轮胎或带防滑钉的轮胎，不能采用轮胎换位的方法。储存该类轮胎时，应在轮胎上注明轮胎使用时的旋转方向，以确保该类轮胎以同一旋转方向重新装用。当 4 个轮胎大小、形状完全一样时，轮胎换位方式可按图 2－4－8 所示进行。

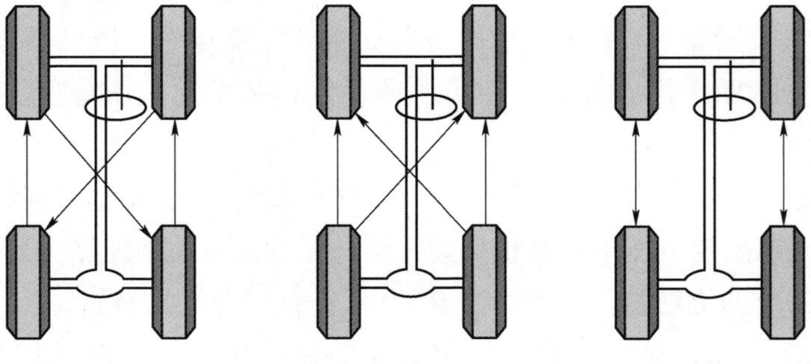

(a) (b) (c)

图 2－4－8 轮胎完全一样时的换位方式

（a）后轮驱动车；（b）前轮驱动车；（c）不论驱动方向

## 八、水域交通工具应急驾驶技术

冲锋舟分为玻璃钢板冲锋舟和橡胶布冲锋舟，主要用于抗洪抢险、水上救援或政府机构执行海事任务，也可用于水上侦察、巡逻等，是高效实用的水域交通工具。冲锋舟动力多用船外机驱动，也可用桨操行。冲锋舟具有质量较轻、操纵性好、反应速度快、方便运输、安装简易、使用快捷等特点，但其本身也存在一定的局限性，如摇摆度大、附属仪器少、冷机时不易启动及抗风浪能力不强等。

### （一）冲锋舟的保养

冲锋舟应设有专用仓库，指定专人负责维护管理，并定期进行检查和保养，使之始终处于临战状态。冲锋舟常见的保养内容有：

（1）在每次起泊后，要对舟体进行冲洗，对外漆面进行维护，保持舟体表面干净整洁、无污染物。

（2）对挂机处艉板进行检查，防止出现磨损过大或固定艉板松动。

（3）存放时，最好做支架固定，必要时可以对凸起部位用废旧轮胎做保护，防止表面磨损。

（4）装卸冲锋舟要注意平衡、固定，防止碰撞出现舟体变形。

### （二）船外机的安装、操作与保养

#### 1. 船外机的安装

船外机必须正确、牢固安装，固定不牢船外机会从艉板上弹出，造成严重伤害或损失。船外机安装的操作步骤是：

（1）两名操作手从箱内将船外机抬至艉板以外。

（2）将悬挂支架卡入艉板，移动船外机至艉板中心。

（3）用手旋紧固定螺杆（航行 30min 后应再次拧紧）。

（4）将安全绳的一端系于船头位置。

（5）调整悬挂倾斜角，使船外机与水面垂直。

（6）检查安装水位线，确保安装水位线与水面接近。

#### 2. 船外机的启动

在船外机启动前，详细阅读操作说明书中的启动前检查项目表、特殊操作说明和发动机磨合程序，并严格按照下列程序操作：

（1）把油管插座插在船外机的油嘴插座上，并确保锁紧。

（2）用手挤压手阀数次，直到油路充满燃油变硬为止。

（3）转动手柄，使箭头指向“慢速”位置。

（4）将离合器手柄放在“空挡”，禁止挂挡启动。

（5）转动手柄，使箭头指向“起动”位置。

（6）拉出阻风门杆调整风门。

（7）将怠速油针向反时针方向旋转 1/4 圈，使混合气变浓。

（8）将启闭杆放在“锁紧”的位置。

（9）先慢拉起动绳待启动器适合后，再快速拉出启动绳；重复以上动作，直至启动为止。

（10）启动后，立即推回风门拉杆以打开风门。

3. 船外机的停车

（1）转动手柄至“慢速”位置。

（2）将离合器手柄放在“空挡”位置。

（3）拔出钥匙或按下熄火按钮，保持到发动机停车为止。

船外机结束行驶后，应先关闭电锁，拆除油管，将发动机叶轮搬离水面后锁定定位销，或拆除发动机至包装箱内。油箱需拧紧呼吸阀，放置在安全地点。

4. 船外机的操作注意事项

（1）操作手和乘舟人员必须身着救生衣，注意判断水流和水深，遇浅滩或障碍物时必须将发动机搬起作浅水行驶，避免发动机叶浆损坏。在不熟悉水下情况时，最好不要锁定发动机定位销。

（2）检查艉板的垂直高度是否符合要求。过高会造成冷却水供给不足；过低会增加行性阻力，影响航速。

（3）按规定的号数和比例调剂好燃油并注满油箱。

（4）检查燃油箱的呼吸阀是否打开，油管连接是否正确，启动前油管是否排空并充满燃油。

（5）检查机械各部件的连接和固定情况，将安全绳系于船外机上。

5. 船外机的保养

为保证应急救援需要，船外机需要经常进行保养，其保养内容如下：

（1）船外机磨合期。船外机的磨合期一般为 10h，在磨合期间如果是二冲程船外机要特别注意机油的配比。如某船外机在最初的 10h 磨合期间要求汽油与机油的混合比例是 25:1，磨合期后是 50:1。四冲程船外机磨合期后须更换四冲程机油，以后通常是每运行 100h 更换一次机油，另外，四冲程船外机的新机器在运输过程中是不含机油的，应确认好再启动，否则后果会很严重。船外机的磨合期和汽车、摩托车等燃油动力的磨合是一个道理，在磨合期尽量不要长时间全油门满负荷，在新的船外机初次启动的 3～5min，应以怠速运转，让船外机得到良好的预热和润滑，特别是靠混合在汽油中的二冲程机油来润滑的二冲程船外机，所以必须预热后先慢速开动 3～5min 方可中速以上运转；如果是水冷的机器则要在水里启动，不然容易造成水泵叶轮磨损和机器过热。

（2）日常保养。船外机的日常保养很重要，特别是在海水中使用的船外机，每次使用完毕有条件的最好在淡水中启动一会，冲去盐分，防止腐蚀，这也是在长期放置之前必须要做的。另外，混合好的燃油很容易变质，建议混合好的燃油存放时间不要超过 1 个月，特别是存储在塑料容器更容易变质，变质的燃油将失去润滑作用，会严重损坏机器，因此绝对不能用变质的燃油。在船外机准备长时间放置前，应先放掉油箱中的燃油，然后启动电动机，把化油器中的油耗尽，这样可避免化油器中残存的燃油变质造成下次启动困难。再卸下火花塞，往汽缸中加入 3～5 滴二冲程机油，在安装火花塞之前启动几下，让缸体保持润滑，防止生锈，最后再安装火花塞即可。

### （三）冲锋舟驾驶操作规则和安全要求

做好航行中的安全工作是完成航行和保障任务的重要条件之一，也是避免机械或人员发生溺水事故的有效措施，冲锋舟驾驶操作规则和安全要求的具体内容包括：

（1）操作手必须经过学习、训练，掌握机械性能和安全驾驶知识，熟悉水上航行规则，有单独操作能力，能够排除常见故障。

（2）操作手禁止喝酒或吸毒，以免影响判断能力和快速反应能力。

（3）操作手的视野不允许被任何东西阻挡，尤其是正前方。当操作手以大于怠速的速度操作时，任何乘舟人员、负载都不许挡住操作手的视野。

（4）至少应有一名船外机启动和驾驶的副操作手，以顶替因突发事故而不能操作的主操作手。

（5）上舟人员必须穿戴好救生器材，严禁在舟上吸烟，以免发生事故。

（6）保证舟上的每个人员都按规定入座。不允许任何人坐在或骑在不是设计用来作为人员入座的舟的其他部分。这些部分包括座位靠背、舷边、尾托架、舟首、甲板等，以及任何根据常识可以意识到那些由于舟的突然加速、停止、未预料到的失控或突然运动而使人员抛出舷外或跌倒在舟上的部分。

（7）如果在载重很轻的情况下使用船外机，不要突然加速。操作手的错误操作可能会对舟的稳定性和操控性能造成不良影响。

（8）确保包括船桨、抽水泵在内的所有基础设备都已经安放在甲板上，并为可能出现的危险预备附加的安全设备。使用过的工具或零件应妥善放置在适当的位置，以防落水。

（9）载重要均匀，使舟底与水面接近平行，以取得良好的航行效果。不得超载、超速行驶。

（10）不在没有任何信息的情况下涉足陌生水域。最好不要在夜里和恶劣的天气环境下出航，除非正确安装和使用导航系统。

（11）在出发前留下出发信息（时间、地点），并预留计划返回的时间和地点。

（12）通过狭窄河道、桥孔、转弯时，要降低航速缓慢通过，严禁高速急转弯。

（13）群舟在一起航行时，要规定航行区域，避免单舟远航，失去联络。

（14）不要在有游泳者的地方高速行驶，不要在船外机仍然运转的情况下让游泳者靠近冲锋舟。

（15）随时留意燃油的剩余量。

### （四）冲锋舟的正常驾驶

#### 1. 离岸

冲锋舟一般采用倒退调头的方法离岸。启动船外机低速运转 3～5min，将航行锁柄放在“锁紧”位置，转动油门手柄，使箭头指向“换挡”位置，将离合器手柄向后扳动，使之确实结合倒挡稍微加大油门即可倒行离岸。当倒退至舟首接近预定方向时，降低油门，使箭头指向“换挡”位置，将离合器手柄向前扳动，经过空挡（中间）时，稍停顿，再将手柄扳到“前进”位置，同时将航行锁柄置于“松开”位置，然后慢慢加大油门即可行驶。

#### 2. 航行

航行中，船外机在一般情况下不可长时间高速运转，不应将节气门突然开大或降低，以避免螺旋桨减震套打滑。航行中应集中精力，正确掌握航速和航向，并注意以下几点：

（1）转弯或调头时应先降低航速，否则容易折断操纵臂或造成其他严重事故。

（2）横渡江河时舟首应偏向上游或与波浪成适合角度，严谨与波浪平行。

（3）当两舟相遇或通过狭窄河道、桥孔时，应降低航速，观察清楚方可通过。

（4）在水草较多或浮流物多的水域航行时，如发现航速下降或发动机声音不正常，通常可能是水草缠绕在螺旋桨上，应立即停止航行，清理干净再继续航行。

（5）操作手必须熟悉水上航行的交通规则，主动避让来往航行船舶。

3. 靠岸

找准靠岸的地点或码头，在距靠岸点适当的位置，降低航速，将离合器手柄扳至“空挡”位置，利用舟的惯性缓慢靠岸。靠岸时应逆水靠近码头。

（五）特殊情况下冲锋舟的驾驶

冲锋舟的安全驾驶是实施快速、安全救援行动的关键环节。由于救援水域内情况复杂，操作手除了需要掌握一般的操作要领外，还必须具备特殊情况下准确驾驶冲锋舟的能力，否则不但救不了人，甚至有可能造成舟翻人亡的严重事故。

1. 横过激流时的驾驶

溃口附近地区，洪水借助堤内外水位的大落差直泻而下，不仅流速大，波浪高，而且流向复杂。冲锋舟紧急救援的时机一般选择在水域流速为 2.5～3.5m/s 时，冲锋舟在救援时不可避免地要经常往返穿梭于激流中，操舟时稍有不慎，就有可能导致舟体倾覆，人员落水。因此，横过激流时，要准确把握航向、均匀分布载重、准确控制油门、沉着应对熄火。

2. 激流下定点的驾驶

激流下定点的驾驶是将激流中的冲锋舟按照预定的路线行驶至预定的地点，救援被困在激流中的房顶、树木上的人员时经常遇到这样的情况。在操作时应注意以下几点：

（1）正确选定进入点，准确把握航速、航向。

（2）若条件允许时，最好将舟的进入点选在激流的上游。进入前，先将舟通过系溜绳固定，再通过放松系溜绳使舟顺水漂流至预定地点。

3. 故障避让与排除的驾驶

在救援水域航行时经常会遇到各种障碍，如各种水下或露在水面的树木、电杆、房屋等，处理不当就会撞舟、挂机；纵横交错的架空线路，稍有不慎就会挂人落水甚至触电死亡；四处飘散的各种漂浮物，时间稍长就会缠绕螺旋桨；还有被淹地面高低不平的地势，也有可能造成舟的搁浅。因此，必须根据障碍类型、障碍程度，采取切实可行的故障避让与排除措施。操作时应特别注意以下几点：

（1）合理寻找故障避让路线。

（2）及早发现障碍，及早报告，合理避让，妥善排除。

（3）船外机的螺旋桨被稻草、电线等缠绕后，往往会出现动力降低甚至死机的现象，应立即停机并挂机排除障碍，若排除难度较大，可寻求冲锋舟的帮助，将其带至浅水处或高地后再排除障碍。

4. 夜暗条件下的驾驶

夜暗条件下在被淹水域操舟救人，可谓是难上加难，因为夜暗条件不仅使得已有的障碍程度增加，还会使及时发现障碍变得异常困难。因此，在夜暗条件下操舟，应特别注意以下几点：

（1）尽可能在白天选定航行路线，并在两岸选择明显的固定目标或航灯作为分辨方向的横渡标记。条件允许时，可在靠岸点设置专用指示灯。

（2）航行时，应经常观察周围的地形、地物，辨别和掌握方向，副操作手应当用钩镐探测水深情况，发现问题及时报告。

（3）加强指挥联络，注意航行情况，群舟航行时应保持适当的间隔距离，避免碰撞或失去联络。尽量沿昼间路线行动，保持 3 舟一组的队形，沿灯光前进。

（4）航行中，操作手要思想集中，注意观察，保持低速航行，处理问题要果断。

5. 能见度不良时的引航和避让

在雾、雨、雪、雹等不良天气现象中，雾对能见距离的影响最大，且持续时间较长。当能见度降至 1km 以下时，航行事故数量急剧增大。因此，不少水域将 1km 视为危险的能见距离。在能见度不良时的引航和避让处理原则是：

（1）要将舟的速度降下来，为避免碰撞留有更多时间，便于采取各种操纵措施。

（2）利用一切有效手段瞭望观察，及早发现一切有碍航行的信息，对碰撞态势及时作出预测和识别，以便及早判断碰撞危险，及早避让。

6. 常见的编队航行

冲锋舟在水上驾驶时，可以根据水面搜救的需要进行编队航行，常见的编队队形有三角形编队、一字形编队、S 形编队、纵形编队，如图 2－4－9 所示。

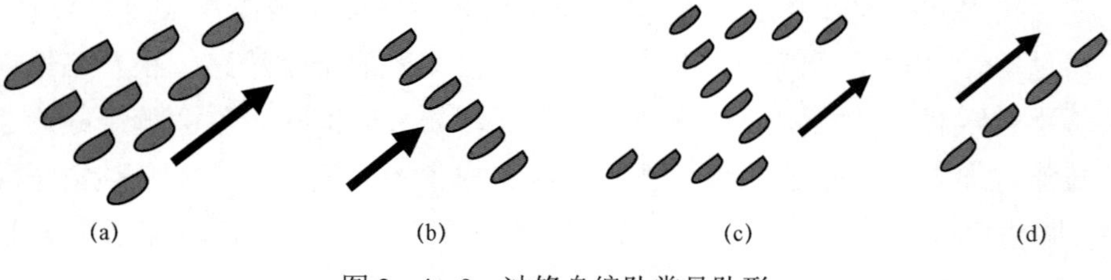


图 2－4－9 冲锋舟编队常见队形

（a）三角形编队；（b）一字形编队；（c）S 形编队；（d）纵形编队

（六）常见故障水上排除

（1）常见故障：突然停驶，重新启动后又会出现停驶。

故障原因：油路不畅。

排除方法：清理输油管，更换燃油。

（2）常见故障：自行停驶。

故障原因：断油、断电。

排除方法：添加预混燃油，清洗油箱并更换燃油，检查电锁是否关闭。

（3）常见故障：船外机动力不足。

故障原因：冲锋舟严重超载或者是螺旋桨被杂物缠住。

排除方法：控制在额定载荷范围内，停驶并清理杂物。

（4）常见故障：燃油消耗快。

故障原因：预混比例不对，机油过少。

排除方法：加入适当的机油。

（5）常见故障：有不正常的声响，动力明显下降，甚至停驶。

故障原因：严重缺乏机油导致拉缸。

排除方法：应立即停驶，当发现因缺乏机油拉缸时，应该及时更换活塞、活塞环。

# 课 题 五

# 应急电源与应急供电

在突发事件发生的第一时间，电网企业应急救援的首要任务就是提供应急照明及应急救援设备的电源支持，同时在恢复供电和电网抢修中也不能缺少高质量的临时应急照明。因此应急供电在突发事件情况下完成保、供电任务、快速抢修恢复受损电网、确保受灾群众及应急救援人员人身安全、维护灾区局势稳定、彰显电网企业社会责任形象等方面具有不可或缺的重要作用。

## 一、应急电源

应急电源包括应急发电车、UPS 电源车、便携式小型发电机，具有供电功率大、安全可靠性高、机动性强等特点，适用于灾害情况下为电网抢修恢复、应急救援、重要用户保供电提供不间断应急供电。

### （一）应急发电车

应急发电车具有反应速度快、供电容量大、接线简单、运行可靠、应用广泛等优点，是在突发事件情况下提供应急供电保障的重要应急电源设备。

#### 1. 结构配置

作为装在车上的发电机组，应急发电车主要由汽车底盘、专用仓厢、发电机组（柴油发动机+发电机）及供电设施组成，结构紧凑，功能齐全，整车外观和内部根据实际需求进行布置和改装。现以某 200kW 应急发电车为例介绍基本结构及其配置。

该应急发电车的箱体外观如图 2－5－1 所示，发动机和发电机参数分别见表 2－5－1 和表 2－5－2。

图 2－5－1　应急发电车箱体外观

1—控制屏；2—输出快速接口；3—并机母排；4—发电机舱；5—检查门；6—底盘油箱；7—百叶窗；8—工具箱

**表 2－5－1　　某 200kW 应急发电车所配发动机参数**

| | | | |
|---|---|---|---|
| 型号 | QSL9 | 最大输出功率（kW） | 310 |
| 气缸数/排列 | 6/L | 燃油规格、等级 | 中国 0#（轻柴油） |
| 气缸总容积（L） | 8.8 | 燃油消耗量（L/h） | 52/58 |
| 缸径（mm） | 114 | 润滑油规格、等级 | API–CF 级以上 |
| 冲程（mm） | 145 | 润滑油总容量（L） | 26.5 |
| 压缩比 | 16.8:1 | 最高润滑油温度（℃） | 121 |
| 进气方式 | 涡轮增压中冷 | 最大机油消耗量（L/h） | 0.14 |
| 调速方式 | 电子调速 | 排烟最高温度（℃） | 480/500 |
| 节温器调节温度范围（℃） | 82–93 | 进气阻力（kPa） | 6.2 |
| 允许最大背压（kPa） | 10 | 进气量（$m^3$/min） | 17.1/17.9 |
| 冷却方式 | 闭式循环水冷 | 排气量（$m^3$/min） | 27.1/28.2 |
| 冷却液容量（L） | 60 | 排风量（$m^3$/min） | 475 |
| 最高冷却液温度（℃） | 100/104 | 额定转速（rpm） | 1500 |

**表 2－5－2　　某 200kW 应急发电车所配发电机参数**

| | | | |
|---|---|---|---|
| 型号 | MWL34540 33ABS1 | 转子型式 | 凸极式 |
| 电压调整范围 | ≥±5% | 短路能力 | 3 倍，10s |
| 防护等级 | IP22 | 过载能力 | 1.5 倍，2min |
| 绝缘等级 | H | 电压控制方式 | AVR |
| 温升等级 | H | 稳态电压调整率 | ≤±1.0% |
| 效率 | 92.4% | 励磁方式 | 无刷自励式 |
| 冷却方式 | 自冷式 | — | — |

（1）厢体外观。车厢采用型材焊接结构作为基本骨架，车厢侧壁上部左右各有一个检修平开门，下部按功用设置若干上翻门；车后端下部设置为对开门；在侧面壁板前部左右侧、车后端上部分别设有铝合金电动百叶窗，便于发电机组散热通风。

图 2－5－2　电缆收起时的液压绞盘

（2）车厢内部布置。车厢内部被隔声障隔成三个区，前部为隔音降噪区，中部为发电机舱，后部为电缆线盘区。发电机舱内部布置 200kW 发电机组，经过多级减震，以确保在运输过程中对机组的保护。电缆线盘区由液压电缆绞盘、三相四线制电缆和绞盘液压机构组成，电缆收起时的液压绞盘如图 2－5－2 所示。

（3）动力系统。应急发电车动力源为底盘发动机，其动力由取力器从底盘变速箱取出。取力器和变速箱之间的动力传递由手动操纵软轴控制，平时取力器与变速箱取力齿轮处于断开状态，当进行液压作业时，操纵取力开关使取力器的滑移齿轮与变速箱的输出取力齿轮啮合，取力器输出轴带动油泵工作，从而将发动机的机械能转为液压能，为液压系统提供动力。

（4）液压支腿。为了缓解车辆负荷，在车厢的副梁下部加装有 4 个手动液压支腿，液压支腿的操作手柄在车厢左侧后部。当应急发电车长期停驶时，应放下液压支腿，使车辆支撑于坚实地面上，以缓解底盘大梁和钢板弹簧的负荷。

（5）供电设施及附属系统。包括发电机组控制系统、电力主溃出、并机输出、生活用电输出、市电输入、供电电缆等供电设施，以及照明系统、消防报警系统等附属系统。

1）发电机组控制系统。发电机组控制系统采用 CAN 总线控制模式，并配备并机控制器，可实现系统中多台发电机组的全自动并机功能，可提供功率、功率因数、电流、电压、转速、频率、机组工作时间、蓄电池电压、报警保护信息等多种参数显示。并具备完善的保护功能，可以提供对机组多次自启动、高水温、低油压、超速、低速、超频、高频、低发电机电压、高发电机电压、过负荷等现象的保护功能。可根据用户的需求设定机组故障保护的动作，提供声光报警，确保机组安全运行。

2）电力主溃出。电力主溃出采用的是安全可靠的无火花型单芯大电流防爆插座，连接方便可靠，安全性高。

3）并机输出。并机输出配备的是铜母排和绝缘性能较好的胶木板。

4）生活用电输出。生活用电输出包括工业级配电插座和民用配电插座，并配有相应剩余电流动作保护装置和空气开关。

5）市电输入。市电输入采用的是防护等级较好的大电流工业插座。

6）供电电缆。供电电缆包括四根单股机车电缆，为截面流量大、耐温等级高的阻燃柔性电缆，单根长度为 50m，截面积为 150mm$^2$，平时收纳于车厢后部的液压电缆绞盘，供电时展开，连接于应急发电车右后下部的配电柜。

7）照明系统。照明系统包括舱内直流照明灯、舱内交流照明灯、驾驶室上长排爆闪警灯、整车前后示廓灯、侧标志灯及控制面板照明等。

8）消防报警系统。发电机舱内安装有温度和烟雾传感器，当舱内温度或烟雾浓度超过消防安全要求值时，将会出现声光报警。

2. 行驶前准备工作

（1）行驶前应对应急发电车进行例行检查，对油、水、气、电气设备等进行检查，确认状态正常的情况下，方可行驶。

（2）应确认取力器按钮位于分离状态，检查支腿是否收回到位，如有问题应及时解决，确认安全后方可行驶。

（3）应确认百叶窗为关闭状态，确保各检修门、车门为关闭状态。

3. 安全操作注意事项

（1）电气安全。

1）发电机仅与其电气性能和额定输出匹配的负荷连接，严禁超负荷运行。

2）不要将发电机组与市电系统直接连接，这可能导致触电或市电冲击发电机组造成发电机损坏，发电机组只能通过安全的切换开关与市电系统进行电力连接。

3）必须履行相称的中性点接地条件，以对电压升高和未被发现的接地故障起到充分的保护作用。

4）不要随便改动连接装置，工作时与带电设备保持足够的安全距离，以防触电。

5）发电机运行前，必须用 500V 绝缘电阻表测量输出电缆绝缘电阻，且测得的绝缘电阻值应不低于 2MΩ。

6）发电机运行前，应急发电车外壳接地。

（2）燃烧安全。

1）发电机组燃油系统和充电的电池不允许有明火和火花。燃油系统和电池充电时散发出的氢气是易爆气体，应远离电弧和火花。

2）在发电机运转时不可往油箱加注燃油。

3）在机房配备适当、充足的消防器材。

（3）排气安全。

1）燃油燃烧后排出的烟雾是有害的，排烟系统必须严格按规定安装，同时做好日常维护，以确保没有泄漏或回流进入发电机舱和建筑物内。

2）保证设备通风良好。

（4）高温危险警告。在发电机运转时严禁触摸排气管、散热器和可能发热的零部件，同时避免触摸热油、冷却水和排出的废气，防止烫伤。在发电机运转时调整管道或移动零部件要特别小心。在发电机运转时，不可打开散热器或热交换器的压力帽，应先让发电机组冷却后才可打开此盖。

（5）其他安全注意事项。

1）在转动的部件或电力设备附近工作时，不要穿宽松衣服及佩戴首饰，宽松的衣服可能会被转动的部件缠住，首饰可能引起电线短路进而导致触电或起火。

2）保证发电机组的紧固件拧紧，在风扇或传动带上要有设置好的防护装置。

3）在发电机组开始工作前，应先断开启动电池（先断负极），以防止意外启动。

4）在发电机组运行时不可断开电池或充电器的连接，否则会损坏电池充电系统。

5）发电机组和相关设备工作时，应穿戴合适的个人防护用品，如为避免接触冷却液添加剂或电池电解液等化学液体须穿戴个人防护用品，经常暴露于机组运转噪声中的操作人员推荐戴耳罩等。

4. 运行操作

（1）发电前的检查与准备。

1）将车辆开至指定位置，检查油、水、气、电气设备正常，符合工作条件。

2）按下取力器按钮，让取力器接合进入工作状态。

3）打开百叶窗操作手柄“百叶窗开”按钮，使百叶窗打开至工作状态。

4）将接地钢钎打入地下，使应急发电车安全接地。

5）检查确认控制屏所有开关及蓄电池输出开关均在关闭状态，机组周围无易燃易爆物品，车厢内进出风通畅、无阻碍。

6）检查有无“三漏”（漏气、漏水、漏油），导线连接是否牢固，是否有老化现象。

7）检查润滑油油位（应在油尺刻度线中间，不足应补同质润滑油）；检查燃油箱内的燃油量，必要时添加；检查冷却液液位，液位不足应补同质冷却液。

8）检查空气滤清器阻塞指示器，如指示器为红色，则应更换空气滤清器。

（2）油泵的启动。车辆停稳后，拉紧手刹；将变速杆置于空挡位置，踩下离合器踏板，扳动取力器开关，使取力器的滑移齿轮与变速箱的输出取力齿轮啮合，然后慢慢松开离合器踏板，使油泵运转。油泵运转后，检查转动时有无异常声响，确定运转正常后，即可作业。

（3）电缆及其液压盘操作。按下取力器按钮，让取力器接合进入工作状态，操作电缆绞盘的液压控制手柄，外放出电缆后，将电缆一端连接到车厢右下部的配电箱内的接线柱上，另一端接在用户端。

（4）发电机组操作。

1）发电机组的试车与调试。发电机组试车前，应检查机组表面是否彻底清洗干净，运动机件螺帽有无松动现象，操纵机构是否灵活可靠，如发现问题应及时紧固。检查各部分间隙是否正确，尤其应仔细检查各进气、排气门的间隙及减压机构间隙是否符合要求。将各气缸置于减压位置，转动曲轴检听各缸机件的运转有无异常声响，曲轴转动是否自如，同时将机油泵入各摩擦面，然后关上减压机构，摇动曲轴，检查气缸是否漏气，如果摇动时感到很费力，表示压缩正常。检查调速机构和超速保护系统，严防飞车事故。检查燃油箱盖上通气是否畅通，若孔中有污物应清除干净；检查加入的柴油是否为符合发动机使用要求的牌号，油量是否充足，并打开油路开头。

检查水冷却系统的情况：检查水箱内的冷却水量是否充足，若水量不足应及时补水。检查水管接头处有无漏水现象，发现问题应及时处理解决。检查冷却水泵系统的叶轮转动是否灵活，传动皮带松紧是否适当。检查皮带松紧，在皮带中部用手推压，皮带被压下 10～15mm 为宜。

检查润滑系统的情况：检查机油管及管接头处有无漏油现象，发现问题应及时处理解决。检查油底壳的机油量，将曲轴箱旁的量油尺抽出，观察机油的液位是否符合规定的要求，否则应添加机油。在检查时，若发现油面在最高刻度线以上时，应认真分析机油增多的原因。

检查启动系统情况：用电启动的发动机组应先检查启动蓄电池是否有电压；对照电气原理及接线图，检查线路接头螺栓是否松动、接触是否良好；检查电路接线是否正确；检查控制屏上开关是否置于监视机组位置，空气开关是否在断开位置；对于长期放置的电机，检查电气线路是否受潮，绝缘是否合格，检查蓄电池连接柱上有无积污或氧化现象，如有应将其打磨干净；检查启动电动机及电磁操动机构等电气触摸接触是否良好；连续启动发动机时间间隔不少于30s。

2）发电机组的启动。将机组的转速调至怠速（500～700r/min）位置。接通电源，带工况保护装置的发电机组在确认报警灯良好无故障后即可启动。

发电机组启动运转后，立即松开启动按钮，充电电流表转到正向位置或充电电压表指示充电电压不小于25V，表明充电机正常工作。带工况保护装置的发电机组如果出现声光报警，应立即停车查找原因。

发电机组启动后，密切观察各仪表读数是否正常，观察机组有无不正常的嘈杂声响或其他不正常现象，如有应立即停机检查，消除故障后再行开机。

3）发电机组的额定运行。发电机组正常启动后，将转速由怠速逐渐增加至1000～1200r/min，进行发动机的预热运转。一般情况下，当发动机预热运转的排水温度达 45℃时（紧急供电情况下除外），才能逐渐加速至额定转速（即1500r/min）。如果发电机不能自动建立电压，必须给发电机充磁，然后调节电压整定电阻，将空载电压调至400V，合上主开关后即可向负荷供电。

若发电机组需并联供电运行，一般采用手动方式并联，用灯光法或使用同步表，要求操作人员熟练快速地合上并联开关，避免机组的非同期冲击。若几次并机不成功，必须卸下负荷，解除并列，对单机组的稳定调速率进行调整。

发电机组正常供电运行后，要实时检查发电机组各工作部件的工作情况是否正常，经常注意观察各仪表及报警灯状态，冷却水温度应在 90℃以下，最高不应超过95℃，每小时记录一次各仪表读数。定时检查发动机的机油量及燃油量，燃油量少于油箱的1/3时应及时补充燃油，机油量少于标尺最低刻度线时亦应补充加油。

发电机组在使用过程中，应定期由专人检查并更换“三滤”（空气滤清器、柴油滤清器、机油滤清器），并实时观察机组有无“三漏”，若有应及时进行维护。

增减负荷应逐渐均匀地进行，除特殊情况外，不允许突然加减负荷，当发动机的出水温度达55℃、机油温度达45℃时，才允许加至全负荷。

4）发电机组的停机。逐渐减负荷至零，然后分闸，再逐渐降低发动机转速至怠速运转3min左右，尽可能不要在全负荷状态下急停，以防出现过热事故。

备用或长期不使用的发电机组，应按要求进行油封，未进行油封的每周必须启动一次，运转5～10min，以防止机件特别是内部机件锈蚀。

发电机组在采取紧急停车方式时，应迅速将机组开关分闸，卸去负荷，将停车油门置于停止供油位置，即实现停止运转。

发电机组停机后，应及时检查和清洁发电机组外部，擦净发电机组的油污灰尘，记录停机时间，并检查蓄电池工作状况，使发电机组处于准启动状态。

（5）并机操作流程。将多台发电机组以并网方式连接，共同为负荷供电的操作称为并机操作，并机示意图如图 2－5－3 所示。并机操作可以以自动或手动方式进行。

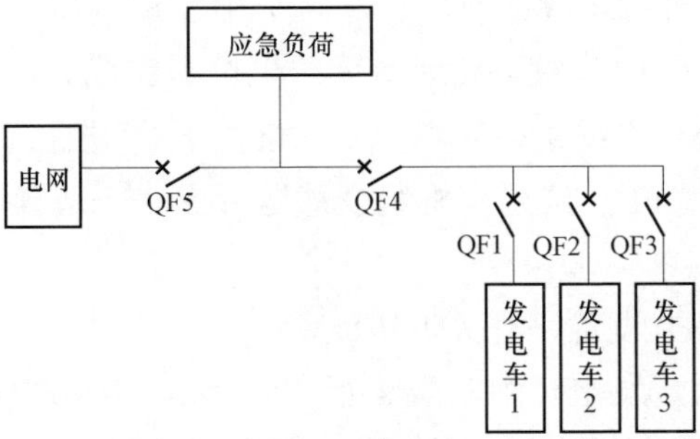


图 2－5－3　多台发电机组并机示意图

1）操作前的准备。使用前确保油、水、电等均处于正确状态，控制屏各转换开关位置正确，相应的控制及测量小型断路器均应接通，机组控制屏控制器置于“AUTO”状态。

2）自动并机操作流程。

a. 首台机组启动及合闸。将第一台发电机组的机组屏上的手动/自动转换擎扳至“AUTO”位置，第一台发电机组启动，调节其空载电压至 400V，空载频率为 50Hz，开关自动合闸送电，此时母排带电。

b. 自动并机操作。将待并机组的机组屏上的手动/自动转换擎扳至“AUTO”位置，待并机组启动。当待并机组运行正常时，待并机组的自动整步控制器开始工作，自动调节发电机的频率。当待并机组的电压、频率及相位满足整定要求时，待并机组的主开关自动完成并机合闸。自动并机完成后，投入并联运行的机组负荷分配环节自动投入工作，实现两台机组并机运行向负荷供电。

c. 机组解列操作。将相应机组的工况转换开关由“AUTO”扳至“MAN”位置，手动转移发电机组负荷后，按“分闸”按钮，分断开关，将机组启动擎扳至“OFF”位置，发电机组空车运行 3～5min 后停机。

3）手动并机操作流程。

a. 首台机组启动及合闸。将第一台发电机组的机组屏上的手动/自动转换擎扳至“MAN”位置，将第一台发电机组的启动按钮按下，第一台发电机组启动，调节器空载电压至 400V，空载频率为 51.5Hz，按“合闸按钮”开关合闸送电，此时母排带电。将该待并发电机组柜上的手动/自动转换擎扳至“MAN”位置，将待并机组的机组启动擎扳至“ON”位置，待并机组启动。

b. 手动并机操作。待并机组的自动整步控制器开始工作，手动调节机组的频率。待同期灯完全暗时（或同期表指针在中间位置时），按下合闸按钮，使待并机组并联合闸。并联机组之间的有功分配调节由手动调节调速电位器完成，发电机组并联之前无功分配调节由手动调节调压电位器完成。

c. 机组解列操作。机组负荷转移以后，按“分闸”按钮，断开发电机主开关，将机组启动擎扳至“OFF”位置，机组空载运行 3～5min 停机。

5. 发电结束后的收车工作

（1）关闭所有用电设备、开关、电源等。

（2）结束送电后，发电机组空载运行 3～5min，然后停机。

（3）按动百叶窗“百叶窗关”按钮，使百叶窗关闭。

（4）收好随车的电缆，将电缆盘内的导线盘好，并固定好电缆接头，清理现场。

（5）按下取力器按钮，让其分开。

（6）停机后打开车门散热 30min，检查机体有无明显故障，确认正常后，方可行驶。

（二）UPS 电源车

1. 概述

UPS 是交流不停电电源的简称，主要由整流器、蓄电池、逆变器和静态转换开关构成。UPS 的主要功能是在正常、异常和供电中断的情况下，可以向重要负荷提供安全、可靠、稳定、不间断、不受倒闸操作和系统运行方式影响的交流电源，其工作原理如图 2－5－4 所示。

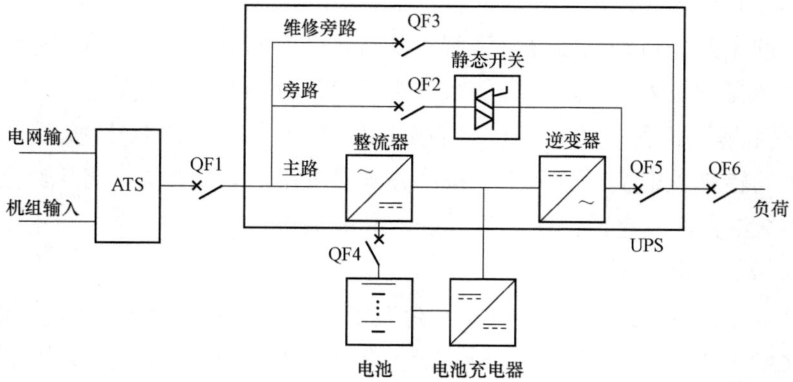


图 2－5－4　UPS 工作原理

2. 操作方法

UPS 正常供电开机前，先检查维修旁路开关 QF3 在断开位置，旁路开关 QF2 及逆变器输出开关 QF5 处于闭合位置，并确认外部电源处于接通状态。闭合 UPS 输入开关 QF1，待整流器工作状态正常后闭合蓄电池开关 QF4，待逆变器工作状态正常后闭合 UPS 输出开关 QF6，UPS 开机完成，可加载用户端负荷。输入端电源由市电系统供给，通过主电路先整流再逆变成标准正弦交流电压后，经过输出开关输出，同时，通过充电电路变成直流电压向蓄电池充电。如果正常工作电源因故中断，则由蓄电池通过逆变器变成标准交流电压输出，实现无间断连续供电，为应急发电机组启动并成功带上负荷赢得足够的时间。若是逆变器发生故障，则 UPS 可通过快速静态转换开关切换至旁路电源供电。

某 300kVA 锂电池组 UPS 电源车整车装配示意图如图 2－5－5 所示。该 UPS 电源车主要由车厢、驾驶舱、底盘、UPS 主机、UPS 配电柜锂电池、电池控制柜、电缆及电缆绞盘、空调、输入/输出铜排、输入/输出连接器及其他辅助系统构成。除此“UPS＋锂电池”组合，还有“UPS＋锂电池＋发电机组”组合、“飞轮储能+UPS 组合”等多种型式。同应急发电车一样，UPS 电源车具有良好的机动性，功率大，功能多，广泛应用于应急保电、抢险救援、检修作业、野外作业等需要不间断连续供电的场所。

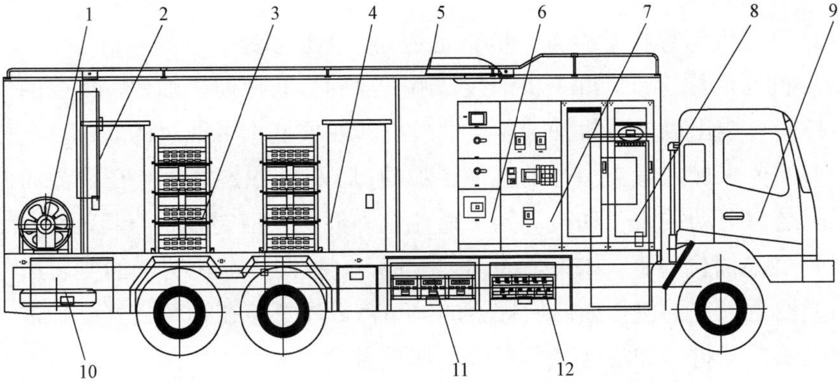


图 2－5－5　UPS 电源车整车装配示意图

1—电缆及电缆绞盘；2—电池舱空调；3—锂电池；4—车厢；5—车载空调；6—电池控制柜；7—UPS 配电柜；8—UPS 主机；9—驾驶舱；10—备用轮胎；11—输入/输出铜排；12—输入/输出连接器

（三）便携式小型发电机

1. 基本结构

便携式小型发电机如图 2－5－6 所示，整体组成部件包括发动机开关、控制面板、启动手柄（或电启动器）、燃油盖、燃油盖手柄、阻风门手柄、左侧维修盖、进气孔、排气孔、消声器、火花塞维修盖等。

图 2-5-6　便携式小型发电机

控制面板由以下几部分组成：① 插座（交流、直流）；② 接地孔；③ 智能节气门开关（某些小型发电机的控制面板上设置此开关，用于根据电气负荷大小的变化，自动调整发电机转速，以降低发电机运转过程中的耗油量）；④ 直流保护器；⑤ 工作指示灯；⑥ 过载指示灯；⑦ 机油报警指示灯。

2. 操作前的检查

（1）发电机运行状态检查。检查是否处于停运状态。

（2）机油油位检查。拆下机油尺，用干净的抹布擦净机油尺，将机油尺插入机油口拧紧再旋出以检查机油油位。如果机油油位低于机油尺的底部，则按照产品说明书的要求加入适当型号的机油至加油口。机油报警系统会在机油油位降至安全界限之前自动关闭发动机。为了避免意外停机，应定期检查机油油位。

（3）燃油油位检查。如果燃油油位太低，则按照产品说明书的要求加入适当型号的燃油至规定油位，加油后拧紧加油口盖。注意应在通风良好处加油，并在加油前关闭发动机，加油区域和贮存区域严禁烟火。

（4）空气滤清器检查。打开维修门，松开空气滤清器上的紧固螺栓，对滤芯进行检查，如有必要，清洁或更换滤芯。没有空气滤清器不允许运转发动机，否则赃物会通过化油器进入发动机造成发动机快速磨损。

（5）零部件检查。启动发动机前，应检查燃油软管是否漏油、螺栓和螺母是否松动、零部件是否有损伤，发现异常应及时排除隐患。

（6）发电机周围运行环境检查。

1）附近不可有易燃物或其他有害物质。

2）发电机必须离开建筑物或其他装置 1m 以上。

3）要在干燥、空气流通良好的地方使用发电机。

4）排气管内不可有异物。

5）发电机附近不可有明火，不可吸烟。

6）发电机要安放在一个稳定、平坦的表面上。

7）发电机吸气管不可用纸或其他物质堵塞。

3. 操作与使用方法

（1）发动机的起动。上述检查工作完成后，可按以下步骤进发电机的启动操作：

1）顺时针方向将燃油通风杆完全打到“开”的位置。

2）将发电机开关转到“开”位置。

3）将阻风门杆转到“启动”位置。

4）轻轻拉动启动抓手直到感觉有阻力，然后快速拉动。

5）在发电机预热的时候，将阻风门杆转到“运行”位置。

在启动发电机之前，应确认发电机接地良好，并且将负荷从发电机的交流插座上断开；如果在第一次加入燃油后，或长时间储存后，或燃油用光后启动发电机，必须于启动前将燃油阀打开再等待 10～20s。如果发电机停机后无法再启动，应先检查机油油位。

（2）交流电的使用。上述启动工作完成后，若发电机状态良好，可按以下要求带交流负荷供电：

1）按要求启动发电机，确认其工作指示灯（绿色）指示正常。

2）确定所需供电的用电设备已关闭，然后将其插头插入发电机交流插座。

3）打开用电设备开关。如果超负荷运行或用电设备内部发生故障，则工作指示灯（绿色）会熄灭，过负荷指示灯（红色）会亮起，此时必须将发电机开关立即转至“关”位置停止发电机运行，并根据故障现象进行检查排除。

4）供电前要确认用电设备状况良好，电压等级与否超过发电机相符；为了得到最佳使用效果，保证机组最大使用寿命，一般新机组应在 50%的负荷下运行 20h，使发电机性能达到最佳。

（3）直流电的使用。直流插座空载时输出电压为 15～30V 直流电流，仅供用于 12V 自动式电池的充电。将发电机的直流插座与电池的端子用充电电缆连接时，应先连接发电机端，再连接电池端，拆卸时顺序相反；充电电缆与电池相连时，正负极应对应，不能混淆。

（4）发电机的制动。关闭所连用电设备，拔出插头，将发电机启动旋钮旋至“关”位置，待发电机完全冷却后，将燃油盖通风杆逆时针转至“关”位置。注意在关闭、搬运及贮存发电机时，确认燃油盖手柄和发电机开关处于“关”的位置。

4. 维护保养

（1）更换机油。第一次更换机油要在运转20h后进行，以后每运转100h更换一次。

（2）更换机油过滤器。第一次更换机油过滤器要在运转20h后进行，以后每运转200h更换一次。

（3）定期清扫和调整火花塞。

（4）定期清扫燃油滤清器。

5. 安全注意事项

（1）发电机排出的气体含有一氧化碳，切勿在闭风处运行发电机，确保提供足够的通风条件。

（2）发电机运转和刚停机时消声器温度很高，严禁触摸，待发电机冷却后再放入室内。

（3）发电机运行时不能覆盖防尘罩。

（4）务必接好地线，并确保地线能承载足够的电流。

（5）在特定条件下，汽油极其易燃易爆，务必在通风及远离香烟和火星处加油，加油前关闭发电机，加油后立即将溢出的汽油擦拭干净。

## 二、应急供电

### （一）配电网基础知识

1. 配电网类别

根据电压等级的不同，配电网可分为高、中、低压配电网三类。高压配电网是指向用户提供电能的高压配电线路和相应电压等级的变配电电气设备组成的配电网，高压配电网的电压等级有110、63、35kV，城市一般采用110kV或35kV电压等级的高压配电网。中压配电网是指向用户提供电能的中压配电线路和变配电电气设备组成的配电网，中压配电网的电压等级有20、10、6、3kV，我国中压配电网主要采用的是10kV电压等级。低压配电网是指向用户直接提供电能的低压配电线路及其附属电气设备组成的配电网，我国低压配电网是由三相三（四）线制和单相制供电方式构成的混合系统，采用三相380V和单相220V电压等级。

根据配电线路的不同，配电网又可分为架空配电网、电缆配电网和架空电缆混合配电网。架空配电线路具有投资省、施工周期短、运行维护方便等特点，是配电网采用的主要输电方式。

2. 配电网的接线形式

（1）放射式配电网。放射式配电网是指电能只能通过单一路径从电源点送至用电点的接线形式。配电线路自配电室引出，按负荷的分布情况，呈放射状延伸出去，散布于整个供电区域，所有用电点的电能只能通过单一路径供给，如图 2－5－7 所示。放射式配电网的优点是设施简单、运行维护方便、设备费用低、适用低负荷密度的农网。在中压和低压放射式配电网中，通常还装设分段断路器，使得放射式配电线路发生故障时的停电区域缩小，或将部分非故障区段切换到相邻线路，以保证继续供电。

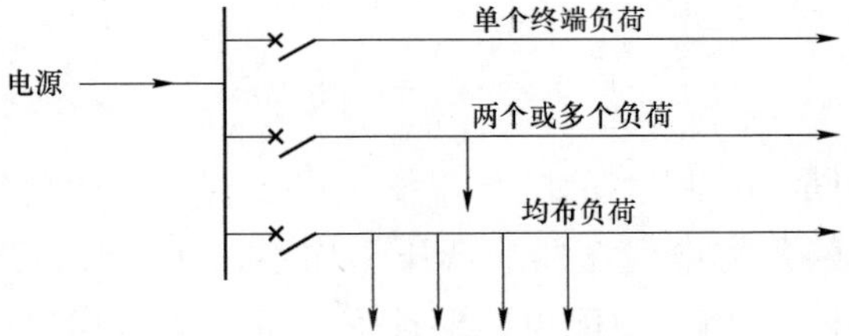


图 2－5－7　放射式配电网

（2）网式配电网。网式配电网是指电能可以通过两个及以上路径从电源点送至用电点的接线形式。网式配电网包括多回路式、环式及网络式配电网。多回路式配电网的配电线路一般是平行敷设的，自配电室引出接到受电端，正常时各条配电线路并列运行，平均分担全部负荷，当一条配电线路有故障时，可自动将其切断隔离，其余的配电线路有足够的容量承担全部负荷，如图 2－5－8

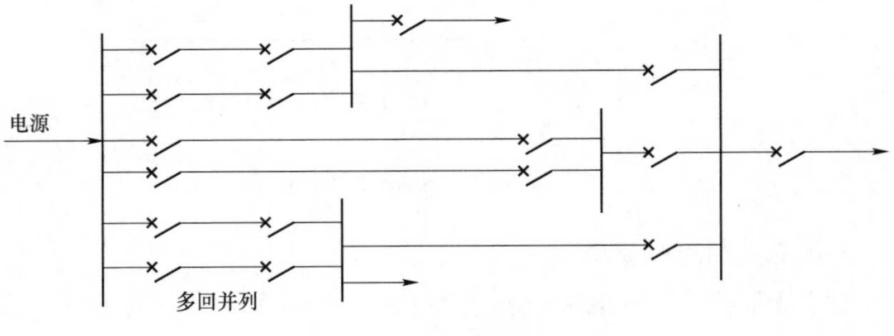


图 2－5－8　多回路式配电网

所示。多回路式配电网比放射式配电网可靠性高，多用于电缆配电网，主要缺点是继电保护装置比放射式配电网的复杂。

环式配电网是指配电室引出的配电线路连接成环形，每个用电点自环上不同位置接出。简单的环式配电网是配电线路自同一（或不同）配电室的母线引出，利用联络断路器（或分段断路器）连接成环。当环上某区段发生故障时，利用分段断路器切换隔离后，其他区段上的负荷可继续供电，如图 2-5-9 所示。

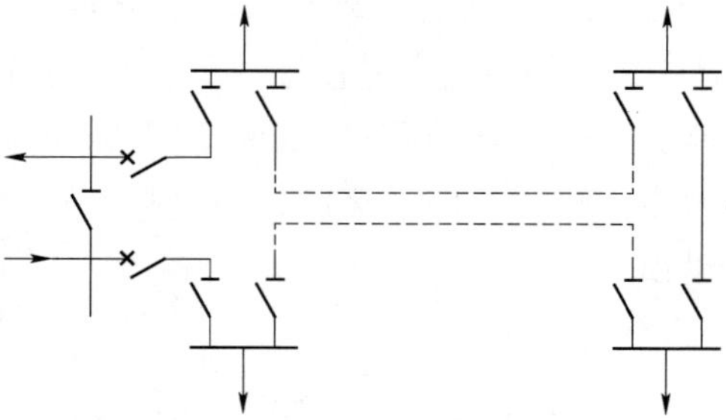

图 2-5-9 环式配电网

网络式配电网是自配电室的同一母线引出多回中压配电线路（一般至少三路），配电线路上的各配电变压器的低压侧均连接在一起，形成网络布置，用电点都自网上接出，任何一回配电线路或变压器停电时用电负荷不会停电，如图 2-5-10 所示。

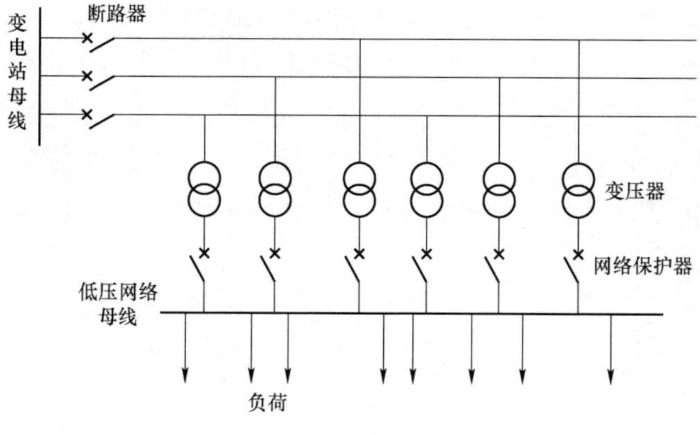


图 2-5-10 网络式配电网

3. 低压配电系统中性点运行方式

电力系统中性点是指发电机或变压器的中性点。考虑到电力系统运行的可靠性、安全性、经济性及人身安全等因素，电力系统中性点常采用不接地、经消弧线圈接地、直接接地三种运行方式。0.4kV 低压配电系统中接地方式分为三个系统五个形式，分别为 TT 系统、TN 系统、IT 系统（按电源、外露可导电部分接地情况分），其中 TN 系统根据中性导体和保护导体的组合情况，又分为 TN－C 系统、TN－S 系统、TN－C－S 系统三种形式。

在低压配电系统接地方式的描述中，第一个字母表示电源端与地的关系（T—电源端有一点直接接地；I—电源端所有带电部分不接地或有一点通过高阻抗接地）；第二个字母表示电气装置的外露可导电部分与地的关系（T—电气装置的外露可导电部分直接接地，此接地点在电气上独立于电源端的接地点；N—电气装置的外露可导电部分与电源端接地点有直接电气连接）；TN 系统中“－”后的字母用来表示中性导体与保护导体的组合情况（S—中性导体和保护导体是分开的；C—中性导体和保护导体是合一的）。

在 IT 系统中，变压器低压侧中性点不接地或经高阻抗接地系统内所有受电设备的外露可导电部分用保护接地线（PEE）单独接至接地极上。发生第一次接地故障时，接地故障电流仅为非故障相对地的电容电流，值很小，外露可导电部分对地电压不超过 50V，不需要立即切断故障回路，以保证供电的连续性；发生接地故障时，对地电压升高 1.73 倍，应安装绝缘监察器。在供电连续性要求较高的场所使用，如应急电源、医院手术室等。IT 系统如图 2－5－11 所示。

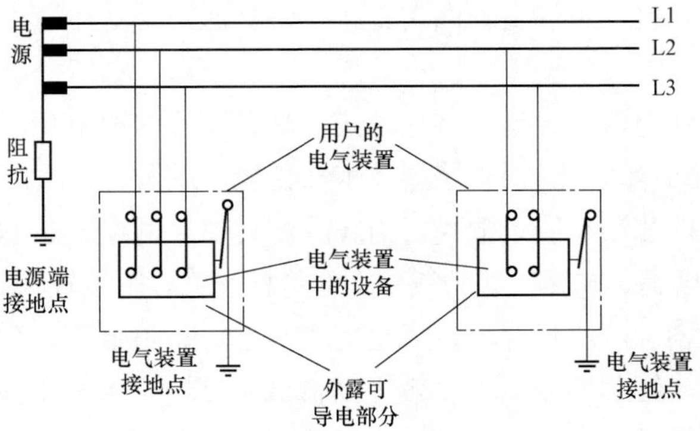


图 2－5－11　IT 系统

4. 配电网负荷分级

（1）一级负荷。中断供电将引发人身伤亡，造成环境严重污染，发生中毒、爆炸和火灾，造成重大政治影响、经济损失或造成社会公共秩序严重混乱等情形之一的，称为一级负荷。一级负荷必须保证连续可靠供电，有互相独立的双回自动切换。

（2）二级负荷。中断供电将造成较大政治影响、经济损失或造成社会公共秩序混乱等情形之一的，称为二级负荷。对二级负荷应采用双回或专线供电，电缆线路应双回，架空线路可专线。具有一级负荷或二级负荷之一的客户统称为重要客户，如国家重要广播电台、电视台、通信中心，重要国防、军事、政治工作及活动场所，重要交通枢纽，国家信息中心及信息网络、金融中心、证券交易中心，重要宾馆、饭店、医院、学校，大型商场、影剧院等人员密集的公共场所，煤矿、金属非金属矿山、石油、化工、冶金等高危行业的客户。

（3）三级负荷。不属于一级负荷和二级负荷的称为三级负荷，供电无特殊要求。

（二）应急配电线路的结构形式

应急配电线路一般采用架空配电线路、电缆线路、平行集束导线等形式。

1. 架空配电线路

架空配电线路是用杆塔将导线悬挂在空中，导线利用绝缘子支持在杆塔的横担上。架空配电线路主要由导线（一般为钢芯铝绞线）、杆塔、绝缘子、横担金具、接地装置等基本元件组成。应急配电线路一般都是临时用电，临时用电不准使用裸导线。

架空配电线路具有设备简单、造价低、易于检修和维护等优点。利用空气绝缘建造比较容易。缺点是侵占地面位置，有碍交通，易受环境影响，安全可靠性较差。

导线作为传输电流和输送电能的通道，具有良好的导电性能，足够的机械强度，一定的抗腐蚀能力、耐振动性能及耐热性能，质量轻。按所用材料不同，导线可分为铝线、钢芯铝绞线、铜线、钢线等。其中，铜线的导电性能最好，电阻率最小、机械强度高、抗腐蚀能力较强，但价格昂贵，质量较大，所以较少采用。铝线的导电性能稍弱，质量轻、抗氧化能力较强、价格低廉，但机械强度较低、抗腐蚀能力较弱。钢芯铝绞线可有效提高机械强度，在生产实践中广泛应用。

支撑导线的杆塔，按照所用材料的不同可分为木电杆、钢筋混凝土电杆、铁塔和钢管电杆。钢筋混凝土电杆具有使用年限长、维护工作量小、造价低、美观等优点，在低压配电线路中广泛应用。钢筋混凝土电杆按机械强度可分为普通杆和预应力杆，按形状可分为拔梢杆和等径杆，按杆塔在线路中的作用可分为直线杆、耐张杆、转角杆、终端杆、分支杆和跨越杆等形式。

横担用于安装绝缘子、导线、开关设备和柱上配电设备，按材质可分为铁横担、木横担、陶瓷横担等。铁横担是目前被广泛采用的一种横担，一般用等边角钢制造，采用热镀锌防腐处理，造价低，便于加工，使用年限较长。

接地装置用于降低接地电阻，加速接地电流的扩散，从而减少地电位的升高。接地装置是接地体（埋入地下与大地直接接触的一组金属导体）和接地引下线（连接电气设备接地部分与接地体的金属导体）的总称。

金具是具备导电、承载、固定作用的金属构件，在架空线路中主要用于接续、固定导线，连接导体与绝缘子，也用来保护导线。金具按性能和用途可分为耐张金具、悬垂金具、连接金具、接续金具、保护金具和拉线金具 6 种。

绝缘子的作用是使导线与杆塔绝缘，并承受导线及各种附件的机械荷重。要求绝缘子具有足够的电气和机械强度，同时能够耐受气候变化和化学腐蚀。

基础的作用是支撑杆塔全部荷载，使杆塔不发生下沉，在受外力作用时不发生倾斜、倒覆。钢筋混凝土电杆的基础由底盘、卡盘和拉线盘构成，一般采用钢筋混凝土或天然石材构件。

2. 电缆线路

电缆线路与架空线路相比，具有运行可靠、不易受外界影响、不占地面的优点，但具有投资大、维修困难、难于发现和排除故障的缺点。

电缆的敷设路径要求尽量短，转弯尽量少，尽量避免与各种地下管道交叉，散热要好。常用的电缆敷设方式有直接埋地敷设、电缆沟、电缆桥架设。

3. 平行集束导线

与架空配电线路和电缆线路等常规线路相比，平行集束导线改变了周围的磁场和电场分布，使其电抗减小、电纳增大，明显减少了线路的电压损耗。与绞合式集束导线相比，架设相同长度的线路，平行集束导线可缩短 1.5～3 个百分点的电气距离，减少了导线自身的功率损耗和导线成本，同时还具有生产工序少、工艺过程简单等优点。

平行集束导线具有以下优点：

（1）主干线、分支线均可实现三相四线制供电方式，不受地域分布影响，可将分散的单相负荷重组为较对称的三相负载，大大减小零线电流，降低线损。试验表明，采用平行集束导线，线损率一般为 5%～10%。

（2）施工简便，工期短，施工费用和金具节省，不需要横担及瓷件。架设导线只需要架设一根，施工量比架空配电线路减少近 30%。在城镇或经济比较发达的楼群区域，平行集束导线可以沿墙布置，大量减少杆塔费用。

（3）与架空配电线路相比，综合造价基本持平，但运行费用和远期效益具有明显优势。

平行集束导线施工前，应严格检查规格型号与设计相符，绝缘材料附着均匀、无塑化不好现象，绝缘无磨损、无擦伤、无裂解等损坏等。放线过程中，应将集束导线放在塑料滑轮或装有橡胶护套的金属滑轮内，严禁在地面、杆塔、横担、绝缘子和其他物体上拖拉，以防损伤绝缘层。平行集束导线连接后，必须安全防护处理，T 接下线点必须加装绝缘防雨罩。防雨罩不得磨损、划伤，安装位置不得颠倒，并保持封闭，防止进入雨雪。施工过程中连接应牢固，既可以保证安全，又可以减少电阻，降损节能。

（三）应急低压配电网的搭建过程

1. 应急救援现场临时用电特点

应急救援现场的应急供电是快速、高效实施救援的重要保障。为保障应急救援现场用电的安全可靠，防止触电和火灾等意外事件发生，在现场临时用电设计中，除应符合国家有关临时用电安全技术规范外，还应充分考虑现场临时用电特点：

（1）大多为移动用电设备，耗电量大，负荷变化量大。

（2）现场环境复杂，各种施救器械、工种交叉作业，安全性差，发生触电事故的隐患多。

（3）用电设备、设施种类多，机动性强，供电线路长，用电管理难度大。

（4）供电电源引入受限，引线及接线标准低，安全隐患大。

现场供电多采用架空导线或电缆引入电源。架空导线投资费用低、施工方便、分支容易，但受气候、环境影响较大，供电可靠性较差。电缆线路供电可靠，受气候、环境影响小，线路电压损失小，但成本较高，线路分支困难，检修不方便。应根据应急救援现场实际情况确定供电方式。

2. 应急低压配电网的设计

（1）临时电源及配电变压器选择。

应急救援现场临时电源的确定按以下原则进行：① 低压供电能满足要求时，尽量不再另设变压器；② 当救援及施工用电能进行复核调度时，应尽量减少申报需用的电源容量；③ 时间较长的救援过程或现场施工，应做分期增设、拆除电源设施的规划方案，力求结合救援及施工总进度合理配置。

配电变压器选择的任务是确定变压器一次侧及二次侧的电压、容量、台数、型号及安装位置等。在具体设计中应注意变压器的一次侧、二次侧额定电压应与当地高压电源的供电电压和用电设备的额定电压一致，一般配电变压器的额定电压，高压为6～10kV，低压为380/220V。为减少供电线路的电压损失，其供电半径一般不大于700m。

（2）常用临时供电方案。

1）建立永久性的供电设施。对于较严重的突发事件或恢复重建工程，其应急救援过程或施工工期较长，应考虑将临时供电与长期供电统一规划，在全面开工前，完成永久性供电设施建设，包括变压器选择、变电站建设、供电线路敷设等。临时电源由永久性供电系统引出，当应急救援或施工完成后，供电系统可继续使用，以避免重复投资造成浪费。如施工现场用电量远小于永久性供电能力，以满足救援或施工用电量为基准，可选择部分完工。

2）利用就近供电设施。若应急救援或施工现场用电量少，周期短，附近有能力向其供电并能满足临时用电要求的供电设施，应尽量加以利用，如借用就近原有变压器供电或借用附近单位电源供电，但应做负荷计算，进行校验以保证原供电设备正常运行，并征得有关部门审核批准。

3）建立临时配电室。若应急救援或施工现场用电量大，附近无可利用电源，应建立临时配电室，其位置应靠近高压配电网和用电负荷中心，但不宜将高压电源直接引至应急救援或施工现场，以保证应急救援或施工的安全。

4）安装柴油发电机或使用应急发电车。对于一些较偏远的应急救援地区或移动较大的施工建设工程，常采用安装柴油发电机或使用应急发电车以解决临时供电电源问题。

3. 应急配电线路架设

应急救援现场人员繁杂、环境多变，一般不允许架设高压线路。特殊情况需架设高压线路的，应按相关要求，使高压线路与救援或施工用的脚手架、大型机电设备间保持必要的安全距离，如因现场条件受限，无法保证安全距离时，可采取设防护栏、悬挂警示牌、增设高压线路保护网等措施。在高压线路入口处，还应设带避雷器的开关装置。

应急救援现场的配电线路，其主干线一般采用架空线路架设方式，特殊情况下可采用电缆线路敷设。现场临时架空线路架设必须注意下列问题：

（1）架空线路必须架设在专用的电杆上，严禁架设在树木、脚手架及其他设施上。电杆塔宜采用钢筋混凝土电杆或木电杆。采用钢筋混凝土电杆时，不能有露筋或宽度大于0.4mm的裂纹及扭曲；采用木电杆时，木杆不能腐朽。

（2）电杆应完好无损，不得有倾斜、下沉及积水现象。两个电杆相距不大于35m，线间距不小于30cm。终点杆塔和分支杆塔的零线应采取便利接地，以减小接地电阻或防止零线断线造成触电事故。

（3）不得使用裸导线，一般采用铜芯绝缘导线。若利用的原有架空线路为裸导线时，应根据施工情况采取保护措施，边线与机具设备外侧边缘之间必须保持安全操作距离。

（4）施工现场的机动车道与架空线路交叉时，架空线路的最低点与路面的垂直距离不应小于有关规定。

（5）旋转臂架式起重机的任何部位或被吊物边缘与10kV以下的架空线路边线最小水平距离不小于2m。

（6）架空线路导线截面积应符合电流要求、电压降要求和机械强度要求。

（7）没有条件做架空线路的地段，应采用护套电缆线路敷设的方法。电缆线路敷设地点应能保护电缆线路不受机械损伤及其他热辐射，要尽量避开建筑物和交通要道。电缆线路易受损伤的线段应采取防护措施，所有固定设备的电缆线路不得沿地面敷设，埋地敷设必须穿管（直埋电缆除外）。

（8）电缆直接埋地敷设的深度不应小于0.7m，并应在紧邻电缆的上、下、左、右侧均匀敷设不小于50mm厚的细砂，然后覆盖砖或混凝土板等硬质保护层。

（9）临时线路架设时，应先安装用电设备一端，再安装电源侧一端。拆的时候顺序与架设时相反。严禁利用大地作为中心线或零线。

4. 电气设备安装

（1）配电箱安装。

应急救援现场用电采取分级配电制度，配电箱一般分为总配电箱、分配电箱和开关箱三级设置。

1）总配电箱应尽可能设置在负荷中心靠近电源的地方，箱内应装设总隔离开关、分路隔离开关和总熔断器、分路熔断器，或者设总自动开关和分路自动开关及剩余电流动作保护装置。

2）分配电箱应装设在用电设备相对集中的地方。分配电箱与开关箱的距离不超过30m。动力、照明公用的分配电箱内要装设四极剩余电流动作保护装置或防零线断线的安全保护装置。

3）开关箱应由末级分配电箱配电。开关箱内的控制设备不可一闸多用，应做到每台机具设备均有专用的开关箱，即“一机、一闸、一漏、一箱、一保护”的要求。严禁用同一个开关箱直接控制2台及2台以上用电设备（含插座）。开关箱与其控制的固定电器相距不得超过3m。设备进入开关箱的电源线严禁采用插接。

4）应急救援或施工用电气设备的配电箱要装设在干燥、通风、常温、无气体侵害、无振动的场所。露天配电箱应有防雨防尘措施，暂时停用的线路应及时切断电源。应急救援或施工完成后，临时配电箱应随即拆除。

5）配电箱不得用木材等易燃材料制作，箱内的连接线应采用绝缘导线，不应有外露带电部分，工作零线应通过接线端子板连接，并与保护零线端子板分开装设。金属箱体、金属电器安装板和箱内电器不应带电的金属底座、外壳等必须作保护接零。

6）开关箱中剩余电流动作保护装置的额定剩余动作电流不超过 30mA，额定漏电动作时间不超过 0.1s。用于潮湿场所的剩余电流动作保护装置额定剩余动作电流不超过 15mA，额定剩余动作时间不超过 0.1s。总配电箱中剩余电流动作保护装置的额定剩余动作电流应大于 30mA，额定剩余动作时间应大于 0.1s，但其额定剩余动作电流与额定剩余动作时间的乘积不应大于 30mA·s。剩余电流动作保护装置应动作灵敏，不得出现不动作或者误动作的现象。

7）在施工现场，消防箱为红色，照明箱为浅驼色，动力箱为灰色，普通低压配电屏为浅驼色。配电箱应采用冷轧钢板或阻燃绝缘材料制作，钢板厚度应为 1.2～2.0mm。其中开关箱箱体钢板厚度应为 1.2～2.0mm，总、分配电箱箱体钢板厚度应为 1.5～2mm。配电箱箱体表面应做防腐处理，外形结构应能防雨、防尘。配电箱应进行编号，并标明其名称、用途，配电箱内多路配电应做出标记。总配电箱、分配电箱、开关箱均应设置进线隔离开关，进线隔离开关应设置于电源进线端，即为电线进入电箱后的第一个电器。应采用分断时具有可见分断点、能同时断开电源所有极的隔离开关，不能用空气开关或者剩余电流动作保护装置代替隔离开关，不得使用石板开关。

8）配电箱的出线应从箱体的下底面进出，箱体进出线口处应作套管保护。配电箱内电器安装板应用金属板或非木质阻燃绝缘电器安装板，若用金属板，则金属板应与箱体作电气连接。

9）配电箱的安装应符合以下要求：箱体应装设端正、牢固；固定式配电箱的中心点与地面的垂直距离应为 1.4～1.6m，移动式配电箱中心点与地面的垂直距离宜为 0.8～1.6m；箱体前方不得堆放影响操作、维修的物料，四周应有足够 2 人同时工作的空间和通道，配电箱的安装位置应为干燥、通风、常温的场所，不受振动、撞击。

10）配电箱的送电操作顺序：总配电箱→分配电箱→开关箱。停电操作顺序：

开关箱→分配电箱→总配电箱（出现电气故障的紧急情况例外）。配电箱或配电线路维修时，应悬挂标志牌，停送电必须由专人负责。

（2）动力及其他电气设备的安装。

1）在应急救援现场或恢复重建的施工工地，塔式起重机是最重要的垂直运输机械，起重机的所有电气保护装置在安装前应逐项进行检查，确认完好无损才能安装。安装后应对地线进行严格检查，起重机轨道和起重机机身的绝缘电阻不得大于4Ω。当塔身高于30m时，应在塔顶和大背端部安装防撞的红色信号灯。起重机附近有强电磁场时，应在吊钩与机体之间采取隔离措施，以防感应放电。

2）电焊机一次侧电源线应采用橡套缆线，其长度不得大于5m，进线处必须设防护罩。当采用一般绝缘导线时，应穿塑料管或橡胶管保护。电焊机二次侧电源线宜采用橡胶护套铜芯多股软电缆，其长度不得大于50m。在电焊机集中使用的场所拆除其中某台电焊机时，应先断电，断电后对其一次侧验电，确定无电后才能进行拆除。

3）移动式设备及手持电动工具必须装设剩余电流动作保护装置，并定期检查。其电源线必须使用三芯（单相）或三相四芯橡套缆线，电缆不得有接头，不能随意加长或随意调换。接线时，缆线护套应在设备的接线盒固定，施工时不要硬拉电源线。

4）露天使用的电气设备及元件应选用防水型或采取防水措施，浸湿或受潮的电气设备要进行必要的干燥处理，绝缘电阻符合要求后才能使用。

## 三、应急照明设备

应急照明也称事故照明，是当正常电源发生故障时启用的照明。应急照明的选择应根据应急照明的种类、转换时间、持续工作时间、各种电源的特点及实际工程的客观需要和要求等多种因素综合考虑选择，做到安全可靠、技术先进、经济合理。

### （一）应急照明设备的种类

（1）按应急照明面积大小，应急照明设备可分为特大面积应急照明设备、大面积应急照明设备和小面积应急照明设备三类。

1）特大面积应急照明设备。如在大型变电站、大型楼宇、广场、大型应急避难场所及山体处等大型救援现场，需要防护性能强、可操作性能高、照射距离远、覆盖面大的特大面积应急照明设备。

2）大面积应急照明设备。如在倒塔断线、人员搜救等救援现场，需要亮度高且均匀、自带发电功能、照射距离远的大面积应急照明设备。

3）小面积应急照明设备。在配电应急抢修、登杆作业、倒闸操作、狭小空间救援等场所，需要照射亮度高、功率大的小面积应急照明设备。

（2）按应急照明设备的特点和适用场合，应急照明设备可分为大型升降式自发电移动照明设备、中型升降式自发电移动照明设备、小型升降式自发电移动照明设备、便携式充电照明设备和单兵照明设备等。

### （二）应急照明设备的技术要求

由于应急救援现场的环境条件往往比较复杂、恶劣，应急救援人员的作业面往往在高处或受限空间，同时可能遭受大风、雨雪、高温、低温、潮湿、粉尘、危化品等极端环境因素的威胁，所以，要求应急照明设备具备抗风、防水、防潮、防爆等技术要求。满足条件的照明环境不仅可以增加应急救援人员的安全感，也可以提高应急救援效率。

### （三）应急照明设备的使用与维护

#### 1. 大型升降式自发电移动照明设备

某型 10m 高杆泛光灯结构示意图如图 2－5－12 所示。其光源类型为金卤灯（MH）/钠灯（HPS），4 盏金卤灯分别装在 4 只照明灯盘内，总照明功率 4kW，

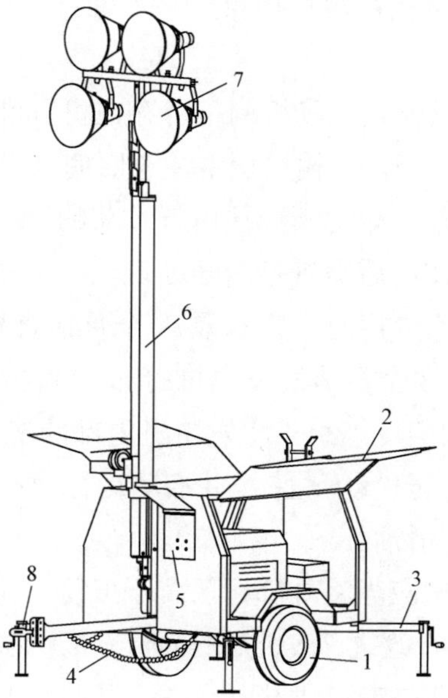


图 2－5－12　10m 高杆泛光灯结构示意图

1—车轮；2—机箱盖板；3—车体支撑腿；4—移动拖链；5—操作面板；6—灯塔升降杆；7—照明灯盘；8—前支撑杆

照明灯盘固定装配在灯塔升降杆顶端，可随灯塔升降杆升降，升起高度 10m，是一种应用广泛的大型升降式自发电移动照明设备。

启停操作步骤为：

（1）检查设备整体情况正常。

（2）将水平仪内的调平珠调节到中心位置。

（3）加注汽油、机油。

（4）通过“启动”旋钮启动发电机，低温时可关闭防风门“启动”。

（5）选择“立倒”模式，按下红色升立开关，立起升降杆。

（6）选择“升降”模式，按下红色升立开关，升起灯杆。

（7）依次开启照明开关，相邻金卤灯开启时间间隔为 0.5～2min。

（8）每只金卤灯的再次启动时间间隔为 10～30min，避免频繁启动。

（9）关闭照明开关，将灯塔升降杆回收，切断电源，关闭发电机。

维护保养项目及注意事项包括：

1）检查发电机机油是否充足，是否存在变质问题，长期存放应注意化油器的清洗保养。

2）检查设备线路是否存在破损现象，在长期恶劣情况下使用容易出现机械性磨损，造成线路短路。

3）长时间使用应注意检查升降机构是否存在机械磨损，及时调校紧固结构。

4）金卤灯避免频繁开闭，运输过程中注意照明灯盘的紧固，防止强力碰撞。

5）在进行任何维修前，应切断通往电气负荷的所有电路。

6）照明设备在每次使用后需进行清洁处理。

7）照明设备长时间不使用时，需每隔 3 个月检查车轮轴承、油脂密封等是否有损坏或磨损；需每隔 3 个月清洗发电机内部，清洗时需启动并使照明设备在空载状态下运行，用干燥的压缩空气将发电机内部的灰尘和碎片吹走；需每隔 3 个月检查各个机械部件有无松动、生锈；并启动运行一次检查各个环节是否完好，并涂上必要的防锈油和润滑油。

（10）进行维修、调试应当将升降杆放置于低位，不要爬上升降杆。

对前述高杆泛光灯进行改进，改进后的为全方位移动照明灯塔（简称灯塔）如图 2－5－13 所示。该灯塔自带柴油发电设备，升起高度 10m 以上，照射覆盖半径可达 100m 以上，光源为 4×1000W 美标金卤灯，光通量 110000lm，防护等级 IP65，抗风等级 8 级，发电机组输出功率 7.2kW，可连续工作 45h。灯塔升降杆可在水平方向 360° 旋转调节，照射无死角。投光灯具（即照明灯盘）可在垂直方向 0° ～90° 范围内任意改变投射角度。控制系统集成化，控制开关、控制显示屏、指示仪表全部集成与同一面板上，方便操作人员操作和实时监控。全自动操作设计，发电机组启动、灯塔升降杆升降、4 个液压支脚（车体支撑腿改进为液压型）收放、控制开关等全部独立自动控制，操作简便。

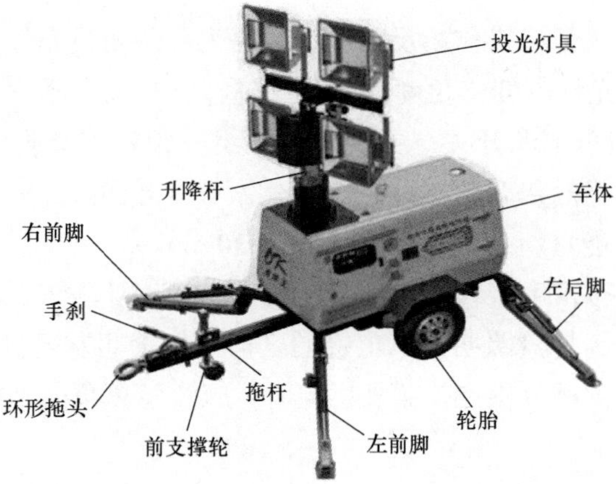


图 2－5－13　全方位移动照明灯塔主体结构图

该灯塔可采取拖车、叉车、起重机等多种移动方式进行移动和运输，广泛应用于电力抢修现场、抢险救灾施工作业场所及机场、码头、工地等室外大范围作业场所照明。其使用方法及操作步骤包括：

（1）灯塔放置于基本水平的底面上，保持底面无塌陷，车体边缘 2m 的范围内无异物，且保证车体上方 15m 高度内无电线、树枝等妨碍升降杆升起的障碍物。拉上刹车，避免车体滑动，打开 4 个支撑脚（图 2－5－13 中左前脚、左后脚、右前脚、右后脚）上的锁扣，准备撑开支撑脚。启动液压支撑脚之前，一定要松开锁扣，以保护液压系统免受损坏。

（2）检查灯塔整体情况良好，检查或加注柴油、机油、液压油、冷却水至正常，安装机体接地线。

（3）确认车体上急停按钮保持在未锁定状态，确认灯具总开关和 4 个灯具开关在关闭位置。使用点火钥匙开关到“开”，长按启动按钮，启动发电机组。

（4）打开控制室中的总电源开关，依次按动 4 个支撑脚开合按钮，使 4 个支撑脚依次展开，微调灯塔到水平位置。

（5）打开升降杆手柄下方的定位销，使升降杆接触转动锁定，双手转动升降杆，使投光灯具照射方向调整到合适位置，重新锁定定位销，水平约 360° 转动；

按动投光灯具翻转按钮，调整灯具仰俯角到合适位置；按动升降杆上升按钮，升降杆会抬升，抬升到合适的高度松开按钮。一定要在升降杆未升起之前进行旋转调整，以减少高处转动时的不稳定性，严禁在升降杆升起状态调整任一支撑脚，否则可能造成灯塔倾倒。

（6）依次打开4个灯具，进行照明。

（7）停机操作与开机操作相反，操作顺序为：关闭投光灯具开关（不要关闭总电源）→复位投光灯具仰俯角度→降落升降杆→复位升降杆水平方向并锁定→升起支撑脚→关闭总电源开关→关闭发电机组→锁定支撑脚锁扣。收起支撑脚前，确保前导向轮仍然在有效支撑，否则车体可能会倾翻。关闭灯具后，投光灯具需要完全冷却才能重新启动，时间为15～30min。

（8）灯塔提供有市电接入接口，可以用市电接入灯塔进行供电，进行升降杆升降、支撑脚开合、灯具照明。市电接通之前应先关闭发电机。

（9）灯塔可提供额外供电，额外供电时，应注意总负荷不能超过发电机组的总功率。

（10）灯塔在使用过程中，需要有人值守，防止无关人员随意操作，发生危险。当发生危险时，立即按下急停按钮，此时发电机供电会立即停止，排除故障后才能重新启动。车体液压系统启动工作后，检查液压管道接口处是否有液压油溢出，如发现溢油等缺陷，应立即关机进行检查处理后再重新启动。

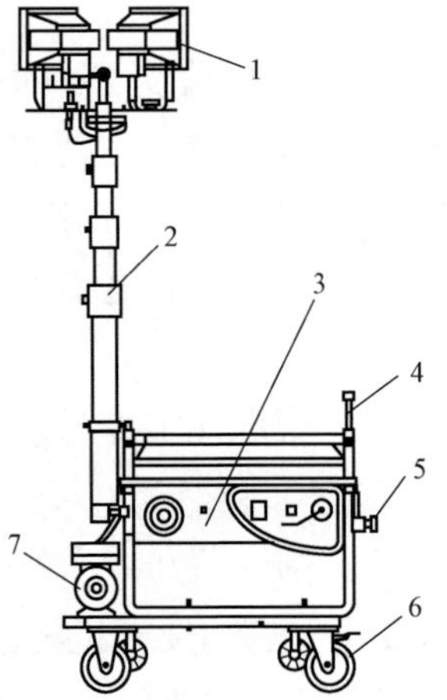


图2-5-14 中型高杆泛光照明灯
1—灯盘组件；2—伸缩气缸；3—发电机组件；4—气缸托架；5—灯盘挂架；6—万向轮；7—气泵

2. 中型升降式自发电移动照明设备

某中型高杆泛光照明灯（简称照明灯）结构示意图如图2-5-14所示。其光源类型为照明功率4×500W的卤钨灯，升起高度4.5m，自带汽油发电机组，是一种广泛应用的中型升降式自发电移动照明设备。

启停操作步骤如下：

（1）检查照明灯整体情况，初步判断是否正常。

（2）将伸缩气缸直立，将锁紧轴插入定位轴孔，锁紧固定螺钉。

（3）将灯盘从工具箱内取出，将灯盘轴孔套入气缸顶端，锁紧固定螺钉，进行灯盘组件组装。

（4）连接灯盘组件电路，将气缸气管与气泵相连接。

（5）检查机油油位，只有达到额定油位，发电机才可启动。

（6）检查汽油油位，汽油油量不足时应及时加注汽油。

（7）将燃油阀调至“ON”位置，使油路畅通。

（8）关闭风门，有利于进行发动机的启动，启动后打开风门。

（9）打开启动开关，将发动机启动开关调至“ON”位置，否则无法启动发动机。

（10）拉动发动机拉手，启动发动机。

（11）开启气泵开关，将灯盘组件通过伸缩气缸升起，升起后关闭气泵。

使用注意事项及维护保养内容如下：

（1）检查发电机机油是否充足，是否存在变质问题。长期存放注意化油器的清洗保养。

（2）检查火花塞情况，由于长期使用，容易出现积碳问题，注意及时清理，清理后以发蓝火为佳。

（3）伸缩气缸容易被异物侵入，注意及时定期检查机械结构，清理异物，增加润滑。

（4）照明灯应避免频繁启停。

（5）运输过程中注意灯盘组件的紧固，防止强力碰撞。

3. 小型升降式自发电移动照明设备

某小型升降式自发电移动照明灯结构示意图如图 2－5－15 所示。其光源类型为照明功率 2×48W 的 LED 灯，灯头光通量为 2×4000lm，升起高度 2.3m，自带汽油发电机组，一次性注满油（1.5L）可连续工作 5h 以上。

使用操作步骤为：① 整体检查；② 安装升降杆；③ 安装灯盘组件；④ 检查汽油油位、机油油位；⑤ 安装接地线；⑥ 升起升降杆；⑦ 燃油开关拨至“ON”位置；⑧ 风门拨至“启动”位置；⑨ 发电机开关拨至“ON”位置；⑩ 拉动手柄启动发电机；⑪ 风

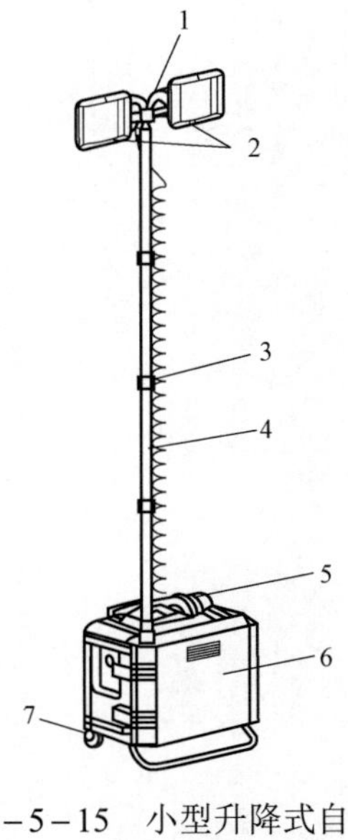


图 2－5－15　小型升降式自发电移动照明灯

1—手拧螺母；2—灯盘组件；3—弹弓线；4—升降杆；5—发电机；6—壳体；7—行走轮

门拨至“运行”位置；⑫ 打开照明开关，启用照明。

4. 便携式充电照明设备和单兵照明设备

在实际应用中，除了上述升降式自发电移动照明设备外，一些便携式充电照明灯和单兵配置的防爆巡检灯、强光手电筒等照明设备广泛应用于班组巡检、抢修、救援、施工等作业场所。这类设备结构简单灵巧，操作方便，在此不再详细说明。

# 课题六

# 电网应急通信保障

应急通信是突发事件情况下迅速应对危机、减少损失、稳定局势的重要基础手段。应急通信系统是应急平台的核心系统，是应急值守和突发事件应急处置不可或缺的工具手段，是针对抗灾救灾和机动应急通信保障的要求，快速建立起基于卫星通信、4G、5G等多种通信技术相融合的机动应急指挥通信系统。

电网应急通信系统是根据电网应急值班和突发事件处置对应急通信保障的要求而建立的机动应急指挥通信系统。电网应急通信系统应满足以下需要：

（1）抢险救灾应急通信保障。能够满足应对自然灾害和极端小概率突发事件情况下的电网通信需求，实现受灾现场与应急指挥中心的音频、视频、数据联络，为险情报告、抢险指挥、资源调度等提供支撑手段，保证应急指挥中心与受灾现场之间指令下达、信息上报的及时性和准确性。

（2）重大活动及重要保电任务应急通信保障。提供重大活动及重要保电任务现场与各级指挥中心之间的主用通道或应急备用通道，确保现场与各级指挥中心之间联络顺畅，将活动现场的语音、视频、数据传输到各级指挥中心或经各级指挥中心转发至其他地方，为指挥决策提供现场参考。

## 一、卫星通信系统

### （一）概述

应急通信系统的种类繁多，可根据不同用户和目标要求而建立。电网应急通信系统一般包括固定应急通信系统（即电网三级应急指挥中心系统）和移动应急通信系统（如卫星通信车、单兵通信系统），它们一般都是通过卫星通信系统建立起来的。

卫星通信系统是利用人造地球卫星作为中继站来转发无线电波，从而实现两个或多个地球站之间的通信，如图2-6-1所示。

卫星通信系统由卫星端、地面端、用户端三部分组成。卫星端在空中起中继站的作用，即把发射地面站发上来的电磁波放大后再返送回接收地面站。地面端是卫星通信系统与地面公众网的接口，地面用户也可以通过地面端出入卫星系统形成链路，地面端还包括地面卫星控制中心及其跟踪、遥测和指令站。用户端就是各种用户终端。

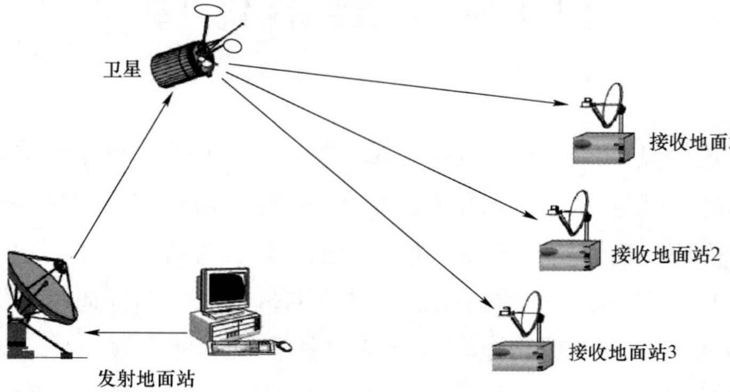


图 2-6-1　卫星通信系统示意图

卫星通信系统具有覆盖面积大、网络结构简单、建设快捷、不易受陆地灾害的影响等特点，在现有通信网络覆盖不理想或通信网络中断等紧急状况下，可快速建立现场与中心站间的传输通道，是一种不可或缺的应急通信手段。

卫星通信系统的发展趋势是小型化、宽带化，其中具有代表性的是 VSAT 卫星通信系统和海事卫星通信系统。

（二）VSAT 卫星通信系统

VSAT 卫星通信系统主要由同步卫星、地面中枢站、地面远端站、地面监管站组成。其中地面中枢站位于指挥调度中心，地面远端站位于各应急现场。

VSAT 卫星通信系统的网络构成主要由卫星（目前运行的 VSAT 卫星通信系统的卫星主要是静止卫星）、主站（配置有网络控制系统及地面通信设备）、用户 VSAT 端站组成。根据地面中枢站和地面远端站的通信关系，VSAT 网络通常分为星状网、网状网和混合网三类。

（1）星状网是指以 VSAT 网络主站为网络中心，各用户 VSAT 端站与主站之间构成通信链路，各用户 VSAT 端站之间不构成直接的通信链路。用户 VSAT 端站之间构成通信链路时需要通过主站转发来实现。这类功能均由主站的网络控制系统参与来完成，如图 2-6-2（a）所示。

（2）网状网是指各用户 VSAT 端站之间相互构成直接的通信链路，不通过主站转发。主站只起到对全 VSAT 网络的控制、管理及主站和用户 VSAT 端站之间的通信，如图 2－6－2（b）所示。

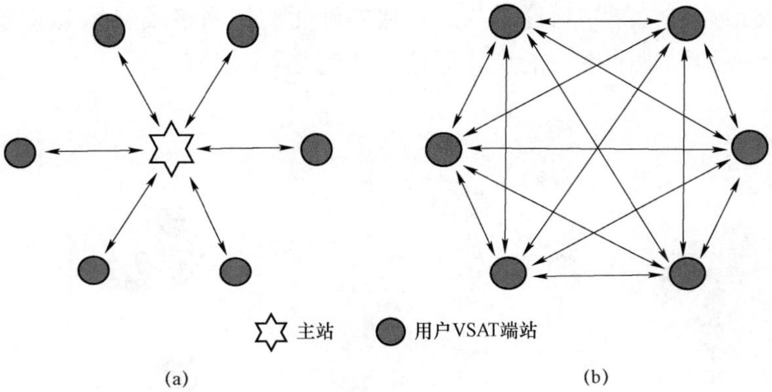


图 2－6－2　VSAT 网络结构示意图
（a）星状网；（b）网状网

（3）混合网为星状网和网状网的混合形式，各小站之间有的可以直接通信，有的需经过中枢站转接。

VSAT 卫星通信系统主要具有以下特点：

（1）地面远端站天线的直径小，一般在 2m 以下，目前采用较多的是 1.2～1.8m。登山运动员有时用直径 0.3m 的便携式个人地球站。

（2）发射功率小，一般为 1～3W。

（3）质量很轻，常用的为几十千克，有的小到几千克，便于携带。

（4）价格低廉，经济实用。

（5）建设周期短。比传统的地面通信手段简单得多，不需要架设电缆、光缆，也不像微波通信必需每隔 50km 架设一个中继站，只要在通信的两端安装必要的设备，而且这种设备的安装也比较简单。

（6）通信的费用与通信的距离没有关系。在一般的通信系统中，距离越长费用越高，而 VSAT 卫星通信与距离没有关系，而且距离越远越适合采用 VSAT 卫星通信系统。

（7）不受地形和气候环境的影响，因为 VSAT 卫星通信系统不需要架设地面设施，受地面的干扰小。

（8）组网灵活，容易扩充使用，且维修方便。

（三）海事卫星通信系统

海事卫星通信系统最初为海上船舶通信、导航、救援使用，由海事卫星、岸站、船站组成。海事卫星船站将通信信号发射给地球静止卫星轨道上的海事卫星，经卫星转发给岸站，岸站再通过与之连接的地面通信网络或国际卫星通信网络，实现与世界各地陆地上用户的相互通信，如图 2－6－3 所示。

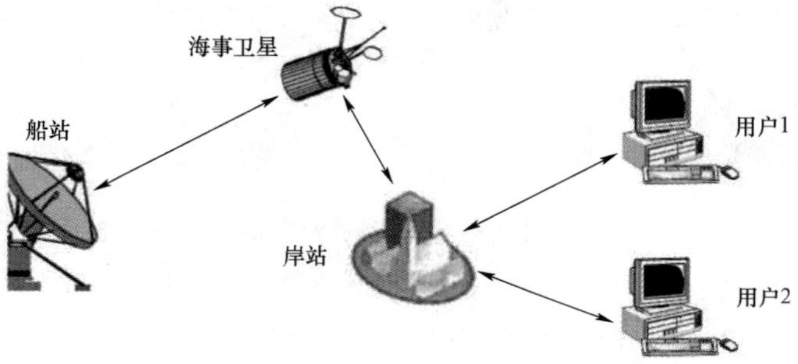


图 2－6－3　海事卫星通信系统示意图

海事卫星通信系统具有移动性的特点，能够很好地保持行进中的视频图像、数据通信，在突发事件应急处置过程中起到重要作用。

常用的海事卫星通信系统是海事卫星移动宽带系统，它具有全球无缝隙的宽带网络接入、移动实时视频直播、兼容 3G 等多种先进通信能力的新一代全球卫星宽带局域网，具有全球覆盖、移动性、天气干扰小、宽带业务、终端便携轻巧等特点。

## 二、应急通信车

应急通信车也称应急机动指挥通信车，它是固定的应急指挥中心的扩展和延伸，能够将突发事件发生现场的情况迅速反馈到固定的应急指挥中心。也可作为突发事件的现场应急指挥通信中心，在突发事件现场附近构成现场指挥平台，为现场各救援专业组提供支撑，为各级政府领导应急决策和指挥提供依托，进一步提高各级政府处置突发事件的能力。应急通信车根据应用领域的不同具备相应的功能，但主要目的是保障突发事件等特殊情况下的通信能力。应急通信车除保障救灾现场的通信之外，在条件允许的情况下，还能够为受灾群众提供拨打电话、收听广播和收看电视等服务。

根据服务对象、工作内容、服务地点的不同，应急通信车可分为越野型通信车、灾情技侦车、多功能通信指挥车等。

应急通信车的技术优势是具有较高的系统集成性、较强的通信兼容性和较全面的辅助功能。具体功能主要包括以下几点：

（1）利用卫星通信系统可实现灾害现场与应急指挥中心的双向图像、语音、数据实时传输。应急指挥中心根据灾害现场传回的灾情数据，可以更准确地判断灾害情况、发展趋势，为救灾决策指挥提供及时可靠的基础支持。

（2）通过远程视频会议系统，可以实现各级组织之间或各级组织与灾害现场等多方视频会商，便于各级组织对救灾工作进行部署和安排。

（3）现场应急救援人员能够通过车载卫星通信系统接入互联网和专网，获取和发布灾情信息。

（4）通过车载的电子沙盘等系统，可以快速调取灾区现场及周边的地理信息资料，为救灾指挥、决策提供辅助支持。

（5）应急指挥中心能够通过车载定位导航系统实时监控应急通信车的行进轨迹。

（6）能够实现蜂窝通信、集群通信、微波通信、超短波通信、卫星电话等多种通信形式的互联互通。

## 三、单兵通信系统

### （一）概述

单兵通信系统是一种集个人通信和战场态势感知能力于一身的轻便、可移动、具有保密性、抗干扰和宽带通信的数字化通信系统，是军事信息通信网在战场前沿的延伸，是战术互连信息网中的重要组成部分，是提高现代化战场指挥、作战效率及士兵生存率的重要装备。除了运用于侦查、爆破、通信、情报等军事范围外，也作为公安、消防、抢险救灾等应急救援的基本装备广泛使用，可以满足现场情景资讯的实时传输。

为了满足随机、不定点的实时情景的传输要求，单兵通信系统只能采用无线的方式配合应急通信车和海事卫星通信系统进行使用。

### （二）4G单兵无线通信装备

4G 单兵无线通信装备又称 4G 无线单兵装备、4G 单兵无线通信终端、卫星地面便携站，是指在应急通信车不方便到达的地区或需要隐蔽侦察的场合，利用 4G 移动通信网络实现音频图像的实时接入和传输的设备。4G 单兵无线通信装备是目前较为常见的应急通信方式，小巧轻便，便于携带，采用嵌入式系统，稳定、安全、可靠，广泛应用于公安、武警、消防、城管执法、地震救援、抗洪抢险、远程理赔等重要场所，可为决策者提供远程指挥的第一手资料。可流畅地进行双向语音和视频的传输，非常便捷地在突发事件现场部署单兵，并在任意地点搭建应急指挥中心，使得应急指挥和应急救援更加及时、有效。

4G 单兵无线通信装备主要由 4G 网络、4G 单兵及收发端组成，不仅能直接通过内置的 3″LCD－TFT 彩色显示屏进行实时预览并录制保存为录像文件，还能直接进行录像检索、回放和抓拍，通过内置的 GPS 定位模块，可对设备使用者进行快速跟踪定位，通过内置的 4G 网络传输模块，能进行远程监控，设备使用者可通过服务器与 PC 端进行对讲，还可将录像及抓图文件备份到 U 盘中。使用时，由操作人员随身携带或手持前往现场，通过 4G 网络信号把现场的真实影像即时回传，可随时完成对指定位置的无线图像监控和现场音频对话，能通过随身携带的摄像设备或专用摄像头，采集现场视频图像并实时传送到应急指挥中心或应急通信车，随时接受应急指挥中心各项指令，同时可通过 IP 接口访问应急指挥中心数据库。

市场上的 4G 单兵无线通信装备种类繁多，使用时须按照说明书或操作手册操作。

（三）常见的单兵模式

单兵通信模式的选择应根据突发事件现场的实际条件和通信需要进行。常见的单兵模式有以下四种：

1. 单兵到应急指挥中心模式

单兵到应急指挥中心模式示意图如图 2－6－4 所示。单兵将收集到的信息通过应急通信车直接发送至应急指挥中心。

图 2－6－4　单兵到应急指挥中心模式示意图

2. 一发多收模式

一发多收模式示意图如图 2－6－5 所示。单兵将收集到的信息通过应急通信车分别发送至应急指挥车、应急指挥中心、应急指挥分中心。

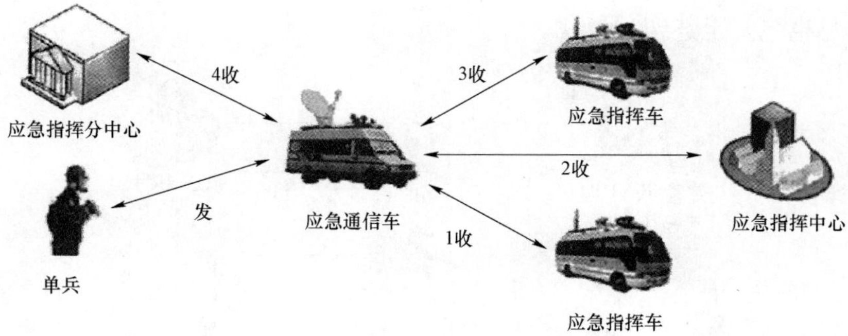


图 2-6-5 一发多收模式示意图

3. 多发一收模式

多发一收模式示意图如图 2-6-6 所示。不同的单兵将收集到的信息分别发送至应急指挥中心或分别通过应急通信车发送至应急指挥中心。

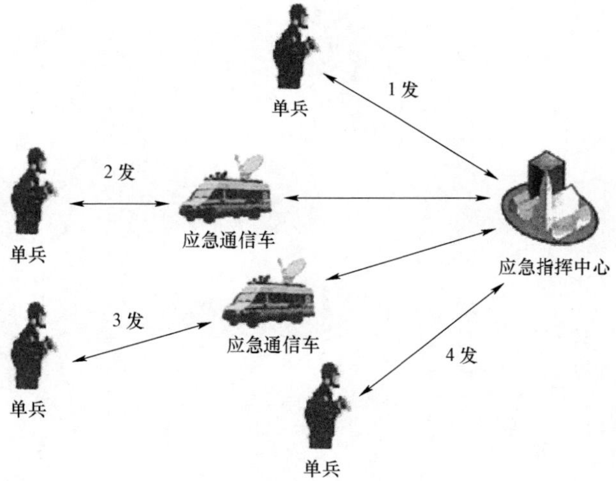


图 2-6-6 多发一收模式示意图

4. 多发多收模式

多发多收模式示意图如图 2-6-7 所示。单兵将收集到的信息通过应急通信车直接发送至应急指挥中心或应急指挥分中心；或者单兵将收集到的信息发送至应急通信车，应急通信车再将信息分别发送至应急指挥中心和应急指挥分中心；或者单兵将收集到的信息发送至应急通信车，应急通信车再将信息发送至应急指挥分中心，应急指挥分中心再将信息发送至应急指挥分中心。

上述信息发送方向为单兵向上发送信息，应急指挥中心或应急通信车向单兵发送信息也包括上述四种模式。

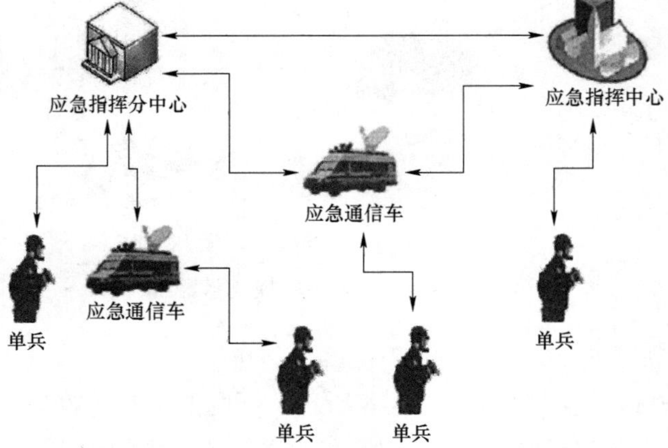


图 2-6-7　多发多收模式示意图

# 课题七

# 废墟搜救与狭小空间救援

## 一、废墟搜救

1. 概述

废墟搜救是指在城市、村庄遭受破坏或灾害后变成的荒凉的地方或在被破坏的地方上面的垃圾和被破坏物里对被困或被埋人员进行搜索和救援。

2. 废墟救援装备

废墟救援装备主要为各种破拆工具，破拆工具分为手动破拆工具、电动破拆工具和液压破拆工具三类。

（1）手动破拆工具。手动破拆工具一般以组合的形式存在，被称作手动破拆工具组。手动破拆工具组适用于各种介质，可装配多种凿头，集撬、拧、凿、切割、劈砍、拔、敲、撕、冲等手动破拆功能于一体，可破门撬锁，凿穿砖石、混凝土结构墙壁及楼板，切割汽车金属片及复合材料。手动破拆工具无需额外动力，噪声小、效率高、操作灵活、便于携带，适用于消防、地震、武警、公安等应急救援现场，尤其适用于地震初期的救援工作。

手动破拆工具组主要由以下工具组成：

1）伸缩冲击臂。松动前锁紧螺母可调整冲击臂的长度，锁紧后与其他构件组合可提供任何长度的杠杆，松开锁紧螺母也可做往复冲击定位破拆之用；松动后锁紧螺母可互换其他构件。

2）宽錾刀。用于撬、凿开砖墙等坚硬物体及木质门窗，也可錾断锁链、螺栓等。还可将宽錾刀拆开分为刀头与接杆，接杆可与其他刀工具配合使用。

3）窄錾刀。用于凿开砖墙、水泥等坚硬物体。

4）尖凿。冲击凿开坚硬物体，也可在定位冲孔后，使用其他刀具进行切割。

5）撬皮器。与接杆配合使用，切割汽车、飞机等铁皮。

6）破锁拔钉器。用于撬开门窗，破开挂锁，拔出钢钉。

7）十字头。与接杆配合使用，有利于狭小空间的用力，可破开门窗等。

8）接杆。与其他构件配合使用。

（2）电动破拆工具。由电动液压泵驱动顶升器、分离器、速断器实现扩张、剪切、抬升作业，适用于狭窄、有限空间救援。常见的电动破拆工具有电动冲击钻、电动破拆镐、电动剪扩器等。由于电动破拆工具方便携带，是废墟救援时的常用工具。下面以电动冲击钻为例介绍使用方法和注意事项：

1）操作前必须查看电源是否与电动冲击钻上的常规 220V 额定电压相符，以免错接到 380V 电源上。

2）使用电动冲击钻前仔细检查机体绝缘防护、辅助手柄及深度尺调节等情况，有无螺栓松动现象。

3）要保护好电动冲击钻电线，严禁满地乱拖，防止轧坏、割破，更不准把电线拖到油水中，防止油水腐蚀电线。

4）电动冲击钻必须按材料要求装入$\phi 6$～25mm 允许范围的合金钢冲击钻头或打孔通用钻头。严禁使用超越范围的钻头。

5）电动冲击钻更换钻头时，应用专用扳手及钻头锁紧钥匙，杜绝使用非专用工具敲打电动冲击钻。

6）使用电动冲击钻时不可用力过猛或出现歪斜操作，使用前务必装紧合适钻头并调节好电动冲击钻深度尺，垂直、平衡操作时要徐徐均匀用力，不可强行使用超大钻头。

7）使用电动冲击钻的电源插座必须配备剩余电流动作保护装置，并检查电源线有无破损现象。使用当中发现电动冲击钻漏电、振动异常、高热或者有异声时，应立即停止工作，并及时检查修理。

（3）液压破拆工具。当被困人员的身体被障碍物夹住或被压埋的时候，使用液压破拆工具组（用高压油管将液压泵与活塞油缸连接，活塞油缸可与各种配件组合安装），通过牵引、扩张、夹合、拉伸及紧合等方式，进行较小规模的破坏以除去障碍物，有效救助被困人员。常见的液压破拆工具包括液压剪切器、液压扩张器、液压顶撑杆等。

1）液压剪切器。用于发生事故时，剪断门框、汽车框架结构或非金属结构，以救援被夹持或被锁于危险环境中的被困人员。液压剪切器主要由剪切刀片、中心锁轴锁头、双向液压锁、手控双向阀及手轮、工作油缸、油缸盖、高压软管及操作手柄等部件构成，如图 2－7－1 所示。

液压剪切器的操作程序是：

a. 连接液压剪切器与油泵。

b. 初次使用先转动换向手轮，另一操作者操作油泵供油，先使液压剪切器空载往复几次，排出油缸内空气，并充满油。

c. 被剪材料尽量靠近剪切刀片根部。

d. 转动换向阀可控制剪切刀片开合。

e. 工作完毕，使液压剪切器反向运行一小段距离，以放掉高压油。

f. 用毕剪刀口呈微开形状，卸掉高压油管，盖好防尘盖。

2）液压扩张器。液压扩张器是液压驱动的大型破拆器具，在发生事故时，用于支起重物，分离开金属和非金属结构，具有扩张和闭合功能。液压扩张器主要由扩张头、扩张臂、中心锁轴锁头、双向液压锁、手控双向阀及手轮、工作油缸、油缸盖、高压软管及操作手柄等部件构成，如图 2－7－2 所示。

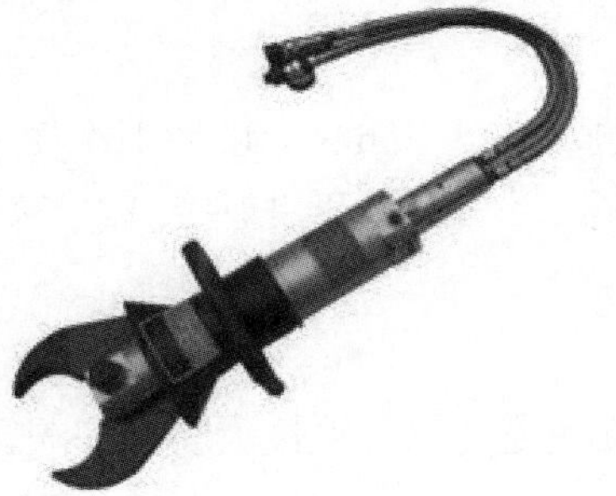

图 2－7－1 液压剪切器

图 2－7－2 液压扩张器

液压扩张器的操作程序是：

a. 连接液压扩张器与油泵。

b. 初次使用先转动换向手轮，另一操作者操作油泵供油，先使液压扩张器空载往复几次，排出油缸内空气，并充满油。

c. 液压扩张器应与可靠支点接触，保证力点在扩张头上。

d. 转动换向阀可控制扩张或夹持。

e. 工作完毕，使液压扩张器反向运行一小段距离，以放掉高压油。

f. 用毕扩张臂呈微开形状，卸掉高压油管，盖好防尘盖。

3）液压顶撑杆。液压顶撑杆用于支起重物，支撑力比液压扩张器大，但支撑对象空间应大于顶杆的闭合距离否则顶撑杆无法置于需顶撑的空间内。液压顶撑杆主要由固定支撑、移动支撑、双向液压锁、手控双向阀、工作油缸、油缸盖、高压软管及操作手柄等部件构成，如图 2－7－3 所示。

图 2－7－3 液压顶撑杆

液压顶撑杆的操作程序是：

a. 将液压撑顶杆取出，摘下快速接口防尘帽，分别与机动泵或手动泵的阴口和阳口插接牢靠（防尘帽同时相互对接防尘）。要通过带快速接口的液压软管与机动泵连接。当油泵供油时，逆时针转动换向手轮时，做回缩动作。手轮在中位时，液压顶撑杆静止不动。

b. 将液压顶撑杆放在需要撑顶的物体或工作对象之间。使固定支撑和移动支撑在受力平衡位置，并确保支撑防滑，液压顶撑杆不倾斜。可以多试几次再正式开始工作。

c. 操作者转动换向手柄，另一操作者操作油泵供油（手动泵），即可通过液压顶撑杆移动支撑的伸出来实现撑顶和扩张。在撑顶过程中，换向手柄回中位时，顶撑杆静止不动。

d. 工作完毕后，使液压顶撑杆并拢后再反向伸出3～5mm，以便下次使用。

e. 打开机动泵或手动泵开关阀，机动泵关闭发动机，脱开快速接口。盖好接口防尘帽，除尘后，用固定装置固定或装箱保存。

3. 现场搜索设备

对被困废墟或狭小空间的人员进行搜索定位是提高应急救援成功率的关键，用于定位的现场搜索设备主要有以下几种：

（1）视频生命探测仪。视频生命探测仪是一种在倒塌的建筑物下和狭小空间中，搜索被困人员的特殊工具。它可通过高清晰视频和音频信号，向应急救援人员提供废墟下的被困人员信息。视频生命探测仪一般由探测镜头、探测杆、插拔式微型液晶显示器、耳机、话筒和连接电缆等组成。可自由伸缩，尤其适合多层废墟探测。顶部的探测镜头可通过手柄进行180°旋转，探测镜头周围有16个冷光发光二极管，在全黑暗背景下，其可视距离最大可达3m。

（2）音频生命探测仪。音频生命探测仪应用音频声波（包括震动波）的基本原理，采用先进高科技微电子处理器和灵敏的感测器、特殊的电子装置将非目标的噪声波及其他背景干扰波过滤，保证摄取最需要的生命目标信号，迅速找出被困人员的位置。音频生命探测器具有高敏感度，采用两级放大技术，探头内置频率放大器，可接收1～4000Hz频率范围内的信号，主机收到目标信号后再次升级放大。通过探测地下微弱的音频声波，如被困人员呻吟、呼喊、爬动、敲打等发出的音频声波或震动波，就可判断是否有被困人员存在。

（3）红外热像仪。红外热像仪是通过接收周围物体不停发出的红外线，来探测可见光范围以外人类肉眼所不能直接看到的物体。通过测定目标本身和背景之间的红外线差可以得到不同的红外图像，即热像图。目标的热图像不是人类肉眼所看到的目标可见光图像，而是将目标表面温度分布变成人类肉眼可以看见的代表目标温度分布的热图像。常用的红外热像仪按照其应用方式可分为救助型热像仪和检测型热像仪。救助型热像仪一般在红外方式下具有白热、黑热、伪彩色三种显示模式，具有温度测量、耗电显示、图像降噪功能、在特定环境温度持续工作的能力及较高的外壳防护等级。救助型热像仪主要用于消防救援中的火情侦查、人员搜救、辅助灭火和火场清理等，特别适用于协助消防员在浓烟、黑暗、高温等环境条件下进行灭火和救援作业。检测型热像仪一般应用于电气设备、石化设备、工业生产和深林防火的检查，具有图像冻结、图像储存、热像还原、操作提示和参数修正功能。检测型热像仪比救助性热像仪能够适应更高的测量温度。

（4）雷达生命探测仪。雷达生命探测仪融合超宽频谱雷达技术、生物医学工程技术于一体，穿透能力强，能探测到被埋生命体的呼吸、体动等生命特征，并能精确测量到被困人员的距离深度，具有较强的抗干扰能力。与光学、红外、和音频探测技术相比，雷达生命探测仪不受温度影响，不受热物体的声音干扰，具有广泛的应用前景。雷达生命探测仪可以穿透 4～6m 的混凝土，探测到 20m 距离、200m$^3$ 空间内的生命特征，具体穿透温度取决于现场表面材料，理想情况下可达 10m 甚至更深，但是它的信号不能穿透金属障碍物。雷达生命探测仪不受其他无线设备的影响，也不影响其他无线设备，只通过无线传输把探测结果传至应急救援人员手中的控制器。雷达生命探测仪的信号功率不到手机的 1%，非常安全。在使用时不需要导线和探头，无需钻孔和防水，而且不受天气影响。

4. 废墟搜救注意事项

（1）现场评估安全。应急救援过程中一个很重要的环节是现场评估。如对有无余震、山体滑坡等进行危害性分析，并开展适当的排除行动。应急救援人员首先要做好自身的安全保卫工作，在确保自身安全的前提下开展应急救援工作。

（2）挖掘过程要轻。建筑物倒塌后会形成亚稳态结构，维持这种暂时的安全空间，并通过及时的医疗和心理救治等措施保持被困人员的生理状态对救援工作十分有利。如果贸然登上废墟或动用大型机械挖掘，很可能导致亚稳态结构失衡，对被困人员或应急救援人员造成不必要且不可逆的伤害。

（3）救援过程要慢。被困人员遭受长时间压迫后，坏死的肌肉会产生大量的钾，一旦移开重压，钾会通过血液循环对机体尤其内脏产生毒害，正确做法应是先包扎稳定后再移开重物。有时，为救出被困人员会现场实施截肢，其实在有的情况下是可以避免的。应急救援的一个重要理念就是尽量保全，不要盲目采取措施。

（4）搜寻过程要静。应急救援人员需要用现场搜索设备探测被困人员的讯息，而被困人员在废墟中发出的求救信号或本身生命体征信号可能很微弱，如果环境嘈杂、人太多，会对设备信号判断及搜救犬的嗅觉产生干扰，因此，要保证搜寻过程尽量静。

（5）转运过程要稳。从应急救援现场到救护车，再到转运医院，都要严格按照医疗救助的要求去做。

（6）废墟搜救要避免二次伤害，不仅让被困人员生还，还要为其今后的生活考虑，不求最快、但求最好地将其救出。若没有科学的施救方案，即便救出，也可能导致被困人员的伤残。

（7）若经仔细搜索后确认没有被困人员，会立即离开，争分夺秒赶至下一处可能有被困人员的地点。

## 二、狭小空间救援

### 1. 狭小空间的概念及特点

狭小空间是指很难容纳一个成年人的空间，在狭小空间中受困人员被限制在固定姿势，致伤几率较大，生存概率减小。小空间指可容纳一个成年人的空间，在小空间中受困人员致伤几率小于狭小空间，生存概率较大。

狭小空间救援难度大，作业风险高，属于较难实施的一种应急救援行动。由于作业现场空间狭小，应急救援人员活动受限，有些救援装备施展不开，空间内部环境复杂，周边环境、天气、光、视线等也给救援工作带来困难。

### 2. 狭小空间救援技术

（1）针对现场情况，制订实施计划并经评估确保救援现场及周边安全。所有狭小空间救援作业人员必须是专业的或经验丰富的，并严格做好个人安全防护。

（2）因地震、坍塌等灾害造成的狭小空间往往处于不稳定的状态，为了救援需要扩大空间时要特别小心，防止二次坍塌。要根据现场实际情况采取顶撑、捆扎、堆积等方式加固可能倒塌的地方，以确保应急救援人员和被困人员的安全。

（3）进入狭小空间是应急救援人员需要面对的最危险的任务之一，因为在狭小空间中只有有限的通路。由于结构、位置或者内部结构的原因，狭小空间容易聚集危险的气体、蒸汽、粉尘和烟，或者容易缺氧。因此，进入狭小空间需要配备特殊装备，如空气呼吸器、对讲机、手电筒等，必要时还需要侦测狭小空间内是否有毒性气体。

（4）无论情形多么紧急，在听取救援专家意见之前，绝不要轻易进入狭小空间，应先采取措施控制住危险。在即将进入狭小空间时，应尽可能查明其场所结构。

（5）进入狭小空间前，要确认上方及四周是否可能存在物品掉落、倒塌的危险性并予以排除，进入后尽量避免接近可能倒塌的壁面。

（6）若狭小空间内可能有电气设备，进入前应确认电源是否切断，以防触电。不能确认时，应急救援人员应穿绝缘鞋、戴绝缘手套。

（7）应急救援人员进入狭小空间后一般不能单独行动，应有救援小组相互支援配合且应随时保持通信联系，及时沟通现场情况和搜救进度。若现场有铁皮、玻璃、钢筋等危险物，应用毛巾、布等将其包覆或清除、折弯。

## 三、人员搜索定位

人员搜索定位是指在灾害现场通过寻访、呼叫、仪器侦查或搜救犬搜索确定被困人员在自然空间或缝隙中的位置。人员搜索定位包括人工搜索定位、仪器搜索定位、搜救犬搜索定位等方法，近年来还问世了利用二氧化碳含量进行生命探测的高新技术搜索器材。

### 1. 人工搜索定位

人工搜索可采取逐个房间和空间搜索，也可用拉网式搜索。通过对被困人员家属或已救出的被困人员进行询问，对易于接近或在表面的被困人员进行快速搜索，可以迅速将被困人员救出。对埋压较深的被困人员可做上标记，迅速通知救援力量进行救援。人工搜索定位方法的前提是被困人员能够听到呼叫，并有能力做出回应。当被困人员处于昏迷状态或严重受伤时，人工搜索定位方法将受到很大限制。人工搜索定位方法包括以下四种：

（1）询问知情人。应急救援人员到达现场后，应根据倒塌建筑的功能、用途等方面的不同，有针对性地向相关知情人展开询问调查，并了解被困人员的基本特征（如人数、性别、年龄、所在地点等）。不同的倒塌建筑有不同的询问方法：

1）民用建筑发生倒塌，应向被困人员的邻居、亲人等询问建筑内部的结构，了解客厅、卧室、厨房等房间大体的分布位置。

2）大型的商用建筑发生倒塌，应急救援人员首先要向单位人员询问了解倒塌建筑的层数、每一层的使用功能、高度、面积、平面布局、使用性质、建筑内人员数量及倒塌时间等信息，推断被困人员较密集和生还希望较大的位置。

3）综合性商场发生倒塌，应向工作人员询问清楚每一层的使用功能，在条件允许的情况下应首先对销售家具、布置高架货柜等被困人员生还希望较大的楼层进行搜救，而后对销售衣服、鞋袜等被困人员较为密集的楼层展开救援。

（2）在应急救援之前要进行仔细观察。

1）要查看废墟表面是否有被砸受伤、身体局部被埋压不能行动的人员或死亡的人员，确保及时发现及时救助。

2）应急救援人员要查看倒塌建筑物承重构件等部位的受损情况，判断是否可能形成被困人员生存的空间，以及楼梯和疏散通道在废墟中大体的分布位置。因为建筑物发生倒塌后，内部人员要通过楼梯和疏散通道逃生，在这些地方往往可能会有大量的人员被埋压。

3）认真查看倒塌建筑周围的情况，便于搜救工作的开展。在废墟中查看情况时要按照从上到下、从外到内的顺序查看。

（3）主动喊话。在搜索被困人员的过程中，应急救援人员可以使用大功率的扬声器或其他喊话设备向被困人员喊话，以得到被困人员的回应。通过喊话可以缓解被困人员的紧张情绪，坚定其存活的信心和勇气。应急救援人员最好能喊叫被困人员的名字，因为人对自己的名字记忆最深，反应最快，此方法有可能将处于昏迷状态的被困人员唤醒。

（4）细听。应急救援人员要仔细倾听废墟中是否有被困人员的呼救声、呻吟声，但在听之前要维持好救援现场秩序，确保救援现场环境安静。应急救援人员可以排成一列，也可以围成圆弧形进行仔细倾听。在听的过程中，尽量将耳朵贴在砖、石、金属等物体上，因为声音在固体中的传播速度远远大于在空气中的传播速度，尤其是在铁中的传播速度是在空气中的十几倍，节省了传播时间，听起来也更为真切。同时，应急救援人员要根据常识区分人和动物发出的声音，减少不必要的工作量。

2. 仪器搜索定位

当前国际上所使用的高新的探测仪器主要采用非接触式生命搜索与定位技术，根据倒塌建筑下被困人员发出的生理、物理、化学等信息，确定被困人员的位置、人数和生存状态。搜索仪器设备在搜救时按照使用说明书操作即可。

3. 搜救犬搜索定位

搜救犬搜索定位是目前应急救援中最为有效的手段，因为搜救犬具有高度发达的神经系统、灵敏超凡的嗅觉和听觉，以及夜间尖锐的视觉功能。搜救犬鼻子里有 22 亿多个嗅觉细胞，能嗅出 200 多种不同的气味，嗅觉灵敏度是人的 30 多万倍。在汶川地震救援中，消防救援队共有 62 条搜救犬参加了生命迹象的大搜索，发挥了十分重要的作用。根据国内外的经验，在应急救援过程中，建议每个搜索犬小组由 2 个训导员、2 条搜索犬和 1 个协调人员组成。协调人员的作用是监督训导员和搜索犬的安全并协调其行动。

4. 其他搜救方法

（1）利用 $CO_2$ 的含量进行生命探测。在日本大地震搜救过程中，日本救援队应用了先进的救援技术及装备——$CO_2$ 探测器。$CO_2$ 探测器在世界上也是比较先进的，目前在我国还没有进行配备。人呼吸时会吸入 $O_2$，呼出 $CO_2$，在有幸存人员或者刚刚遇难人员的地方，$CO_2$ 浓度比其他地方高，$CO_2$ 探测器就是根据这个原理进行工作的。$CO_2$ 探测器操作非常简单，将探测器吸管尖端从废墟的缝隙中伸进去，便可以即时测量废墟内 $CO_2$ 的含量。空气中 $CO_2$ 的含量一般为 0.03%，若是废墟中某个空间的 $CO_2$ 超标，就可以根据此信息判断出其中有人在呼吸，或者附近有遇难者。

（2）利用手机进行生命搜索。随着移动技术的发展，手机不仅具有通话功能，还可以作为搜索被困人员的一种定位工具。但在地震造成通信中断时则不可以使用此定位方法，地震后手机没信号时不要拼命拨打电话，以保持电池电量，被困人员可以通过播放手机铃声向应急救援人员发出求救信号。

# 单元三

# 电网常见突发事件应急处置与救援

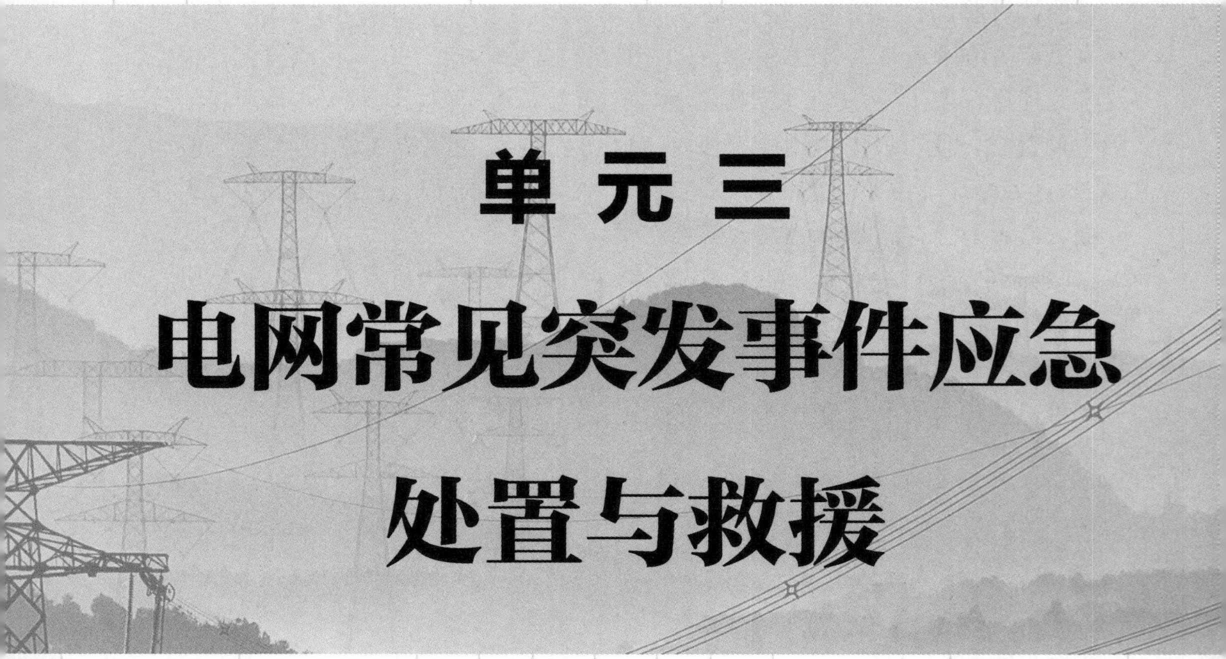

电网企业常常因自然因素、人为原因、设备原因等内外部环境影响，面临许多严重事故灾难事件的冲击和考验，发生大面积停电事件、电气火灾事件的风险长期存在，重大设备设施、通信系统及网络安全运行存在较大隐患，高处作业、危化品作业领域常常发生重大人身伤亡事件，这些风险因素的存在，严重威胁大电网安全稳定、设备设施及生命财产安全。建立健全电网突发事件应急管理体系，完善高效的电网应急处置及救援机制，科学有序实施应急救援，最大限度降低影响和减少损失，是摆在各级电网企业面前的重大课题。

如前所述，我国根据突发事件的发生过程、性质和机理，将突发事件主要分为自然灾害、事故灾难、公共卫生事件和社会安全事件四类。这四类突发事件与电网有密切关系的是自然灾害和事故灾难，公共卫生事件和社会安全事件与电网的关系相对较小，因此，本单元重点介绍与电网关系密切的自然灾害和事故灾难的应急处置与救援。

应急处置与救援是应急救援体系的核心，也是应急处置与救援过程中最困难、最复杂、最关键的环节。对于自然灾害和事故灾难，国家和地方、企业和行业都出台了相应的应急预案，制订了详尽的应急处置和救援流程及要求，当突发事件发生时，只要根据应急预案规定开展工作即可。

由于电网企业的社会属性和公共事业属性，各种自然灾害和事故灾难对电网的安全运行不可避免地造成严重危害。同时，电网安全事故必然会对人们的生活安定、正常生产、社会稳定造成严重影响。因此，电网企业在做好企业本身应对突发事件工作的同时，要做好与地方政府的对接和联动，协助政府做好各类突发事件的应对工作。

本单元主要介绍与电网企业密切相关的常见突发事件应急处置与救援的基本知识和要求，阐述电网企业应对和处置相关突发事件的基本原则、危害程度分析、预警分级和行动、应急处置、后期工作等的规定和要求。

# 课 题 一

# 电网常见突发事件应急处置与救援概述

## 一、电网企业的风险识别与管理

当前，我国电网已进入大电网、大机组、高电压、交直流互联、高度自动化和智能化及多种能源形式互联的发展阶段，电网安全运行存在较大风险，确保电网的安全稳定运行和电力安全应急管理显得更为重要，准确辨识电网风险因素和潜在危险，对于提高电网风险控制水平和应急管理能力具有重要意义。

### （一）电网风险的特点与产生的根源

电网风险具有风险存在的普遍性、风险潜伏的隐蔽性、风险爆发的紧急性和风险传播的公开性等一般风险的明显特征。由于涉及发电、输电、配电、用电等多个环节，电网风险还具有其他特点：

（1）受电力产业链影响严重。由于电能的产供销同时进行，所以电力产业链中任何环节遭受突发灾害，都会给电网带来巨大风险，影响电网正常运行。

（2）影响电网风险的来源繁多，如违章操作、外部破坏、自然灾害、社会环境等诸多因素都会给电网稳定运行和规划管理带来风险。

（3）可能带来的损失巨大。电网突发事件不但影响生产生活秩序和人身财产安全，还必将带来巨大的经济损失和社会影响，并且衍生出许多其他风险。

电网风险的爆发会给社会生产、生活及自然环境造成巨大影响，其产生的根源有以下几个方面：① 电网自身网架结构不合理、发展不平衡及外部环境等因素影响；② 频繁发生自然灾害；③ 经济社会快速发展带来对电网可靠性依赖越来越增强的压力；④ 电力应急准备能力不足带来的大面积停电风险等。

### （二）电网风险的类别

为了更好地维护电网的正常运行，加强电网风险管理意识，以最及时、最充分的准备，防止、应对电网风险的产生，对电网风险的识别是相当重要的。风险识别是指对尚未发生的、潜在的及客观存在的各种风险根据直接或间接的症状进行判断、归类和鉴定的过程，其主要任务是找出风险的存在及引起风险的主要因素，并对后果做出定性分析，提出针对性的风险预控措施。电网风险主要包括内部风险和外部风险。

（1）内部风险。内部风险主要指来自电网企业内部的，由电网设备元件自身引起的或人为误操作引发的非外界因素造成的故障，或者造成电力供需不平衡的电力危机因素。主要有电网网架结构风险、电网备用容量风险、电网装备水平和设备质量风险及运维检修误操作风险等。

（2）外部风险。外部风险主要指来自电网企业外部的人为破坏因素和自然灾害因素等，人为破坏因素包括电力设施破坏、恐怖袭击和战争毁坏等，自然灾害因素包括台风、暴雨、海啸、洪涝、地震、雷电、地磁暴、覆冰、盐雾、滑坡、高温、严寒、高污秽和生物灾害等。

### （三）电网企业安全生产风险管理体系建设

#### 1. 电网企业安全风险管理体系建设的主要内容

（1）电网安全风险管理。电网安全风险管理以防止电网大面积停电为首要任务，系统梳理电网安全隐患和薄弱环节，全面评估电网安全风险，制订落实治理方案和措施，有效提高电网安全风险防范和控制水平。电网安全风险管理的基础是电网安全性评价。

（2）企业安全风险管理。企业安全风险管理主要指各企业结合工作性质和管理范围，从基础管理、安全管理、人员素质等方面，查找安全隐患和薄弱环节，系统分析企业安全风险，采取措施控制人身伤亡、设备损坏、供电安全等各类事故风险。企业安全风险管理的基础是风险评估、安全性评价。

（3）作业安全风险管理。作业安全风险管理主要指工区、班组、个人等结合专业特点和工作实际，辨识作业现场潜在的危险源，有针对性地落实预控措施，控制作业违章、误操作、人身伤害等安全风险，保障作业全过程的安全。作业安全风险管理的关键是危险源辨识和预控。

#### 2. 电网企业安全风险管理体系建设的基本原则

（1）坚定方向。开展风险管理，实施危险源辨识、风险分析、风险评估、风险控制，逐步建立基于闭环过程管理的安全风险管理体系，实现安全可控、能控、在控。

（2）理清思路。实施风险管理的目的是建立健全符合企业实际的安全预控机制，整体提升安全管理水平。要牢固树立“一切风险都可以控制”的理念，坚持以人为本、实事求是、注重实效、稳步推进。

（3）弄懂会用。教育培训是体系建设的重要内容，要使各级员工弄懂学会风险管理知识，理解风险管理的意义、作用、内容和流程，提高员工自身安全分析与识别能力，自觉运用风险管理方法。

（4）层次分明。国家、省级电网企业及大型重点供电企业以电网大面积停电风险、重特大事故风险为管理重点；一般供电企业、发电企业和施工企业以人身伤亡、设备损坏、供电安全风险为管理重点；基层工区、班组和职工个人以违章作业、误操作及人身伤害风险为防范重点。

（5）划清专业。发挥安全保证体系和安全监督体系的共同作用，结合各自管理职责和工作特点，形成专业配合并各负其责的安全风险防控机制。

（6）持续改进。建立完善有效的安全风险管理体系，关键在于持之以恒、常抓不懈、不断改进。要按照 PDCA 循环模式，认真组织工作计划、方案实施、过程监督和持续改进各阶段工作，不断提升企业安全管理水平。

## 二、电网常见突发事件的原因及其危害

1. 原因分析

（1）受地形地质构造复杂和全球气候变暖的影响，各类自然灾害频繁发生。

（2）我国拥有世界上电压等级最高、规模最大、网架结构最为复杂的交直流互联电网，大电网运行机理复杂，设备安装、启动、调试、运行、检修任务十分繁重，外力破坏、盗窃盗割电力设施、恐怖袭击等问题突出，导致发生大面积停电和设备损坏等突发事件的不确定因素长期存在。

（3）水电厂、抽水蓄能电厂、装备制造产业单位等存在因内、外部原因造成的大坝垮塌、漫坝、水淹厂房、电力建设施工、飞行器事故、人身伤亡等危险。

（4）电网企业生产经营过程中，伴随有对危险物品的使用和保存。各类公共卫生和社会安全突发事件的发生，也会对正常生产经营秩序构成较大影响。

（5）随着经济社会的不断发展，电网企业承担的安全供电责任和压力不断加大，参与事故灾难抢险、提供应急供电、履行社会责任的要求越来越高。

2. 危害分析

各类突发事件可能造成人身伤害，可能导致电力设施设备大范围损毁和大面积停电事件，使电网企业正常经营秩序和企业形象受到较大影响。电网供电中断可能对经济发展和社会稳定产生较大影响，甚至威胁国家安全。

## 三、电网企业应急管理体系的内容与特点

电网企业应急管理体系的内容主要包括持续完善应急组织体系、应急制度体系、应急预案体系、应急培训演练体系、应急科技支撑体系，不断提高应急队伍

处置救援能力、综合保障能力、舆情应对能力、恢复重建能力，建设预防预测和监控预警系统、应急信息和指挥系统。

（1）应急组织体系。电网企业建立由各级应急领导小组及其办事机构（应急办公室，简称应急办）组成的自上而下的应急领导体系；建立由安全监察部门归口管理、各职能部门分工负责的应急管理体系；根据突发事件类别，成立大面积停电、地震、设备设施损坏、雨雪冰冻、台风、防汛、网络安全等专项事件应急处置领导机构（专项应急领导小组，可下设专项应急办公室作为办事机构，简称专项应急办）。形成领导小组统一领导、专项事件应急处置领导小组分工负责、办事机构牵头组织、有关部门分工落实、党政工团协助配合、企业上下全员参与的应急组织体系，实现应急管理工作的常态化。

（2）应急制度体系。应急制度体系是组织应急工作过程和进行应急工作管理的规则与制度的总和，是电网企业规章制度的重要组成部分，包括应急技术标准及其他应急方面规章性文件。

（3）应急预案体系。电网企业的应急预案体系由总体预案、专项预案、现场处置方案构成，应满足“横向到边、纵向到底、上下对应、内外衔接”的要求。电网企业各级单位设总体应急预案和专项应急预案，视情况设部门应急预案和现场处置方案，明确本部门或关键岗位应对特定突发事件的处置工作。如市县级供电企业应设总体预案、专项预案、现场处置方案，视情况设部门应急预案。

（4）应急培训演练体系。应急培训演练体系包括专业应急培训基地及设施、应急培训师资队伍、应急培训大纲及教材、应急演练方式方法、应急培训演练机制等。

（5）应急科技支撑体系。应急科技支撑体系包括为电网企业应急管理、突发事件处置提供技术支持和决策咨询，并承担应急理论、应急技术与装备研发任务的内、外应急专家及科研院所应急技术力量，以及相关应急技术支撑和科技开发机制。

（6）应急队伍处置救援能力。电网企业应急队伍由应急救援基干分队（或应急救援队）、应急抢修队伍和应急专家队伍组成。应急救援基干分队（或应急救援队）负责快速响应实施突发事件的现场应急救援；应急抢修队伍承担电网设施大范围损毁修复等任务；应急专家队伍为电网企业应急管理和突发事件处置提供技术支持和决策咨询。电网企业应急队伍加强与社会应急救援力量合作，形成有能力、有组织、易动员的电力应急抢险救援后备力量。

（7）综合保障能力。综合保障能力是指电网企业在物质、资金等方面保障应急工作顺利开展的能力，包括各级应急指挥中心、电网备用调度系统、应急电源系统、应急通信系统、应急相关信息系统、信息通信备用调度系统、特种应急装备、应急物资储备及配送、应急后勤保障、应急资金保障、直升机应急救援、高处应急救援等方面的内容。

（8）舆情应对能力。舆情应对能力是指电网企业按照品牌建设规划和国家应急信息披露各项要求，规范信息发布工作，建立舆情监测、分析、应对、引导常态机制，主动宣传和维护品牌形象的能力。

（9）恢复重建能力。恢复重建能力包括事故灾害快速反应机制与能力、人员自救互救水平、事故灾害损失及恢复评估、事故灾害现场恢复、事故灾害生产经营秩序和灾后人员心理恢复等方面内容。

（10）预防预测和监控预警系统。预防预测和监控预警系统是指通过整合电网企业内部风险分析、隐患排查等管理手段，各种在线与离线电网、设备监测监控、带电检测等技术手段，以及与政府相关专业部门建立信息沟通机制获得的自然灾害等突发事件预测预警信息，依托智能电网建设和信息技术发展成果，形成覆盖各专业的监测预警技术系统。

（11）应急信息和指挥系统。应急信息和指挥系统是指在较为完善的信息网络基础上，构建的先进实用的应急管理信息平台，实现应急工作管理，应急预警、值班，信息报送、统计，辅助应急指挥等功能，满足电网企业各级应急指挥中心互联互通，以及与政府相关应急指挥中心联通要求，完成应急指挥人员与现场的高效沟通及信息快速传递，为应急管理和指挥决策提供丰富的信息支撑和有效的辅助手段。同时，还应配合政府相关部门建立生产安全事故应急救援信息系统，并通过系统实现应急预案备案和相关信息报送。

## 四、电网常见突发事件应急处置与救援流程

### （一）概述

应急救援是指在突发事件应急响应过程中，为消除、减少事故危害，防止事故扩大或恶化，最大限度地降低事故造成的损失或危害而采取的救援措施或行动。狭义的应急救援仅限于事故发生后对生命的救助，是应急工作的重要组成部分，人们常把应急和救援结合在一起，体现了生命至上的应急工作理念。广义的应急救援，一般是指针对突发、具有破坏力的紧急事件采取预防、准备、响应和恢复的活动与计划。

突发事件应急管理的实质是指突发事件的预防与应急准备、监测与预警、应急处置与救援、事后恢复与重建等应对活动的过程，图 3－1－1 直观地表示出突发事件的事前、事发、事中、事后四个阶段应急处置的关系内涵，应急管理全过程是一个动态的预防、准备、响应、恢复、再预防的 PDCA 闭环管理过程。

图 3－1－1　应急管理全过程

电网企业突发事件应急管理的工作阶段及相互关系见表 3－1－1。

**表 3－1－1　　电网企业突发事件应急管理的工作阶段及相互关系**

| 阶段 | 工作任务 | 工作目标 | 工作内容 | 相互关系 |
|---|---|---|---|---|
| 事前 | 预防与准备 | 做好事件发生前人、财、物的准备，力图消除或者减少灾害影响，增强企业遭受突发事件时的承受力和灾后快速恢复能力 | 预案及规章制度建设与修订更新、应急组织体系、应急规划、危险源管理、脆弱性管理、监测监控、公众教育、培训演练、物资储备、应急能力评估等 | 第一阶段，是做好后续工作的基础和保障 |
| 事发 | 监测与预警 | 加强灾害及事故信息监控、监测，做好事发前的警戒，发现灾害征兆及时预警 | 监测、监控，信息收集、风险分析与评估、发布预警、响应启动等 | 第二阶段，为处置和救援赢得先机 |
| 事中 | 处置与救援 | 启动应急工作计划和预案规定的响应，尽快降低突发事件对社会的影响，减少人员伤亡和财产损失，提供应急供电及照明，进行电力抢修 | 接警、响应启动、应急指挥、资源调配、应急救援、人员撤离、应急抢修、信息报送、损失评估等 | 第三阶段，是应急管理的核心，是最困难、最复杂的阶段 |
| 事后 | 恢复与重建 | 制订合理恢复计划，尽快重建受损设施，恢复正常供电 | 制订恢复计划、启动重建任务、资金保障、长期医疗支援、事故调查、总结评估、发现问题等 | 第四阶段，但不是终点 |

加强应急救援工作，是维护国家安全、社会稳定和人民群众利益的重要保障，是履行政府社会管理和公共服务职能的重要内容。应急救援的核心目标是高效处置事故，尽可能避免和减少人员伤亡和经济损失。应急救援的基本原则是：

（1）统一指挥，步调一致。无论应急救援涉及的单位行政级别高低、隶属关系是否相同，都必须按照预案的要求，在应急指挥部的统一指挥下协调行动，做到号令统一、步调一致。

（2）属地管理，分级响应。属地企业对事故信息了解最直接、最清楚，可以以最快速度到达现场进行救援，并就近灵活调动各种应急资源，因此，坚持属地管理的原则能最快速、最合理地进行初期救援。与此同时，无论企业还是地方政府都必须坚持分级响应的原则，分级响应主要是合理提高应急指挥级别、扩大应急范围、增加应急力量。分级响应有利于节省应急资源，降低救援成本，弱化不良社会影响。

（3）分工负责，保证重点。要实现应急救援的高效性，需要应急救援体系中各部门分工合作、密切配合。对救援对象的选取应该遵循“先重后轻”的原则，首先救助重点对象，实现灾害、事故损失的最小化。

（4）快速反应，协同应对。突发事件具有突发性、紧急性、高度不确定性、扩散效应明显等特点，应急救援行动越早，越有利于赢得主动，抢得先机，这就要求快速反应。同时，应急救援涉及装备操作、消防灭火、医疗救治等，涉及面广、专业性强，必须依靠各种救援力量密切配合，协同应对，应急救援行动才能有序、高效，如果单打独斗，不仅不利于应急救援，还可能造成事故的恶化和扩大。

（5）以人为本，减少危害。无论事故可能造成多大的财产损失，都必须把保障人民群众的身体健康和生命财产安全作为应急救援工作的出发点和首要任务，最大限度地减少突发事件造成的人员伤亡和危害。

（6）预案科学，功能实用。应急救援体系以能够实现及时、高效地开展应急救援为基本要求，应根据应急救援工作的发展需要，建立高效的应急指挥系统，编制科学完整、简单实用、操作性强的应急预案，采用国内外先进技术、先进装备，保证应急救援体系的先进性与实用性。

（二）监测与预警

电网企业所属各单位应认真贯彻“安全第一、预防为主、综合治理”的方针，按照预防和应急并重的要求，建立风险管理长效机制，建立完善与政府专业部门的沟通协作和信息共享机制。要充分利用调度自动化系统、设备在线监测等各种技术手段，积极开展风险监测、辨识、分析，积极组织开展隐患排查和治理，落实各项风险预控措施。当预判发生一般、较大突发事件的概率较高时，应及早采取预防和应对措施；当预判发生重大、特别重大突发事件的概率较高时，要在积极采取预防和应对措施的同时，及时报告本单位应急办。要对重大危险源登记建档，并按照国家有关规定将本单位重大危险源及有关安全措施、应急措施报地方人民政府安全生产监督管理部门和相关部门备案。

1. 预警程序

电网企业接到所属各有关单位预警信息，或收到政府相关部门预警通知、气象部门灾害天气预警后，立即汇总相关信息，分析研判，提出预警发布建议，经本单位应急领导小组批准后由应急办负责发布。预警信息通过协同办公系统、传真、安监管理一体化平台或应急指挥信息系统发布，并根据情况变化适时调整预警级别。预警信息包括突发事件概述、预警类型、预警来源、预警级别、预警区域或影响范围、预警期起始时间、影响估计及应对措施、发布单位和时间、主送单位等内容。以某电网企业（图中简称公司）为例，其突发事件预警流程如图 3－1－2 所示。

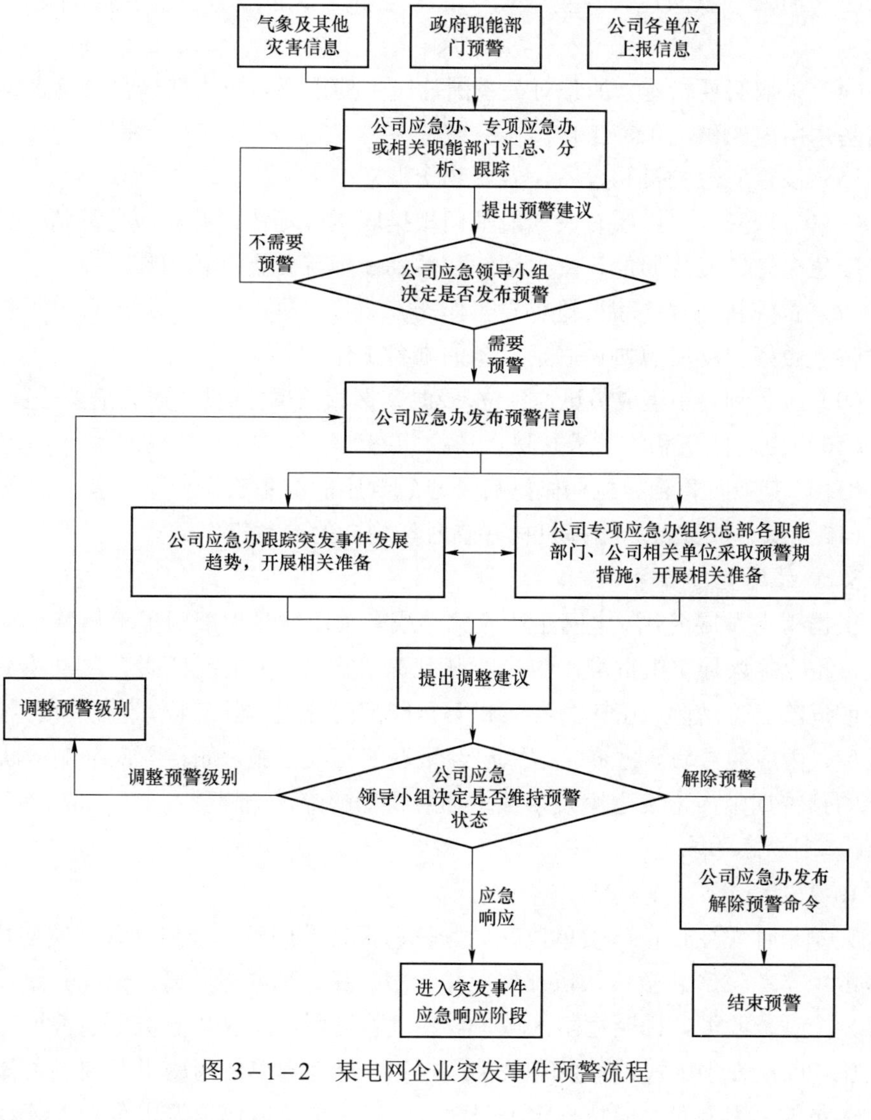


图 3－1－2 某电网企业突发事件预警流程

2. 预警行动

进入预警期后，电网企业及所属相关单位应采取以下部分或全部措施：

（1）及时收集、报告有关信息，开展应急值班，做好突发事件发生、发展情况的监测和事态跟踪工作；加强与政府相关部门的沟通，及时报告事件信息。

（2）组织相关部门和人员随时对突发事件信息进行分析评估，预测发生突发事件可能性的大小、影响范围和严重程度及可能发生的突发事件的级别。

（3）加强对电网运行、重点场所、重点部位、重要设备和重要舆论的监测工作。

（4）采取必要措施，加强对关系国计民生的重要客户、高危客户及人民群众生活基本用电的供电保障工作。

（5）核查应急物资和设备，做好物资调拨准备。

（6）专项应急办组织有关职能部门根据职责分工协调开展应急队伍、应急物资、应急电源、应急通信、交通运输和后勤保障等处置准备工作。

（7）做好新闻宣传和舆论引导工作。

（8）做好启动应急协调联动机制的准备工作。

（9）应急领导小组成员迅速到位，及时掌握相关事件信息，研究部署处置工作。

（10）应急队伍和相关人员进入待命状态。

（11）专项应急领导机构做好启动应急响应的准备工作。

（12）做好成立现场指挥机构（临时机构）的准备工作。

3. 预警调整与解除

根据事态发展变化，电网企业应急办或有关职能管理部门提出预警级别调整建议，经应急领导小组批准后由应急办负责调整。有关情况证明突发事件不可能发生或危险已经解除，由应急办或相关职能部门提出解除建议，经应急领导小组批准后，由应急办负责发布，解除已经采取的有关措施。如转入应急响应状态或规定的预警期限内未发生突发事件，预警自动解除。

（三）应急响应

1. 先期处置

突发事件发生后，事发单位在做好信息报告的同时，要启动预案响应措施，立即组织本单位应急救援队伍开展应急救援工作，疏散、撤离、安置受到威胁的人员，控制危险源，标明危险区域，封锁危险场所，采取其他防止危害扩大的必要措施，向所在地人民政府及有关部门报告。对因本单位问题引发的或主体是本单位人员的突发事件，应按规定上报情况，有关单位要迅速派出负责人赶赴现场开展劝解、疏导工作。

2. 响应启动

专项应急办或相关职能部门接到事发单位或应急办突发事件信息，收到政府相关部门事件信息通报，根据预警期事态发展趋势，应立即组织分析研判，及时向专项应急领导小组报告，并提出应急响应建议；专项应急领导小组决定启动、调整和终止应急响应，并视情况向现场派出工作组。以某电网企业（图中简称公司）为例，其突发事件应急响应流程如图 3－1－3 所示。

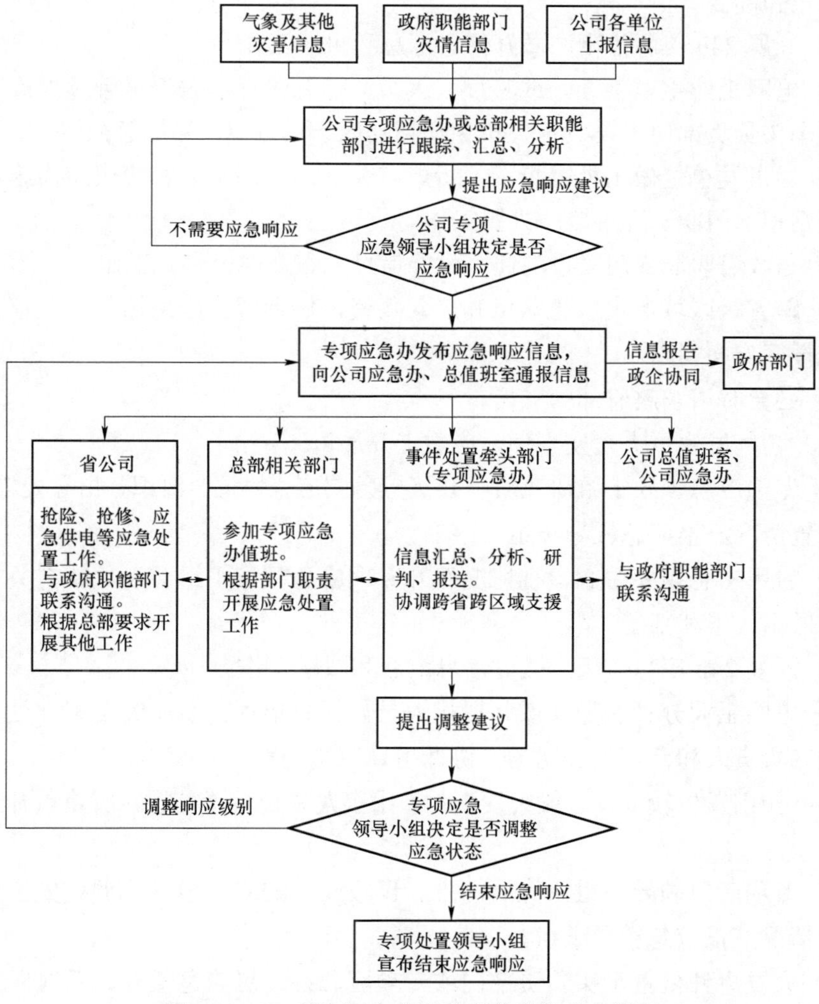


图 3－1－3　某电网企业突发事件应急响应流程

3. 分级响应

按照突发事件的等级，电网企业及所属相关单位分别启动相应等级应急响应。应急响应分为Ⅰ、Ⅱ、Ⅲ、Ⅳ级，Ⅰ级为最高级别。

（1）初判发生特别重大突发事件，应重点开展以下工作：

1）电网企业专项应急领导小组研究启动Ⅰ级应急响应，协调、组织、指导处置工作，并将处置情况汇报应急领导小组。

2）启用应急指挥中心，召开专项应急领导小组会议，就有关重大应急问题做出决策和部署。

3）开展24h应急值班，做好信息汇总和报送工作。

4）电网企业主要领导（或其授权人员）任总指挥；委派分管领导或突发事件处置牵头负责部门主要负责人和专家赶赴现场，协调指导应急处置。

5）对事发单位做出处置指示，责成有关部门立即采取相应应急措施，按照处置原则和部门职责开展应急处置工作。

6）与政府职能部门联系沟通，做好信息发布及舆论引导工作。

7）跨省跨区域调集应急队伍和应急物资，协调解决应急通信、医疗卫生、后勤支援等方面问题。

8）必要时请求政府部门支援。

（2）初判发生重大突发事件，应重点开展以下工作：

1）专项应急领导小组研究启动Ⅱ级应急响应，协调、组织、指导处置工作，并将处置情况汇报应急领导小组。

2）启用应急指挥中心，视情况召开专项应急领导小组会议，就有关重大应急问题做出决策和部署。

3）开展24h应急值班，做好信息汇总和报送工作。

4）电网企业分管领导（或其授权人员）任总指挥；委派突发事件处置牵头负责部门负责人和专家赶赴现场，协调指导应急处置。

（3）初判发生较大、一般突发事件，由事发单位负责处置，应重点开展以下工作：

1）专项应急领导小组研究启动Ⅲ、Ⅳ级应急响应，指导协调处置工作，并将处置情况汇报应急领导小组。

2）突发事件处置牵头负责部门或专项应急办开展应急值守，及时跟踪事件发展情况，收集汇总分析事件信息。其他部门按职责开展应急工作。

3）电网企业突发事件处置牵头负责部门或专项应急办主要负责人或分管负

责人指导协调，视情况委派部门分管负责人或相关处室负责人及专家赶赴现场协调指导应急处置。

4. 应急救援

（1）发生突发事件时，各级应急领导机构根据情况需要，请求国家和地方政府启动社会应急机制，组织开展应急救援与处置工作。

（2）根据国家和地方政府的要求，各级电网企业积极参与社会应急救援，保证突发事件抢险和应急救援的电力供应，向政府抢险救援指挥机构、灾民安置点、医院等重要场所提供电力保障。

（3）事发单位视情况启动应急协调联动机制，与电网企业内部单位及政府、社会相关部门和单位共同应对突发事件。

5. 响应调整与结束

根据事态发展变化，电网企业突发事件处置牵头负责部门或专项应急办提出突发事件应急响应级别调整建议，经专项应急领导小组批准后，按照新的应急响应级别开展应急处置。

突发事件得到有效控制，危害消除后，按照“谁启动、谁结束”的原则，宣布应急响应结束。

（四）事后恢复与重建

1. 善后处置

（1）贯彻“考虑全局、突出重点”原则，对善后处理、恢复重建工作进行规划和部署，制订抢修恢复方案。

（2）督促突发事件属地单位认真开展设备隐患排查和治理工作，避免次生事件的发生，确保电网安全稳定运行。

（3）督促突发事件属地单位整理受损电网设施、设备资料，做好相关设备记录和图纸的更新，加快抢修恢复速度，提高抢修恢复质量，尽快恢复正常生产秩序。

（4）妥善处理好向媒体后续信息的披露工作。

2. 保险理赔

各有关单位尽快统计人员伤亡和设备损失情况，经相关部门核实后，由财务部门牵头联系保险公司按保险合同有关约定索赔。

3. 恢复与重建

突发事件应急处置工作结束后，各单位要积极组织受损设施、场所和生产经营秩序的恢复重建工作。对于重点部位和特殊区域，要认真分析研究，提出解决建议和意见，按有关规定报批实施。

4. 事件调查

特别重大、重大及影响范围较大的突发事件，由事发单位上一级专项应急办组织调查；其他较大事件和一般事件由事发单位进行调查。调查报告应包括事件起因、性质、影响、经验教训、恢复重建、防范和改进措施等内容；事件调查报告应在规定的调查期限内报送上级应急领导小组。

5. 处置评估

应急响应终止后，应按照电网企业有关要求，对突发事件的预防准备、监测预警、处置救援、事后恢复等过程进行评估和调查，重点通过还原突发事件应急处置全过程，对照有关应急法规、制度、预案和相关要求，总结经验、查找问题、吸取教训、完善措施，不断提高应急处置能力，形成应急处置评估调查报告。事发单位应做好应急处置全过程资料收集保存工作，主动配合评估调查，并对应急处置评估调查报告有关建议和问题进行闭环整改。

（五）信息报告与发布

1. 信息报告

（1）报告程序。

1）预警期内，事发电网企业要向上级相关职能部门报告专业信息，向上级专项应急办、应急办和总值班室报告综合信息。

2）应急响应期间，各单位定时向上级单位突发事件处置牵头负责部门或专项应急办报告综合信息。上级单位突发事件处置牵头负责部门或专项应急办根据事态发展情况，按照有关规定通过应急办和总值班室向政府部门和相关单位报告。

（2）报告内容。

1）预警期内，报告内容包括突发事件可能发生的时间、地点、性质、影响范围、趋势预测和已采取的措施及效果等。

2）应急响应期间，报告内容包括突发事件发生的时间、地点、性质、影响范围、严重程度、已采取的措施及效果和事件相关报表等，并根据事态发展和处置情况及时续报动态信息。

（3）报告要求。

1）各单位向上级单位和当地政府及相关部门汇报信息，必须做到数据源唯一、数据准确、及时。

2）Ⅰ、Ⅱ级应急响应期间，执行每天两次定时报告制度。

3）预警期内和Ⅲ、Ⅳ级应急响应期间，执行每天一次定时报告制度。

4）各单位启动预警或事件响应，但上级单位尚未启动时，由相关单位向上级相应职能部门汇报专业信息，向上级单位应急办汇报综合信息；报送内容及要求按本章相关内容执行。

5）各单位根据上级临时要求，完成相关信息报送。

6）突发事件处置牵头负责部门（专项应急办）通过应急办向国家有关部门报告前，应经分管领导或专项应急领导小组审核批准，并执行国家有关规定。

2. 信息发布

（1）预警期内，应急办协助有关部门开展突发事件信息发布和舆论引导工作。

（2）应急响应期间，突发事件处置牵头负责部门（专项应急办）协助有关部门开展突发事件信息发布和舆论引导工作。

（3）发布信息主要包括突发事件的基本情况、采取的应急措施、取得的进展、存在的困难及下一步工作打算等信息。

（4）信息发布的渠道包括官方网站、微博、微信、当地主流媒体、新闻发布会、热线服务电话告知、短信群发、电话录音告知和当地政府信息发布平台等形式，视情况采用其中一种或多种形式。

（5）对外联络部门组织开展舆论监测，汇集有关信息，跟踪、研判社会舆论，及时确定应对策略，开展舆论引导工作。

（6）信息发布和舆论引导工作应实事求是、及时主动、正确引导、严格把关、强化保密。

（六）应急保障

1. 应急队伍保障

按照“平战结合、反应快速”的原则，建立健全应急队伍体系，进一步加强应急抢修队伍、应急专家队伍、应急救援基干分队（或应急救援队）的建设和管理，做到专业齐全、人员精干、装备精良、反应快速，并逐步建立社会应急抢修资源协作机制，持续提高突发事件应急处置能力。

2. 通信与信息保障

按照统一系统规划、统一技术规范、统一组织建设，必要时统一调配使用的原则，持续完善电力专用和公用通信网，健全有线和无线相结合、基础公用网络与机动通信系统相配套的应急通信系统，确保应急处置过程中通信畅通、信息安全。

建立健全有效的通信联络机制，完善政府相关应急机构、社会救援组织、重要用户群体等的联络方式，保证信息流转的上下内外互通。

3. 应急物资装备保障

建立健全突发事件的应急物资装备储存、调拨和紧急配送机制。电网企业各单位应投入必要的资金，按照遵循“规模适度、布局合理、功能齐全、交通便利”的原则，因地制宜设立储备仓库，形成应急物资储备网络，储备应急救援与处置所需的通用救灾装备和物资，确保应急处置需要。

4. 应急电源保障

进一步完善应急电源系统建设，电网企业各单位根据自身情况配备各种类型、各种容量的应急发电车、应急发电机等；并加强应急电源的日常维护和保养，保证应急电源可以立即投入使用。

加强与政府的协作，促请政府加大工作力度，督促高危企业、高密人口聚集场所、重要商业金融场所、电气化交通等用户按照国家及国家有关部门要求，配置符合标准的应急电源，做好操作人员的培训工作。

5. 电网备用调度保障

完善电网各级备用调度体系，做好备用调度系统的管理和运维，健全备用调度系统常态运转机制，保证紧急时刻备用调度系统能顺利启用，确保调度机构的不间断指挥能力。

6. 应急指挥中心保障

完善各级应急指挥中心和应急管理信息平台，实现应急工作管理、应急处置、辅助应急指挥等功能，满足各级应急指挥中心互联互通，以及与政府相关应急指挥中心联通要求，完成应急指挥人员与现场的高效沟通及信息快速传递，为应急管理和指挥决策提供丰富的信息支撑和有效的辅助手段。

7. 应急科技支撑保障

建立应急科技支撑体系，将应急科学研究工作纳入电网企业科技发展计划予以重点支持，开展应急装备研制开发、应急理论与技术研究，借鉴国内外先进处置经验，组织开展突发事件预测、预防和应急处置等方面的科学研究。

8. 经费保障

按照预算管理办法规定，有关职能部门及所属各单位提出应急工作费用需求和预算外申请，纳入预算范围，保证应急工作和处置需求。

9. 协调联动机制保障

（1）建立健全各级单位之间应急救援协调联动和资源共享机制，研究建立与政府部门、电力用户、其他企业建立应急沟通与协作支援机制，协同开展突发事件处置工作。

（2）加强与公路、铁道、民航、水运等交通运输部门的沟通与协调，加强与社会物流企业的合作，在优先利用自身交通运输能力的前提下，合理使用社会交通运输资源。

（3）加强与公安部门的沟通与协调，做好重要电力设施设备、电力生产运行人员的安全保卫，并做好应急救援车辆优先通行的保障。

（4）充分利用电网企业自身医疗卫生队伍，同时加强与社会医疗卫生资源的协调与合作。

（5）与社会专业救援机构建立联动机制，根据突发事件应急处置需要，加强协同，做好抢险救援工作。

## 课 题 二

# 电网常见自然灾害应急处置与救援

地质灾害及其次生火灾和气象灾害在对受灾区域造成重大人身伤亡、设备设施损坏、财产和经济损失的同时，也会对电网设备设施造成较大范围损坏或重要设备设施（特高压、重要输电断面）损坏，给电网的安全经济运行造成不同程度的影响。本课题主要介绍电网企业应对地质灾害和气象灾害时的应急处置与救援。

### 一、地质灾害应急处置与救援

（一）地质灾害概述

1. 地质灾害的涵义

地质灾害是指由于自然或人为作用，多数情况下是二者协同作用引起的，在地球表层比较强烈地破坏人类生命财产和生存环境的岩土体移动事件。地质灾害在成因上具备自然演化和人为诱发的双重性，既是自然灾害的组成部分，也属于人为灾害的范畴。在某种意义上，地质灾害已经是一个具有社会属性的问题，已经成为制约社会经济发展和人民安居的重要因素。因此，地质灾害防治就不仅是指预防、躲避和工程治理，在高层次的社会意识上表现为努力提高人类自身的素质，通过制定公共政策或政府立法约束公众的行为，自觉保护地质环境，从而达到避免或减少地质灾害的目的。

2. 地质灾害的分类

（1）按地质灾害的成因，分为自然地质灾害和人为地质灾害。主要由自然变异导致的地质灾害称为自然地质灾害，主要由人为作用诱发的地质灾害称为人为地质灾害。

（2）按地质环境或地质体变化的速度，地质灾害可分为突发性地质灾害和缓变性地质灾害两大类。前者是由原地壳表层地质结构的剧烈变化而产生的，即习惯上的狭义地质灾害，如地震、山体滑坡、泥石流、地面塌陷、地裂缝；后者是指区域性地质生态环境变异而引起的危害，又称地质环境灾害，如区域性地质沉降、石山地区的水土流失、海水入侵、干旱或半干旱地区的土地沙漠化、区域性地质结构沉降背景下平原或盆地地区的频繁洪灾等。

（3）根据地质灾害发生区的地理或地貌特征，地质灾害可分为山地地质灾害和平原地质灾害，前者如山体滑坡、泥石流等，后者如地质沉降等。

（4）按地质灾害按危害程度和规模大小，分为特大型、大型、中型、小型地质灾害险情和灾情四级。

1）特大型地质灾害险情和灾情（Ⅰ级）。受灾害威胁，需搬迁转移人数在1000 人以上或潜在可能造成的经济损失 1 亿元以上的地质灾害险情为特大型地质灾害险情。因灾死亡 30 人以上或因灾造成直接经济损失 1000 万元以上的地质灾害灾情为特大型地质灾害灾情。

2）大型地质灾害险情和灾情（Ⅱ级）。受灾害威胁，需搬迁转移人数在 500 人以上、1000 人以下，或潜在经济损失 5000 万元以上、1 亿元以下的地质灾害险情为大型地质灾害险情。因灾死亡 10 人以上、30 人以下，或因灾造成直接经济损失 500 万元以上、1000 万元以下的地质灾害灾情为大型地质灾害灾情。

3）中型地质灾害险情和灾情（Ⅲ级）。受灾害威胁，需搬迁转移人数在 100 人以上、500 人以下，或潜在经济损失 500 万元以上、5000 万元以下的地质灾害险情为中型地质灾害险情。因灾死亡 3 人以上、10 人以下，或因灾造成直接经济损失 100 万元以上、500 万元以下的地质灾害灾情为中型地质灾害灾情。

4）小型地质灾害险情和灾情（Ⅳ级）。受灾害威胁，需搬迁转移人数在 100 人以下，或潜在经济损失 500 万元以下的地质灾害险情为小型地质灾害险情。因灾死亡 3 人以下，或因灾造成直接经济损失 100 万元以下的地质灾害灾情为小型地质灾害灾情。

3. 常见地质灾害

（1）地震。地震又称地动、地振动，是地壳快速释放能量过程中造成的振动，期间会产生地震波的一种自然现象。地球上板块与板块之间相互挤压碰撞，造成板块边沿及板块内部产生错动和破裂，是引起地震的主要原因。地震开始发生的地点称为震源，震源正上方的地面称为震中。破坏性地震的地面震动最烈处称为极震区，极震区往往也就是震中所在的地区。

从地球表层环境变化而言，地震属于地质灾害的范畴，但因其发生的特殊性和危害巨大，且地震灾害的研究已自成体系，一般将其单列出来，作为一类自然灾害。

地震是具有强大毁灭性的一种天灾，对人类的生命安全及财产等造成很大的伤害，全面提高防震减灾能力，是保护人民生命财产安全的必然要求。无震时，政府的职责主要由地震主管部门承担，基础工作是震情监视，重点工作是通过法律、行政、教育等各种手段，提高社会综合防震减灾能力及公众防震减灾意识和技能，保障性工作是牵头编制、完善和落实政府和各部门的地震应急预案，组建地震应急救援队伍并开展地震演练等。一旦发布破坏性地震预报或突发破坏性地震，政府就会迅速组织社会各方面力量，开展地震应急救援工作。

地震应急工作还包括对虚假地震事件的快速处理，及时平息地震谣传和误传等造成的社会影响。社会上不时出现某地某时某刻要发生地震的传闻，往往引起人们的极度恐慌，影响经济建设的正常秩序和社会公众的正常生活秩序。在这种情况下，地震主管部门需对各种观测资料进行认真分析，及时做出震情判断，配合政府采取切实的措施辟谣，尽快平息社会影响。

（2）泥石流。泥石流是指在山区或者其他沟谷深壑、地形险峻的地区，因为暴雨、洪水、暴雪或其他自然灾害引发的山体滑坡并携带有大量泥沙、石块等固体物质的特殊洪流。泥石流是山区特有的一种自然地质现象，爆发突然、来势凶猛，可携带巨大的石块，具有强大的能量，常常会冲毁公路、铁路等交通设施甚至村镇等，破坏性极大。

泥石流流动的全过程一般只有几个小时，短的只有几分钟，是一种广泛分布于世界各国一些具有特殊地形、地貌状况地区的自然灾害。泥石流大多伴随山区洪水发生，它与一般洪水的区别是洪流中含有足够数量的泥沙石等固体碎屑物，其体积含量最少为 15%，最高可达 80%左右，比洪水更具有破坏力。

泥石流发生时，要马上向与泥石流成垂直方向的两边山坡上面爬，绝对不能往泥石流的下游走。

（3）山体滑坡。山体滑坡又称为山体崩塌，是指山体斜坡上某一部分岩土体在重力作用下，沿着一定的软弱结构面产生剪切位移而整体向斜坡下方移动的作用和现象。俗称“走山”“垮山”“地滑”“土溜”等，是比较常见的地质灾害之一。引发山体滑坡的因素大致分为地理因素、诱发因素和人为因素三种。当岩土体结构松散、构造不连续、位于具有一定坡度的部位时，因地震、降雨、冰雪融化及河流对斜坡坡脚的冲刷和浸泡，或者不合理的人类工程活动（如坡体上堆载、依山建房、强力爆破、强行开挖等），就容易引发山体滑坡。

（4）地面塌陷。地面塌陷是指地表岩、土体在自然或人为因素作用下向下陷落，并在地面形成塌陷坑（洞）的一种地质现象。当这种现象发生在有人类活动的地区时，便可能成为一种地质灾害。

地面塌陷是地下矿产采空区或喀斯特地貌区常见的一种地质灾害。地下空洞的存在是地面塌陷的基本空间条件，也是地面塌陷的先决条件。

根据塌陷区域是否有岩溶发育，地面塌陷可分为岩溶地面塌陷和非岩溶地面塌陷。

岩溶地面塌陷是指覆盖在溶蚀洞穴之上的松散岩、土体在自然或人为因素的作用下向洞穴运移而导致的突发性地面变形破坏，其结果多形成圆锥形塌陷坑。岩溶地面塌陷是地面变形破坏的主要类型，多发生在碳酸盐岩、钙质碎屑岩和岩盐等可溶性岩石分布地区。非岩溶地面塌陷包括矿山采空塌陷、黄土塌陷、火山熔岩塌陷和冻土塌陷等，其中以矿山采空塌陷居多，在我国分布较广泛尤以北方煤矿区最为严重。

岩溶地面塌陷的成因包括自然和人为两种，前者如暴雨、洪水、干旱、地震等，后者如坑道排水、抽取岩溶地下水、水库蓄水引水和其他工程活动等。岩溶塌陷一般规模较小，发展速度缓慢，不致给人类生活带来突然的影响。但在人类工程活动中产生的岩溶地面塌陷往往规模大、突发性强，且常发生在人口聚集地区，对地面建筑物和人身安全往往造成比较严重的威胁。

（5）堰塞湖。堰塞湖是由火山熔岩流、冰碛物或地震活动等原因引起的滑坡体等堵塞河谷或河床后贮水而形成的湖泊。由于堰塞湖的堵塞物固定不变的，容易因冲刷、侵蚀、溶解、崩塌等原因使堵塞物破坏，形成堰塞湖决口，对下游形成洪峰，破坏性极大。

### （二）地质灾害应急救援

#### 1. 地震

（1）自救。地震中被倒塌建筑物压埋的人，只要神志清醒，身体没有重大创伤，都应该坚定获救的信心，妥善保护好自己，积极实施自救。

1）要尽量用湿毛巾、衣物或其他布料捂住口、鼻和头部，防止灰尘呛闷发生窒息，也可以避免建筑物进一步倒塌造成的伤害。

2）尽量活动手、脚，清除脸上的灰土和压在身上的物件。

3）用周围可以挪动的物品支撑身体上方的重物，避免进一步塌落；扩大活动空间，保持足够的空气。

4）几个人同时被压埋时，要互相鼓励，共同计划，团结配合。

5）寻找和开辟通道，设法逃离险境，朝着有光亮、更安全宽敞的地方移动。

6）一时无法脱险时，要尽量节省气力；如能找到代用品和水，要节约使用，尽量延长生存时间，等待救援。

7）保存体力，不要盲目大声呼救。在周围十分安静，或听到上面（外面）有人活动时，用砖、铁管等物敲打墙壁，向外界传递消息或呼救。

（2）互救。为了最大限度地营救被困人员，已经脱险的人员应与应急救援人员一起，对压埋在废墟中的人员进行积极营救，并应遵循以下原则：

1）先救被压埋人员多的地方，也就是“先多后少”。

2）先救近处被压埋人员，也就是“先近后远”。

3）先救容易救出的人员，也就是“先易后难”。

4）先救轻伤和强壮人员，扩大营救队伍，也就是“先轻后重”。

5）如果有医务人员被压埋，应优先营救，增加抢救力量。

（3）救援。我国地震应急救援的中坚力量是军队和武警，以及专业地震救援队伍。专业地震救援队伍是指在地震灾害或其他突发性事件中造成建（构）筑物倒塌时，专门对被压埋人员实施紧急搜索与营救的队伍。地震发生后，专业地震救援队伍到达灾区现场后，一般按以下五个步骤展开救援：

1）评估救援区域。评估区域内存在被困人员的可能性、结构稳定性与水电气设施状况，关闭水电气设施以确保安全。

2）封控现场。划定警戒区域，转移现场内居民，疏散围观群众，劝阻盲目救助，派出警戒人员，封锁现场。

3）搜索。通过询问、调查等方法了解现场基本情况，用人工搜索、搜索犬搜索、仪器搜索等方法搜寻并探察所有空隙和坍塌建筑物中的空穴，以发现可能的被困人员，确定被困人员的准确位置。

4）营救。使用专用顶升、扩张、剪切、钻孔、挖掘器械或工具，移除建筑物残骸，开辟通道，抵达被困人员所在位置，施行营救。

5）医疗救护。对已经脱险的人员进行心理安慰，实施包扎、固定，迅速转移。

（4）划分救援现场识别区。在地震现场救援过程中，为了便于工作，确保安全，专业地震救援队伍一般把场地划分出以下区域：

1）出入道路。必须保证人员、工具、装备及其他后勤需求顺利出入。另外，对出入口进行有效控制，以保证已经脱险的人员或受伤的救援人员迅速撤离。

2）医疗援助区。医疗小组进行手术及提供其他医疗服务的地方。

3）装备集散区。安全储存、维修及发放工具及装备的地方。

4）人员集散区。暂时没有任务的救援人员休息、进食的地方，一旦前方发生险情，此处的预备人员可以马上替换。

5）紧急集合区域。救援人员紧急撤退时的集结地。

2. 其他地质灾害

（1）自救。在遭遇泥石流、山体滑坡、地面塌陷等其他地质灾害时，被困人员只要神志清醒，身体没有重大创伤，都应坚定获救的信心，妥善保护好自己，积极实施自救。

1）要沉着冷静，采取必要措施迅速撤离到安全地点。避灾场地应选择在易滚石或滑坡体两侧边界外围。

2）要朝垂直于滚石或滑波体前进的方向跑。在确保安全的情况下，离原居住处越近越好，交通、水、电越方便越好。不要在逃离时顺着滚石或滑坡体方向跑。

3）千万不要将避灾场地选择在泥石流、山体滑坡的上坡或下坡。也不要未经全面考察，从一个危险区跑到另一个危险区。要听从统一安排，不要自择路线。

4）当无法继续逃离时，应迅速抱住身边的树木等固定物体，也可躲避在结实的障碍物下，或蹲在地坎、地沟里。应利用身边的衣物裹住头部，以保护好头部。

5）立刻将灾害发生的情况报告相关政府部门或单位，及时报告对减轻灾害损失非常重要。

6）灾害停止后，不应立刻回家检查情况。因为灾害会连续发生，贸然回家可能会遭到第二次侵害。只有当灾害已经过去，并且自家的房屋远离灾害区，确认安全后方可进入家中。

（2）救援。根据受灾现场情况，受灾当地政府启动当地应急预案，组织应急供电、抢险救援、后勤保障等救援力量，调集大型运载车、起重机、铲车、挖掘车、破拆清障车等大型车辆装备及检测、防护、救生、起重、破拆、牵引、照明、通信等器材装备，并派出应急指挥员到场统一组织指挥。

1）现场警戒。救援人员到达现场后，要及时与国土资源部门技术人员配合，根据滑坡体、泥石流、地面塌陷的方量及危害程度，确定现场警戒的范围。同时立即发布通告，对受灾区域上下一定范围路段实行交通管制，禁止人员、车辆进入警戒区域；通过电话、扩音器等多种形式通知受灾区域上下一定范围内的人员立即撤离；启动应急撤离方案，在当地政府领导下组织人员、财产撤离。

2）侦察监测。山体滑坡、泥石流等事故发生后，往往还会发生二次或多次事故。救援人员到达事故现场时，首先要对受灾区域的地质情况进行侦察，确定可能再次发生事故的区域，对其进行不间断监测。

3）开辟通道。交通部门迅速调集大型铲车、起重机、推土车等机械工程车辆，在现场快速开辟一块空阔场地和进出通道，确保现场拥有一个急救平台和一条供救援车辆进出的通道。

4）搜救被困人员。灾害基本趋于稳定后，启动搜救工作预案。救援人员主要利用生命探测仪、破拆器材、救援三脚架、起重气垫、防护救生器材、医疗急救箱等设备，深入受灾区域进行现场搜寻救生。利用生命探测仪进行现场搜索，确定被困人员的数量及其具体位置，同时可用听、看、敲、喊等方法寻找被困人员，利用破拆、切割、起吊等装备进行施救。施救时，为防止造成二次伤害，可采用救援气垫、方木、角钢等支撑保护，必要时也可用手刨、翻、抬等方法施救。在施救过程中，必须安排国土资源部门技术人员对受灾区域进行监测，如再次发生事故险情，迅速通知现场救援人员撤离。

5）本着“先易后难，先救人后救物，先伤员后尸体，先重伤后轻伤”的原则进行。

6）现场应设置安全员，安全员应在不同方位全过程观察受灾区域变化情况，一旦发现事故征兆，要立即发出警示信号，救援人员要迅速、安全撤离现场。

7）未完全确认已无被困人员的情况下，一般不得使用大型挖掘机。当接近被埋压人员时，应在确保不会发生坍塌的前提下，小心移动障碍物，防止伤害被埋压人员。救援初期，不得直接使用大型铲车、起重机、推土机等施工机械车辆清除现场。

8）采用起重设备救人时，不能盲目蛮干，必须认真研究受力情况。尤其是使用机械作业时，每台机械都必须配有观察员，发现异常征兆应立即停车，防止因强挖硬拉而造成误伤。

9）加强同公安、国土、安监、卫生、交通、民政、城建、通信等部门的协调合作，协同配合开展救援行动。

（三）电网企业应对地质灾害的应急处置与救援

1. 危险源和危害程度分析

地震等地质灾害除造成电网设备设施损毁，还会造成重大人员伤亡和财产损失，对关系国计民生的重要基础设施造成巨大破坏，导致交通、通信瘫痪，水、气、煤、油等供应中断。电网企业抗灾救灾、应急救援、抢修恢复工作的开展应综合考虑以上因素。

（1）政府部门、医疗救助、城市公共交通系统、铁路运输、民航系统、通信、供水、供气、煤矿、危化品等重要场所、重要用户的电力供应中断，影响其正常运转。

（2）大规模的输配电线路杆塔和基础变形破坏、倒塌断线，侵害电气设备绝缘，易引发人员触电等次生衍生事件。

（3）变电（换流）站内建（构）筑物倒塌或损坏，造成人员伤亡或受困，站内设备设施大范围损毁，变电（换流）站停电，威胁电网安全运行。

（4）火灾、爆炸、传染病疫情、有毒物质泄漏、放射性污染等威胁人员生命安全和财产损失的次生和衍生灾害。

地震等地质灾害具有不可预测性和突发性，从历次地震的分布区域分析，地震的危险源包括：

（1）地震区带分布：华北地震区（郯城—庐江地震带、华北平原地震带、汾渭地震带、银川—河套地震带）、东北地震区（依兰—伊通地震带）、青藏高原地震区（喜马拉雅地震带、昆仑山地震带、祁连山—河西走廊地震带）、新疆地震区（阿尔泰地震带、天山地震带、西昆仑—帕米尔地震带）、东南沿海地震带、南北地震带（青藏高原东缘的云南、四川及陕西、宁夏和内蒙古）等。

（2）地质灾害多发区：横断山区、黄土高原地区、川北陕南地区、川西北龙门山地区、金沙江中下游地区、川滇交界地区、汉江安康—白河地区、川东大巴山地区、三峡地区、湘西地区、赣西北地区、赣东北上饶地区、北京北部怀柔—密云地区、辽东岫岩—凤城地区等。

2. 基本原则

（1）以人为本、减少危害。把保障员工和人民群众的生命财产安全作为首要任务，最大程度减少地震地质等灾害造成的人员伤亡和各类危害。

（2）居安思危、预防为主。贯彻预防为主的思想，树立常备不懈的观念，防患于未然。增强忧患意识，坚持预防与应急并重，常态与非常态相结合，做好应对地震地质等灾害的各项准备工作。

（3）统一领导、分级负责。落实党中央、国务院的部署，按照综合协调、分类管理、分级负责、属地为主的要求，开展地质灾害应对和处置工作。

（4）考虑全局、突出重点。采取必要手段保证电网安全，通过灵活方式重点保障重要场所、重要客户应急供电及人民群众基本生活用电。

（5）快速反应、协同应对。建立健全“上下联动、区域协作”快速响应机制，加强与政府的沟通协作，整合内外部应急资源，协同开展地质灾害处置工作。

（6）依靠科技、提高能力。加强地质灾害预防和处置科学技术的研究和开发，采用先进的监测预警和应急处置技术。充分发挥专家队伍和专业人员的作用，提高应对地质灾害的能力。

3. 应急处置与救援流程

（1）风险监测。电网企业应急领导小组办公室及各职能部门应密切关注政府相关部门发布的地质灾害预报，掌握相关情况，落实风险预控措施。风险监测的方法和信息收集包括以下渠道：

1）电网企业应急办、相关职能部门及所属各单位应与政府有关部门建立相应的地质灾害及次生、衍生灾害监测预报预警联动机制，实现相关灾情、险情等信息的实时共享。

2）电网企业所属各单位在地质灾害多发期，应加强对处于地震带和地质灾害多发区的电网设备设施巡查，掌握相关情况，发现异常及时上报上级单位应急办及相关职能部门。

3）电网企业所属各单位利用地质灾害风险监测中心、防灾减灾系统，对出现的灾害做到早获得风险数据，及时上报上级单位应急办及相关职能部门。

（2）预警发布与预警行动。

1）预警发布。电网企业应急办接到所属单位上报的地质灾害预警信息及应急管理部门或国家地震部门预警通知后，立即汇总相关信息，分析研判，提出地质灾害预警建议，经应急领导小组批准后发布。相关职能部门综合分析设备设施、电网运行风险，提出地质灾害预警建议，报应急领导小组批准，由应急办发布。

2）预警行动。发布地质灾害预警信息后，预警区域内电网企业应急办和有关职能部门收集相关信息，密切关注事态发展，开展突发事件预测分析；做好成立地质灾害处置领导小组及应急抢险指挥部的准备工作；启动应急值班，及时收集相关信息并报告上级单位应急办公室，做好应急新闻发布准备；按本单位应急预案规定，合理安排电网运行方式，加强对设备设施的巡视、监测和值班；采取必要措施，加强对重要客户（场所）的供电保障工作；应急队伍和相关人员进入待命状态；调集抢险抢修所需应急电源和应急物资，做好异常情况处置准备工作；必要时做好人员疏散或撤离准备工作及舆情监测工作。

（3）应急响应措施。

1）先期处置。受灾单位地质灾害处置领导小组全面领导协调应急处置工作，必要时上级单位向事件发生地派出地质灾害应急协调工作组和专家组；受灾区域电网企业组织应急救援队伍营救受困人员、员工和其他人员，撤离、安置受威胁人员；做好应急指挥部、政府部门、医疗救助、城市公共交通系统、铁路运输、民航系统、通信、供水、供气、煤矿、危化品、灾民安置点等重要场所、重要用户的应急供电工作；主动与政府有关部门联系沟通，汇报有关信息、完成相关工作；初步收集、汇总、上报电网设备设施受损情况，并组织开展抢修工作。

2）响应启动。受灾单位启动本单位地震地质等突发事件响应，并立即向上级单位应急办公室报告；上级单位应急办公室接到受灾单位启动本单位地质灾害突发事件响应上报后，立即会同有关职能部门汇总相关信息，分析研判，提出对事件的定级建议。上级单位密切关注事件情况及受灾单位先期处置效果，责成各职能部门布置应急准备工作，防范、减少灾害前期损失；上级单位各职能部门依据部门分工各负其责，组织、协调相关单位及时调整电网运行方式，隔离故障区域，保证大电网安全。

3）响应行动。受灾单位根据事件级别启用应急指挥中心，启动应急值班，开展信息汇总和报送工作；与政府有关部门联系沟通，协助开展信息发布工作；必要时请求政府部门支援；受灾区域电网企业各职能部门按照应急处置原则和本部门职责开展以下应急处置工作：

a. 地质灾害发生后，灾害发生地有关电网企业主动与政府有关部门联系沟通，在地方政府应急指挥部的领导下，立即查清地质灾害造成的电力设备、设施破坏情况，查清供电线路、通信系统的受损情况；立即投入救灾和自救恢复工作，并迅速向上级单位报告。组织应急救援队伍营救本企业受困员工和其他人员，撤离、安置受威胁的人员。

b. 调度部门根据地质灾害情况，尽快调整和恢复灾区的供电，灾区所在地应指挥电力抢修队伍立即奔赴灾害地点进行应急抢修。

c. 应急指挥部迅速组织本地区力量协助灾区电网企业恢复被破坏的输、变、配电力设施和电力调度通信设施功能，电力调度要保障重要用户及灾区用电供应。电力保障工作还包括对地质灾害后受次生灾害危及的电力设备、设施采取紧急处置措施，加强监视和检测，防止灾害扩展，减轻和消除污染危害。

d. 各级电网企业的医疗队伍、交通车辆等均处于可调用状态，随时服从应急指挥部调动，奔赴灾区参加紧急救援工作。

e. 受灾区域各级电网企业的安全保卫部门除加强本企业治安管理和安全保卫工作外，还要协助受灾地区公安部门预防和打击各种违法犯罪活动。

f. 受灾区域的电网企业尽快做好地质灾害造成的损失统计和评估工作，并逐级上报。

4）响应调整与结束。受灾区域电网企业应急办公室根据事件危害程度、救援恢复能力和社会影响等综合因素，按照事件分级标准，决定是否调整响应级别。按照“谁启动、谁结束”的原则，灾情稳定和电网基本恢复正常后，当同时满足以下条件时，应急响应结束：① 政府有关部门宣布地质灾害应急响应结束；② 受损电网设备设施基本恢复，电网基本恢复正常接线方式。

## 二、气象灾害应急处置与救援

### （一）气象灾害概述

#### 1. 气象灾害的涵义

气象灾害是指大气对人类的生命财产和国民经济建设及国防建设等造成的直接或间接的损害。根据《中华人民共和国气象法》规定，气象灾害是指台风、暴雨（雪）、寒潮、大风（沙尘暴）、低温、高温、干旱、雷电、冰雹、霜冻和大雾等所造成的灾害。根据《气象灾害防御条例》，气象灾害还包括水旱灾害、地质灾害、海洋灾害、森林草原火灾等因气象因素引发的衍生、次生灾害。

气象灾害是常见的自然灾害之一，也是自然灾害中最为频繁而又严重的灾害。中国是世界上自然灾害发生十分频繁、灾害种类甚多、造成损失十分严重的少数国家之一。每年由于干旱、洪涝、台风、暴雨、冰雹等气象灾害对人民的生命和财产安全造成严重威胁，由此造成的经济和财产损失难以估算。

#### 2. 气象灾害的特点

（1）种类多。主要有暴雨、洪涝、干旱、热带气旋、霜冻低温等冷冻灾害、风雹、连阴雨、浓雾及沙尘暴等其他灾害共 7 大类 20 余种，如果细分，可达数十种甚至上百种。

（2）范围广。无论在高山、平原、高原、海岛，还是在江、河、湖、海、空中，一年四季都可出现气象灾害。

（3）频率高。1950～1988 年，我国每年都出现干旱、洪涝和台风等多种气象灾害，平均每年出现较大范围的旱灾 7.5 次、涝灾 5.8 次，登陆我国的热带气旋 6.9 个。1980～2005 年，全世界发生约 7000 次自然灾害，造成近 200 万人死亡和一万多亿美元经济损失，这些灾害近 90%属于气象灾害。

（4）持续时间长。同一种灾害常常连季、连年出现，如 1951～1980 年，华北地区连续 14 年出现春夏连旱或伏秋连旱。

（5）群发性突出。某些气象灾害往往在同一时段内发生在许多地区，如雷雨、冰雹、大风、龙卷风等强对流性天气在每年 3～5 月常有群发现象。1972 年 4 月 15～22 日，从辽宁到广东共有 16 个省、自治区的 350 多个县、市先后出现冰雹，部分地区出现 10 级以上大风或龙卷风等灾害天气。

（6）连锁反应显著。天气气候条件往往能形成或引发、加重洪水、泥石流和植物病虫害等自然灾害，产生连锁反应。

（7）灾情重。联合国公布的 1980～2005 年全球因自然灾害造成的人员死亡中，75%是由气象灾害造成的。从 20 世纪 90 年代起，我国每年因气象灾害及其次生灾害造成的损失占 GDP 的 2.8%，平均每年造成 4398 人死亡。

### （二）常见气象灾害的应急避险措施

#### 1. 高温避险措施

日最高气温达到或超过 35℃就是高温天气。高温天气会给交通、用水、用电等方面带来严重影响，如果长期在高温天气下工作会给人体健康带来不利影响，严重时会造成中暑。高温时应采取以下措施避险：

（1）饮食宜清淡，多喝凉白开水、冷盐水、白菊花水、绿豆汤等防暑降温饮品。

（2）保证足够的睡眠。

（3）准备一些常用的防暑降温药品，如清凉油、十滴水、人丹等。

（4）在高温条件下的作业人员，应采取防护措施或停止作业。

（5）如有人中暑，应立即将其抬至阴凉通风处，并给其服用生理盐水或十滴水等防暑药品。如果病情严重，需送往医院进行专业救治。

2. 大风避险措施

大风及其在建筑物之间产生的强风效应时常会损坏电力线路、房屋和树木等，并会妨碍高空作业，甚至引发火灾，有时也会造成跌倒、砸伤等人身伤害。大风时应采取以下措施避险：

（1）大风天气在施工工地附近行走时，应尽量远离工地并快速通过。不要在高大建筑物、广告牌或大树的下方停留。

（2）及时加固门窗、围挡、棚架等易被风吹动的搭建物，妥善安置易受大风损坏的室外物品。

（3）立即停止室外高处作业；立即停止露天集体活动，并疏散现场人员。

（4）不要将电力抢修车辆停在高楼、大树下方，以免玻璃、树枝等被吹落造成车体损伤。

3. 暴雨避险措施

暴雨，特别是大范围的大暴雨或特大暴雨，往往会在很短时间内造成内涝，使电力线路受损，造成停电事故，也可能造成人身伤害事故。暴雨时应采取以下措施避险：

（1）室外积水漫入室内时，应立即切断电源，防止积水带电伤人。

（2）在户外积水中行走时，要注意观察，贴近牢固的建筑物行走，防止跌入窨井、地坑等。

4. 雷击避险措施

雷雨天气常常会产生强烈的放电现象，如果雷电击中人员、建筑物或设备，会造成人员伤亡和经济损失。雷雨天气时应采取以下措施避险：

（1）注意关闭门窗，远离门窗、水管、煤气管等金属物体。

（2）关闭家用电器，拔掉电源插头，防止雷电从电源线入侵。

（3）在室外时，要及时躲避雷雨，不要在空旷的野外停留。在空旷的野外无处躲避时，应尽量寻找低洼之处（如土坑）藏身，或者立即下蹲，降低身体的高度。

（4）远离孤立的大树、高塔、电杆、广告牌等。

（5）如多人共处室外，相互之间不要挤靠，以防被雷电击中后电流互相传导。

### （三）电网企业应对气象灾害的应急处置与救援

#### 1. 危险源和危害程度分析

严重气象灾害除造成电网设备设施较大范围损坏事件外，甚至会造成员工人身伤害，还可能引发次生灾害，对关系国计民生的重要基础设施造成巨大影响，导致交通、通信瘫痪，水、气、煤、油等供应中断，电网企业抗灾抢险、应急救援工作的开展应综合考虑以下因素：

（1）雷击。雷击对系统中绝缘最薄弱的设备威胁最大，引起线路过电压从而造成线路对地或相间闪络、损坏变压器及开关设备等，甚至危及人的生命安全，特别是我国东北地区（蒙东、黑龙江）和西部地区（新疆、甘肃、青海、西藏、四川）。

（2）覆冰。输电线路覆冰易造成绝缘子闪络、导线舞动、倒塔断线等事故，覆冰事故分布区域广、事故危害严重，多发生在华中地区和西南地区。

（3）山火。山火的发生具有一定地域性、季节性和集中爆发性，可能引起附近的输电线路跳闸，造成局部电网结构严重破坏。

（4）暴雨。暴雨引起的地面塌陷、山体崩塌、滑坡、泥石流等灾害可能导致线路杆塔倾倒，生产经营重要设施设备损坏，致使设备运行异常或故障。

（5）台风。台风灾害多发生在夏季和秋季，具有突发性强、破坏力大的特点，是影响我国沿海地区及部分内陆地区的主要灾害性天气之一。台风带来的狂风、暴雨天气往往会引发大规模的输配电线路跳闸、杆塔倒塌、断线，侵害电气设备绝缘，易引发次生灾害。

（6）舞动。输电线路舞动易造成导线、金具损伤甚至杆塔倾倒，且抢修、恢复工作较为困难。每年冬季及初春，会形成一条北起黑龙江、南至湖南的漫长易舞带，其中河南、湖北和辽宁是传统的强舞动区。

电网企业经营区域地域辽阔、气候多样，在不同季节存在着众多气象灾害危险源：

（1）冬季和初春季节存在发生雨雪冰冻灾害的可能，尤以湖南—四川—江西—安徽—浙江、湖南—湖北—河南—河北—辽宁两个覆冰易舞地带最为严重。

（2）春季和夏季存在发生暴雨、洪涝灾害的可能，尤以长江、黄河流域地区最为严重。

（3）夏季和秋季存在发生台风灾害的可能，尤以东南沿海地带最为严重。

（4）冬季和初春季节还存在发生暴雪灾害的可能，尤以黄淮流域及北方地区最为严重。

2. 基本原则

（1）以人为本、减少危害。把保障电网企业员工和人民群众的生命财产安全作为首要任务，全面加强应对气象灾害的体系建设，最大限度减少气象灾害对电网的破坏，以及给人民生命财产、社会经济带来的危害和损失。

（2）居安思危、预防为主。贯彻预防为主的思想，树立常备不懈的观念，防患于未然。增强忧患意识，坚持预防与应急并重，常态与非常态相结合，提高气象灾害监测预警能力和防御标准，加强宣传和培训教育，做好应对气象灾害事件的各项准备工作。

（3）统一领导、分级负责。落实党中央、国务院的部署，按照综合协调、分类管理、分级负责、属地为主的要求，开展气象灾害事件预防和处置工作。

（4）考虑全局、突出重点。采取必要手段保证大电网安全，通过灵活方式重点保障重要客户（场所）应急供电及人民群众生活基本用电。

（5）快速响应、协同应对。建立健全“上下联动、区域协作”的快速响应机制，加强与政府的沟通协作，整合内外部应急资源，协同开展气象灾害事件处置工作。

（6）依靠科技、提高能力。加强气象灾害事件预防和处置科学技术研究和开发，采用先进的监测预警和应急处置技术。充分发挥电网企业专家队伍和专业人员的作用，提高应对气象灾害事件的能力。

3. 应急处置与救援流程

（1）风险监测。电网企业各专业管理部门及应急领导小组办公室及各职能部门应密切监测气象灾害风险，积极开展气象灾害突发事件预测分析，落实风险预控措施。

风险监测的方法和信息收集包括以下渠道：

1）电网企业所属各单位在气象灾害多发期，应密切注意气象部门发布的灾害预报，加强对所属电网设备设施的巡查，掌握灾情，及时上报上级单位各专业管理部门及应急办公室。

2）电网企业所属各单位利用设备灾害在线监测装置（如线路覆冰、水库水情信息测报）等预报监测系统、防灾减灾信息系统，对出现的灾害做到早获得风险数据，及时上报上级单位各专业管理部门及应急办公室。

3）电网企业各专业管理部门、应急办公室及所属各单位应与气象部门及政府有关部门建立相应的气象及气象次生、衍生灾害监测预报预警联动机制，实现相关灾情、险情等信息的实时共享。

4）电网企业电网预警中心按照各自专业特点，发布长期、中期和短期灾害预报，对可能出现的事故灾害做到早获得数据并及时上报。

突发气象灾害事件预测分析的主要内容主要有：

1）事件的基本情况和可能涉及的因素，如发生的时间、地点、供电影响情况及涉及范围。

2）事件的危害程度，可能造成的人身伤亡、电网受损、财产损失，可能引发的次生灾害等。

3）事件可能达到的等级，以及需要采取的应对措施。

4）事件对经济发展和社会稳定造成的影响和危害，以及可能引发的舆情。

通过风险监测和突发事件预测分析，若发生一般、较大突发事件的概率较高，电网企业所属各单位应及早采取预防和应对措施，若发生重大、特别重大突发事件的概率较高，在采取预防和应对措施的同时，应及时分别向上级单位应急办和各有关职能部门报告。

在组织体系上，要自下而上建立具有坚强领导、反应灵敏、高效有序的应急管理体制，确保对气象灾害做到早诊断、早预警、早防范、早处置；在技术手段上，安装各类气象在线监测系统，如线路覆冰、气象（风、雨等）、水库水情在线测量装置等，能够有效对气象灾害程度监测，做到快速反应；在设防标准上，在气象灾害易发区，在设计阶段提高输变电设备防御标准，增强电网自身抵御自然灾害的能力。

（2）预警发布与预警行动。

1）预警发布。根据气象灾害的发生性质、可能造成的危害和影响范围、公众关注程度等多种因素，气象灾害预警级别分为一级、二级、三级和四级，依次用红色、橙色、黄色和蓝色表示，一级为最高级别。

电网企业应急办接到所属各单位上报气象灾害预警信息及国家应急管理部门或国家气象部门预警通知后，立即汇总相关信息，分析研判，提出气象灾害预警建议，经应急领导小组批准后发布。相关职能部门综合分析设备设施、电网运行风险，提出气象灾害预警建议，报应急领导小组批准，由应急办发布。

2）预警行动。发布气象灾害预警信息后，受灾区域的电网企业要按本单位预案规定，合理安排电网运行方式，加强设备巡视、监测和值班，针对可能发生的灾害开展线路走廊清理、设备加固、除（融）冰、水库调度等工作；及时收集和报送电网设施设备受损、气象、电网运行等信息，做好相关信息发布的准备；

做好组织应急队伍、应急物资、应急电源、交通运输等的准备工作。

（3）应急响应措施。

1）先期处置。受灾单位气象灾害处置领导小组全面领导协调应急处置工作，必要时上级单位向事件发生地派出气象灾害应急协调工作组和专家组；启动应急值班；组织应急救援队伍营救受困员工和其他人员，撤离、安置受威胁的人员，做好政府部门、应急指挥部、医疗救助、交通系统、灾民安置点等重要场所、重要用户的应急供电工作；主动与政府有关部门及消防、交通部门、铁路公司等单位联系沟通，通报有关信息，协助开展信息披露工作；初步收集受损情况，及时汇总并上报，并组织开展应急抢修工作。

2）响应启动。受灾单位启动本单位气象灾害突发事件响应，并立即向上级单位应急办公室报告；上级单位应急办公室接到受灾单位启动本单位气象灾害突发事件响应上报后，立即会同有关职能部门汇总相关信息，分析研判，提出对事件的定级建议；上级单位密切关注事件情况及受灾单位先期处置效果，责成各职能部门布置应急准备工作，防范、减少灾害前期损失；上级单位各职能部门依据部门分工各负其责，组织、协调相关单位及时调整电网运行方式，隔离故障区域，保证大电网安全。

3）响应行动。受灾单位根据事件级别启用应急指挥中心，启动应急值班，开展信息汇总和报送工作；与政府有关部门联系沟通，协助开展信息发布工作；必要时请求政府部门支援；受灾单位各职能部门按照处置原则和本部门职责开展以下应急处置工作：

a. 采取一切必要措施，防止发生电网瓦解、大面积停电和人员群体伤亡事件。

b. 组织制订设备抢修方案，跨区域调集应急抢险队伍，调配应急电源、抢险装备和应急物资，协调落实应急物资运输保障；及时向现场派出人员，指导现场抢修，迅速组织力量开展跨区电网和交直流特高压设备设施抢修恢复应急抢险救援工作。

c. 做好重要用户的应急供电工作，保障关系国计民生的重要用户（如医院、灾民安置点、救援指挥部等）安全供电。

d. 组织开展对外信息发布、应急通信保障、医疗卫生、后勤保障等工作。

e. 事发单位、救援单位、相关部门加强次生灾害监测预警，防范因停电导致的生产安全事故，加强抢修现场安全监督，避免发生人员伤害、火灾等次生灾害。

4）响应调整与结束。气象灾害处置领导小组或相关领导（未成立气象灾害处置领导小组时）根据事件危害程度、救援恢复能力和社会影响等综合因素，按照事件分级条件，决定是否调整响应级别。灾情稳定和电网基本恢复正常后，当同时满足以下条件时，可以终止事件响应：① 国家气象部门宣布气象条件恢复正常状态；② 受损电网设施设备基本恢复，电网基本恢复正常接线方式。

# 课 题 三

# 电网常见事故灾难事件应急处置与救援

## 一、大面积停电事件应急处置与救援

### （一）大面积停电事件概述

大面积停电事件是指由于自然灾害、电力安全事故和外力破坏等原因造成区域性电网、省级电网或城市电网大量减供负荷，对国家安全、社会稳定及人民群众生产生活造成影响和威胁的停电事件。

大面积停电事件的危害主要有以下几个方面：

（1）导致政府部门、军队、公安、消防等重要机构电力供应中断，影响其正常运转，不利于社会安定和国家安全。

（2）导致大型商场、广场、影剧院、住宅小区、医院、学校、大型写字楼、大型游乐场等高密度人口聚集点基础设施电力供应中断，引发群众恐慌，严重影响社会秩序。

（3）导致城市交通拥塞甚至瘫痪，电铁、机场电力供应中断，大批旅客滞留。

（4）导致化工、冶金、煤矿、非煤矿山等高危用户的电力供应中断，引发生产运营事故及次生、衍生灾害。

（5）大面积停电事件在当前新媒体时代极易成为社会舆论的热点，在公众不明真相的情况下，若有错误舆论，可能造成公众恐慌情绪，影响社会稳定。

电网企业经营区域内可导致发生大面积停电事件的风险主要包括：

（1）经营区域覆盖范围广、跨度大、自然地理和气候条件差异大，地震、台风、雨雪冰冻、洪涝、滑坡、泥石流等各类自然灾害多有发生，可能造成电网设备设施大范围损毁，从而引发大面积停电。

（2）我国的电网是世界上电压等级最高、规模最大、网架结构最为复杂的特大型交直流互联电网，交直流发展不平衡，新能源发电超常规大规模集中并网，跨国境、跨经营区域输电通道逐渐增多，电网安全控制难度大，重要发、输、变电设备、自动化系统故障，可能引发大面积停电。

（3）野蛮施工、非法侵入、火灾爆炸、恐怖袭击等外力破坏或重大社会安全事件可能造成电网设施损毁，电网工控系统和通信系统可能遭受网络攻击，从而可能引发大面积停电。

（4）运行维护人员误操作或调控运行人员处置不当等可能引发大面积停电。

（5）因各种原因造成的发电企业发电出力大规模减少可能引发大面积停电。

（6）因其他原因可能引发大面积停电。

### （二）大面积停电事件应急处置与救援工作原则

大面积停电事件应急处置与救援坚持“统一领导、分级负责、属地为主、快速反应、政企联动、保障民生”的工作原则。大面积停电事件发生后，各级电网企业应立即按照职责分工和相应预案开展处置工作。

### （三）大面积停电事件应急处置与救援流程

#### 1. 风险监测

（1）自然灾害风险监测。与气象、水情、林业、地震、公安、交通运输、国土资源、工业和信息化等政府有关部门建立监测预报预警联动机制，做好对雨雪冰冻、山火等相关灾害的监测，实现相关灾情、险情等信息的实时共享，及时对雨雪冰冻、山火、雷电、舞动、台风、地质灾害等进行监测和预测分析，视情况及时报告电网企业大面积停电事件专项应急办。

（2）电网运行风险监测。加强运行方式的安排，常态化开展电网运行风险评估，加强特殊运行方式监测，强化电网安控专业管理，加强电网检修、基建施工、抽水蓄能、新能源和其他调峰水电工程等对电网安全运行的风险监测与评估。

（3）供需平衡破坏风险监测。加强调度计划和交易计划管理，做好电网负荷平衡，加强对发电厂燃料供应和水电厂水情的监测，及时掌握电能生产供应情况，及时跟踪监测用电需求变化，加强需求侧管理。

（4）设备运行风险监测。通过日常的设备运行维护、巡视检查、技术监督、隐患排查和在线监测等手段监测设备运行风险，加强信息通信系统运行维护监测，做好安全防护。

（5）外力破坏风险监测。加强外部隐患管理，通过技术手段和管理手段加强电网设备的外力破坏风险监测，加强安全保卫，防范暴恐袭击。

#### 2. 预警发布

大面积停电事件预警分为一级、二级、三级和四级，依次用红色、橙色、黄色和蓝色表示，一级为最高级别。大面积停电事件预警信息包括风险提示、预警级别、预警期、可能影响范围、警示事项、应采取的措施等。

（1）电网企业大面积停电事件专项应急办和相关部门根据职责分析自然灾害、电网运行、供需平衡、设备运行、外部环境等风险，提出大面积停电事件预警建议，报应急领导小组批准，由应急办发布。

（2）应急办接到所属相关单位上报或政府下发的大面积停电事件预警信息后，立即汇总相关信息，分析研判，提出大面积停电事件预警建议，报应急领导小组批准后发布。

（3）预警信息由电网企业应急办通过传真、电子邮件、安监一体化平台、应急指挥信息系统等方式向所属相关单位发布。

3. 预警行动

（1）发布大面积停电事件三级、四级预警信息后，应采取以下措施：

1）电网企业大面积停电事件专项应急办和相关部门密切关注事态发展，收集相关信息，必要时向应急领导小组报告。

2）加强电网运行风险管控，落实“先降后控”要求，强化专业协同、网源协调、政企联动，从电网运行、运维保障、施工组织、负荷控制、机组调峰、客户管理等方面，制订落实综合管控措施，严防风险失控。

3）电网企业大面积停电事件专项应急办和相关部门根据职责督促所属相关单位加强设备巡查检修和运行监测，采取有效措施控制事态发展，组织相关应急救援队伍和人员进入待命状态，并做好应急所需物资、装备和设备等应急保障准备工作，增加客户服务值班力量，督促合理安排电网运行方式，做好异常情况处置和应急信息发布准备。

4）督促所属相关单位针对可能发生的大面积停电事件，按本单位预案规定，做好应急准备工作。

（2）发布大面积停电事件一级、二级预警信息后，除采取三、四级预警响应措施外，还应采取以下措施：

1）应急办组织相关部门开展应急值班；必要时，组织专家进行会商和评估。

2）加强与政府相关部门的沟通，及时报告事件信息；做好新闻宣传和舆论引导工作。

3）督促所属相关单位按地方人民政府要求做好相关工作。

4. 预警调整与解除

（1）预警调整。电网企业大面积停电事件专项应急办或相关部门根据预警阶段电网运行及电力供应趋势、预警行动效果，提出对预警级别调整的建议，报应急领导小组批准后由应急办发布。

（2）预警解除。根据事态发展，经研判不会发生大面积停电事件时，按照“谁发布、谁解除”的原则及时宣布解除预警，适时终止相关措施。如预警期满或直接进入应急响应状态，预警自动解除。

5. 应急响应措施

电网企业大面积停电事件应急响应分为Ⅰ、Ⅱ、Ⅲ、Ⅳ级，发生特别重大、重大、较大、一般大面积停电事件时，分别对应Ⅰ、Ⅱ、Ⅲ、Ⅳ级应急响应。

当发生跨两个及以上行政区的大面积停电事件时，所在地单位均应启动相应级别的应急响应，上级单位根据事件级别启动本级应急响应，负责指挥协调综合应对工作。

对于尚未达到一般大面积停电事件标准，但对社会产生较大影响的其他停电事件，也应启动应急响应。若发生在县或县级市，县级电网企业应立即启动Ⅲ级应急响应；若发生在地市或省会城市，地市或省会城市电网企业应立即启动Ⅳ级应急响应。上级单位视情启动Ⅳ级应急响应。电网企业大面积停电事件应急响应分级标准见表 3-3-1［表中“各层面相关单位”分别指国家级电网企业（即表中“总部”）、所属区域电网企业（即表中“分部”）、省级电网企业（即表中“省级公司”“省会城市公司”）、地市级电网企业（即表中“地市级公司”）和县级电网企业（即表中“县级公司”）］。

**表 3-3-1　　电网企业大面积停电事件应急响应分级标准**

| 事件分级＼响应级别 | 各层面相关单位应急响应等级 | | | | | |
|---|---|---|---|---|---|---|
| | 总部 | 分部 | 省级公司 | 省会城市公司 | 地市级公司 | 县级公司 |
| 特别重大 | Ⅰ | Ⅰ | Ⅰ | Ⅰ | Ⅰ | Ⅰ |
| 重大 | Ⅱ | Ⅱ | Ⅱ | Ⅰ | Ⅰ | Ⅰ |
| 较大 | Ⅲ | Ⅲ | Ⅲ | Ⅱ | Ⅱ | Ⅰ |
| 一般 | Ⅳ | Ⅳ | Ⅳ | Ⅲ | Ⅲ | Ⅱ |
| 小规模大影响 | Ⅳ | Ⅳ | Ⅳ | Ⅳ | Ⅳ | Ⅲ |

（1）先期处置。大面积停电事件发生后，相关事发单位立即开展电网调度事故处理及电网设施设备抢修工作，全面了解事件情况，及时报送相关信息；相关分部立即开展电网调度事故处理及信息报送工作；总部相关部门指导各单位进行调度事故处理，密切关注事件发展态势，及时掌握省级所属单位先期处置效果。

（2）调度处置。电网调度部门做好直调系统故障处置，调整电网运行方式，做好跨区电网调度工作，掌握电网故障处置进展，做好调度业务指导，指挥或配合开展重要输变电设备、电力主干网架的恢复工作。

（3）设备抢修。组织制订设备抢修方案，调集应急抢修队伍、物资，开展设备抢修和跨区支援，迅速组织力量开展电网恢复应急抢险救援工作，组织开展信息系统、通信设备抢修恢复工作，组织做好抢修现场安全监督工作。

（4）电力支援。根据调度机构提供的停电范围，立即组织梳理所影响的高危重要客户名单，及时告知重要客户事件情况；规范开展有序用电工作，督促相关电网企业保障关系国计民生的重要客户和人民群众基本用电需求；组织调配应急电源，按照政府应急指挥机构的要求，向重要场所、重要客户提供必要的应急供电和应急照明支援；组织协调应急救援基干分队参与应急供电、应急救援等工作，组织跨区支援。

（5）舆论引导。及时收集有关舆论信息，组织编写对外发布信息；通过官方微博、微信等渠道及时发布相关停电情况、处理结果及预计抢修恢复所需时间等信息；联系和沟通新闻媒体，召开新闻发布会、媒体通气会，及时发布信息，做好舆论引导工作；做好信息收集和发布工作。

（6）物资、信息通信后勤保障。组织做好应急抢修装备、物资供应，确保物资配送及时到位；组织做好应急期间信息通信保障工作，协调做好应急指挥中心、抢修现场通信保障工作。

（7）防御次生灾害。事发单位、救援单位、相关部门加强次生灾害监测预警，防范因停电导致的生产安全事故；组织力量开展隐患排查和缺陷整治，避免发生人员伤害、火灾等次生灾害。

（8）事态评估。大面积停电事件专项应急办组织对大面积停电范围、影响程度、发展趋势及恢复进度进行评估，并将评估情况报大面积停电应急领导小组，必要时为请求政府部门支援提供依据。

6. 响应调整与结束

（1）响应调整。电网企业大面积停电应急领导小组根据事件危害程度、救援恢复能力和社会影响等综合因素，按照事件分级条件，调整响应级别，避免响应不足或响应过度。

（2）响应结束。同时满足下列条件，按照“谁启动、谁结束”的原则结束应急响应：

1）电网主干网架基本恢复正常接线方式，电网运行参数保持在稳定限额之内，主要发电厂机组运行稳定。

2）停电负荷恢复80%及以上，重点地区、重要城市负荷恢复90%及以上。

3）造成大面积停电事件的隐患或风险源基本消除。

4）大面积停电事件造成的重特大次生、衍生事故基本处置完成。

5）政府结束大面积停电事件应急响应。

7. 后期处置

贯彻“考虑全局、突出重点”原则，开展善后处理。督促各级电网企业认真开展设备隐患排查和治理工作，避免次生、衍生事故的发生，确保电网稳定运行；整理受损电网设施、设备资料，做好相关设备记录、图纸的更新，加快抢修恢复速度，提高抢修恢复质量，尽快恢复正常生产秩序。大面积停电事件应急响应终止后，除按照国家政府部门要求配合进行事件调查外，还应按照相关安全事故调查规程开展调查。

大面积停电事件应急响应终止后，应按有关要求及时对事件处置工作进行评估，总结经验教训，分析查找问题，提出整改措施，形成处置评估报告。事发单位应做好应急处置全过程资料收集保存工作，主动配合评估调查，并对应急处置评估调查报告有关建议和问题进行闭环整改。对电网网架结构和设备设施进行修复或重建的，电网企业应组织或督促相关单位结合政府规划做好恢复重建工作。

## 二、设备设施损坏事件应急处置与救援

### （一）设备设施损坏事件概述

电网企业设备设施损坏事件是指生产、基建、经营等领域中发生的重要设备设施损坏事件，以及因质量问题、人为处置、火灾和外力等因素造成的生产设备设施损坏事件。

设备设施损坏造成的危害有以下几个方面：

（1）产品质量问题、人为处置不当不仅可能导致设备设施大范围故障和财产损失，还可能造成电网大面积停电。

（2）外力破坏造成变电（换流）站、输配电线路通道或电缆安全运行风险加大，导致电力供应中断。

（3）火灾及其他自然灾害容易诱发电网设备设施大范围损毁，严重破坏正常生产经营秩序。

（4）输电线路“三跨”（跨高铁、跨高速、跨重要输电线路）故障导致交通拥塞甚至瘫痪，大批旅客滞留，引发群众恐慌，严重影响社会秩序。

电网企业经营区域内可导致发生设备设施损坏事件的风险主要包括：

（1）设备设施在设计、制造、安装环节遗留的缺陷及恶劣的运行环境、设备老化可能造成设备设施故障或损毁。

（2）设备运检人员维护不当或调控运行人员处置不当可能导致设备设施使用中发生故障或损毁。

（3）建设施工机械误碰、野蛮施工、异物隐患、人为蓄意破坏等外力破坏或社会治安事件导致电网设备受到攻击，造成设备设施严重故障或损毁。

（4）因高温、干旱等自然灾害的发生引发设备设施火灾、爆炸，导致发生大范围损毁。

（5）因电力监控系统网络安全事件引起的设备设施损坏。

（二）设备设施损坏事件应急处置与救援工作原则

设备设施损坏事件应急处置与救援应坚持“以人为本、减少危害，居安思危、预防为主，统一领导、分级负责，考虑全局、突出重点，快速反应、协同应对，依靠科技、提高能力”的基本原则。要坚持贯彻预防为主的思想，树立常备不懈的观念，防患于未然。增强忧患意识，坚持预防与应急并重，常态与非常态相结合，做好应对设备设施损坏事件的各项准备工作。采取必要手段保证大电网安全；通过灵活方式重点保障重要客户（场所）应急供电及人民群众基本生活用电。

（三）设备设施损坏事件应急处置与救援流程

1. 风险检测

风险监测的方法和信息收集包括以下渠道：

（1）利用设备设施状态监测、评价结果，综合安全、环境和效益等方面风险分析获得数据，通过隐患排查、状态评价、技术监督、在线监测等手段得到风险信息，各单位上报重大设备设施隐患风险和质量事件信息。

（2）与气象部门建立监测预报预警联动机制，做好高温、干旱等可能引发火灾导致生产设备设施损坏的灾害天气监测，实现相关灾情、险情等信息实时共享。

（3）通过技术手段和管理手段加强施工机械误碰、野蛮施工、异物隐患、人为破坏、火灾爆炸、恐怖袭击等可能引发严重设备设施故障或损毁的外力破坏风险监测。

（4）调度部门发布的电网运行风险预警信息。

（5）其他可靠的设备设施风险信息来源。

2. 预警发布

设备设施风险信息预警等级分为一级、二级、三级和四级，依次用红色、橙色、黄色和蓝色标示，一级为最高级别。预警信息内容包括可能发生的设备设施损坏事件类别、预警级别、预警期、可能影响范围、警示事项、应采取的措施和发布机关等。

（1）相关职能部门综合分析设备设施和电网运行风险，提出电网企业设备设施损坏预警建议，报应急领导小组批准，由应急办公室发布。

（2）电网企业应急办公室接到所属单位上报的设备设施预警信息后，立即汇总相关信息，分析研判，提出设备设施风险预警建议，经应急领导小组批准后由应急办公室发布。

（3）根据设备设施损坏可能的影响范围、严重程度、紧迫性，预警信息可通过传真、安全监督与管理系统等固定方式及时发布。

（4）按照有关规定，应急办公室向上级主管部门报送设备设施预警信息发布情况。

3. 预警行动

（1）发布设备设施一、二级预警信息后，应采取以下部分或全部措施：

1）电网企业应急办公室和有关职能部门收集相关信息，密切关注事态发展，开展突发事件预测分析，及时向应急领导小组报告情况。

2）做好成立设备设施损坏事件处置领导小组及办公室的准备工作。

3）电网企业应急办公室启动应急值班。

4）有关职能部门根据职责分工，协调组织应急抢修队伍、应急物资、抢修备品备件、应急电源、交通运输等准备工作，合理调整电网运行方式、做好异常情况处置和应急信息发布准备。

5）电网企业所属各单位做好成立设备设施损坏事件处置领导小组及指挥部的准备工作，启动应急值班，及时收集相关信息并报告应急办公室，做好应急信息发布准备，合理调整电网运行方式，加强设备设施巡视和监测，采取必要措施，加强对重要客户（场所）的供电保障工作，应急队伍和相关人员进入待命状态；调集所需应急电源和应急物资，做好异常情况处置准备工作，必要时做好人员撤离的准备及舆情监测工作。

（2）发布设备设施三、四级预警信息后，应采取以下部分或全部措施：

1）电网企业应急办公室和有关职能部门密切关注事态发展，收集相关信息，必要时向公司应急领导小组报告。

2）电网企业有关职能部门根据职责分工，督促所属各单位做好组织应急抢修和医疗救护队伍、应急物资、应急电源、备品备件、交通运输、舆情监测、后勤保障等准备工作，合理安排电网运行方式，做好异常情况处置和应急信息发布准备。

3）电网企业所属各单位按本单位预案规定，合理安排电网运行方式，加强设备巡视、监测和值班，及时收集和报送设备设施隐患、缺陷变化及安全、环境和风险等信息，做好应急信息发布准备，做好组织应急队伍、应急物资、应急电源、备品备件、交通运输的准备工作，必要时做好人员撤离的准备，及时掌握、准确研判舆情形势，加强舆情分析和跟踪，妥善应对舆情，做好后勤保障工作和应急物资、劳动防护用品供应。

4. 预警调整与结束

（1）预警调整。电网企业应急办公室或有关职能部门根据预警阶段设备设施故障处置情况，预警行动的效果，提出对预警级别调整的建议，报应急领导小组批准后发布。

（2）预警结束。电网企业应急办公室或有关职能部门根据收集的相关信息，及时向应急领导小组汇报，当设备设施损坏的风险已消除或得到有效控制时，由应急领导小组决定结束预警。应急办公室根据应急领导小组预警结束命令，发布预警结束通知，终止已采取的有关措施。

5. 应急响应措施

电网企业设备设施损坏事件应急响应分为Ⅰ、Ⅱ、Ⅲ、Ⅳ级。发生特别重大、重大、较大、一般设备设施损坏事件时，分别对应Ⅰ、Ⅱ、Ⅲ、Ⅳ级应急响应，Ⅰ级为最高级别。

（1）先期处置。密切关注事件情况及所属各单位先期处置的效果，责成各职能部门布置应急准备工作，防范、减少事故前期损失。组织、协调所属各单位及时调整电网运行方式，隔离故障设备设施，防止事故扩大，确保保证大电网安全。立即启动应急指挥中心，设备设施损坏事件处置领导小组办公室进入24h应急值守状态，及时收集汇总事件信息。组织应急救援队伍营救受困员工和其他人员，撤离、安置受威胁的人员。做好政府部门、医疗救助、交通系统等重要场所、重要用户的应急供电工作和“三跨”故障应急处置工作；主动与政府有关部门及铁路公司联系沟通，通报有关信息、完成相关工作。初步收集受损情况，及时汇总并上报，并组织开展抢修工作。对于设备质量故障，应立即对故障设备进行隔离，避免事故扩大，迅速开展电网设备抢修工作；对外力破坏和人力破坏事件，应迅速控制事件发展态势，向公安部门汇报相关信息，寻求支援；对“三跨”故障事件，应主动与交通部门、铁路公司进行沟通协调，在设备抢修恢复中给予支援。

（2）Ⅰ、Ⅱ级响应行动。按照“保人身、保电网、保设备、保供电”原则，调动电网企业各层面应急机构和应急资源，根据事件级别及时开展各项应急处置工作。各职能部门按照处置原则和本部门职责开展应急处置工作：

1）采取一切必要措施，防止发生电网瓦解、大面积停电和人员群伤群亡。调整电网运行方式，做好跨区电网调度，掌握电网故障处置进展，做好调度业务指导。指挥或配合开展重要输变电设备、电力主干网架的恢复工作。

2）组织制订设备抢修方案，跨省跨区域调集应急抢险队伍，调配应急电源、抢险装备和应急物资，协调落实应急物资运输保障。及时向现场派出人员，指导现场抢修，迅速组织力量开展跨区电网和交直流特高压设备设施抢修恢复应急抢险救援工作。

3）规范开展有序用电工作，督促所属各单位做好重要用户的应急供电工作，保障关系国计民生的重要用户安全供电和人民群众基本用电需求。

4）组织开展对外信息发布工作，第一时间收集有关舆论信息，组织编写对外发布信息。

5）组织开展应急通信保障工作，做好总部应急指挥中心技术保障和调管范围内信息通信系统的运行保障。

6）组织开展医疗卫生后勤保障工作，做好总部应急处置人员的食宿安排，提供必要的生活办公用品。

7）事发单位、救援单位、相关部门加强次生灾害监测预警，防范因停电导致的生产安全事故，加强抢修现场安全监督，避免发生人员伤害、火灾等次生灾害。

8）所属各单位成立本单位设备设施损坏事件处置工作领导小组及应急抢险指挥部，按照本预案处置原则及本单位预案开展应急救援、抢修恢复和信息发布工作，必要时向上级单位或政府部门提出支援请求。

（3）Ⅲ、Ⅳ级响应行动。电网企业应急办公室接收所属各单位上报综合信息，必要时向应急领导小组汇报。电网企业职能部门按职责分工接收所属各单位上报的专业信息，关注所属各单位按照本单位预案组织应急处置工作效果，必要时向应急领导小组及办公室汇报。所属各单位应急领导小组和应急办公室，按照本单位预案规定开展应急救援、恢复重建和信息发布工作，必要时向上级单位或政府部门提出支援请求。

（4）响应调整。电网企业设备设施损坏事件处置领导小组或相关领导（未成立设备设施损坏事件处置领导小组时）根据事件危害程度、救援恢复情况和社会影响等综合因素，按照事件标准，决定是否调整响应级别。

（5）响应结束。当受损设备设施得到修复或更换，抢修工作基本完成，供电中断用户已基本恢复时，Ⅰ、Ⅱ级响应由电网企业设备设施损坏事件处置领导小组研究决定终止应急响应，并发布终止命令。Ⅲ、Ⅳ级响应由电网企业应急办公室或相关职能部门分析评估所属各单位设备设施损坏事件处置效果，提出终止事件响应的建议，报应急领导小组批准后发布。

（6）后期处置。设备设施损坏事件应急响应行动结束后，各单位应按照“统筹安排、分级负责、科学规划、快速恢复”的原则，对善后处理、恢复重建工作进行规划和部署，各相关单位（部门）应逐级制订详细可行的工作计划，快速、有效地消除突发事件造成的不利影响，尽快恢复正常生产秩序。并有序组织开展事件调查、应急处置评估和总结改进等各项工作。

## 三、网络与信息系统突发事件应急处置与救援

### （一）网络与信息系统突发事件概述

电网企业网络与信息系统突发事件是指突然发生，使网络和信息系统遭受故障、损毁、破坏、信息泄露等损害，可能严重影响电网企业业务应用正常运转，甚至影响社会正常秩序，需要采取应急处置措施予以解决的网络与信息系统事故紧急事件。

根据网络与信息系统突发事件发生的根本原因或故障点进行分类，分析其危害包括以下几个方面：

（1）基础设施类。包括机房电源、空调、消防等物理环境设备故障，人员违规操作或误操作、远控设备被恶意控制导致信息机房内设备无法稳定运行等。基础设施类故障可能造成电网企业信息系统设备损坏或报废、信息网络中断、业务应用系统服务中断，影响电网企业正常生产、经营、管理秩序，甚至造成对内对外信息服务、业务服务瘫痪。

（2）信息网络类。包括支撑信息网络的信息设备软硬件、网络链路故障，导致信息网络中断等。信息网络类故障可能造成业务应用系统服务中断、上下级联贯通不可用，影响电网企业正常生产、经营、管理秩序。

（3）平台类。包括支撑平台类系统的信息设备软硬件故障，造成业务系统不能访问。平台类故障可能造成对内对外信息服务、业务服务瘫痪，影响电网企业正常生产、经营、管理秩序。

（4）业务应用类。包括支撑业务应用系统的信息设备软硬件故障、业务系统访问异常、业务应用系统数据丢失或遭恶意篡改等。业务应用类故障可能影响系统重要数据的保密性、完整性和可用性，扰乱电网企业正常生产、经营、管理秩

序，甚至造成对内对外信息服务、业务服务瘫痪，企业业务数据丢失或错乱。

（5）网络安全类。包括日常运维过程中系统数据违规导入、导出、修改、删除等数据安全事件；敏感信息泄露，敏感信息发布和服务网站遭受攻击和破坏，页面信息遭受篡改，大面积有害信息内容通过网络和信息系统传播，大面积病毒、蠕虫、木马等恶意程序爆发等。网络安全类事件可能造成电网企业信息网络中断、信息网络拥塞、业务应用系统服务中断、信息泄露、数据遭篡改、数据丢失和有害程序或信息传播，影响电网企业正常生产、经营、管理秩序，甚至造成对内对外信息服务、业务服务瘫痪。

（6）其他故障类。包括自然灾害或人为外力破坏及其他原因引起的网络和信息系统事故。其他故障可能直接造成电网企业信息网络中断、业务应用系统服务中断、信息泄露、数据丢失和有害程序或信息传播，影响电网企业正常生产、经营、管理秩序，甚至造成对内对外信息服务、业务服务瘫痪。

电网企业网络与信息系统覆盖范围广、集成度高，管理层级多，运行维护难度大，存在造成网络与信息系统突发事件的众多危险源：

（1）内部危险源。网络与信息系统相关软硬件自身缺陷、网络与信息系统机房基础设施故障、网络与信息系统相关信息设备老化或超负荷运行、员工安全意识薄弱、员工违规操作（或误操作）、员工恶意破坏、内网U盘病毒侵入等导致发生网络与信息系统突发事件。

（2）外部危险源。外部人员利用计算机病毒、蠕虫、木马、僵尸网络、网页内嵌恶意代码等有害程序破坏系统可用性；外部人员通过技术手段进行拒绝服务攻击、后门攻击、漏洞攻击等网络攻击导致网络故障或业务应用系统数据遭到泄漏和篡改；人为破坏网络线路，造成服务器对外服务不可用；各类自然灾害及社会安全事件造成网络与信息系统、系统数据或基础设施遭到破坏导致发生网络与信息系统突发事件。

### （二）网络与信息系统突发事件应急处置与救援工作原则

网络与信息系统突发事件应急处置与救援应坚持“统一领导、分级负责，基础保障、技术支撑，预防为主、常备不懈，统筹全局、突出重点，快速响应、协同应对，以人为本、减少危害”的基本原则。坚持“安全第一、预防为主、综合治理”的方针，加强网络与信息系统突发事件的超前预想，做好应对网络与信息系统突发事件的预案准备、应急资源准备、保障措施准备，编制各现场处置方案，形成定期应急培训和演练的常态机制，提高对各类网络与信息系统突发事件的应急响应和综合处理能力；坚持“可管可控、精准防护、可视可信、智能防御”的安全防护策略，以信息内外网监测系统为监测与审计工具，以督查、巡检为依托，采用先进适用的预测、预防、预警和应急处置技术，不断改进和完善应急处理装备和手段，提高应对网络与信息系统突发事件的技术支撑能力，建立健全应对网络与信息系统突发事件的有效机制。

（三）网络与信息系统突发事件应急处置与救援流程

1. 风险监测

（1）密切监测可能引起网络与信息系统突发事件的各类风险，信通部门负责组织信息通信专业机构运维范围内的网络与信息系统突发事件风险的监测工作。

（2）在风险监测中，可通过以下方式获取风险预警信息：

1）各级信息通信调度实行 24h 有人值班，通过各类系统及在线监测手段，实时监视网络与信息系统运行与安全情况。

2）各单位通过各类系统及在线监测手段实时监测基础设施、基础平台、互联网出口、信息内外网络、业务应用系统、对外网站、信息内外网邮件系统、桌面终端计算机等的安全运行情况，加强对设备、系统及机房环境的巡检，对事件进行预测分析。通过各级信息通信调度逐级上报至国家级信息通信调度，无信息通信调度的，可通过职能管理部门或由职能管理部门正式委托运维单位上报。

3）相关部门按照“谁主管谁负责、谁运行谁负责”的原则，通过本专业监控机制，对所负责运维系统的运行与安全情况进行监测。

4）电网企业应急办、相关部门及下属各单位应与各级政府有关部门建立相应的网络与信息系统监测、预报、预警、联动机制，实现安全态势、安全漏洞（隐患）、风险处置建议等相关信息的实时共享。

5）网络安全分析室开展网络安全监测分析预警，通过网络安全技防措施监测网络安全风险，收集网络安全态势情报，并开展进一步分析。

2. 预警发布

电网企业应急办接到相关单位上报的网络与信息系统突发事件预警信息，或接到政府应急管理部门或国家电力主管部门发布的网络与信息系统突发事件预警通知后，立即汇总相关信息，分析研判，提出网络与信息系统突发事件预警建议，报应急领导小组批准，由应急办发布。预警信息内容包括发布单位、发布时间、风险等级、风险类型、涉及系统、涉及设备、预警原因、通过何种监控手段、告警具体信息、影响范围、处置要求等。

3. 预警行动

（1）一级、二级预警行动。

1）迅速组织收集相关信息，密切关注事态发展，必要时向电网企业应急领导小组报告。

2）组织开展应急值班，必要时组织专家进行会商和评估。

3）加强与政府相关部门的沟通，及时报告事件信息。做好新闻宣传和舆论引导工作。

4）督促相关单位采取有效措施控制事态发展，组织应急抢修、应急物资等准备工作，合理安排网络与信息系统运行方式、做好异常情况处置和应急信息的发布。

5）事发单位启动应急值班，及时收集相关信息并报告国网信息通信调度，做好应急信息的发布。合理安排网络与信息系统运行方式，加强设备巡视、监测和值班，针对可能发生的突发事件开展网络、系统、设备加固等工作。

（2）三级、四级预警行动。

1）电网企业应急办或相关部门密切关注事态发展，收集相关信息，必要时向应急领导小组报告。

2）采取有效措施控制事态发展，组织应急抢修、应急物资等准备工作，合理安排网络与信息系统运行方式、做好异常情况处置和应急信息的发布。

3）事发单位按本单位预案规定，合理安排网络与信息系统运行方式，加强设备巡视、监测和值班，针对可能发生的突发事件开展网络、系统、设备加固等工作；及时收集和报送信息类设施设备受损、系统运行、影响范围等信息，做好应急信息的发布。组织本单位应急队伍就位，做好应急物资的准备工作。

4. 应急响应措施

（1）先期处置。突发事件发生后，事发单位在全面了解情况、做好信息报送的同时，启动预案响应措施，立即组织本单位应急队伍开展相关工作。信息通信调度部门密切关注事件情况及事发单位先期处置效果，及时发布公告，通知信息通信客服做好用户解释工作并与业务部门保持沟通。必要时，相关部门（单位）迅速调集应急抢修装备，做好各项应急准备工作。

（2）系统抢修。事发单位调集本单位应急队伍、物资，组织开展抢修工作。对问题进行定位、排查、处置、验证、反馈，调整网络与信息系统运行方式，在评估问题影响并判断风险等级后，应对问题处置进度保持及时跟踪与信息发布，并通过信息通信客服做好用户解释工作并与业务部门保持沟通。如不能消除或有效控制突发事件发展和影响范围，应在采取处置措施的同时，由本单位信息通信职能管理部门向上级报告，由上级负责协调指挥。外联部门及时收集有关舆情信息，组织编写新闻报道材料，组织开展对外新闻发布工作。

电网企业网络与信息系统突发事件处置领导小组办公室对网络与信息系统大面积中断和停运、网络安全事件等突发事件影响范围、影响程度、发展趋势及恢复进度进行评估，并将评估情况报网络与信息系统突发事件处置领导小组。

5. 响应调整与结束

电网企业网络与信息系统突发事件处置领导小组根据事件危害程度、救援恢复能力和影响范围等综合因素，按照事件分级条件，决定是否调整响应级别。

当电力行业网络与信息安全上级主管部门或国家应急相关部门宣布网络与信息系统恢复正常状态，受损网络信息设备（设施）基本恢复，网络与信息系统恢复正常运行时，由网络与信息系统突发事件处置领导小组或公司应急办研究决定结束应急响应。

6. 后期处置

事发单位要贯彻“考虑全局、突出重点”原则，对善后处理、恢复重建工作进行规划和部署，制订抢修恢复方案。在信息系统新建、重建中，要充分考虑采用高可用架构，符合电网企业运行管理及研发安全相关要求，采用必要的网络安全防护措施，加强运行期信息系统改造。要积极采用新的技术手段，开展技术支撑手段建设，提升监测及预警、故障定位与影响分析、故障处置自动化过程中的技术支撑能力。根据恢复重建方案，积极组织对受损网络与信息系统设备、设施和数据的恢复重建工作。当应急处置导致原有运行方式发生变化时，通过重建措施恢复原有运行方式或优化更新运行方式。

## 四、火灾事故应急处置与救援

### （一）火灾事故概述

1. 火灾的概念与种类

火灾是指在时间或空间上失去控制的灾害性燃烧现象。在各种灾害中，火灾是最经常、最普遍地威胁公众安全和社会发展的主要灾害之一。

根据 GB/T 4968—2008《火灾分类》，将火灾按可燃物的类型和燃烧特性分为 A、B、C、D、E、F 六大类。

（1）A 类火灾。A 类火灾是指固体物质火灾。固体物质通常具有有机物质性质，一般在燃烧时能产生灼热的余烬，如木材、干草、煤炭、棉、毛、麻、纸张等引发的火灾。

（2）B 类火灾。B 类火灾是指液体或可熔化的固体物质火灾，如煤油、柴油、原油、甲醇、乙醇、沥青、石蜡、塑料等引发的火灾。

（3）C 类火灾。C 类火灾是指气体火灾，如煤气、天然气、甲烷、乙烷、丙烷、氢气等引发的火灾。

（4）D 类火灾。D 类火灾是指金属火灾，如钾、钠、镁、钛、锆、锂、铝镁合金等引发的火灾。

（5）E 类火灾。E 类火灾是指带电物体的火灾，如变压器、开关、隔离开关等电气设备等引发的火灾，以及发电机房、变压器室、配电间、计算机房等在燃烧时不能及时或不宜断电的电气设备带电燃烧的火灾等。

（6）F 类火灾。F 类火灾是指烹饪器具内的烹饪物（如动植物油脂）火灾。

2. 火灾的原因

（1）电气原因。电气原因引起的火灾在我国火灾中居于首位，电气设备过负荷、电气线路接头接触不良、电气线路短路等是引起火灾的直接原因。由于电气设备故障或者设置、使用不当所造成的火灾是间接原因，如使用电热扇距离可燃物较近，超负荷使用电器，购买使用劣质开关、插座、灯具，忘记关闭电器电源等。

（2）吸烟。烟蒂和点燃烟后未熄灭的火柴梗温度可达到 700～800℃，能引起许多可燃物燃烧，在起火原因中占有较大比重。如将没有熄灭的烟头或者火柴梗扔在可燃物中引起火灾；躺在床上吸烟，特别是醉酒后躺在床上吸烟，烟头掉落在被褥上引起火灾；在禁止火种的火灾高危场所，因违章吸烟引起火灾等。

（3）生活用火不慎。生活用火不慎主要指城乡居民家庭生活用火不慎引起火灾。如家中烧香过程中无人看管，造成香灰散落引发火灾；炊事用火中炊事器具设置不当，安装不符合要求，在炉灶的使用中违反安全技术要求引起火灾等。

（4）生产作业不慎。生产作业不慎主要指违反生产安全制度引起火灾。如在易燃易爆的车间内动用明火，引起爆炸起火；将性质相抵触的物品混存在一起，引起燃烧爆炸；在使用气焊焊接和切割时，因未采取有效的防火措施，飞溅出的大量火星和熔渣引燃周围可燃物；在机器设备运转过程中，不按时添加润滑油，或没有清除附在机器轴承上面的杂质、废物，使机器该部位摩擦发热，引起附着物起火等。

（5）设备故障。在生产或生活中，一些设施设备疏于维护保养，导致在使用过程中无法正常运行，因摩擦、过负荷、短路等原因造成局部过热，从而引发火灾。如一些电子设备长期处于工作或通电状态，因散热不力，最终导致内部故障，从而引起火灾。

（6）放（纵）火。放（纵）火主要是指采用人为放火的方式引起的火灾，一般是指当事人以放火为手段达到某种目的。放（纵）通常是经过了一定的策划准备，初期往往缺乏救助，火灾发展迅速，后果较为严重。

（7）雷击。雷击导致的火灾原因有三种：① 雷电直接击在建筑物上发生热反应、机械效应作用；② 雷电产生静电感应作用和电磁感应作用；③ 高电位雷电波沿着电气线路或者金属管道系统侵入建筑物内部。在雷电较多的地区，建筑物上如果没有设置可靠的防雷保护设施，便有可能发生雷击起火。

3. 灭火的方法

一切灭火措施都是为了破坏已产生的燃烧条件，根据物质燃烧原理和同火灾作斗争的实践经验。根据灭火的原理，灭火的基本方法有隔离灭火法、窒息灭火法、冷却灭火法和抑制灭火法四种。

（1）隔离灭火法。隔离灭火法是将火源处或其周围的可燃物质隔离或移开，燃烧会因缺少可燃物而停止。如将火源附近的可燃、易燃、易爆和助燃物品搬走；设法阻拦流散的易燃、可燃液体；拆除与火源毗连的易燃建筑物，形成防治火势蔓延的空间地带；关闭可燃气体或液体管路的阀门，以减少或阻止可燃物质进入燃烧区，同时打开可燃气体或液体通向安全区域的阀门，使已经燃烧或即将燃烧或受到火势威胁的容器中的可燃液体、可燃气体转移；自动喷水—泡沫联用系统在喷水的同时喷出泡沫，泡沫覆盖于燃烧液体或固体的表面，在发挥冷却作用的同时，将可燃物与空气隔开，从而可以灭火。

（2）窒息灭火法。窒息灭火法是阻止空气流入燃烧区或用不可燃的物质冲淡空气，使燃烧物质得不到足够的氧气而熄灭。可燃物的燃烧需要在氧浓度15%以上才能进行，氧浓度低于15%时燃烧不能进行，火灾即被扑灭。如用不燃或难燃物（如沙土、水泥、湿麻袋、湿棉被等）捂盖燃烧物；封闭起火的建筑、设备的孔洞；在着火场所通过灌注非助燃气体（如二氧化碳、氮气、蒸汽等），以降低火场的氧浓度来窒息灭火。

（3）冷却灭火法。冷却灭火法是将灭火剂直接喷射到燃烧物上，以增加散热量，降低燃烧物的温度至燃点以下，使燃烧停止；或者将灭火剂喷洒在火源附近的物体上，避免形成新的火源。

水是最常用和使用最方便的灭火剂，主要通过冷却作用实现灭火，通常经液态、雾态和汽态形式使用并起作用，可降低火场的温度，隔绝空气。水具有较大的比热容和很高的汽化热，冷却性能很好。在用水灭火的过程中，水大量吸收热量，使燃烧物的温度迅速降低，使火焰熄灭，火势得到控制，火灾终止。水喷雾灭火系统的水雾，其水滴直径细小，和空气接触范围大，极易吸收热气流的热量，能很快降低温度，效果明显。但遇水放热的物质火灾，铁水、钢水及灼热物体火灾，可燃易燃液体火灾，电气火灾，精密仪器、贵重文物资料、档案的火灾等不能用水扑救。

（4）抑制灭火法。抑制灭火法即化学灭火法，就是使灭火剂参与到燃烧反应过程中去，使燃烧过程中产生的游离基消失，形成稳定分子或低活性的游离基，使燃烧反应因缺少游离基而停止。抑制灭火法的常见灭火剂有干粉灭火剂和七氟丙烷灭火剂。抑制灭火法速度快，使用得当可有效扑灭初期火灾，对于有焰燃烧的火灾效果好，而对渗透性较差的深位火灾，灭火效果不理想。在条件许可的情况下，采用抑制灭火的灭火剂与水、泡沫等灭火剂联用会取得明显效果。

4. 消防器材

消防器材是指用于灭火、防火及火灾事故的器材。

（1）消防器材的种类。

1）灭火器具。灭火器具包括七氟丙烷灭火装置、二氧化碳灭火器、1211灭火器、干粉灭火器、酸碱泡沫灭火器、四氯化碳灭火器、灭火器挂具、机械泡沫灭火器、水型灭火器、其他灭火器具等。

2）消火栓。消火栓又称消防栓，是一种固定式消防设施，主要作用是控制可燃物，隔绝助燃物，消除着火源。

3）破拆工具。破拆工具包括消防斧、切割工具等。

4）消防系统。消防系统包括火灾自动报警系统、自动喷水灭火系统、防排烟系统、防火分隔系统、消防广播系统、气体灭火系统和应急疏散系统等。

5）消防车。消防车又称救火车，是指根据需要，设计制造成适宜消防队员乘用、装备各类消防器材或灭火剂，供消防部队用于灭火、辅助灭火或消防救援的车辆。包括中国在内的大部分国家，消防部门也会将其用于其他紧急抢救用途。消防车可以运送消防员抵达灾害现场，并为其执行救灾任务提供多种工具。

现代消防车通常会配备钢梯、水枪、便携式灭火器、自持式呼吸器、防护服、破拆工具、急救工具等装备，部分还会搭载水箱、水泵、泡沫灭火装置等大型灭火设备。多数地区的消防车外观为红色，也有部分地区消防车外观为黄色。消防车顶部通常设有警钟警笛、警灯和爆闪灯。常见的消防车包括水罐消防车、泡沫消防车、排烟消防车、登高平台消防车、云梯消防车等。

（2）灭火器及其使用。灭火器是最常见的消防器材，按驱动灭火器的型式可分为三类：

1）贮气式灭火器。灭火剂由灭火器上的贮气瓶释放的压缩气体或液化气体的压力驱动的灭火器。

2）贮压式灭火器。灭火剂由灭火器同一容器内的压缩气体或灭火蒸气的压力驱动的灭火器。

3）化学反应式灭火器。灭火剂由灭火器内化学反应产生的气体压力驱动的灭火器。

灭火器是一种可由人力移动的轻便灭火器具，能在内部压力作用下将所充装的灭火剂喷出，扑救火灾。灭火器种类繁多，型式各异，适用范围也有所不同，只有正确选择灭火器的类型，才能有效扑救不同种类的火灾，达到预期效果。灭火器分为手提式灭火器（见图3－3－1）和车推式灭火器（见图3－3－2），是应用比较广泛的灭火器型式。下面以手提式干粉灭火器为例介绍灭火器及其使用方法。

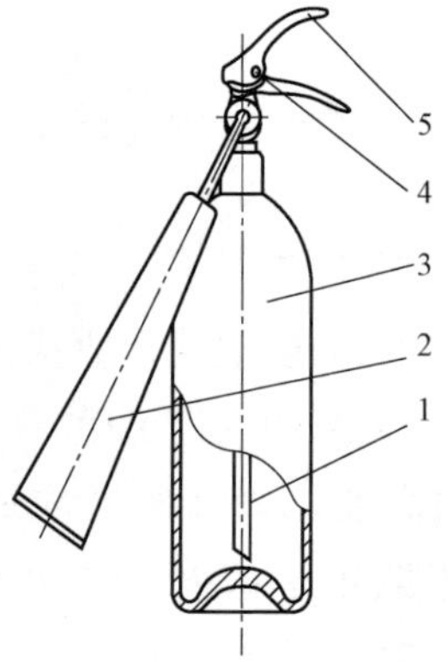


图3－3－1　手提式灭火器

1—虹吸管；2—喷筒总成；3—钢瓶；4—保险装置；5—器头总成

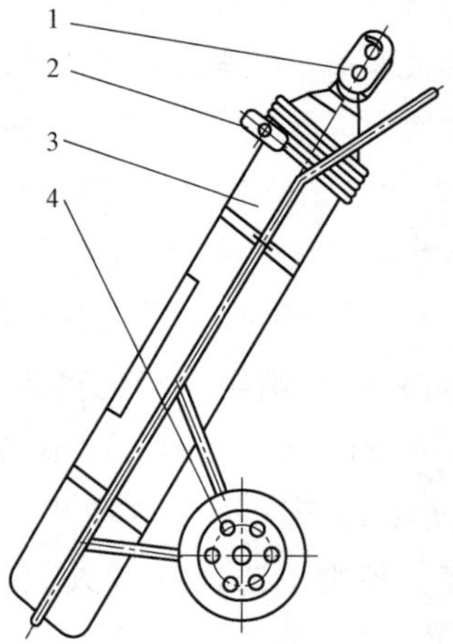


图3－3－2　车推式灭火器

1—器头总成；2—喷筒总成；3—瓶体总成；4—车架总成

使用手提式干粉灭火器扑救可燃、易燃液体火灾时，操作者应对准火焰腰部扫射；如果被扑救的液体火灾呈流淌燃烧时，操作者应对准火焰根部由近而远，并左右扫射，直至把火焰全部扑灭。如果可燃液体在容器内燃烧，操作者应对准火焰根部左右晃动扫射，使喷射出的干粉流覆盖整个容器开口表面；当火焰被赶出容器时，操作者仍应继续喷射，直至将火焰全部扑灭。应注意不能将喷嘴直接对准液面喷射，防止喷流的冲击力使可燃液体溅出而扩大火势，造成灭火困难。如果可燃液体在金属容器中燃烧时间过长，金属容器的壁温已高于扑救可燃液体的自燃点，此时极易造成灭火后再复燃的现象，将干粉灭火器与泡沫类灭火器联用，灭火效果更佳。

手提式干粉灭火器的使用方法是：

1）手提或肩扛灭火器快速奔赴火场，在距燃烧处 5m 左右，放下灭火器，如图 3－3－3（a）所示。

2）如果灭火器是外挂储压式，操作者应一手提起储气瓶上的开启提环，另一手紧握喷枪。如果储气瓶是手轮式开启的，则向逆时针方向旋开，并旋到最高位置，随即提起灭火器。

3）如果灭火器是内置式储气瓶或储压式，操作者应先将保险销拔下［如图 3－3－3（b）所示］，握住喷射软管前端喷嘴部，另一只手将开启压把压下［如图 3－3－3（c）所示］，打开灭火器进行灭火。有喷射软管的灭火器或储压式灭火器在使用时，一手应始终压下压把，不能放开，否则会中断喷射。

4）当干粉喷出后，迅速对准火焰的根部扫射，如图 3－3－3（d）所示。如在室外，应选择在上风方向喷射。

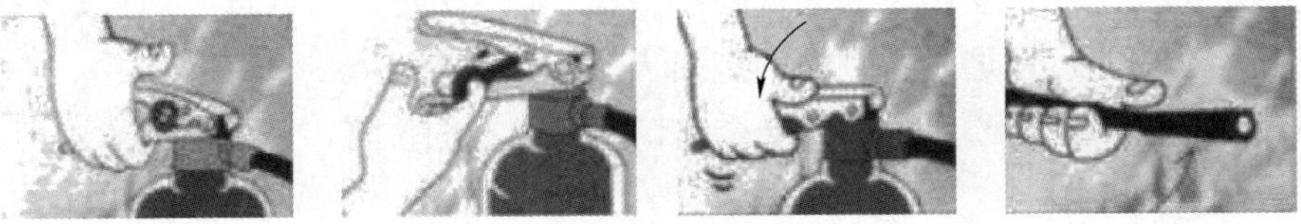

(a)　　(b)　　(c)　　(d)

图 3－3－3　手提式干粉灭火器的使用

（3）消火栓及其使用。消火栓即消防栓，是扑救火灾的重要消防设施之一，主要供消防车从市政给水管网或室外消防给水管网取水实施灭火，也可以直接连接水带、水枪出水灭火。消火栓分为室内消火栓系统和室外消火栓系统。

1）室内消火栓系统。室内消火栓系统包括输水的水带、出水的水枪、室内消火栓箱、水带接扣、管牙接口等。

a. 消火栓箱。遇有火警时，根据消火栓箱门的开启方式，按下门上的弹簧锁，销子自动退出，拉开箱门后，取下水枪拉转水带盘，拉出水带，把水带接口与消火栓接口连接上，按下箱体内的消火栓报警按钮，把室内消火栓手轮顺开启方向旋开，即能进行喷水灭火。

b. 水带接扣。水带接扣用于水带、消防车、消火栓、水枪之间的连接，以便输送水和泡沫混合液进行灭火。水带接扣由本体、密封圈座、橡胶密封圈和挡圈等零部件组成，密封圈座上有沟槽，用于扎水带。水带接扣具有密封性好、连接既快又省力、不易脱落等特点。

c. 管牙接口。管牙接口装在水枪进水口端，采用内螺纹固定接口装在消火栓、消防水泵等出水口处，由本体和密封圈组成，一端为管螺纹，一端为内扣式。

室内消火栓使用方法是：① 打开消火栓门，按下内部火警按钮（按钮是报警和启动消防泵的）；② 一人接好枪头和水带奔向起火点；③ 另一人接好水带和阀门口；④ 逆时针打开阀门，水喷出。

2）室外消火栓系统。包括地上式和地下式两大类。地上式在地上接水，操作方便，但易被碰撞，易受冻。地下式防冻效果好，但需要建较大的地下井室，使用时消防队员要到井内接水，操作不方便。室外直埋伸缩式消火栓在平时不使用时把消火栓压回地面以下，使用时拉出地面工作。相比地上式能避免碰撞，防冻效果好；相比地下式操作方便，直埋安装更简单。

5. 火场自救与逃生的方法

（1）熟悉环境法。对平时工作或居住的建筑物，要事先制订较为详细的逃生计划并进行必要的逃生训练和演练。要熟悉掌握已确定的逃生出口、路线和方法，必要时可把确定的逃生出口和路线绘制成图，张贴在明显的位置，以便及时熟悉，一旦发生火灾，可按逃生计划顺利逃出火场。当进入商场、宾馆、酒楼、歌舞厅等公共场所时，要留心太平门、安全出口、灭火器的位置，以便遇到火灾时能及时疏散和灭火。

（2）迅速撤离法。一旦听到火灾警报或意识到可能被烟雾包围，不要迟疑，不要贪恋钱财，要争取时间尽快逃离，不可延误逃生良机。

（3）毛巾保护法。火灾中产生的一氧化碳在空气中的含量过 1.28%时，即可导致人在 1～3min 内窒息死亡。同时，燃烧中产生的热空气被人吸入，会严重灼伤呼吸系统的软组织，严重的也可致人窒息死亡。逃生人员多数要经过充满浓烟的路线才能离开危险区域。逃生时，可把毛巾浸湿，叠起来捂住口鼻，无水时用干毛巾也可以，身边如果没有毛巾，可以用餐巾布、口罩、衣服代替。毛巾要多叠几层，使滤烟面积增大（毛巾叠 8 层时除烟率可达 60%）。穿越烟雾区时，要将口鼻捂严，即使感到呼吸困难，也不能将毛巾从口鼻上拿开。

（4）通道疏散法。楼房着火时，应根据火势情况，优先选用最便捷、最安全的通道和疏散设施，如疏散楼梯、消防电梯、室外疏散楼梯等。从浓烟弥漫的建筑物通道向外逃生，可向头部、身上浇凉水，用湿衣服、湿床单、湿毛毯等将身体裹好，要低姿行进或匍匐爬行，穿过危险区。如无其他救生器材时，可考虑利用建筑的窗户、阳台、屋顶、避雷线、落水管等脱险。

（5）绳索滑行法。当各通道全部被浓烟烈火封锁时，可利用结实的绳子，或将窗帘、床单、被褥等撕成条，拧成绳，用水沾湿，然后将其拴在牢固的暖气管道、窗框、床架上，被困人员逐个顺绳索沿墙缓慢滑到地面或下到未着火的楼层脱离险境。

（6）低层跳离法。如果被火困在二层楼内，若无条件采取其他自救方法并得不到救助，在烟火威胁、万不得已的情况下，也可以跳楼逃生。但在跳楼之前，应先向地面扔些棉被、枕头、床垫、大衣等柔软物品，以便"软着陆"。然后用手扒住窗台，身体下垂，头上脚下，自然下滑，以缩小跳落高度，并使双脚首先落在柔软物上。如果被烟火围困在三层以上的高层内，千万不要急于跳楼，因为距地面太高，往下跳时容易造成重伤和死亡。只要有一线生机，就不要冒险跳楼。

（7）借助器材法。逃生器材和设施种类较多，通常使用的有缓降器、救生袋、救生网、救生气垫、救生软梯、救生滑杆、救生滑台、导向绳、救生舷梯等。

（8）暂时避难法。在无路可逃生的情况下，应积极寻找暂时的避难处所。如果在综合性多功能大型建筑物内，可利用设在电梯、走廊末端及卫生间附近的避难间。如果处在没有避难间的建筑里，被困人员应设法创造避难场所。首先，应关紧房间迎火的门窗，打开背火的门窗，但不要打碎玻璃，窗外有烟进来时，要赶紧把窗子关上。如门窗缝或其他孔洞有烟进来时，要用毛巾、床单等物品堵住，或挂上湿棉被、湿毛毯、湿床单等难燃物品，并不断向迎火的门窗及遮挡物上洒水，淋湿房间内的一切可燃物，一直坚持到火熄灭。另外，在被困时，要主动与外界联系，以便极早获救，如房间有电话、对讲机、手机等，要及时报警。如没有这些通信设备，白天可用各色的旗子或衣物摇晃，向外投掷物品，夜间可通过摇晃点着的打火机、划着的火柴、打开的电灯或手电向外报警求援，直到消防队来救助脱险，或在能疏散的情况下择机逃生。在逃生过程中如果有可能，应及时关闭防火门、防火卷帘门等防火分隔物，启动通风和排烟系统，以便赢得逃生的救援时机。

（9）标志引导法。在公共场所的墙面上、顶棚上、门顶处、转弯处，要设置

“太平门”“紧急出口”“安全通道”“火警电话”及逃生方向箭头、事故照明灯等消防标志和事故照明标志。被困人员看到这些标志时，马上就可以确定自己的行为，按照标志指示的方向有秩序地撤离逃生。

（10）利人利己法。在众多被困人员逃生过程中，极易出现拥挤、扎堆，甚至倾轧、踩踏的现象，造成通道堵塞和不必要的人员伤亡。相互拥挤、踩踏既不利于自己逃生，也不利于他人逃生。在逃生过程中如看见前面的人摔倒，应立即将其扶起，对拥挤的通道应给予疏导或选择其他疏散方法予以分流，减轻单一疏散通道的压力，竭尽全力保持疏散通道畅通，最大限度减少人员伤亡。

6. 不同场所的火灾自救与逃生方法

（1）在家中被火围困。当家中失火或者楼层邻近的邻居家中起火，被浓烟和高温围困在家中时，应尽一切可能逃到屋外，远离火场。在家中被火围困时应注意做到以下几点：

1）开门时，先用手背碰一下门把，如果门把烫手，或门缝有烟冒进来，切勿开门。用手背先碰门把是因金属门把传热比门框快。

2）若门把不烫手，则可打开一道缝以观察可否出去。用脚抵住门下方，防止热气流把门冲开。

3）如门外或邻居家中起火，开门会鼓起阵风，助长火势，打开门窗则形同用扇子扇火，应尽可能把全部门窗关上。

4）浓烟从上往下扩散，在近地面 0.9m 左右，浓烟稀薄，呼吸较容易，视野也较清晰，因此，逃生过程中要弯腰前行或匍匐爬行。如果家门的出口被烟火堵塞，试着打开窗子或走到阳台上，走进阳台时随手将阳台门关好。

5）如果居住在楼上但楼层离地不太高，落点又不是硬地，可抓住窗沿悬身窗外伸直双臂以缩短与地面之间的距离。在跳下前，先松开一只手，用这只手及双脚撑一撑离开墙面跳下。这样做可能造成肢体的扭伤或骨折，在确实无其他办法时，才可从高处跳下。

6）如果要破窗逃生，可用顺手抓到的较硬之物砸碎玻璃，把窗口碎玻璃片弄干净，然后顺窗口逃生。如无计可施则关上房门，打开窗户，大声呼救。如果在阳台求救，应先关好进入阳台的门窗。如没有阳台，则一面等候援救，一面用湿布堵住门窗缝隙或向门窗上泼水，以阻止浓烟或火焰进入房间，阻止火势蔓延。

7）邻居家中起火，不要贸然开门，应从窗户、阳台转移出去。如贸然开门，热气浓烟可乘虚而入，使人窒息。

8）睡眠中突然发现起火，不要惊慌，应趴在地上匍匐前进，因靠近地面处会有残留的新鲜空气，不要大口喘气，呼吸要细小。

9）失火时，如携婴儿撤离，可用湿布蒙住婴儿的脸，用手挟着，快跑或爬行而出。

（2）高层建筑火灾。高层建筑发生火灾的特点是火势蔓延速度快，火灾扑救难度大，人员疏散困难，被困人员可以采用以下几种方法自救与逃生：

1）尽量利用建筑内部设施逃生。利用消防电梯、防烟楼梯、普通楼梯、封闭楼梯、观景楼梯进行逃生；利用阳台、通廊、避难层、室内设置的缓降器、救生袋、安全绳等进行逃生；利用墙边落水管进行逃生；将房间内的床单或窗帘等物品连接起来进行逃生。

2）根据火场广播逃生。高层建筑一般装有火场广播系统、当某一楼层或楼层某一部位起火且火势已经蔓延时，不可惊慌失措盲目行动，要注意听火场广播和救援人员的疏导信号，从而选择合适的疏散路线和方法。

3）利用各楼层存放的消防器材扑救初起火灾，充分运用身边物品自救逃生（如床单、窗帘等），对老、弱、病残、孕妇、儿童及不熟悉环境的人要引导疏散，共同逃生。

（3）商场（集贸市场）火灾。商场（集贸市场）可燃物多，人员密度大，一旦发生火灾，扑救难度大，人员疏散困难，易造成重大的人员伤亡。

1）熟悉所处环境。走进商场等不熟悉的环境，应留心太平门、楼梯、安全出口的位置及灭火器、消火栓、报警器的位置，以便发生火灾时及时逃出危险区或将初起火灾及时扑灭，并可在被围困的情况下及时向外报警求救。

2）利用疏散通道逃生。主要是利用商场设定的室内楼梯、室外楼梯或消防电梯等，尤其是在初起火灾阶段，要及时利用这些通道逃生。

3）自制器材逃生。主要是利用身边一切可以利用的物品自我保护，开辟疏散通道。

4）利用建筑物逃生。利用落水管、室外突出部位和各类门、窗及避雷网（线）进行逃生或转移。

5）寻找避难处所逃生。如到室外阳台、楼层平台等待救援；选择烟雾难以进入的房间，关好门窗，堵塞间隙，或浇湿可燃物，阻止或减缓火势和烟雾的蔓延。无论白天或夜晚，被困人员应不断发出各种呼救信号，以引起救援人员的注意而得救。

（4）棚户区火灾。棚户区也叫简易建筑区，是指用草、木、竹、油毡等可燃材料搭建的简易房屋群。起火后，火势蔓延快，烟雾扩散快，被困人员安全脱逃十分困难，一般可以采用以下几种自救与逃生的方法：

1）抓住时机逃离房间。棚户区房间面积小，发生火灾后要果断抓住时机逃离房间，退到较为安全地区，切不可因抢救财物延误时机。

2）选对逃离路线。当火势窜出屋顶，房屋出现倒塌迹象时，最好沿承重墙逃出房间。住在阁楼上的人在逃生时，应采取前脚虚后脚实的方法行走，避免因阁楼烧坏，造成踩空坠楼摔伤。

3）处理身上着火。当身上着火时，切不可带火奔跑，应设法把衣服脱掉。如果一时脱不掉，可把衣服撕破扔掉，也可卧倒在地上打滚，把身上的火苗压熄，或想法淋湿衣服，或就近跳入水池。

4）逃离火场要选上风向。对于大面积燃烧的火场，虽然逃出了房间，但仍处在火势的包围之中。这时不要惊慌，退到较为安全的空地，选择上风方向奔跑逃生，尽量减少呼吸，并注意避免房屋倒塌砸伤自己。

5）保命要舍财。逃生时要以保全生命为原则，在此前提下方可抢救财物。

（5）影剧院火灾。影剧院设有消防疏散通道，装有门灯、壁灯、脚灯等应急照明设备。用红底白字标有“太平门”“出口处”“非常出口”“紧急出口”等指示标志。一旦发生火灾，应根据不同起火部位，选择相应的自救与逃生方法。

1）当舞台失火时，要远离舞台向放映厅一端靠近，把握时机逃生。

2）当观众厅失火时，可利用舞台、放映厅和观众厅的各个出口逃生。

3）不论何处起火，楼上的观众都要尽快从疏散门由楼梯向外疏散。

4）当放映厅失火时，可利用舞台和观众厅的各个出口逃生。

5）疏散人员要听从影剧院工作人员的指挥，切忌互相拥挤，乱跑乱窜，堵塞疏散通道，影响疏散速度。

6）疏散时，人员要尽量靠近承重墙或承重构件部位行走，以防坠物砸伤。特别是在观众厅发生火灾时，不要在剧场中央停留。

7）有些影院安装了应急排风按钮，出现紧急情况时可按压按钮打开通风设备，排出室内有毒气体。

8）用力即可撞开应急出口大门。

（6）歌舞厅、KTV 房火灾。由于歌舞厅、KTV 房大多采用易燃物装修，一旦发生火灾极易蔓延，并产生大量的有毒气体再加上这些场所一般都在晚上营业，进出顾客随意性大、密度很高，灯光暗淡，失火时容易造成人员拥挤，在混乱中发生挤伤踩伤事故。歌舞厅、KTV 房火灾自救与逃生的方法是：

1）保持冷静，辨明安全出口方向。只有保持清醒的头脑，明辨安全出口方向，采取紧急避难措施，才能掌握主动，减少人员伤亡。

2）灵活选择多种途径逃生。若歌舞厅、KTV 房设在楼层底层，可直接从门和窗口跳出。若设在二、三楼时，可抓住窗口往下滑，让双脚先着地。如果歌舞厅、KTV 房设在高层楼房或地下建筑中，则应参照高层建筑或地下建筑的火灾逃生方法逃生。

3）逃向弱火区等待救援。如果歌舞厅、KTV 房逃生通道被大火和浓烟封堵，又一时找不到辅助救生设施时，被困人员可暂时逃向火势较弱区间，向窗外发出救援信号，等待消防人员营救。

4）防止中毒。可采取用水打湿衣服捂住口鼻，若一时找不到水，可用饮料代替；逃生行动中，应采用低姿行走，以减少烟气对人体的危害。

（7）地铁火灾。随着城市的发展，地铁已经成为大城市不可缺少的交通工具，地铁发生火灾害事故也在不断增多。乘坐地铁时发生火灾的自救与逃生方法主要有以下几点：

1）在地铁中发现车厢停电，并有异味、烟雾等异常情况，应立即按响车厢内紧急报警装置通知司机。

2）地铁失火时，不要惊慌，应保持镇静，不要任意扒门，更不能跳下轨道，耐心等待车站工作人员到来。使用车厢内的消防器材，将小火控制、扑灭。

3）地铁站都会设有事故照明灯，疏散时注意看指示灯标志。

4）按照广播及司机、车站工作人员的指引，做好个人防护（如毛巾捂口鼻等），迅速有秩序地疏散到地面。

（8）旅客列车火灾。旅客列车火灾具有易造成人员伤亡、易形成一条火龙、易造成前后左右迅速蔓延、易产生有毒气体等特点。旅客列车火灾的自救与逃生方法有：

1）利用车内的设施逃生。当旅客列车发生火灾时，被困人员可以通过各车厢互连通道逃离火场。相邻车厢间的自动门或手动门通道被阻时，可用安全锤或坚硬的物品将玻璃窗户砸破，逃离火场。当旅客列车发生火灾时，乘务人员应迅速扳下紧急制动闸，使列车停下来，并组织人员迅速将车门和车窗全部打开，帮助未逃离车厢的被困人员向外疏散。

2）摘挂钩疏散车厢。旅客列车在行驶途中或停车时发生火灾，威胁相邻车厢时，应采取摘钩的方法疏散未起火车厢，具体方法是：

a. 前部或中部车厢起火时，先停车摘掉起火车厢与后部未起火车厢之间的连接挂钩，机车牵引向前行驶一段距离后再停下，摘掉起火车厢与前面车厢之间的挂钩，再将其车厢牵引到安全地带。

b. 后部车厢起火时，停车后先将起火车厢与未起火车厢之间连接的挂钩摘掉，然后用机车将未起火的车厢牵引到安全地带。

旅客列车火灾逃生的注意事项有：

1）当起火车厢内的火势不大时，乘务人员应告诉乘客不要开启车厢门窗，以免大量的新鲜空气进入后，加速火势的扩大蔓延。

2）组织乘客利用列车上灭火器材扑救火灾，还要有秩序地引导被困人员从车厢的前后门疏散到相邻的车厢。

3）当车厢内浓烟弥漫时，要告诉被困人员采取低姿行走的方式逃离到车厢外或相邻的车厢。

4）当车厢内火势较大时，应尽量破窗逃生。

5）采用摘挂钩的方法疏散车厢时，应选择在平坦的路段进行。对有可能发生溜车的路段，可用硬物塞垫车轮，防止溜车。

（9）公交车火灾。公交车是日常生活中不可缺少的交通工具，人员众多是其最大的特点，一旦发生火灾应采取以下几种自救与逃生的方法：

1）当发动机着火后，驾驶员应开启车门，令乘客从车门下车。然后组织乘客用随车灭火器扑灭火焰。

2）如果着火部位在汽车中间，驾驶员打开车门，让乘客从两头车门有秩序地下车。在扑救火灾时，重点保护驾驶室和油箱部位。

3）如果火焰小但封住了车门，乘客们可用衣物蒙住头部，从车门冲下。

4）如果车门线路被火烧坏无法开启，乘客应砸开就近的车窗翻下车。

5）如果乘车人员衣服被火烧着，应迅速脱下衣服，用脚将火踩灭，着火人切忌乱跑。如果发现他人身上的衣服着火时，可以脱下自己的衣服或用其他布物，将他人身上的火捂灭，或用灭火器向着火人身上喷射。

### （二）变电站电气火灾与扑救方法

近年来，电网企业因各种原因造成的安全生产事故屡屡发生，其中，变电站电气消防安全问题日益突出，主要表现在对电气火灾的技术认知不足、标准建设滞后、消防管理薄弱、火灾突发事件应急处置能力不足等。

#### 1. 变电站电气火灾原因与特点

变电站电气火灾一般是指由于电气线路、用电设备、器具及供配电设备出现故障性释放的热能（如高温、电弧、电火花）和非故障性释放的能量（如电热器具的炽热表面）在具备燃烧条件下引燃本体或其他可燃物而造成的火灾，也包括由雷电和静电引起的火灾。

变电站电气火灾的成因有以下几个方面：

（1）电气设备故障部位局部长时间发热，绝缘下降，造成线路短路，导致火灾。

（2）电气设备故障部位产生的电弧或电火花瞬间释放热量造成线路短路，导致火灾。

变电站电气火灾的特点有两个方面：

（1）季节性特点。变电站电气火灾多发生在夏季和冬季。夏季风雨多，当风雨侵袭，架空线路易发生断线、短路、倒杆等事故，引起火灾；露天安装的电气设备（如电动机、隔离开关、照明灯具等）淋雨进水，使绝缘受损，在运行中发生短路起火；夏季气温较高，对电气设备发热有很大影响，一些电气设备如变压器、电动机、电容器、导线及接头等在运行中发热，温度升高引起火灾。冬季天气寒冷，如架空线受风力影响，发生导线相碰放电起火；大雪、大风造成倒杆、断线等事故，引起火灾；使用电炉或大灯泡取暖，使用不当，烤燃可燃物引起火灾；冬季空气干燥，易产生静电而引起火灾。

（2）时间性特点。许多火灾往往发生在节日、假日或夜间。有的电气操作人员在节、假日或下班前未对电气设备及电源进行妥善处理引起火灾，也有因临时停电不切断电源，待供电正常后引起失火。

2. 变电站电气火灾的扑救方法

（1）断电灭火。变电站电气设备发生火灾时，为了防止触电事故，一般都在切断电源后才进行扑救。

1）变电站电气设备发生火灾后，要立即切断电源，可在变电站、配电室断开主开关。在自动空气开关或油断路器等主开关没有断开前，不能随便拉隔离开关，以免产生电弧发生危险。

2）发生火灾后，用隔离开关切断电源时，由于隔离开关在发生火灾时受潮或烟熏，其绝缘强度会降低，切断电源时，最好用绝缘的工具操作。

3）用磁力起动器控制的电动机断电时，应先用按钮开关停电，然后再断开隔离开关，防止带负荷操作产生电弧伤人。

4）在动力配电盘上，只用作隔离电源而不用作切断负荷电流的隔离开关或瓷插式熔断器，叫总开关或电源开关。切断电源时，应先用电动机的控制开关切断电动机回路的负荷电流，停止各个电动机的运转，再用总开关切断配电盘的总电源。

5）当进入建筑物内，用各种电气开关切断电源已经比较困难，或者已经不可能时，可以在上一级配电室切断电源，有时需要采取剪断电气线路的方法来切断电源。如需剪断对地电压在250V以下的线路时，可穿戴绝缘靴和绝缘手套，用断电剪将导线剪断。切断电源的地点要选择适当，剪断的位置应在电源方面，即来电方向的支持物附近，防止导线剪断后掉落在地上造成接地短路触电伤人。对三相线路的非同相电线应在不同部位剪断。剪断扭缠在一起的合股线时，要防止两股以上合剪，否则会造成短路事故。

6）城市生活居住区的杆上变电台上的变压器和农村小型变压器的高压侧，多用跌落式熔断器保护。如果需要切断变压器的电源时，可以用电工专用的绝缘杆捅跌落式熔断器的鸭咀，熔丝管就会跌落下来，达到断电的目的。

7）电容器和电缆在切断电源后，仍可能有残余电压。因此，即使可以确定电容器或电缆已经切断电源，为了安全起见，仍不能直接接触或搬动电容器、电缆，以防发生触电事故。

电源切断后，扑救方法与一般火灾扑救相同，常见的电气设备火灾扑救方法如下：

1）发电机和电动机火灾扑救方法。发电机和电动机属于旋转电机类，与其他电气设备相比绝缘材料较少，而且有比较坚固的外壳。如果发电机或电动机附近没有其他可燃易燃物质且扑救及时，就可防止火灾扩大蔓延。可燃易燃物质数量较少时，可以用二氧化碳灭火器或1211灭火器扑救。大型发电机或电动机燃烧猛烈时，可用水蒸气和喷雾水扑救，实践证明，用喷雾水扑救的效果更好。不能用砂土扑救，以防硬性杂质落入发电机或电机动内，使其绝缘和轴承等受到损坏，造成严重后果。

2）变压器和油断路器火灾扑救方法。变压器和油断路器等充油电气设备发生燃烧时，切断电源后的扑救方法与扑救可燃液体火灾相同。如果油箱没有破损，可以用干粉、1211、二氧化碳灭火器等进行扑救。如果油箱已经破裂，变压器油大量燃烧，火势凶猛时，切断电源后，可用喷雾水或泡沫扑救流散的油火。流散的油量不多时，也可用砂土压埋。

3）变、配电设备火灾扑救方法。变、配电设备有许多瓷质绝缘套管，这些套管在高温状态遇急冷或不均匀冷却时容易爆裂损坏设备，遇这种情况最好使用喷雾水灭火，并注意均匀冷却设备。

4）封闭式电烘干箱内被烘干物质燃烧时的扑救方法。封闭式电烘干箱内的被烘干物质燃烧时，切断电源后，由于烘干箱内空气不足，燃烧不能继续且温度下降，火势会逐渐减小。因此，发现封闭式电烘干烘箱冒烟时，应立即切断烘干箱的电源，并且不要打开烘干箱，否则进入空气会使火势扩大。如果错误地往烘干箱内泼水，会使电炉丝、隔热板等遭受损坏而造成不应有的损失。

如果是车间内的大型电烘干室内发生燃烧，应尽快切断电源。当可燃物质的数量比较多，且有蔓延扩大的危险时，应根据烘干物质的情况，采用喷雾水枪或直流水枪扑救。但在没有做好灭火准备工作时，不应把烘干室的门打开，以防火势扩大。

（2）带电灭火。在危急情况下，如等待切断变电站电气设备电源后再进行扑救，就会有使火势蔓延扩大的危险，或者断电后会严重影响生产。这时为了取得扑救的主动权，就需要在带电的情况下进行扑救，带电灭火时应注意以下几点：

1）必须在确保安全的前提下进行，应用不导电的灭火剂如二氧化碳、干粉等进行灭火。不能直接用导电的灭火剂如直射水流、泡沫等进行喷射，否则会造成触电事故。

2）使用小型二氧化碳、干粉灭火器灭火时，由于其射程较近，要注意保持一定的安全距离。

3）在救援人员穿戴绝缘手套和绝缘靴、水枪喷嘴安装接地线的情况下，可以采用喷雾水灭火。

4）如遇带电导线落于地面，要防止跨步电压触电，救援人员需要进入导线落地点附近区域灭火时，必须穿上绝缘鞋。

5）有油的电气设备，如变压器，在油开关着火时，也可用干燥的黄砂盖住火焰，使火熄灭。

### （三）变电站消防事故应急处置与救援

变电站内变压器、高压电抗器、电流互感器、开关柜等设备故障引发火灾概率较大，直流换流站和特高压变电站变压器储油量大、资产值较高，一旦发生火灾事故，直接影响大电网安全和国有资产损失。变电站火灾发生后，部分变电站无法第一时间响应并启动灭火，尤其是城市中心站、地下站、重要用户站及重要输电电缆通道（隧道），防治不力会造成较大的社会影响。因此，变电站电气设备火灾隐患治理及火灾事故应急处置责任重大。

#### 1. 应急处置基本原则

变电站消防事故应急处置与救援应坚持“预防为主、防消结合、以人为本、减少损失、统一领导、分级负责”的基本原则。

2. 事故分级

变电站消防事故根据事故影响范围、造成的危害程度等分为特别重大火灾事故、重大火灾事故、较大火灾事故和一般火灾事故四个事故等级。

3. 组织机构与职责

特高压变电站消防应急组织体系如图3-3-4所示，图中公司指变电站所属电网企业。

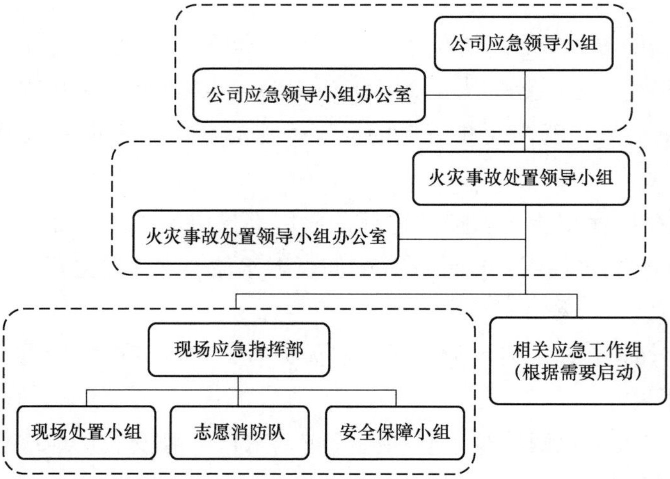


图3-3-4 特高压变电站消防应急组织体系

特高压变电站消防应急组织体系的人员构成及职责如下：

(1) 现场应急指挥部。现场指挥部由现场总指挥（站长）和现场成员（站内管理人员、运维班班长、各值值班负责人）构成，主要职责为统一领导火灾事故的预防和应急处置工作；组织制订火灾事故应急预案、管理制度等并定期对其进行评估和修订；检查落实火灾事故的预防措施和应急救援的各项准备工作。组织本单位开展应急救援演练工作；统一指挥协调火灾事故应急预案的实施工作，待政府消防队伍到达后由临时灭火指挥移交现场灭火指挥权。

(2) 现场处置小组。现场处置小组由组长（各值值班负责人）和成员（运维值班员、部分后勤人员）构成，主要职责为通过视频监控确认着火设备，现场查看火情；拨打119火灾报警电话，并通知人员疏散，出动志愿消防队；根据火灾事故发生部位及造成的影响，值班负责人及时汇报相关调度和领导；停运受影响的设备，断开低压交直流电源，切换站用电，做好隔离措施；根据火灾发展变化情况，做好与志愿消防队的配合工作，防止火灾蔓延；做好与政府消防队伍的配合工作，协同作战接受现场应急指挥部的领导。

（3）志愿消防队。志愿消防队由队长（驻站消防队队长）和成员（驻站消防队员、志愿消防员）构成，主要职责为确认现场是否有人员受困和人员伤亡，先行救助；应对所在变电站情况做到“六熟悉”（熟悉站内的交通道路、水源情况，熟悉站内电气设备分类、位置等相关情况，熟悉站内主要灾害事故处置的对策及基本程序，熟悉站内消防重点部位情况，熟悉站内的消防设施情况，熟悉站内的消防组织及其灭火救援任务分工情况）；根据变电站实际情况，针对每个重点设备编制、修订灭火预案，并根据灭火预案内容针对具体设备开展演练；确认现场的着火设备现状、运行设备及消防系统状况后，政府消防队伍到达前负责火灾初期的现场处置工作；并做好与政府消防队伍的配合工作，协同作战；接受现场应急指挥部的领导。

（4）安全保障小组。安全保障小组由组长（运维班班长）和成员（运维值班员、部分后勤人员）构成，主要职责为明确安全出口位置、疏散路径，根据火灾情况组织人员疏散，做好政府消防队的进站引导工作；对受伤人员进行急救，联系地方救护部门救援伤员；根据火灾情况，提供专业防护用具和处置工具，做好防止火灾蔓延的物资准备；完成本小组工作后，在临时灭火指挥的统一指挥下参与灭火；接受现场应急指挥部的领导。

无人值守变电站消防应急组织体系如图 3－3－5 所示，图中公司指变电站所属电网企业。

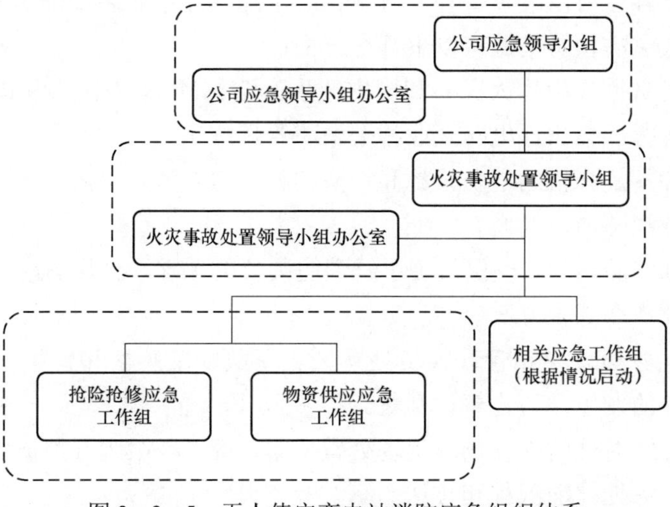


图 3－3－5　无人值守变电站消防应急组织体系

无人值守变电站消防应急组织体系的人员构成及职责如下：

（1）抢险抢修应急工作组。抢险抢修应急工作组由组长（运检部负责人）及成员（运维室、检修室等相关基层单位人员）构成，其主要职责是指导事故发生单位或直接组织实施火灾现场人员救援、公共财物的抢救，协调调控、通信等部门（单位）开展电力设备的抢修或更换。

（2）物资供应应急工作组。物资供应应急工作组由组长（物资部或具备相应职责的职能部门负责人）及成员（物资部、财务部等其他有关部门人员）构成，其主要职责为组织应急保障、备品备件等物资供应。根据需要，由火灾事故处置领导小组申请，经所属地市电网企业应急领导小组或应急办批准，启动新闻发布、通信保障、交通运输、治安保卫等应急工作组，参加应急处置工作。

4. 预防

变电站重点防火部位为主控通信楼、主变压器、高压电抗器、低压电容器、低压电抗器、GIS 设备、电缆沟、电缆夹层、电缆竖井、保护室、蓄电池室、开关柜室、站用变压器（接地变压器）室、串补平台等。

变电站主要火灾危险源为：主变压器的可燃物有变压器油及绝缘材料等；高压电抗器的可燃物有高压电抗器油及绝缘材料等；GIS 设备内部触头发热、绝缘性能下降造成发热火灾，且内部有 $SF_6$ 气体，分解后微毒；铅酸蓄电池的电解液的燃烧产生的有害物质；开关柜室内开关触头发热、绝缘性能下降、柜内元器件质量不良等原因导致柜内温度过高发生火灾；串补装置平台装置中电容器内部含有绝缘油，电容器内部故障或外部过电压时可能爆炸或胀裂泄漏引发火灾。

变电站火灾的预防措施有以下几个方面：

（1）认真贯彻《中华人民共和国安全生产法》《中华人民共和国消防法》等有关法律法规，严格执行电网企业相关消防管理规定。

（2）配齐备足合格的消防设施和消防器材，建立消防台账，并进行定期维护和更换，保持消防通道畅通。

（3）加强消防培训，确保员工了解消防装置的原理和使用方法，熟悉本站消防应急预案及现场处置方案。

（4）增强各级领导和管理人员处置火灾事故的敏感性和忧患意识，防范次生、衍生事件的发生，防止事件升级。

（5）制订针对性的重要场所现场处置方案，每半年组织开展演练，掌握所辖场所、设备火灾处置的流程和方法。

（6）加强与政府消防部门的沟通，做好重点变电站消防应急预案的备案工作。

5. 应急响应

（1）响应分级。电网企业所辖变电站区域火灾事故应急响应分为Ⅰ、Ⅱ级。发生特别重大、重大、较大、一般火灾事故时，对应Ⅰ级应急响应；发生火警事件时，对应Ⅱ级应急响应。

（2）响应启动。火灾事故发生后，事发单位应急领导小组成立火灾事故处置领导小组及其办公室，立即向上级单位安全应急办公室报告事故信息；上级单位应急办公室接到报告后，会同有关职能部门汇总相关信息，分析研判，提出对事件的定级建议，报安全应急领导小组审核后发布。

（3）响应行动。

1）Ⅰ级应急响应行动。火灾事故处置领导小组根据火灾事故情况，启动相关应急响应，统一指挥做好火灾事故处置工作。相关领导、部门负责人赶赴火灾事故现场指导、协调应急处置；火灾事故处置领导小组办公室启用应急指挥中心，并根据突发事件类型，配合相关应急工作组（部门）依据相关应急预案，开展应急处置。定期收集、整理、汇总突发事件及应急处置工作信息，及时向火灾事故处置领导小组汇报；现场应急指挥部组织实施现场应急处置，向火灾事故处置领导小组办公室及时汇报事故发展情况、应急处置情况。在火灾扑灭后，协助火灾事故的调查处理等善后工作。

2）Ⅱ级应急响应行动。发生火警事件，火灾事故处置领导小组办公室启动Ⅱ级应急响应，指导事发单位做好相关处置工作。

（4）响应调整。根据事件危害程度、救援恢复能力和社会影响等综合因素，按照事件分级标准，决定是否调整应急响应级别。

（5）响应解除。火灾事故处置领导小组待火灾扑灭后，经现场确认没有复燃可能性时，宣布解除应急响应，恢复正常生产秩序。

（6）资料收集。现场应急指挥部负责收集火灾发生前、灭火过程中的相关影像资料，以及灭火行动后的现场照片；根据消防管理部门要求，做好火灾现场保护工作；清点灭火行动中使用的灭火器，梳理需补充的灭火器清单等工作。

6. 应急处置措施

无人值守变电站消防应急处置流程图和特高压有人值守变电站消防应急处置流程图分别如图 3－3－6 和图 3－3－7 所示。

变电站火灾应急处置的一般流程为：

（1）运维班当班人员接调控中心人员火警信号后，通过变电站视频监视系统、变电站综合自动化等辅助手段进行综合研判，并向有关领导进行火情信息初汇报。

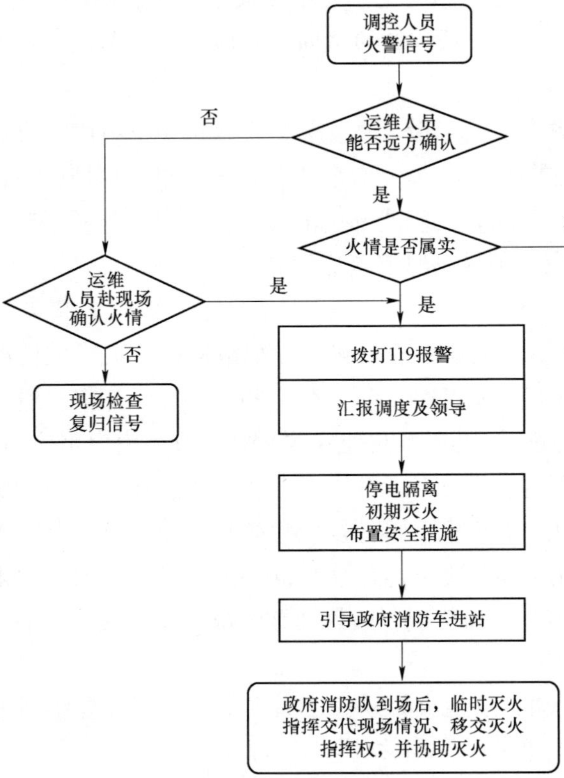


图 3-3-6　无人值守变电站消防应急处置流程图

（2）携带正压式呼吸器及个人防护用品赶赴火灾事发现场。

（3）通知消防技术服务机构、物业人员等相关外协单位携带必要的器具赶往火灾事发现场协助处置。

（4）运维人员到达现场后，应按照“火灾报警主机—查明着火点—固定灭火装置启动情况（主变压器起火）—汇报相关人员及报警—隔离操作—组织灭火”的流程开展消防应急处置工作。

（5）向当值调度、有关领导做详细汇报，并拨打 119 火灾报警电话。

（6）报警时应详细准确提供火灾地点、火势情况、着火的设备类型、燃烧物和大约数量和范围、消防车类型及补水车等需求，以及报警人姓名和电话号码等详细信息。

（7）按照当值调度员指令停电隔离着火设备及受威胁的相邻设备，必要时可先停电隔离后再汇报。

（8）使用消防沙、灭火器等开展初起火灾扑救。

（9）根据现场火情，通知相关单位携增援装备赴现场。

（10）设立安全围栏（网），明确实施灭火行动的区域。

（11）若火势无法控制，现场负责人应组织人员撤至安全区域，防止设备爆炸、建筑倒塌等次生灾害。

（12）现场运维人员引导政府消防车进入现场，并协助其开展灭火工作。

（13）消防维保人员、物业人员在现场运维人员的指挥下设立警戒线，划定管制区，阻止无关人员进入。

（14）配置有变压器固定自动灭火系统的变电站，系统应设置自动运行状态。

变电站火灾应急处置的基本要求如下：

（1）电气设备发生火灾，应立即切断有关设备电源，然后进行灭火。

（2）采取有效措施扑灭室外设备初起火灾，防止火灾扩散。优先启动固定式灭火装置进行灭火。

（3）室内设备发生火灾时，运维人员应做好个人安全防护后进行火情确认。待政府消防队到达现场，室内通风装置应按照政府消防队指挥人员要求开启。

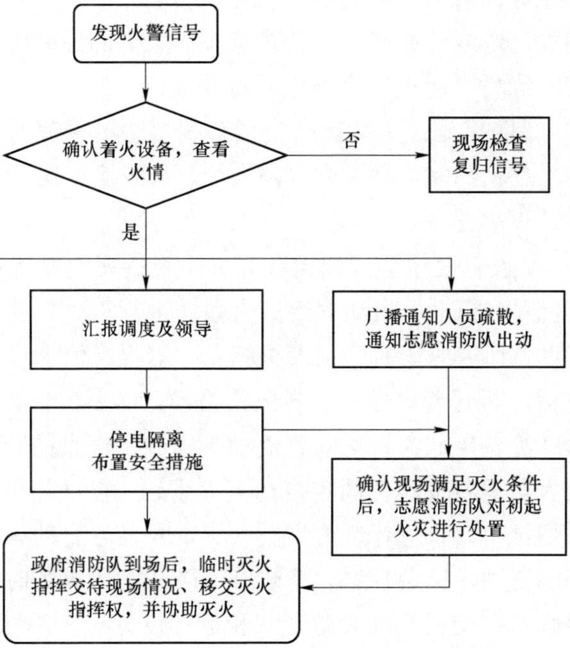


图 3－3－7　特高压有人值守变电站消防应急处置流程图

（4）严格遵守安全规程，确保不发生次生或衍生事故。没有穿戴消防防护用具的人员不得接近燃烧区。救援人员应防止被火烧伤或吸入燃烧物产生的气体引起中毒、窒息，防止火灾引起的爆炸。

（5）灭火作业只能在停电的电气设备上进行，灭火作业时人员和装备与非着火设备带电部位要保持足够的安全距离：10kV不小于3m，35kV不小于4m，110kV不小于5m，500kV不小于8.5m，1000kV不小于13m。

（6）火灾报警应报告火灾地点、火势情况、着火的设备类型、燃烧物和大约数量、范围、消防车类型及补水车等需求、公安消防部门需要了解的其他情况等。

（7）立即检查防火墙阻火隔断情况，并迅速用沙土、湿麻袋、灭火毯等不燃或难燃物质对电缆沟进行灭火隔离，封闭起火建筑物、设备和孔洞，必要时用沙袋筑起围堰，防止火势蔓延。

（8）现场需考虑灭火介质的相互影响，必要时停用固定灭火系统。

（9）明火扑灭后，应继续对着火设备的冷却降温，防止复燃。

变电站重点部位火灾应急处置方案如下：

（1）变压器火灾处置。

1）变压器火灾危险性：变压器内部一旦发生严重过载、短路，可燃的绝缘材料和绝缘油就会受高温或电弧作用分解、膨胀甚至气化，使变压器内部的压力急剧增加，造成外壳爆炸，套管破裂，大量的油外泄，使火势蔓延扩大，同时主变压器绝缘材料起火后会产生有毒物质。

2）预防措施：主变压器安装有线型感温探测器，电缆孔、洞处用电缆防火封堵材料严密封堵，附近配有消火栓、水泵接合器、消防砂箱、消防铲、消防斧、消防桶、灭火器等。

3）配置有变压器固定自动灭火系统的变电站火灾处置方案：变压器发生火灾时，优先（自动）启动固定灭火系统进行灭火。若变压器固定自动灭火系统未自动启动，到达现场的运维人员应立即汇报当值调度和有关领导并拨打119火灾报警电话，断开着火变压器各侧断路器；必要时将该变压器附近电力设备停电。变压器转冷备用状态，切断直流控制电源、交流控制电源、交流风扇电源等。现场运维人员需将变压器固定自动灭火系统（自动化小室、保护室等处）控制装置由自动切至手动，进行远方启动灭火，若远方启动无法成功，则穿戴个人防护用品后在装置现场紧急启动。待政府消防队到达火场时，运维人员应立即与其负责人取得联系并交代失火设备现状和运行设备状态，协助政府消防队灭火。

4）未配置变压器固定自动灭火系统的变电站火灾应急处置方案：变压器发

生火灾时，到达现场的运维人员应立即汇报当值调度和有关领导并拨打 119 火灾报警电话，断开着火变压器各侧断路器；必要时将该变压器附近电力设备停电，同时切断直流控制电源、交流控制电源、交流风扇电源等。待政府消防队到达火场后，运维人员应立即与政府消防队负责人取得联系并交代失火设备现状和运行设备状态，协助政府消防队灭火。

（2）开关室火灾处置。

1）开关室火灾危险性：开关柜着火主要由开关触头发热、绝缘性能下降、柜内元器件质量不良等原因导致柜内温度过高引起，且易引燃相邻开关柜及连接电缆，促使火势扩展蔓延。

2）预防措施：开关室内安装有感烟、感温探测器，电缆孔、洞处用电缆防火封堵材料严密封堵，配有手提式灭火器。

3）开关室火灾处置方案：开关室发生火情、火灾时，监控人员应立即通知运维人员，如电源侧开关没有跳开应遥控将其拉开。运维人员到达现场后，应立即汇报当值调度和有关领导并拨打 119 火灾报警电话，当值调度转移负荷后，将电源侧开关遥控拉开，有电源倒送的应遥控拉开线路开关，隔离电源后等待政府消防队到场灭火。运维人员应先打开事故排烟机进行排烟，待政府消防队到达火场后，立即与政府消防队负责人取得联系并交代失火设备现状和设备运行状况，协助政府消防队灭火。

（3）电容器室设备火灾处置。

1）电容器室设备火灾危险性：室内电容器通风不良、绝缘受潮、过电压及其他自身故障引起的火灾，易造成电容器爆炸，燃烧的油流会进一步扩大火灾危害。电容器的绝缘材料起火后会产生有毒物质。

2）预防措施：电容器室内安装有感烟、感温探测器，电缆孔、洞处用电缆防火封堵材料严密封堵，附近配有消火栓、手提式灭火器、手推式灭火器。

3）电容器室设备火灾处置方案：电容器室发生火灾时，监控人员应立即通知运维人员，如电容器开关没有跳开应遥控将其拉开，并将其电压无功控制系统封锁。运维人员到达现场后，应立即汇报当值调度和有关领导并拨打 119 火灾报警电话。隔离电源后等待政府消防队到场灭火。运维人员应先打开事故排烟机进行排烟，待政府消防队到达火场后，立即与政府消防队负责人取得联系并交代失火设备现状和运行设备状况，协助政府消防队灭火。

（4）室内接地变压器火灾处置。

1）室内接地变压器火灾危险性：室内接地变压器通风不良、绝缘受潮、匝间绝缘老化及其自身故障引起的起火，易造成接地变爆炸。接地变压器的绝缘材料起火后会产生有毒物质。

2）预防措施：室内接地变压器安装有感烟、感温探测器，电缆孔、洞处用电缆防火封堵材料严密封堵，附近配有消火栓、手提式灭火器、手推式灭火器。

3）室内接地变压器火灾处置方案：室内接地变压器发生火灾时，监控人员应立即通知运维人员，如接地变压器开关没有跳开应遥控将其拉开。运维人员到达现场后，应立即汇报当值调度和有关领导并拨打119火灾报警电话，随后检查负荷切换情况，如切换不成功则进行手动切换，隔离电源后等待政府消防队到场灭火。运维人员应先打开事故排烟机进行排烟，待政府消防队到达火场后，立即与政府消防队负责人取得联系并交代失火设备现状和运行设备状况，协助政府消防队灭火。

（5）蓄电池室设备火灾处置。

1）蓄电池室设备火灾危险性：室内运行环境不良、电池短路内部电流过大、电池大量漏酸及其自身故障引起的火灾，蓄电池组有爆炸的危险性。

2）预防措施：蓄电池室内安装有感烟、感温探测器，配有手提式灭火器。

3）蓄电池室设备火灾处置方案：蓄电池室发生火灾时，监控人员应立即通知运维人员。运维人员到达现场后，应立即汇报当值调度和有关领导并拨打119火灾报警电话，随后应将着火蓄电池组停用隔离，隔离电源后等待政府消防队到场灭火。运维人员应先打开事故排烟机进行排烟，待政府消防队到达火场后，立即与政府消防队负责人取得联系并交代失火设备现状和运行设备状况，协助政府消防队灭火。

（6）室外设备（断路器、GIS、电容器、干式电抗器、消弧线圈等）火灾处置。

1）断路器、GIS火灾危险性：开关触头发热、绝缘性能下降、质量不良等。室外电容器火灾危险性：外部电压过高及其他自身故障引起的过热起火，易造成电容器爆炸，燃烧的油流会进一步扩大火灾危害；电容器的绝缘材料起火后会产生有毒物质。干式电抗器火灾危险性：因受潮或绝缘损伤导致内部匝间短路，在发生内部故障的同时，本体会伴随有迅速的温升现象，严重时甚至会烧毁；绝缘材料起火后有有毒物质产生。消弧线圈火灾危险性：外部电压过高及其他自身故障引起的过热起火，易造成消弧线圈起火，燃烧的油流会进一步扩大火灾危害；消弧线圈的绝缘材料起火后会产生有毒物质。

2）预防措施：室外设备附近配有消火栓、手提式灭火器、手推式灭火器。

3）室外设备火灾处置方案：若断路器、GIS、电容器、干式电抗器、消弧线圈等室外设备发生火灾时，监控人员应立即通知运维人员。运维人员到达现场后，应立即汇报当值调度和有关领导并拨打119火灾报警电话，迅速将着火设备停电隔离；若起火设备为电容器，运维人员应立即遥控将电容器开关拉开，并通知监控人员将其VQC系统封锁，若火情较轻，在确保人身安全不会受到伤害的前提下，穿戴个人防护用品，使用灭火器灭火。若火势凶猛无法扑救，待政府消防队到达火场后，运维人员应立即与政府消防队负责人取得联系并交代失火设备现状和运行设备状态，协助政府消防队灭火。

（7）电缆层与电缆沟火灾处置。

1）电缆层与电缆沟火灾危险性：电缆层、电缆沟发生电缆火灾，因空间相对密闭，电缆层、电缆沟内热量和烟气不易散发，坑道内温度急剧升高，烟气浓度增大，燃烧会分解出氯化氢等有毒气体。起火导致大量电缆短路爆炸，促使火势扩展蔓延，造成大面积停电。

2）预防措施：电缆层设置防火分区，配置悬挂式灭火器。电缆层与电缆沟每60m处、丁字口、拐弯处分别设电缆封堵防火墙，防火墙两侧的电缆表面喷涂长度1.5m、厚度不低于1mm电缆防火涂料。

3）电缆层与电缆沟火灾处置方案：

a. 地下电缆层、电缆竖井发生火灾时，监控人员应立即通知运维人员。运维人员到达现场后，应立即汇报当值调度和有关领导并拨打119火灾报警电话，迅速将着火部位电缆停电隔离。通过站端摄像设备观察火情，发现没有火苗后，打开事故排烟机进行排烟，若火势扩展蔓延，及时向当值调度和有关领导汇报火场动态，等待接受增加停电范围操作任务。待政府消防队到达后，运维人员应立即与政府消防队负责人取得联系并交代失火设备现状和运行设备状态，协助政府消防队灭火。

b. 室内电缆沟发生火灾时，监控人员应立即通知运维人员。运维人员到达现场后，应立即汇报当值调度和有关领导并拨打119火灾报警电话，迅速将着火部位电缆停电隔离。通过站端摄像设备观察火情，打开事故排烟机进行排烟增加能见度，若火势扩展蔓延，及时向当值调度和有关领导汇报火场动态，等待接受增加停电范围操作任务。政府消防队到达后，运维人员应立即与政府消防队负责人取得联系并交代失火设备现状和运行设备状态，协助政府消防队灭火。

c. 室外电缆沟发生火灾时，监控人员应立即通知运维人员。运维人员到达现场后，应立即汇报当值调度和有关领导并拨打119火灾报警电话，迅速将着火部位电缆停电隔离。通过站端摄像设备或远距离观察火情，若火势扩展蔓延，及时向当值调度和有关领导汇报火场动态，等待接受增加停电范围操作任务。政府消防队到达后，运维人员应立即与政府消防队负责人取得联系并交代失火设备现状和运行设备状态，协助政府消防队灭火。

（8）保护室（二次设备室）火灾处置。

1）保护室（二次设备室）火灾危险性：保护室组成复杂，设备多；电源、空调等附属设备较多；电源电缆、信号电缆纵横交错，敷设明少暗多；设备长期连续运行，由于质量问题或元器件故障等因素，可能会出现绝缘击穿、线路短路、接触点过热，易引燃相邻屏柜及连接电缆，促使火势扩展蔓延。

2）预防措施：保护室（二次设备室）内安装有感烟、感温探测器，配有手提式灭火器；保护室及屏柜内电缆孔、洞处用电缆防火封堵材料严密封堵。

3）保护室（二次设备室）火灾处置方案：保护室（二次设备室）发生火灾时，监控人员应立即通知运维人员。运维人员到达现场后，应立即汇报当值调度和有关领导并拨打119火灾报警电话，若火情较轻，运维人员穿戴个人防护用品，拉开着火屏柜的上一级电源开关后，打开事故排烟机和窗户进行排烟，使用灭火器进行灭火。若火势凶猛无法扑救，待政府消防队到达火场后，运维人员应立即与政府消防队负责人取得联系并交代失火设备现状和运行设备状态，协助政府消防队灭火。

7. 后期处置

（1）恢复与重建。生产区域火灾应急处置工作结束后，积极组织受损电力设施、场所和生产秩序的恢复重建工作。恢复重建工作根据事件分级，由所属地市级电网企业安全应急领导小组组织领导。对于重点部位和特殊区域，可按照差异化原则，提出解决建议和意见，按有关规定报批实施。

（2）调查与评估。

1）对特别重大、重大，以及影响范围较大的火灾事件，接受省级电网企业的调查与评估。

2）参与并配合地市级电网企业安全应急领导小组对事件的起因、性质、影响、经验教训和恢复重建等问题进行调查评估。

3）及时对发生火灾事件的应急处置工作进行总结，提出加强和改进同类事件应急工作的建议和意见。

## 五、高处作业人身伤害事故应急处置与救援

### （一）高处作业的涵义及类型

#### 1. 高处作业的涵义

凡坠落高度基准面在2m及以上，有坠落可能的高处进行的作业，均称为高处作业。高处作业是电力安装和检修工作中常见的作业之一，如输电线路架设、输电杆塔作业、输电线路巡视、配电线路巡视等。高处作业的含义有两个：一是相对概念，可能坠落的底面高度不小于2m即是高处作业。也就是说，不论在单层、多层或高层建筑物作业，即使是在平地，只要作业处的侧面有可能导致人员坠落的坑、井、洞或空间，其高度达到2m及以上，就属于高处作业。二是高低差距标准定为2m为高处作业。因为一般情况下，当人在2m及以上的高度坠落时，就很可能会造成重伤、残废或甚至死亡。

另外，对于高度虽不足2m，但作业地段的下面是坡度大于45°的斜坡，附近有坑、井，附近有转动设备或堆放容易伤人的物品，工作条件特殊（如风雪天气），有机械振动的地方，在有毒气体存在的房内工作时，均应按高处作业的规定执行。

#### 2. 高处作业的类型

高处作业分为一般高处作业和特殊高处作业两类。

（1）一般高处作业。在作业基准面2m及以上30m以下的，称为一般高处作业。

（2）特殊高处作业。符合以下情况的高处作业为特殊高处作业：① 在作业基准面30m及以上的高处作业；② 在高温或低温、雨雪天气、夜间、接近或接触带电体、无立足点或无牢靠立足点、突发灾害抢救、有限空间内等环境进行的高处作业；③ 在排放有毒、有害气体或粉尘超出允许浓度的场所进行的高处作业。

### （二）高处作业人身伤害事故类型

如果高处作业人员不遵守高处作业安全的有关规定，就有可能发生物体打击、高处坠落等事故。

#### 1. 物体打击

物体打击伤害是施工作业常见事故之一，是指由失控物体的惯性力造成的人身伤亡事故。物体打击会对施工作业人员的安全造成威胁，容易砸伤，甚至出现生命危险。特别在施工周期短，劳动力、施工机具、物料投入较多，交叉作业时常有出现。这就要求高处作业人员在机械运行、物料传接、工具存放过程中确保安全，防止发生物体坠落伤人事故。

2. 高处坠落

在高处作业中，如果未防护、防护不好或作业不当而发生的人从高处坠落的事故，称为高处坠落事故。根据高处作业人员工作时所处的部位不同，高处作业坠落事故分为临边作业高处坠落事故、洞口作业高处坠落事故、攀登作业高处坠落事故、悬空作业高处坠落事故、操作平台作业高处坠落事故和交叉作业高处坠落事故等。

高处坠落事故的伤害以两种形式体现，一是因高处作业失去保护造成坠落摔伤，二是有保护而发生高处坠落，坠落人员被安全绳以头上脚下的垂直姿势半吊在空中，不能动弹，这种情况称为垂直悬吊，会产生悬吊创伤。发生垂直悬吊事故时，高处坠落人员臀部血液回流受阻，血液堆积在双下肢，不能有效回流至心脏，如果一直保持这种悬吊状态未能及时解除，就会因心肺系统不能正常工作而造成气道堵塞、血液循环不畅、脑部缺氧窒息甚至死亡。

（三）高处作业安全要求

为保证高处作业的安全，必须从高处作业人员、防护用具、工作环境、气象条件、登高设施等方面作出严格要求。

1. 对高处作业人员的要求

（1）凡参加高处作业的人员，应每年进行一次体检。高处作业人员必须身体健康，患有精神病、癫痫病及经医师鉴定患有高血压、心脏病等不宜从事高处作业病症的人员，不准参与高处作业。

（2）凡发现作业人员有饮酒、精神不振时，禁止登高作业。

（3）高处作业人员必须注意力集中，作业过程中不准吸烟、开玩笑、嬉闹。

2. 对防护用具的使用要求

（1）高处作业人员必须正确佩戴合格的安全帽。安全帽使用前要检查帽壳、帽衬、帽带是否齐全有效。调整好安全帽衬，使帽衬各部分与帽壳相距一定空间。帽箍应根据人头型来调整箍紧，以防低头作业时安全帽前滑挡住视线。安全帽应戴紧、戴正，帽带应系在颌下并系紧。

（2）高处作业人员必须正确使用合格的安全带。安全带必须经过检验合格后方可使用。安全带和专作固定安全带的绳索在使用前应进行外观检查。安全带使用时要束紧腰带，腰扣组件必须系紧系正。利用安全带进行悬挂作业时，不能将挂钩直接钩在安全带绳上，应钩在安全带绳的挂环上；禁止将安全带挂在不牢固或带尖锐角的构件上。受到过严重冲击的安全带，即使外形未变也不可使用。严禁使用安全带来传递重物。安全带要挂在上方牢固可靠处，高度不低于腰部，禁止低挂高用。

（3）高处作业人员必须正确使用安全绳。为保证高处作业人员在移动过程中始终有安全保证，当进行特别危险作业时，要求在系好安全带的同时，也要系挂安全绳。禁止使用麻绳来做安全绳。一条安全绳不能两人同时使用。

（4）高处作业人员必须正确使用速差自控器。速差自控器又称防坠器或速差式防坠器，利用物体下坠速度差进行自控。正常使用时，安全绳随人体自由伸缩，绳索处于半紧张状态，操作人员无牵挂感。万一失足坠落，安全绳拉出速度明显加快，器内锁止系统即自动锁止，防止高处作业人员受到伤害。

速差自控器在使用前应进行外观做检查，并试锁 2～3 次（试锁方法：将安全绳以正常速度拉出应发出“嗒嗒”声；用力猛拉安全绳，应能锁止；松手时安全绳应能自动回收到速差自控器内）；必须高挂低用，速差自控器挂钩应挂在安全带金属环上；禁止使用受过严重冲击的速差自控器。

（5）高处作业人员必须穿软底防滑胶鞋和整套的工作服。禁止穿背心、短裤、皮鞋和拖鞋。

（6）高处作业人员应一律使用工具袋。使用的工具必须系好保险绳。禁止上下抛掷物品、器具。

3. 对工作环境的要求

（1）高处作业前，必须对周围的安全设施进行检查。周围如有孔洞、沟道等，应铺设盖板、安全网围栏并有固定其位置的措施。同时，应设置明显的安全标志，夜间还应设红灯示警。

（2）高处作业的平台、走道、斜道等应装设 1050～1200mm 高的硬质防护栏杆，并在栏杆内侧设 180mm 高的侧板，以防坠物伤人。

（3）在夜间或光线不足的地方进行高处作业，必须安装足够的照明。

（4）墙壁、陡坡的场地，人行道上的冰雪、碎石、泥土应经常清理，靠外面一侧应设 1050～1200mm 高的栏杆。在栏杆内侧设 180mm 高的侧板，以防坠物伤人。

（5）当临时高处行走区域不能装设防护栏杆时，应设置 1050mm 高的安全水平扶绳，且每隔 2m 应设一个固定支撑点。

（6）需要上、下层同时进行作业时，中间必须搭设严密牢固的防护隔板、罩棚或其他隔离设施。

4. 对气象条件的要求

（1）在低温或高温环境下进行露天高处作业，应采取保暖或防暑降温措施，且作业时间不宜过长。当气温低于－5℃进行露天高处作业时，施工场所应设置取暖休息室。当气温高于35℃进行露天高处作业时，施工场所应设置凉棚并配置防暑降温设施。

（2）遇6级及以上的大风或暴雨、雷电、冰雹、大雾、沙尘暴等恶劣天气，应停止露天高处作业。

5. 对登高设施的要求

（1）梯子。梯子应坚固完整，有防滑措施。梯子的支柱应能承受作业人员及其携带工具、材料攀登时的总质量。硬质梯子的横挡应嵌在支柱上，梯阶的距离不应大于40cm，并在距离梯顶1m处设限高标志（可刷绝缘涂料或在出厂时增加标识）。使用单梯工作时，梯与地面的斜角度约为60°。梯子不宜捆绑接续使用。人字梯应有限制开度的措施。人在梯子上时，禁止移动梯子。

（2）脚手架。脚手架的安装、拆除和使用，应执行电力安全工作规程的有关规定。

（3）高处作业平台。利用高处作业车、带电作业车、叉车等高处作业平台进行高处作业时，高处作业平台应处于稳定状态；可移动高处作业平台需要移动时，平台上不得载人。利用格栅式的平台进行高处作业时，为了防止工具和器材掉落，应采取有效隔离措施，如铺设木板等。各种承重的作业平台都要进行专门设计并核算其承载能力。

（四）输电线路高处坠落风险与防范措施

输电线路一般由杆塔、导线、绝缘子、金具等组成。输电线路的安装施工、运维检修等工作都需要作业人员上下杆塔，在杆塔、导线、绝缘子上进行高处作业。输电线路作业具有高处作业量大、环境复杂多变、手动操作多、工作强度大、危险程度高、救援难度大等特点。作业人员在上下杆塔、水平移位、沿绝缘子攀爬、在导线和金具上作业时，存在高处坠落的风险，属于高风险作业，目前主要依靠全方位安全带和后备保护绳进行个体防护。

1. 输电线路高处坠落风险

输电线路高处作业坠落风险主要有以下几个方面：

（1）安全组织、技术措施不严密或不完善，有疏漏。

（2）违章指挥或违章作业，未按照安全交底要求作业。

（3）缺乏自救、逃生、紧急救护等常识和技巧。

（4）安全设施不完善，作业环境不安全且未采取措施。

（5）危险设备场所（包括孔洞等）无安全围栏、警示标志。

（6）高处作业未系或未正确佩戴安全带。

2. 输电线路高处坠落的防范措施

防范输电线路高处坠落的措施包括工作组织、作业行为、救援能力等方面：

（1）严禁任何人违章指挥和强令冒险作业；作业人员有权拒绝违章指挥及强令冒险作业。

（2）在五级以上的大风及暴雨、雷电、冰雹、大雾、沙尘暴等恶劣天气下，线路杆塔上有覆冰或积雪时，禁止安排输电线路高处作业，停止正在进行的高处作业。

（3）输电线路运检单位在接到电网调度部门巡线指令后，如果现场有恶劣天气或线路覆冰或积雪，不具备高处作业条件，由运检单位分管生产的领导（总工程师）批准后，向电网调度部门汇报（紧急情况下可先电话汇报，后书面汇报），并抄送省级电网企业运检部、安监部备案。

（4）在危及电网安全的特殊情况下，确需在恶劣天气进行抢修时，输电线路运检（施工）单位分管生产的领导（总工程师）须组织制订并采取可靠的安全、技术、组织措施，经单位行政正职批准后方可开工，并安排高处救援人员、装备到达现场待命。运检（施工）单位行政正职、分管副职及省级电网企业运检部、安监部处室负责人履行现场到岗到位监督责任。

（5）输电线路运检（施工）单位必须具有高处救援能力，救援人员应经培训合格，并配备相应的救援工器具。

（6）高处作业人员必须正确使用个人防护用品和安全工器具，掌握必要的高处自救、互救技能。

（7）作业前，必须对施工机具（工器具）、安全工器具进行检查，其定期试验合格标签应齐备、有效；禁止使用损坏、变形、有缺陷的施工机具（工器具）、安全工器具。

（8）高处作业前，必须先检查杆塔的根部、基础和拉线是否牢固，脚钉是否完整，防坠设施是否完整，并对防坠器性能进行测试，确认合格。

（9）作业人员攀登杆塔、导线、上下爬梯过程中必须全程使用安全带，在杆塔、导线、爬梯上转移作业位置过程中，交替配合使用安全带和后备保护绳，严禁失去安全防护。随时检查安全带、后备保护绳是否拴好，并分别挂在不同部位的牢固构件上。

（10）高处作业应在监护下进行，工作监护人（小组负责人）对作业人员工作前、中、后三个阶段进行全过程监督，及时纠正不安全行为。

（五）高处作业人身伤害事故紧急救护

1. 高处作业人身伤害事故紧急救护注意事项

（1）突发高处作业人身伤害事故时，现场作业负责人要保持冷静，要积极组织抢救，排除险情防止事故扩大，保护好事故现场，并且以最快的通信方式向本单位突发事件应急抢险指挥部报告。

（2）高处坠落人员有时虽无外伤，但可能伤及头部或内脏，物体打击头部、挤伤胸腹部、伤及眼部可能无严重外伤出血，但有可能伤及内部。因此，无论高处坠落人员和受物体打击人员落地后伤势如何，即便落地后能立即站起来行走也不能掉以轻心，要立即送医院做进一步检查。

（3）现场作业负责人应立即组织发生高处坠落和物体打击事故区域内的施工人员及其他人员全部撤离事故现场，安排现场保卫人员保护现场，以供事后分析原因，确定责任人。

（4）要迅速查清发生高处坠落地点、物体打击发生点和人员被击伤时的位置，并画出坐标或拍照，现场取证封存致人伤害的坠落物、击伤物。

2. 高处坠落和物体打击事故紧急救护

当发生高处坠落和物体打击事故后，应急救援的重点应放在对伤者休克、骨折和出血的处理上。

（1）休克伤者应采取平卧位并把其颈部垫高、下颌托起，使头部后仰，保持呼吸道通畅。同时，将休克伤者的头部偏向一侧，以防止呕吐物吸入呼吸道。如休克伤者呼吸困难，可先将其头部和躯干抬高一点，利于呼吸；两下肢略抬高，利于静脉血回流。休克伤者体温降低、怕冷，应注意保暖，给其盖好被子。对于烦躁不安的休克伤者，可给予适量的镇静剂，成人可用鲁米那钠 0.1g 肌肉注射。及时将休克伤者送院，在运送途中应有专人护理，随时观察伤情变化，适时给休克伤者吸氧及静脉输液。

（2）颌面部伤者应保持呼吸道畅通，如有义齿应摘除，清除移位的组织碎片、血凝块、口腔分泌物等，同时松解伤者的颈、胸部纽扣。若伤者舌已后坠或口腔内异物无法清除时，可用 12 号粗针穿刺环甲膜，维持其呼吸，尽可能早作气管切开。

（3）对于脊椎受伤者，用消毒的纱布或清洁布等覆盖伤口，再用绷带或布条包扎。搬运时，将伤者平卧放在帆布担架或硬板上，以免受伤的脊椎移位、断裂造成截瘫，甚至死亡。搬运过程严禁只抬伤者的两肩与两腿或单肩背运。

（4）发现伤者手足骨折时，不要盲目搬动伤者。应用夹板把骨折部位临时固定，使其不再移位或刺伤肌肉、神经或血管。固定用的夹板可就地取材，如木板、竹片、硬纸板等。

（5）对于血管伤，压迫出血部位近端动脉干，暂时控制出血，以争取时间采取其他止血措施。可直接在伤口上放置厚敷料，采用绷带加压包扎止血法进行止血。压力以不出血和不影响肢体血循环为宜。当上述方法无效时可使用止血带，原则上尽量缩短使用止血带的时间，一般以不超过 1h 为宜，并做好标记，注明止血带时间。

（6）复合伤者要求平仰卧位，保持呼吸道畅通，解开衣领扣。

3. 垂直悬吊事故紧急救护

当发生垂直悬吊事故后，应急救援的重点应放在对被悬吊者进行解救、安抚和解救后的处置上。被悬吊者必须在短时间之内获救，否则会造成悬吊创伤，甚至有生命危险。具体措施详见《电力生产现场自救急救》（田迎祥主编）一书。

## 六、危化品事故应急处置与救援

### （一）概述

危化品即危险化学物品，是指具有毒害、腐蚀、爆炸、燃烧、助燃等性质，对人体、设施、环境具有危害的剧毒化学品和其他化学品。

危化品一般分为 8 类：

（1）爆炸品。爆炸品是指在外界作用下（如受热、摩擦、撞击等）能发生剧烈的化学反应，瞬间产生大量的气体和热量，使周围的压力急剧上升，发生爆炸，对周围环境、设备、人员造成破坏和伤害的物品，如硝化甘油、梯恩梯、雷汞等。

（2）压缩气体和液化气体。压缩气体和液化气体是指压缩的、液化的或加压溶解的气体，如液化石油气、液体氧等。当受热、撞击或强烈震动时，容器内压力急剧增大，可能造成容器破裂，压缩气体或液化气体泄漏、爆炸等。

（3）易燃液体。易燃液体在常温下易挥发，其蒸汽与空气混合能形成爆炸性混合物，如原油、汽油、煤油等。

（4）易燃固体（如金属钠、金属镁、硫磺等）、自燃物品（如黄磷、铝铁溶剂、油布等）和遇湿易燃物品（如碳化钙、保险粉等）。这类物品易引起火灾。

（5）氧化剂和有机过氧化物。这类物品具有强氧化性，易引起燃烧、爆炸，如高锰酸钾、硝酸铵、漂白粉、过氧化钠等。

（6）毒害品。毒害品是指进入人（动物）肌体后，累积达到一定的量能与体液和组织发生生物化学作用或生物物理作用，扰乱或破坏肌体的正常生理功能，引起暂时或持久性的病理改变，甚至危及生命的物品，如各种氰化物、砷化物、化学农药等。

（7）放射性物品。放射性物品属于危化品，但不属于《危险化学品安全管理条例》的管理范围。

（8）腐蚀品。腐蚀品是指能灼伤人体组织并对金属等物品造成损伤的固体或液体。腐蚀品包括酸性腐蚀品、碱性腐蚀品和其他不显酸碱性的腐蚀品，如硫酸、盐酸、王水等。

电网企业在生产经营过程中使用的危化品种类不多，使用量也不大，主要有六氟化硫、汽油、煤油、硫酸、盐酸、氢气、乙炔气等。由于危化品的特殊性，在运输、储存、使用过程中容易发生火灾、爆炸、中毒等事故。另外，在电网企业供电区域范围内，不可避免地有危化品生产、储存和经营企业，其发生的事故也不可避免地殃及电网企业。电网企业有时需要在存在危化品事故危险的环境下开展电网设施施工及电网事故的应急处置和救援。因此，危化品事故也是电网企业应急处置与救援的重要内容之一。

### （二）危化品事故类型及预防措施

#### 1. 危化品事故的类型

危化品事故的类型分为6类：

（1）危化品火灾事故。危化品火灾事故是指燃烧物质主要是危化品的火灾事故。具体可分为易燃液体火灾、易燃固体火灾、自燃物品火灾、遇湿易燃物品火灾和其他危化品火灾。易燃液体火灾往往能发展到爆炸事故，造成重大人员伤亡。由于大多数危化品在燃烧时会放出有毒气体或烟雾，在危化品火灾事故中，人员伤亡的原因往往是中毒和窒息。

（2）危化品爆炸事故。危化品爆炸事故是指危化品发生化学反应的爆炸事故或液化气体和压缩气体的物理爆炸事故。具体可分为爆炸品的爆炸（分为烟花爆竹爆炸、民用爆炸器材爆炸、军工爆炸品爆炸等），易燃固体、自燃物品、遇湿易燃物品的火灾爆炸，易燃液体的火灾爆炸，易燃气体爆炸，危化品产生的粉尘、气体、挥发物的爆炸，液化气体和压缩气体的物理爆炸和其他化学反应爆炸。危化品爆炸事故往往伴随着火灾事故产生，火灾事故控制不当往往会发生爆炸事故，同时会造成人员中毒、窒息或灼伤。

（3）危化品中毒和窒息事故。危化品中毒和窒息事故主要指人体吸入、食入或接触有毒、有害化学品或者化学品反应的产物，从而导致的中毒和窒息事故。具体可分为吸入中毒事故（中毒途径为呼吸道）、接触中毒事故（中毒途径为皮肤、眼睛等）、误食中毒事故（中毒途径为消化道）、其他中毒和窒息事故。

（4）危化品灼伤事故。危化品灼伤事故主要指腐蚀品意外与人体接触，短时间内在人体被接触表面发生化学反应，造成人体组织明显破坏的事故。危化品灼伤与物理灼伤（如火焰烧伤、高温固体或液体烫伤等）不同，物理灼伤是高温造成的伤害，人体会立即感到强烈的疼痛并本能避开，危化品灼伤有一个化学反应过程，开始并不感到疼痛，要经过几分钟、几小时甚至几天才表现出伤害，并且伤害还会不断加深，因此，危化品灼伤比物理灼伤危害更大。

（5）危化品泄漏事故。危化品泄漏事故主要指气体或液体危化品发生一定规模的泄漏，虽然没有发展成为火灾、爆炸或中毒事故，但造成严重的财产损失或环境污染等后果的危化品事故。危化品泄漏事故一旦失控，往往会造成重大火灾、爆炸、中毒、灼伤事故。

（6）其他危化品事故。其他危化品事故是指不能归入上述五类危化品事故的其他危化品事故，主要指危化品的险肇事故（未遂事故），即危化品发生了人们不希望的意外情况，如危化品罐体倾倒、车辆倾覆等，但没有发生火灾、爆炸、中毒和窒息、灼伤、泄漏等事故。

2. 预防危化品火灾与爆炸事故的主要措施

（1）基本措施。

1）控制可燃物。存放有火灾、爆炸危险物质的库房，采用耐火建筑，阻止火焰蔓延；降低可燃气体、蒸汽和粉尘在库区内的浓度，使之不超过最高允许浓度；凡是性质能相互作用的物品，必须分开存放。

2）隔绝空气。某些化学易燃物品必须隔绝空气储存，如钠存于煤油中，磷存于水中，二硫化碳用水封闭存放等。

3）清除着火源。采取隔离火源、控温、接地、避雷、安装防爆灯和遮挡阳光等措施，防止可燃物遇明火或温度增高而起火。

（2）明火控制。控制检修或施工现场的着火源，包括明火、冲击摩擦、自燃发热、电火花和静电火花等。禁止在有火灾、爆炸危险的库区使用明火；因特殊情况需要进行电气焊等明火作业时，应办理动火许可证；清除动火区域的易燃、可燃物质；配置消防器材；动火施工人员必须持证上岗。

（3）摩擦和撞击控制。在辅助设施、泵类运行中，保持良好的润滑，及时清除附着的可燃污垢。在搬运盛有可燃气体、易燃液体的金属容器时，防止互相撞击，不能抛掷，以免因产生火花或容器爆裂而造成火灾和爆炸事故。进出人员不能穿带钉的鞋。装卸、搬运时，应轻装轻卸，防止振动、撞击、摩擦、重压和倾倒。

（4）自燃发热控制。油抹布、油棉纱等易自燃引起火灾，应装入金属容器内，存放在安全地带并及时清理。

（5）电火花控制。库区使用的主要是低压电气设备，往往会产生短时间的弧光放电或接点上的微弱火花，会对点火所需能量低的可燃气体、易燃液体、爆炸粉尘等构成危险，故电气设备及其配线应选择防爆型。

（6）静电控制。静电的严重危害是导致可燃物燃烧、爆炸，对点火所需能量小的可燃气体或蒸汽尤其严重，在有汽油、苯、氢气等场所，应特别注意静电危害，进出人员应着防静电工作服，管道输送时应控制流速，散装化学品槽车应有可靠的静电接地部位并对静电接地电阻进行监测报警等，整个系统应抑制静电产生或迅速导出静电。

（7）其他火源控制。夏季避免日光直射，配置相应降温措施；室内仓库应采用冷光源，避免大功率照明灯长时间烘烤；库区内严禁烟火；禁止使用可能发生火花的搬运工具；严禁使用不防爆的手机。

（8）阻止火焰及爆炸波的扩展。阻火装置的作用是防止火焰窜入设备、容器、管道内，或阻止火焰在设备、管道内扩展。常用的有安全水封阻火器、单向阀等。进入易燃易爆库区的运输车辆应进行检查并加装防火罩，配备小型防火器材。对于带压的储存设施，泄压装置是防火防爆的重要安全装置。

（三）危化品个体防护装备及使用

因此，应急救援人员在实施危化品事故应急处置和救援过程中，必须配备专业的个体防护装备，主要包括空气呼吸器、消防防化服、防化手套和防化靴、防毒面具等。

1. 空气呼吸器

空气呼吸器详见本书单元二之课题一。

2. 消防防化服

消防防化服是专门为救援人员或作业人员进入危化品或腐蚀性物质的火灾或事故现场进行灭火战斗、抢险救援时穿着的一种防护装备，可以保护其免遭危化品或腐蚀性物质的侵害。消防防化服由阻燃防化层、防火隔热层、舒适层组成，具有应急呼叫和通信联络等多种功能，有些还内置将空气呼吸器，常与手套及阻燃、耐电压、抗穿刺靴或消防胶靴一起构成整套服装。

（1）消防防化服的使用方法。在穿消防防化服之前，一定要有一位协助者在旁边。消防防化服的使用方法是：

1）撑开消防防化服的颈口、胸襟，两脚伸进裤子内，将裤子提至腰部，再将两臂伸进两袖，并将内袖口环套在拇指上。

2）将上衣护胸布折叠后，拉过胸襟布盖严，然后将前胸大白扣扣牢。

3）将腰带收紧后，将大白扣扣牢。

4）戴好防毒面具后再将头罩罩在头上，并将颈扣带的大白扣扣好。

5）戴上手套，将内袖压入手套里。

6）协助者将呼吸装置帮助穿戴者背好，并按呼吸装置的使用说明书要求将呼吸装置与面罩相连，启动呼吸装置。

（2）消防防化服的使用注意事项包括：

1）消防防化服不得与火焰及熔化物直接接触。

2）使用消防防化服前必须认真检查服装有无破损，如有破损，严禁使用。

3）使用时，必须注意头罩与防毒面具的面罩紧密配合，颈扣带、胸前白扣必须扣牢，以保证颈部、胸部的气密性。腰带必须收紧，以减少运动时的风箱效应。

4）每次使用后，根据脏污情况用肥皂水或0.5%～1%的碳酸钠水溶液洗涤，然后用清水冲洗，放在阴凉通风处，晾干后包装。

5）折叠消防防化服时，将头罩开口向上铺于地面，折回头罩、颈扣带及两袖，再将服装纵折，左右重合，两靴尖朝外一侧，将手套放在中部，靴底相对卷成一卷，横向放入消防防化服包装袋内。

6）消防防化服在保存期间严禁受热及阳光照射，不能接触活性化学物质及各种油类。

3. 防化手套和防化靴

防化手套作为一般个人防护用品，采用进口强力耐溶剂耐腐蚀型的PU特种合成树脂制成，主要用于接触危化品溶剂时对手部的有效防护。可以根据接触化学品的成分来选用各种材质的手套。

防化靴具有耐磨、耐酸碱、耐腐蚀、防砸、防穿刺等功能，对化学物质（油脂、燃料、弱酸、稀酸、消毒剂、清洗剂）有良好的防腐性。

4. 防毒面具

防毒面具详见本书单元二之课题一。

（四）危化品事故的应急救援

危化品事故具有发生突然、扩散迅速、持续时间长、涉及面广、多种危害并存、社会危害大等特点，应急救援活动又涉及政府到企业的各个层面，以及公安、消防、医疗、环保、交通等不同领域。因此，需要建立科学、完善的危化品事故应急救援体系和应急救援技术装备资金投入的长效机制，创建应急救援技术装备科研领域的激励机制和提升技术装备研发创新能力，以切实提高危化品事故应急救援能力，减少和降低危化品事故可能造成的人员伤亡、财产损失和环境污染。

1. 危化品事故应急救援的基本原则

（1）控制危险源。只有及时控制住危险源，防止事故的继续扩展，才能及时、有效地进行救援。

（2）抢救受害人员。在应急救援行动中，及时、有序、有效地实施现场急救与安全转送伤员是降低伤亡率、减少事故损失的关键。

（3）撤离。应及时指导和协助群众采取各种措施进行自身防护，并向上风向迅速撤离出危险区或可能受到危害的区域。在撤离过程中应积极听从指挥，协助组织群众开展自救和互救工作。做好现场清理，消除危害后果。对事故外溢的有害物质及可能对人体和环境继续造成危害的物质，应及时和有关人员一起予以清除。

2. 危化品事故应急救援的一般要求

不同危化品事故的应急救援处置方法、措施和要求也不同。针对不同事故类型，可采取灭火、隔绝、堵漏、拦截、稀释、中和、覆盖、泄压、转移、收集、点火控制燃烧等处置措施。本书主要介绍危化品火灾和爆炸事故、危化品泄漏的一般要求。

（1）危化品火灾和爆炸。

1）应迅速查明燃烧范围、燃烧物品及其周围物品的品名主要危险特性，火势蔓延的主要途径，燃烧的危化品及燃烧产物是否有毒。

2）正确选择适合的灭火剂和灭火方法。火势较大时，应先堵截火势蔓延，控制燃烧范围，再逐步扑灭火势。

3）对有可能发生爆炸、爆裂、喷溅等特别危险需紧急撤退的情况，应按照统一的撤退信号和撤退方法及时撤退。撤退信号应格外醒目，能使现场所有人员都看到或听到，并应经常演练。

4）救火要求：针对危化品火灾的火势发展蔓延快和燃烧面积大的特点，积极采取“统一指挥、以快制快，堵截火势、防止蔓延，重点突破、排除险情，分割包围、速战速决”的灭火战术，先控制，后消灭。扑救人员应站在上风或侧风位置灭火。进行火情侦察、火灾扑救、火场疏散的人员应有针对性地采取自我防护措施，如佩戴防护面具、穿戴专用防护服等。火灾扑灭后，仍然要派人监护现场，消灭余火。对于可燃气体没有完全清除的火灾，应在上、中、下不同层面保留火种，直到介质完全烧尽。火灾单位应保护现场，接受事故调查，协助公安部门调查火灾原因，核定火灾损失，查明火灾责任，未经公安、消防部门许可，不得擅自清理火灾现场。

（2）危化品泄漏。

进入危化品泄漏现场进行处置时，救援人员必须配备必要的个人防护器具。根据不同介质和泄漏量确定夜间和日间疏散距离，如果泄漏物是易燃易爆介质，事故中心区域应严禁火种，切断电源，禁止车辆进入，立即在事故中心区边界设置警戒线。根据事故情况和事态发展，确定事故波及区域人员的撤离。应急处理时严禁单独行动，严格按专家组制订的方案执行。

对危化品泄漏物的处理有以下几种方法：

1）筑堤堵截。筑堤堵截泄漏的液体或者将泄漏的液体引流到安全地点。若贮罐区发生液体泄漏时，要及时关闭堤内和堤外雨水阀，防止物料沿阴沟外溢。

2）稀释与覆盖。向有害物蒸汽喷射雾状水或能抑制物性的中和介质，加速气体溶解稀释和沉降落地；对于可燃物，可采用断链和覆盖窒息的方法，以破坏燃烧条件；对于液体泄漏，为降低物料向大气中的蒸发速度，根据物料的相对密度及饱和蒸汽压力大小，确定用干粉中止链式反应，用泡沫（或抗溶性泡沫）或其他覆盖物品覆盖外泄的物料，在其表面形成覆盖层，抑制其蒸发。

3）收容（集）。对于大型容器和管道泄漏，可用隔膜泵将泄漏出的物料抽入容器内或槽车内。当泄漏量小时，可用沙子、吸附材料、中和材料等吸收中和。

4）废弃。将收集的泄漏物运至废物处理场所处置。用消防水冲洗剩下的少量物料，冲洗水排入污水系统处理。

3. 危化品事故的隔离

危化品事故发生后，要根据事故现场有毒有害物质扩散的具体情况，将事故现场隔离出来并设置警戒区，禁止无关人员靠近或进入。

初始隔离区是指发生事故时公众生命可能受到威胁的区域，是以泄漏源为中心的一个圆周区域。圆周的半径即为初始隔离距离。该区只允许少数消防特勤官兵和抢险队伍进入。初始隔离距离适用于泄漏后最初30min内或污染范围不明的情况。

疏散区是指下风向有害气体、蒸汽、烟雾或粉尘可能影响的区域，是泄漏源下风方向的正方形区域。正方形的边长即为下风向疏散距离。该区域内禁止未防护人员进入或停留。如果就地保护比疏散更安全，可考虑采取就地保护措施。

初始隔离区与疏散区示意图如图 3－3－8 所示。

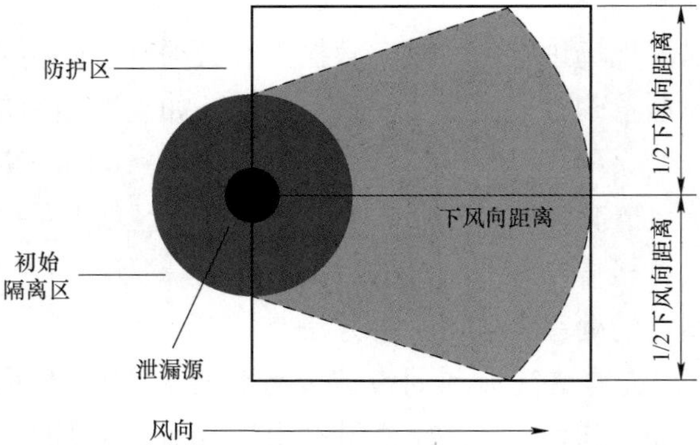


图 3－3－8　初始隔离区与疏散区示意图

初始隔离距离和下风向疏散距离主要依据危化品的吸入毒性危害确定。危化品的吸入毒性危害越大，其初始隔离距离和下风向疏散距离越大。影响吸入毒性危害大小的因素有化学品的状态、挥发性、毒性、腐蚀性、刺激性、遇水反应性（液体或固体泄漏到水体）等。确定原则为：

（1）陆地泄漏。

1）气体。

a. 剧毒、有强腐蚀性或强刺激性的气体。污染范围不明的情况下，初始隔离距离至少 500m，下风向疏散距离至少 1500m。然后进行气体浓度检测，根据有害气体的实际浓度，调整隔离距离、和下风向疏散距离。

b. 有毒、具腐蚀性或刺激性的气体。污染范围不明的情况下，初始隔离距离至少 200m，下风向疏散距离至少 1000m。然后进行气体浓度检测，根据有害气体的实际浓度，调整隔离距离和下风向疏散距离。

c. 其他气体。污染范围不明的情况下，初始隔离距离至少 100m，下风向疏散距离至少 800m。然后进行气体浓度检测，根据有害气体的实际浓度，调整隔离距离和下风向疏散距离。

2）液体。

a. 易挥发、蒸汽剧毒、有强腐蚀性或强刺激性的液体。污染范围不明的情况下，初始隔离距离至少 300m，下风向疏散距离至少 1000m。然后进行气体浓度检测，根据有害蒸汽或烟雾的实际浓度，调整隔离距离和下风向疏散距离。

b. 蒸汽有毒、有腐蚀性或刺激性的液体。污染范围不明的情况下，初始隔离距离至少 100m，下风向疏散距离至少 500m。然后进行气体浓度检测，根据有害蒸汽或烟雾的实际浓度，调整隔离距离和下风向疏散距离。

c. 其他液体。污染范围不明的情况下，初始隔离距离至少 50m，下风向疏散距离至少 300m。然后进行气体浓度检测，根据有害蒸汽或烟雾的实际浓度，调整隔离距离和下风向疏散距离。

3）固体。污染范围不明的情况下，初始隔离距离至少 25m，下风向疏散距离至少 100m。

（2）水体泄漏。遇水反应生成有毒气体的液体或固体泄漏到水中，根据反应的剧烈程度及生成气体的毒性、腐蚀性、刺激性，确定初始隔离距离和下风向疏散距离。

1）与水剧烈反应，放出剧毒、强腐蚀性、强刺激性气体。污染范围不明的情况下，初始隔离距离至少 300m，下风向疏散距离至少 1000m。然后进行气体浓度检测，根据有害气体的实际浓度，调整隔离距离和下风向疏散距离。

2）与水缓慢反应，放出有毒、腐蚀性、刺激性气体。污染范围不明的情况下，初始隔离距离至少 100m，下风向疏散距离至少 800m。然后进行气体浓度检测，根据有害气体的实际浓度，调整隔离距离和下风向疏散距离。

4. 危化品泄漏与堵漏

危化品一旦发生泄漏，无论是否发生爆炸或燃烧，都必须设法消除泄漏。首先应判明泄漏的位置。若泄漏点位于阀门下游，应迅速关闭泄漏处上游的阀门，如关掉一个阀门还不可靠时，可再关闭一个处于此阀上游的阀门。若泄漏点位于阀门上游，即属于阀前泄漏，这时应根据气象情况，从上风方向逼近泄漏点，实施带压堵漏。堵漏一定要在喷雾水枪、泡沫的掩护下进行，堵漏人员要精而少，以增加堵漏抢险的安全系数。

带压堵漏技术是指在连续性生产中的设备、管道、阀门、法兰等各部位，因某种原因造成泄漏时，泄漏介质具有带温、带压、有毒、易燃、危害极大等特性，且处于外泄状态，人为利用泄漏部位原来的密封空腔或者在泄漏部位上建立一个密封空腔，采用大于介质系统内的外部推力，将适当的密封剂注入密封空腔内并填满密封腔。利用密封剂耐温、耐压、耐介质腐蚀且在一定条件下能迅速固化的特点，在泄漏部位形成一个新的密封结构，彻底堵截介质泄漏通道，使装置在不停车状态下消除泄漏，满足装置较长周期运行。

带压堵漏技术分为注剂式带压堵漏技术和带压粘接堵漏技术。注剂式带压堵漏技术使用的设备主要包括密封注剂、堵漏夹具、注剂接头、注剂阀、高压注剂枪、快装接头、高压输油管、压力表、压力表接头、回油尾部接头、油压换向阀接头、手动液压油泵等。

对于已泄漏出的气体，应喷水将气态的危化品冲散，以加速其扩散，防止现场人员中毒和发生爆炸。如有条件还可以开启水蒸气进行驱散稀释。对于稀释驱散扩散的油气，应组织一定数量的喷雾水枪，稀释驱散油气，由上风向下风向驱散，向安全地区驱散，稀释不能用强水流冲出。同时还要注意用水稀释阴沟、下水道、电缆电信沟内的油气。

5. 危化品事故后的洗消

危化品事故发生后，事故现场及附近的道路、水源都有可能受到严重污染，若不及时进行洗消，污染会迅速蔓延，造成更大危害。

（1）洗消的方法。

1）物理洗消法。主要有利用吹风、日晒、雨淋等自然条件，使危化品自行蒸发散失或被水解，使危化品逐渐降低毒性或被逐渐破坏失去毒性，也可用水浸泡蒸煮沸或直接用大量的水冲洗染毒物体。还可利用棉纱、纱布等浸以汽油、煤油和酒精等溶剂，将染毒物体表面的危化品溶解擦洗掉。对液体及固体污染源可采用封闭掩埋或将危化品移走的方法进行处理，但掩埋必须添加大量的漂白粉。物理洗消法的优点是处置便利，容易实施。

2）化学洗消法。化学洗消法是利用洗消剂与危化品或染毒物体发生化学反应，生成无毒或毒性很小的产物。具有消毒彻底、对环境保护较好的特点，但要注意洗消剂与危化品的化学反应是否产生新的有毒物质，防止再次发生反应。化学洗消需借助器材装备，消耗大量的洗消剂，成本较高。化学洗消与物理洗消的方法一般是同时采用的。为了使洗消剂在危化品事故中能有效地发挥作用，洗消剂的选择必须符合洗消速度快、洗消效果彻底、用量少、价格便宜、不会对人员和设备起腐蚀伤害作用的洗消原则。化学洗消法主要有中和法、氧化还原法、催化法等。

a. 中和法。中和法是利用酸碱中和反应的原理消除危化品的侵害。强酸（硫酸、盐酸、硝酸等）大量泄漏时可以用 5%～10%的氢氧化钠、碳酸氢钠、氢氧化钙等作为中和洗消剂，也可用氨水作为中和洗消剂，但氨水本身具有刺激性，使用时要注意浓度的控制。若是大量碱性物质泄漏（如氨的泄漏），用酸性物质进行中和，但同样必须控制洗消剂的浓度。中和洗消完成后，对残留物仍然需要用大量的水冲洗。

b. 氧化还原法。氧化还原法是利用洗消剂与危化品发生氧化还原反应，对毒性大且较持久的油状液体危化品进行洗消。这类洗消剂主要是漂白粉和三合二（其性质与漂白粉相似），但漂白粉含次氯酸钙少、杂质多、有效氯低，消毒性能不如三合二，优点是易制造、价格低廉。如氯气钢瓶泄漏，可将泄漏钢瓶置于石灰水槽中，氯气经反应生成氯化钙，可消除氯对人员的伤害和环境污染。对价值不大或火烧后仍能使用的设施、物品，可利用燃烧来破坏危化品的毒性，但可能因危化品挥发造成临近及下风方向空气污染，所以必须注意采取措施，加强个人防护。

c. 催化法。催化法是在催化剂的作用下，使危化品加速变化成无毒物或低毒物的化学反应。一些有毒的农药（包括毒性较大的含磷农药），其水解产物是无毒的，但反应速度很慢，加入某些碱性物质进行催化可迅速水解，可用碱水或碱溶液可对农药引起的染毒物体进行洗消。

（2）洗消的对象。洗消的对象包括染毒人员和器材洗消及毒源和污染区的洗消。

1）染毒人员和器材洗消。洗消的方式有开设固定洗消站和实施机动洗消两种方式。固定洗消站一般设在便于污染对象到达的非污染地点，并尽可能靠近水源，主要是针对染毒数量大洗消任务繁重时使用。机动洗消主要针对需要紧急处理的人员而采取的洗消方法，如利用洗消帐篷，对须承担救援任务而被严重污染的人员进行及时洗消，具有灵活方便的优点，一般可用大量清洁的热水，常用公众洗消帐篷、战斗员个人洗消帐篷、高压清洗机等专业洗消设备对人员进行洗消。如发生的是严重的危化品事故，仅靠普通清水无法达到洗消效果时，可加入消毒剂进行洗消，如果没有消毒剂也可用肥皂擦身。对人员实施洗消的场所必须是密闭的，有专人负责检测，对人员实施洗消时应依照伤员、妇幼、老年和青壮年的顺序安排。洗消对象是染毒车辆、器材，包括救援人员的衣服和检测仪器等，采用自上而下、由里到外、从前到后的顺序清洗。车辆的洗消可用高压清洗机、高压水枪等设施。没有专业设备也可用清水或消毒液擦洗浸泡、冲刷、日光照射等方法。洗消完毕的人员和车辆、器材，须检测合格后方可离开。否则染毒对象需要重新洗消，直到检测合格。

2）毒源和污染区的洗消。危化品事故发生后，要做到及时排除危险物质，不仅要及时组织救援力量对泄漏部位实施堵漏或倒罐转移，还必须对危险源和污染区实施洗消，对液体泄漏的危化品，必须在危化品泄漏得到控制后才可实施洗消。洗消方法的选择根据危化品性质和现场情况来确定，对事故现场的洗消有时需反复进行多次，通过检测达到消毒标准方可停止洗消作业。

## 课 题 四

# 电网常见社会安全事件与公共卫生事件应急处置与救援

### 一、电力服务事件应急处置与救援

（一）概述

电力服务事件是指对经济建设、人民生活、社会稳定产生重大影响的电力服务事件（如涉及重要电力客户的停电事件、新闻媒体曝光并产生重要影响的停电事件或供电服务质量事件、客户对供电服务集体投诉事件和其他严重损害电网企业形象的服务事件等），以及因能源供应紧张造成的发电能力下降从而导致电网出现电力短缺的事件等。

由于用电客户群体复杂多样，电力人员服务水平参差不齐等方面的原因，任何电力服务问题都有可能转变为具有广泛影响的电力服务事件，在破坏电网企业正常生产经营秩序和社会形象的同时，对关系国计民生的重要基础设施及经济建设、人民生活，甚至社会稳定和国家安全等方面都将造成严重影响。

电网企业是关系国家能源安全和国民经济命脉的国有重要骨干企业，经营区域覆盖面广，供电人口多，用工总量大，电力服务体系庞大、人员众多、情况复杂，存在发生各种电力服务事件的可能性和不确定因素。

（二）应急处置与救援基本原则

（1）以人为本，减少危害。把保障人民群众的生命财产安全作为首要任务，最大限度地减少电力服务事件造成的人员伤亡和各类危害。

（2）居安思危、预防为主。贯彻预防为主的思想，树立常备不懈的观念，防患于未然。增强忧患意识，坚持预防与应急相结合、常态与非常态相结合，做好应对电力服务事件的各项准备工作。

（3）统一领导、分级负责。落实党中央、国务院的部署，按照综合协调、分类管理、分级负责、属地管理的原则，开展电力服务事件的预防和应急处置工作。

（4）考虑全局、突出重点。采取一切必要手段，降低电力服务事件对电网安全和电网企业形象造成的不利影响。采取行之有效的供电措施，重点保障高危及重要电力客户的安全用电及人民群众生活的有序供电。

（5）快速反应、协同应对。建立健全“上下联动、区域协作”快速响应机制，加强与政府的沟通协作，整合内外部应急资源，共同开展电力服务事件应急处置工作。

（三）应急处置与救援流程

1. 风险监测

（1）风险监测责任部门。电网企业有关职能管理部门和下级单位相关部门应密切监测可能造成服务事件的相关风险。

1）调度部门负责对电网大面积停电、重要变电站或发电厂全停等各类电网事故风险进行监测。

2）运检部门负责对各类设备事故、自然灾害造成的电力设施受损等事故风险进行监测。

3）营销部门负责对重要电力客户停电、供电服务投诉、客户集体投诉的风险进行监测。

4）办公厅负责对客户集体上访风险进行监测。

5）监察局负责对行风类服务事件风险进行监测。

6）外联部门负责对新闻类服务事件风险进行监测。

7）所属电网企业对本地区供电服务风险进行监测。

（2）风险监测的方法和信息收集主要包括以下渠道：

1）国家发布的自然灾害或出现夏季高温、冬季低温预警、事故灾难预警、社会安全事件预警等预警信息。

2）上级单位、电网企业应急领导小组发布的预警信息。

3）政府部门、监管机构、社会团体、新闻媒体对某些涉及供电服务相关事项进行的重点关注。

4）通过技术或其他手段监测到的大面积停电风险。

5）重要电力客户停电监测。

6）95598、营业厅等服务渠道发现的异常情况。

7）其他异常情况。

（3）风险监测报告。所属电网企业监测发现到服务事件风险隐患后，应及时分别向上级应急办公室和有关职能管理部门进行上报。

2. 预警发布与预警行动

（1）预警发布。相关职能部门综合分析用电服务风险，提出用电服务预警建议，报电网企业应急领导小组批准，由电网企业应急办发布。电网企业应急办接到下级单位上报用电服务预警信息后，立即汇总相关信息，分析研判，提出用电服务预警建议，经电网企业应急领导小组批准后发布。预警信息内容包括时间、地点、信息来源、基本经过、初步原因和性质、已造成的后果、影响范围、警示事项、应采取的措施等。

（2）预警行动。发布服务事件预警信息后，各级相关电网企业应采取以下部分或全部措施：

1）做好成立电力服务事件专项处置领导小组及指挥部的准备工作。

2）及时了解电力服务事件发展状态，采取有效措施防止电力服务事件扩大。

3）及时收集相关信息并报告上级应急办公室，做好应急新闻披露准备。

4）按本单位预案规定，合理安排电网调度运行方式，统筹调配应急队伍、应急电源，加强电力服务事件监测，做好异常情况处置准备等相关工作。

3. 应急响应措施

（1）先期处置。响应电网企业有关职能管理部门组织、协调、指挥、调度相关应急力量，及时调整电网运行方式，保证电网运行安全；有关职能管理部门主动与政府有关部门联系沟通，通报信息、开展相关工作。

（2）响应启动。响应电网企业启动本单位服务事件应急响应后，应立即向上级应急办公室和值班室报告。上级应急办公室接到报告后，立即汇总相关信息，分析研判，提出对电力服务事件的定级建议，报应急领导小组。

（3）响应行动。

1）响应电网企业成立电力服务事件应急处置领导小组和指挥部，按照本单位预案规定开展应急处置、恢复供电等相关工作。

2）启用应急指挥中心，开展信息汇总和报送工作，及时向上级应急办公室和专业职能部门汇报。

3）及时与政府职能和新闻媒体部门进行联系沟通，协助开展信息发布工作。

（4）响应调整与结束。电力服务事件处置领导小组或相关领导（未成立电力服务事件处置领导小组时）根据事件危害程度和社会影响等综合因素，按照事件分级条件，决定是否调整响应级别。相应的电力服务事件处置领导小组根据电力服务事件处置效果研究决定是否终止事件响应，并发布终止命令。

## 二、重要保电事件（客户侧）应急处置与救援

### （一）概述

电网企业的重要电力安全保障工作（简称重要保电）是电网企业针对客户在举办重大活动或事项时所提供的专项供电可靠性工作，以确保客户在重要活动或事项中能够获得稳定、可靠的电力供应。电网企业在保电工作中要贯彻落实各级政府和有关部门关于重大活动电力安全保障工作的决策部署，提出本单位重大活动电力安全保障工作的目标和要求，制订本单位保障工作方案并组织实施；开展安全评估和隐患治理、网络安全保障、电力设施安全保卫和反恐怖防范等工作；建立重大活动电力安全保障应急体系和应急机制，制订完善应急预案，开展应急培训和演练，及时处置突发事件；协助重点用户开展用电安全检查，指导重点用户进行隐患整改，开展重点用户供电服务工作；及时向重大活动承办方、电力管理部门、派出机构报送电力安全保障工作情况；加强涉及重点用户的发、输、变、配电设施运行维护，保障重点用户的可靠供电。

用电客户群体复杂多样，客户对用电安全的重视程度不一，客户受电设施运行维护情况差别较大，各类突发事件和自然灾害均可能对客户用电可靠性造成影响，在保障国家社会重要活动等特殊时期的影响还将进一步扩大，给电网企业带来较大的风险和压力。

### （二）应急处置与救援基本原则

（1）统一领导，分级负责。落实党中央、国务院的部署，在上级的统一领导下，按照综合协调、分类管理、分级负责、属地为主的要求，开展重要保电事件（客户侧）应急处置工作。

（2）保障用电，减少危害。把保障客户可靠用电作为首要任务，确保重要保电事件（客户侧）用电安全，提供电力应急支援，最大程度减少停电造成的各类危害。

（3）居安思危，预防为主。贯彻预防为主的思想，树立常备不懈的观念，防患于未然。增强忧患意识，坚持常态与非常态相结合，做好重要保电事件（客户侧）应急处置的各项准备工作。

（4）快速响应，协同应对。建立健全“上下联动、区域协作”的快速响应机制，加强与政府的沟通协作，整合内外部应急资源，协同开展重要保电事件（客户侧）应急处置工作。

（5）依靠科技，提高素质。加强重要保电事件（客户侧）应急处置科学技术

研究和开发，采用先进的监测预警和应急处置技术，充分发挥各级专家队伍和专业人员的作用，提高重要保电事件（客户侧）应急处置能力。

（三）应急处置与救援流程

1. 风险监测

电网企业有关职能部门及应急办应密切监测重大活动、重大事件情况及客户用电可能存在安全隐患的风险。

（1）风险监测的方法和信息收集包括以下渠道：

1）电网企业应密切注意政府发布的重要活动、特殊时期或突发事件等信息，掌握重要保电事件（客户侧）风险有关信息，及时报上级相关职能部门及应急办。

2）电网企业利用技术监测手段或其他手段，对重要保电事件（客户侧）风险进行预测分析，及时报上级相关职能部门及应急办。

3）电网企业应急办、职能部门及下属各单位应与政府有关部门建立相应的重要保电事件（客户侧）风险监测预报预警联动机制，实现相关信息的实时共享。

（2）风险监测报告。电网企业发现、获得重要保电事件（客户侧）风险隐患后，应及时分别向上级应急办和有关职能部门上报。

2. 预警发布与预警行动

（1）预警发布。电网企业应急办接到下级单位上报重要保电事件（客户侧）风险预警信息及国家有关部门预警通知后，立即会同相关职能部门汇总相关信息，分析研判，提出电网企业重要保电事件（客户侧）风险预警建议，经电网企业应急领导小组批准后发布。重要保电事件（客户侧）风险预警信息内容包括重要事件的类别、预警级别、预警期、可能影响范围、警示事项、应采取的措施和发布机关等。相关职能部门综合分析重要保电风险，提出电网企业重要保电事件（客户侧）风险预警建议，报电网企业应急领导小组批准，由电网企业应急办发布。

（2）预警行动。发布重要保电事件（客户侧）预警信息后，各级相关电网企业应采取以下部分或全部措施：

1）做好成立重要保电事件（客户侧）应急处置领导小组和应急处置指挥部的准备工作。

2）启动应急值班，及时收集相关信息并报告上级应急办，做好信息披露准备。

3）按本单位预案规定，加强客户侧设备巡视和监测，针对可能发生的风险做好客户用电安全服务工作。

4）组织协调应急队伍、应急电源和应急物资，做好异常情况处置准备工作。

3. 应急响应措施

（1）先期处置。各职能部门布置重要保电事件（客户侧）应急处置各项前期准备工作。有关职能部门组织、指挥、调度相关应急力量，保证客户用电可靠。有关职能部门主动与政府有关部门联系沟通，通报信息，完成相关工作。

（2）响应启动。电网企业启动本单位重要保电事件（客户侧）应急响应，应立即向上级应急办报告。上级应急办接到电网企业启动本单位重要保电事件（客户侧）应急响应的报告后，立即汇总相关信息，分析研判，提出对事件的定级建议，报应急领导小组，由应急领导小组宣布重要保电事件（客户侧）级别。根据事件级别成立重要保电事件（客户侧）应急处置领导小组和应急处置办公室。

（3）响应行动。重要保电事件（客户侧）响应行动，应采取以下部分或全部措施：

1）响应单位成立重要保电事件（客户侧）应急处置领导小组和应急处置指挥部，按照本单位预案规定开展应急救援、抢修恢复工作。

2）启用应急指挥中心，开展应急值班、信息汇总和报送工作，及时向上级应急办和专业职能部门汇报，做好信息披露工作。

3）重要保电事件（客户侧）应急处置办公室协调各部门开展应急处置工作；各部门按照处置原则和部门职责开展应急处置工作。

（4）响应调整与结束。响应单位重要保电事件（客户侧）应急处置领导小组或本单位营销分管副总经理［未成立重要保电事件（客户侧）处置领导小组时］根据事件危害程度、救援恢复能力和社会影响等综合因素，按照事件分级条件，决定是否调整响应级别。当同时满足以下条件时，终止事件响应：① 国家、社会重要活动、特殊时期结束时；② 国家、社会严重自然灾害、突发事件结束时。

## 三、涉外突发事件应急处置与救援

### （一）概述

1. 涉外突发事件类型

与电网企业相关的涉外突发事件包括境外涉我事件和境内涉外事件两类：

（1）境外涉我事件。指电网企业及所属单位境外机构、项目和外派因公出国

（境）人员在境外发生的突发事件。

（2）境内涉外事件。指应电网企业邀请来华工作、学习、访问的外籍人员在我国境内发生的突发事件。

2. 危险源及其危害程度分析

电网企业坚持共商、共建、共享和平等互利的原则，统筹发挥技术、管理、人才、资金等综合优势，在境外投资、运营骨干能源网，大力推动国际产能合作，积极参与境外电力工程建设，境外分支机构（包括子公司、分公司、办事处、代表处、项目部、经理部等）和境外业务（包括境外投资、境外工程承包、设备出口、境外技术咨询服务，以及其他形式的国际交流与合作等）逐步从发展中国家向新兴经济体、发达国家延伸。

从全球范围看，境外安全形势日益严峻，中亚、南亚、东南亚、中东、非洲、东欧和拉美等地区均存在不同程度的不安全因素。诱发突发事件的因素较多，其中，恐怖主义袭击、政治局势不稳定、社会治安严峻、合同劳资纠纷、生活环境恶劣、自然灾害、生产或交通等安全事故、重大疾病或传染病疫情、食品安全和职业危害、商业秘密泄露或知识产权纠纷等经济安全事件、拘留或逮捕等人身自由受到限制的事件等，会造成不同程度的人员伤亡、财产损失，甚至会影响电网企业形象和国家声誉。

（二）应急处置与救援基本原则

（1）以人为本，预防为主。切实将维护人员的生命和财产安全作为涉外突发事件应急工作的出发点和落脚点，最大限度预防和减少涉外突发事件及其造成的影响和损失。贯彻预防为主的思想，树立常备不懈的观念，防患于未然。增强忧患意识，坚持预防与应急、常态与非常态相结合，做好应对突发事件的各项准备工作。

（2）统一领导，分级负责。电网企业涉外突发事件应急工作坚持统一领导、综合协调、分级负责、属地管理的原则，各相关单位组织领导各自职责范围内的应急工作，并对相应处置工作负责。

（3）快速反应，协调应对。建立健全“上下联动、区域协作”的快速响应机制，对内建立健全涉外突发事件应急处置的各项制度，对外维护与各方的和谐关系，加强与政府相关部门的沟通协作，整合内外部应急资源，共同开展涉外突发事件应急处置工作。

（4）依法办事，保守秘密。遵守国家法律法规和对外方针政策、有关国际条约和惯例，以及事发国家或地区法律法规的相关规定，自觉接受政府有关部门的领导和指导。在涉外突发事件应急处置过程中严格遵守国家保密规定和外事纪律，保守商业秘密。

（三）应急处置与救援流程

1. 风险监测

电网企业各单位应急领导机构、国际业务主管部门、驻外机构和人员平时应加强调查研究，通过咨询使（领）馆、关注政府和媒体信息、前方定期报告、现场调研等方式了解收集本单位主管业务范围、本单位的涉外人员和机构以及本地区可能发生的涉外突发事件的各种信息，及时将预警信息报告电网企业应急办公室、总值班室和涉外应急办。

2. 预警发布与预警行动

（1）预警发布。根据涉外突发事件可能造成的影响范围、严重程度，将涉外突发事件预警分为一级、二级、三级和四级，依次用红色、橙色、黄色和蓝色标示，一级为最高级别。

电网企业各单位收到涉外突发事件预警通知后立即向上级应急办公室报告，同时向所属有关单位发出预警信息。上级应急办公室和涉外应急办在汇总收集各方信息的基础上，会商相关部门，依据预警分级标准提出预警建议，报应急领导小组批准，由应急办发布。

（2）预警行动。发布涉外突发事件预警信息后，各级电网企业应采取以下部分或全部措施：

1）电网企业应急领导小组成员迅速到位，及时汇总和掌握涉外突发事件信息，研究部署处置工作。

2）电网企业应急办和有关职能部门收集相关信息，密切关注事态发展，及时向上级应急领导小组报告。

3）加强与国内政府相关部门和当地使（领）馆的沟通，及时报告涉外突发事件信息，征求涉外突发事件处置指导意见。

4）启动应急值班，及时收集相关信息并报告上级应急办，做好相关信息披露准备。

5）针对可能发生的涉外突发事件按本单位预案规定，协调组织应急队伍、救援物资、交通运输、人员撤离等准备工作。

6）应急队伍和相关人员进入待命状态，全面转入涉外突发事件的应急准备工作状态。

3. 应急响应措施

（1）先期处置。

1）境内涉外事件发生后，现场当事人或有关人员立即向当地警察、医疗、抢险等有关部门报警求助，开展救助，在确保人身安全的前提下组织必要的自救，尽量减少安全威胁和财产损失。

2）对于境外涉我事件，应迅速向我国驻当地使（领）馆、事发单位应急机构或外事部门报告，配合做好对外协调与联络、信息发布和媒体应对等相关工作。如在未建交国家和地区发生涉外突发事件，应向代管驻外机构汇报有关情况，征求处置指导意见。对于境内涉外事件，应迅速向事发单位应急机构或外事部门报告。

3）事发单位迅速了解事件详情，向上级应急办公室和涉外应急办书面报告情况（紧急时，可先口头报告）。

4）事发单位采取稳妥措施设法营救被困人员，救助受伤人员，避免事态扩大，同时采取措施保护其他涉外机构和在外人员生命财产的安全。

5）各有关职能部门、应急办密切关注事件发展态势，掌握事发单位先期处置效果；相关职能部门督促事发单位按照国家有关规定向当地县级以上人民政府有关管理部门，或根据所在国家、地区规定向当地有关管理部门报告。

（2）响应启动。

1）事发单位根据涉外突发事件实际情况启动本单位应急响应，应立即向上级应急办、值班室和涉外应急办报告。

2）电网企业应急办接到所属单位相关报告后，立即会同相关部门，了解相关信息，分析研判，根据影响范围和严重程度提出对事件的定级建议，报应急领导小组。

（3）响应行动。

1）成立本单位涉外突发事件处置领导小组及指挥部，开展应急值班，按照本单位预案开展应急救援、信息披露工作。

2）涉外突发事件处置领导小组领导协调应急处置工作，必要时向事件发生地派出协调工作组。

3）涉外应急办与政府有关部门联系沟通，报送事件信息。

4）涉外应急办协助开展相关信息对外披露工作。

5）各部门按照处置原则和部门职责开展应急处置工作。

（4）响应调整与结束。涉外突发事件处置领导小组根据事件严重程度和社会影响等综合因素，按照事件分级条件，决定是否调整事件响应。当满足下列条件下之一时，终止事件响应，并发布终止命令：① 威胁因素消除；② 涉外机构和人员已被成功救援并处于安全状态；③ 事态已平息，或者事件从应急转为常态；④ 电网企业职责范围内的各项事宜全部处理完毕。

## 四、公共卫生事件应急处置与救援

### （一）概述

电网企业公共卫生事件按照事件发现源头分为电网企业内部公共卫生事件和电网企业外部公共卫生事件。公共卫生事件造成或可能造成电网企业员工健康受到损害，影响电网企业正常生产经营秩序，损害电网企业社会形象。

通过对不安全因素进行辨识和评价，电网企业内部公共卫生事件的危险源主要有：① 食物、水源等受到污染；② 生活、办公环境受到污染；③ 电网企业外部传染性疾病输入；④ 其他公共性因素。电网企业外部公共卫生事件的危险源主要是社会发生的重大疫情、传染性疾病和群体性不明原因疾病。

### （二）应急处置与救援基本原则

（1）统一领导，分级负责。落实国务院、地方政府和卫生行政部门的部署，按照分级负责、属地管理、综合协调的要求，开展公共卫生事件的预防和处置工作。

（2）预防为主，常备不懈。提高电网企业员工防范公共卫生事件的意识，落实各项防范措施，做好人员、技术、物资和设备的应急准备工作。

（3）快速反应，协同应对。对于电网企业内部公共卫生事件，做到早发现、早报告、早控制、早处置。对于电网企业外部公共卫生事件，要快速响应、积极应对。加强与卫生行政部门、卫生防疫部门和专业医疗机构的联系，整合内外部应急资源，协同开展应急处置工作。

（4）以人为本，减少危害。要把保障人民群众和员工的生命财产安全作为首要任务，最大限度地预防和减少公共卫生事件及其造成的人员伤亡和各类危害。

### （三）应急处置与救援流程

1. 风险监测

（1）电网企业各单位与卫生行政部门建立疫情监测预报预警联动机制，实现公共卫生事件等信息的实时共享，密切关注电网企业外部发生公共卫生事件的风险。

（2）电网企业各单位根据公共卫生事件危险源分析，加强员工生活区、工作区的卫生管理，加大对卫生防疫、食品卫生等监测、检查力度，密切关注电网企业内部发生公共卫生事件的风险。

（3）电网企业各单位针对季节、气候变化，有针对性加强健康知识宣传和教育，提高员工健康意识，预防公共卫生事件的发生。

2. 预警发布与预警行动

（1）预警发布。根据可能导致的公共卫生事件影响范围和严重程度，公共卫生事件的预警分为一级、二级、三级和四级，依次用红色、橙色、黄色和蓝色表示，一级为最高级别。

根据国家卫生行政部门的预警信息或电网企业各单位上报信息，上级电网企业应急办公室会同相关职能部门通过分析、评估提出预警建议，经应急领导小组批准后，由应急办公室发布。预警信息内容包括公共卫生事件的类别、预警级别、预警期、可能影响范围、警示事项、应采取的措施等。

（2）预警行动。发布公共卫生事件预警信息后，相关电网企业应采取以下部分或全部措施：

1）密切关注事件发展态势，收集相关信息，及时向地方政府、卫生行政部门和卫生应急办公室报告。

2）加强与专业医疗机构的沟通协调，做好应急队伍、应急物资的准备工作。

3）做好成立公共卫生事件应急组织机构的准备工作，启动应急值班。

4）及时向员工宣传公共卫生事件相关应急防护和处置的知识。

5）必要时积极采取相应防御措施。

3. 应急响应措施

（1）先期处置。

1）对内部公共卫生事件，事发单位在做好信息报告的同时，要启动响应措施，立即组织本单位应急救援队伍和工作人员营救受伤害人员，疏散、撤离、安置受到威胁的人员；控制危险源，标明危险区域，封锁危险场所，采取其他防止危害扩大的必要措施，向所在地人民政府和卫生行政部门报告。

2）对外部公共卫生事件，根据卫生行政部门的要求，按照响应级别进行预防、预控工作。

（2）响应启动。事发单位启动本单位公共卫生事件应急响应，立即向上级应急办公室和值班室报告；上级应急办公室和值班室接到事发单位启动公共卫生事件响应上报后，立即汇总相关信息，分析研判，提出对事件的定级建议，报应急领导小组。

（3）电网企业内部公共卫生事件响应行动。

1）事发单位成立公共卫生事件处置指挥机构，开展信息汇总和报送工作，按照本单位预案规定开展应急救援、伤员救治、人员安抚工作；保护好现场，配合事故调查；做好舆论引导和信息披露工作。

2）事发单位实行 24h 值班制度。应急处置信息及时报告卫生行政部门和上级应急办公室和值班室。

3）立即组织对伤病人员进行救治，联系相关医院及时转诊。对可能感染员工进行必要的检查，发现异常情况及时诊治和上报。

4）对事件危险源进行隔离，防止事件扩大。封闭相关现场，封存相关样品。积极配合卫生等部门进行调查，并按其要求如实提供有关材料和样品。

5）组织做好稳定工作，开展针对性的健康教育、心理疏导，印发宣传资料，提高员工的自我防护意识和防护能力，外出和进入公共场所要采取必要的防护措施。

6）控制事发区域车辆、人员出入，并采取必要的检测、消毒措施。

7）分析事件原因，采取进一步防范措施。如为传染病疫情，对可能感染人群进行控制，对相关场所、设备、设施进行消毒处理，控制集体活动的规模和数量。如为食物中毒，对食物购置、存放、加工环节进行分析，对相关场所进行消毒、对相关食物按规定进行销毁。

8）其他卫生行政部门要求采取的措施。

（4）电网企业外部公共卫生事件响应行动。电网企业应急办公室、相关职能部门和相关单位与卫生行政部门及时沟通，密切掌握外部公共卫生事件的性质、危害程度和发展趋势，落实卫生行政部门的要求，结合实际采取以下部分或全部措施：

1）及时启动预警响应并进行必要的宣传、教育，提高员工的自我防护意识和防护能力。

2）配备必要的防治药品，提高员工免疫能力。

3）控制外来人员、物品、车辆进入，直至禁止；对外来人员、物品、车辆采取必要的检测、消毒措施。

4）控制员工到疫区出差，直至禁止；员工外出返回后进行必要的隔离和检查。

5）控制集体活动的次数、规模，直至禁止。

6）其他卫生行政部门要求的措施。

（5）响应调整与结束。根据公共卫生事件的性质、发展趋势和防范效果，按照卫生行政部门通知或经卫生领导小组评估，及时调整响应级别。公共卫生事件得到有效控制、危害消除后，根据分级处置原则，下达解除应急指令，宣布应急结束。

# 附录A 电网企业应急救援相关法律法规及规程规范

[1]《中华人民共和国安全生产法》(2014年8月31日第十二届全国人民代表大会常务委员会第十次会议修改通过，中华人民共和国主席令第十三号)

[2]《中华人民共和国突发事件应对法》(2007年8月30日第十届全国人民代表大会常务委员会第二十九次会议通过，中华人民共和国主席令第六十九号)

[3]《中华人民共和国消防法》(2019年4月23日第十三届全国人民代表大会常务委员会第十次会议修订通过，中华人民共和国主席令第二十九号)

[4]《中华人民共和国防震减灾法》(2008年12月27日第十一届全国人民代表大会常务委员会第六次会议修订通过，中华人民共和国主席令第七号)

[5]《中华人民共和国电力安全事故应急处置和调查处理条例》(2011年6月15日国务院第159次常务会议通过，国务院令第599号)

[6]《中华人民共和国生产安全事故应急条例》(2018年12月5日国务院第33次常务会议通过，中华人民共和国国务院令第708号)

[7]《中华人民共和国危险化学品安全管理条例》(2002年1月26日国务院令第344号发布，2013年12月7日国务院令第645号第二次修订)

[8]《中华人民共和国破坏性地震应急条例》(1995年2月11日国务院令第172号发布，2011年1月8日国务院令第588号修订)

[9]《工贸企业有限空间作业安全管理与监督暂行规定》(2013年5月20日国家安全生产监督管理总局令第59号公布，2015年5月29日国家安全监管总局令第80号修正)

[10]《中华人民共和国国家突发公共事件总体应急预案》(2005年1月26日国务院第79次常务会议通过)

[11]《应急管理部关于修改〈生产安全事故应急预案管理办法〉的决定》(2019年6月24日应急管理部第20次部务会议审议通过，应急管理部令第2号)

[12]《国家电网有限公司突发事件总体应急预案》(预案编号：SGCC－ZT－01，第2次修订—2018年)

[13]《国家电网有限公司气象灾害应急预案》(预案编号：SGCC－ZH－01，第3次修订—2018年)

[14]《国家电网有限公司地震地质等灾害应急预案》(预案编号：SGCC－ZH－02，第 3 次修订—2018 年)

[15]《国家电网有限公司大面积停电事件应急预案》(预案编号：SGCC－ZN－02，第 3 次修订—2018 年)

[16]《国家电网有限公司设备设施损坏事件应急预案》(预案编号：SGCC－ZN－03，第 3 次修订—2018 年)

[17]《国家电网有限公司设备设施消防安全应急预案》(预案编号：SGCC－ZN－11，第 1 次修订—2018 年)

[18]《国家电网有限公司电力服务事件处置应急预案》(预案编号：SGCC－SH－01，第 1 次修订—2015 年)

[19]《国家电网有限公司重要保电事件（客户侧）处置应急预案》(预案编号：SGCC－SH－02，第 2 次修订—2018 年)

[20]《国家电网有限公司涉外突发事件处置应急预案》(预案编号：SGCC－SH－05，第 2 次修订—2019 年)

[21]《国家电网有限公司突发公共卫生事件处置应急预案》(预案编号：SGCC－WS－01，第 1 次修订—2015 年)

[22] GB 2893.5—2020《图形符号安全色和安全标志　第 5 部分：安全标志使用原则与要求》

[23] GB 5768.2—2009《道路交通标志和标线　第 2 部分：道路交通标志》

[24] GB 2811—2019《头部防护安全帽》

[25] GB/T 4968—2008《火灾分类》

[26] Q/GDW 1799.2—2013《国家电网公司电力安全工作规程　线路部分》

[27] Q/GDW 1799.1—2013《国家电网公司电力安全工作规程　变电部分》

[28]《国家电网公司电力安全工作规程（配电部分）(试行)》

# 参 考 文 献

[1] 张科军. 机电设备与建筑施工现场自救急救 [M]. 山东：山东友谊出版社，2012.

[2] 秦琦. 电力应急救援技术手册 [M]. 北京：中国电力出版社，2016.

[3] 国网湖北省电力有限公司应急培训基地. 电网企业应急救援装备使用手册 [M]. 北京：中国电力出版社，2019.

[4] 孙维生. 化学事故应急救援 [M]. 北京：化学工业出版社，2008.

[5] 田迎祥. 电力生产现场自救急救 [M]. 北京：中国电力出版社，2018.

[6] 吴飞. 图解野外生存手册 [M]. 内蒙古：内蒙古文化出版社，2011.

[7]（英）乔•奥莱利，著. 野外生存指南 [M]. 展地，译. 北京：中国环境科学出版社，2011.

[8] 猎鹰. 中国野外生存手册 [M]. 北京：现代出版社，2012.

[9] 国家电网公司人力资源部. 起重搬运 [M]. 北京：中国电力出版社，2010.

[10] 国家电网公司人力资源部. 电力安全生产及防护 [M]. 北京：中国电力出版社，2011.

[11]《应急救援系列丛书》编委会. 应急救援装备选择与使用 [M]. 北京：中国石化出版社，2008.

[12] 李涛，陈登国，孙刚. 突发事件应急救援手册 [M]. 北京：军事医学科学出版社，2010.

[13] 江川. 突发事件应急管理案例与启示 [M]. 北京：人民出版社，2011.

[14] 唐钧，等. 中外紧急救援成功案例研究 [M]. 北京：中国社会出版社，2008.

[15] 马明芳. 应急驾驶与急救全攻略 [M]. 北京：机械工业出版社，2012.

[16] 温渡江. 防触电事故 [M]. 北京：中国电力出版社，2015.

[17] 韩世奇，韩燕晖. 危险化学品生产安全与应急救援 [M]. 北京：化学工业出版社，2008.

[18] 姚国章. 应急管理信息化建设 [M]. 北京：北京大学出版社，2009.

[19] 夏保成. 美国公共安全管理导论 [M]. 北京：当代中国出版社，2006.